有機化合物の種類と官能基

種類	官能基	構造式の一例
アルコール	—O—H ヒドロキシ基 （水酸基）	H　H |　| H—C—C—O—H |　| H　H 〔エタノール〕
アルデヒド	O ‖ —C—H アルデヒド基	H　H　O |　|　‖ H—C—C—C—H |　| H　H 〔プロパナール〕
ケトン	O ‖ —C— ケトン基	H　O　H |　‖　| H—C—C—C—H |　　| H　　H 〔アセトン〕
カルボン酸	O ‖ —C—O—H カルボキシ基	H　O |　‖ H—C—C—O—H | H 〔酢酸〕
アシル化合物	O ‖ R—C— アシル基	H　O |　‖ H—C—C～SCoA | H 〔アセチルCoA〕
エステル	O ‖ —C—O— エステル基	H　O　　H |　‖　　| H—C—C—O—C—H |　　　| H　　　H 〔酢酸メチル〕
アミン	H | —N—H アミノ基	H　H |　| H—C—N—H | H 〔メチルアミン〕
アミド	O　H ‖　| —C—N—H アミド基	H　O　H |　‖　| H—C—C—N—H | H 〔アセトアミド〕
リン酸	O ‖ —P—O—H | O | H リン酸基	O ‖ H—O—P—O—H | O | H 〔オルトリン酸〕

生化学でよく使われる単位

1．長さ，重さ，容積を表す単位

	呼び方	記号	長さ	重さ	容積
10^{9}	ギガ	G			
10^{6}	メガ	M			
10^{3}	キロ	k	km	kg	kL
10^{2}	ヘクト				
10^{1}	デカ				
1			m	g	L
10^{-1}	デシ	d			dL
10^{-2}	センチ	c	cm		
10^{-3}	ミリ	m	mm	mg	mL
10^{-6}	マイクロ	μ	μm	μg	μL
10^{-9}	ナノ	n	nm	ng	nL
10^{-10}			Å		
10^{-12}	ピコ	p	pm	pg	pL
10^{-15}	フェムト	f	fm	fg	fL

Å（10^{-10}m）はオングストロームと読む．

2．数を示す言葉

	数詞
1	モノ
2	ジ，ビス
3	トリ，トリス
4	テトラ
5	ペンタ
6	ヘキサ
7	ヘプタ
8	オクタ
9	ノナ
10	デカ
12	ドデカ
20	エイコサ，イコサ
22	ドコサ

栄養科学イラストレイテッド

生化学

第3版

編／薗田　勝

羊土社
YODOSHA

【注意事項】本書の情報について

本書に記載されている内容は，発行時点における最新の情報に基づき，正確を期するよう，執筆者，監修・編者ならびに出版社はそれぞれ最善の努力を払っております．しかし科学・医学・医療の進歩により，定義や概念，技術の操作方法や診療の方針が変更となり，本書をご使用になる時点においては記載された内容が正確かつ完全ではなくなる場合がございます．また，本書に記載されている企業名や商品名，URL等の情報が予告なく変更される場合もございますのでご了承ください．

■正誤表・更新情報

本書発行後に変更，更新，追加された情報や，訂正箇所のある場合は，下記のページ中ほどの「正誤表・更新情報」からご確認いただけます．

https://www.yodosha.co.jp/yodobook/book/9784758113540/

■本書関連情報のメール通知サービス

メール通知サービスにご登録いただいた方には，本書に関する下記情報をメールにてお知らせいたしますので，ご登録ください．

・本書発行後の更新情報や修正情報（正誤表情報）
・本書の改訂情報
・本書に関連した書籍やコンテンツ，セミナー等に関する情報

※ご登録には羊土社会員のログイン/新規登録が必要です

ご登録はこちらから

第３版の序

栄養士や管理栄養士などヒトの健康・医療にかかわる仕事をめざす皆さんに求められる「人体の構造と機能及び疾病の成り立ち」に関連する専門基礎分野の理解は，その柱の１つである「生化学」をマスターしてはじめて十分なものとなる．

“実務に生化学はなくてもよい”などという暴論もある．しかし，ヒトの全体像を分野横断的に把握し，生理的・病理的変化と個体の調節機構，生殖・発生・成長・発達，加齢と死などのほか，感染と免疫・生体防御などの機序と関連疾患を系統的に習得するためにも，また“何を食べるべきか”の理解にも生化学の習熟は不可欠である．つまり，解剖生理学，免疫学，食品学，さらには臨床医学までを理解するためには生命現象のしくみとその病態について分子レベルで思考することが必須である．それは，摂取する食物や生体成分の構造と機能ならびに物質の変化を学ぶことにほかならない．

本書は，「テキスト」と「演習版ノート」の２冊セットにより生化学の基礎と要点を効果的に学習することを狙った『栄養科学イラストレイテッド 生化学』のテキスト版である．2007年の初版発行から10年が経過し，このたび，改訂第３版のはこびとなったのは，ひとえに読者の皆さんから賜った多くのご意見と叱咤激励のおかげにほかならない．改めて感謝申し上げる次第である．今回の改訂にあたりすべての記載内容を精査し直し，不足と思われる部分は大幅に加筆した．

「テキスト」では生化学の重要事項を平易に解説し，「演習版ノート」においては各項目の復習とその理解度をチェックしつつ弱点の克服をめざしている．本書の各分担筆者は，自ら体験・体得した「生化学の学び方」に基づいて執筆している．そのため，教科書を一読しただけで生化学のすべてを理解できたなどとは決して思わないでいただきたい．自然科学は日々進歩し，新たな知見が常に書き加えられている．しかし，その基本となる部分，つまり教科書に記載されている基礎的内容の多くは確立されたものと考えてよい．したがって，このレベルを確実に自分のものにできれば，生化学は食物学や関連する専門科目群を理解するうえで最強のツールとなる．そのような観点から，本書の「演習版ノート」は構造式などを手書きする形式を採用している．構造式を書きながら「テキスト」の内容を考えることにより，物質の生理的意義や構造・機能の理解度がより一層アップされるはずである．このことは物質代謝などにおいても同様であり，本書の十分な活用を願うものである．

本書をまとめるにあたって羊土社編集部の田頭みなみ氏ならびに関家麻奈未氏に多大なる御助力を頂戴した．また，出版に際して多くの方々に大変お世話になった．深甚なる謝意をささげたい．

本書改訂第３版が皆さんの生化学習得に役立つことを願って

2017年11月

執筆者を代表して
薗田　勝

栄養科学イラストレイテッド

生化学

第3版

第8章 ミネラル 薗田　勝 92

第9章 糖質の代謝 日比野康英 100

第12章 生体エネルギー学

第13章 中間代謝の概要

第14章 ヌクレオチドの代謝

第15章 遺伝子発現とその制御 日比野康英 191

第16章 個体の調節機構とホメオスタシス 中島孝則 214

Column

本書姉妹版のご案内

本書とあわせてご使用いただくと
より効率的に学習ができます．
ぜひ２冊あわせてご活用ください．

栄養科学イラストレイテッド［演習版］

生化学ノート

第３版

講義の予習・復習から国試対策まで使える！

書き込み式の自己学習用ノート

- テキストに準拠した内容で，**知識を確実に定着させることができる！**
- 生化学に関する膨大な知識を丸暗記するのではなく，重要なポイントにしぼっているから，**頭の中がすっきりと整理される！**
- 穴埋め形式の問題を自分の手を使って書き込むから，**頭に入りやすい！**
- 国家試験と同じ形式の演習問題に挑戦することで，**さらに理解力もアップ！**
- 本書の各章の最後にノートの該当箇所を示しています

本書関連ノート「第●章　●●」でさらに力試しをしてみましょう！

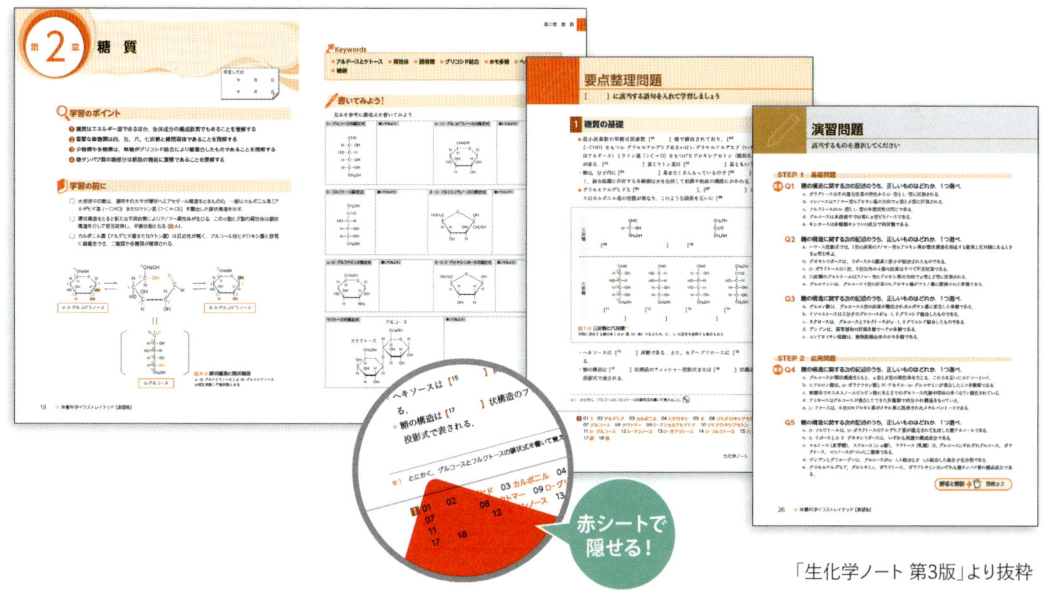

「生化学ノート 第3版」より抜粋

■ 主要 代謝 早わかりマップ

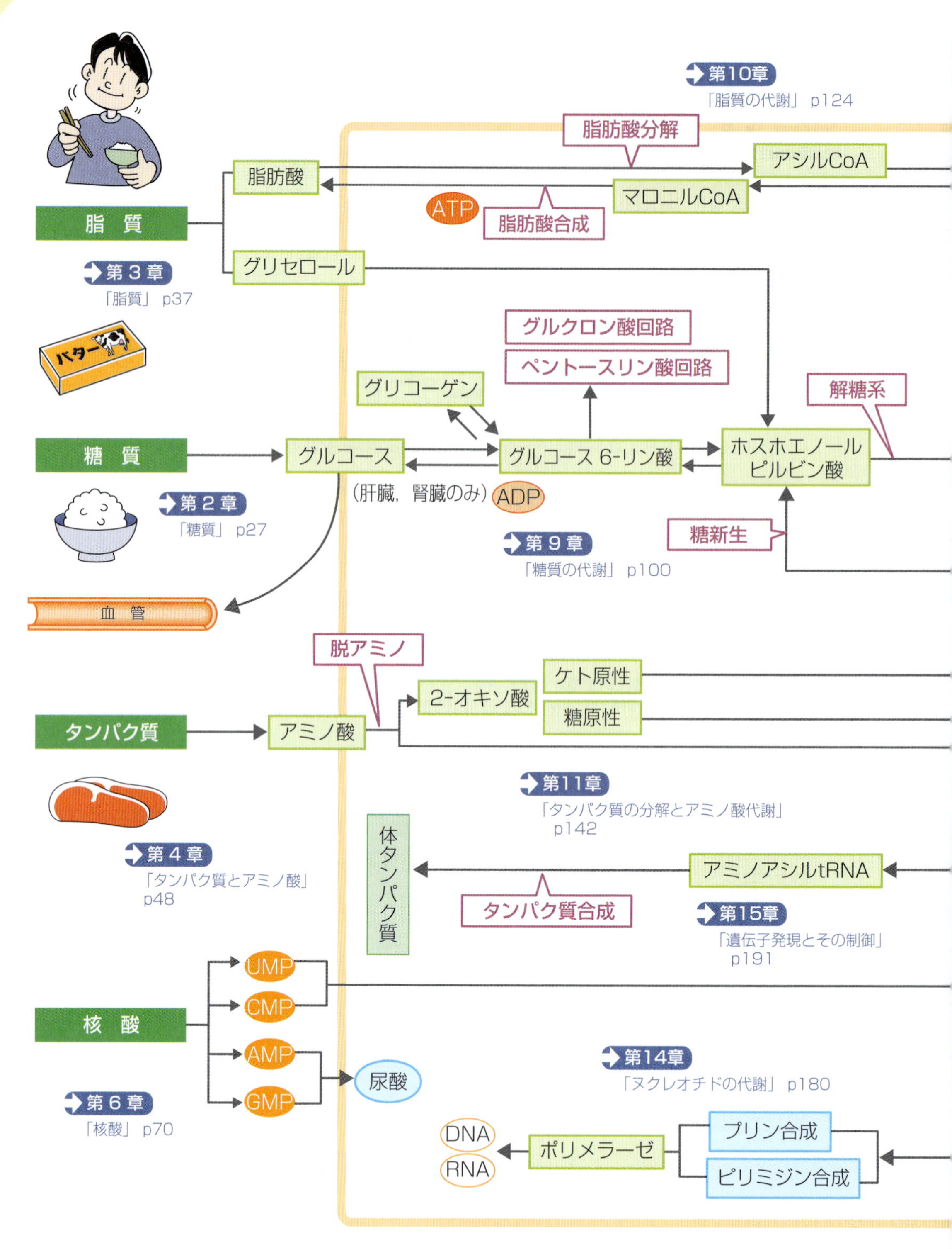

主要な代謝経路をおおまかに示しました．マップの重要駅や路線は必ず押さえておきましょう．
関連する章とページ数を記しましたので，詳細は本文をご覧下さい．

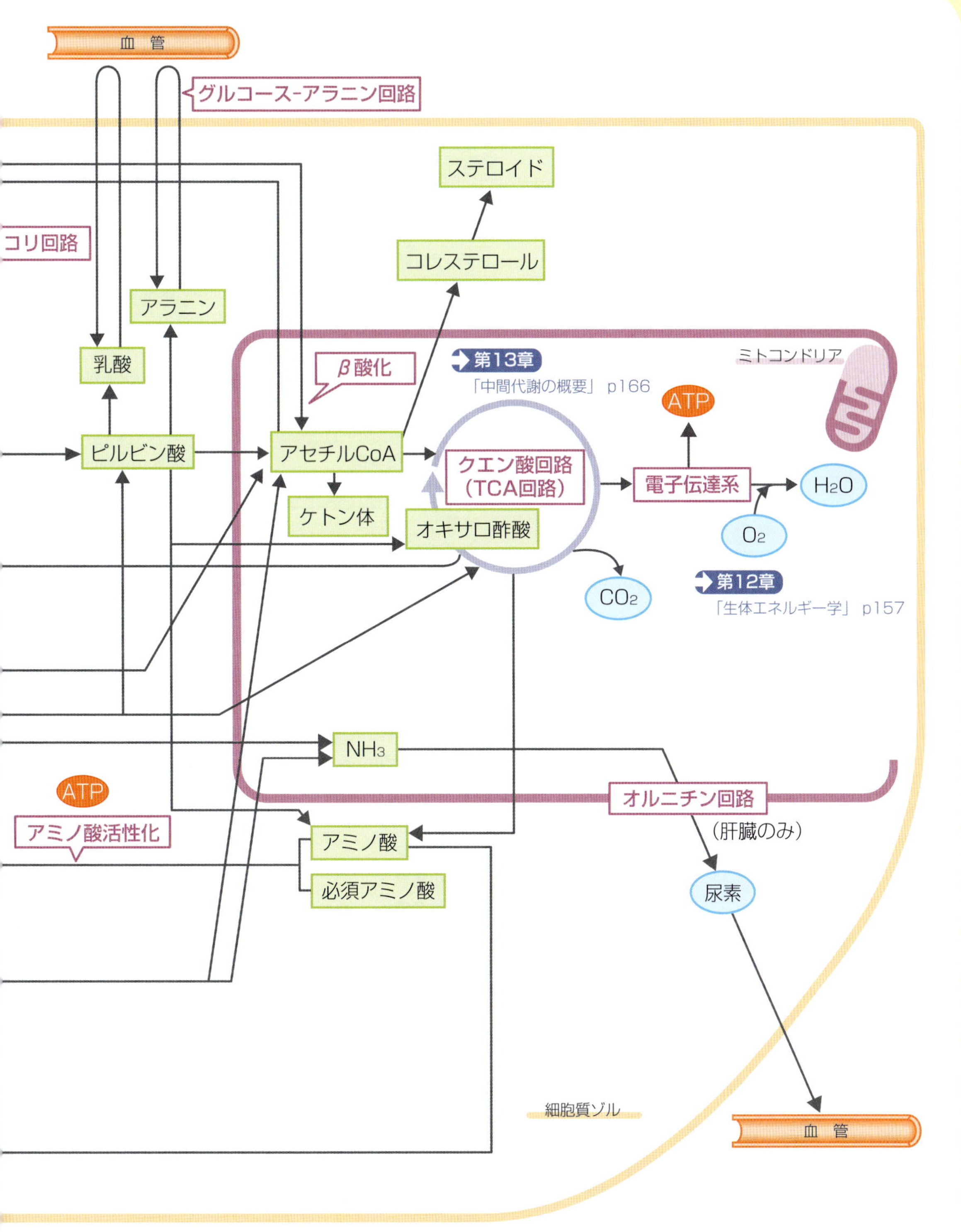

生化学で使われる重要用語

用語	欧文表記
α-リノレン酸	α-linolenic acid
β酸化	β-oxidation
B細胞	B cell
H鎖	heavy chain
L鎖	light chain
M細胞	microfold cell
T細胞	T cell
アゴニスト	agonist
アシルグリセロール	acylglycerol
アデニル酸シクラーゼ	adenylate cyclase
アデニン	adenine
アデノシン	adenosine
アナジー	anergy
アミノ酸	amino acid
転移酵素（トランスフェラーゼ）	transferase
アラキドン酸	arachidonic acid
アルドース	aldose
アレルギー	allergy
アレルゲン	allergen
アロステリック酵素	allosteric enzyme
アンタゴニスト	antagonist
異化	catabolism
異性化酵素（イソメラーゼ）	isomerase
一塩基多型	single nucleotide polymorphisms (SNPs)
一価不飽和脂肪酸	monounsaturated fatty acid
遺伝子	gene
イソプレノイド	isoprenoid
インターロイキン	interleukin
ウラシル	uracil
エイコサノイド	eicosanoid
エキソサイトーシス	exocytosis
エンドサイトーシス	endocytosis
解糖系	glycolytic pathway
核	nucleus
核酸	nucleic acid
核小体	nucleolus
核膜	nuclear membrane
加水分解酵素（ヒドロラーゼ）	hydrolase
活性酸素	active oxygen
ガラクトース	galactose
還元酵素（レダクターゼ）	reductase
基質特異性	substrate specificity

用語	欧文表記
ギャップ結合	gap junction
胸腺	thymus
キロミクロン	chylomicron
グアニン	guanine
クエン酸回路（TCA回路）	tricarboxylic acid cycle
グリコーゲン	glycogen
クリステ	cristae
グリセロール	glycerol
グリセロリン脂質	glycerophospholipid
グリセロ糖脂質	glyceroglycolipid
グルクロン酸経路	glucuronic acid pathway
グルコース	glucose
グルコース-アラニン回路	glucose-alanine cycle
クワシオルコル	kwashiorkor
ケトース	ketose
ケト原性アミノ酸	ketogenic amino acid
ゲノム	genome
抗原	antigen
合成酵素（リガーゼ）	ligase
酵素	enzyme
抗体	antibody
呼吸鎖	respiratory chain
骨吸収	bone resorption
骨髄	bone marrow
ゴルジ体	Golgi body
コレステロール	cholesterol
細胞骨格	cytoskeleton
細胞質	cytoplasm
細胞質ゾル	cytosol
細胞小器官	organelle
細胞性免疫	cellular immunity
細胞膜	cell membrane
酸化還元酵素（オキシドレダクターゼ）	oxidoreductase
酸化酵素（オキシダーゼ）	oxidase
酸素添加酵素（オキシゲナーゼ）	oxygenase
シアノコバラミン	cyanocobalamin
脂質	lipid
シトシン	cytosine
脂肪酸	fatty acid
受容体	receptor
脂溶性ビタミン	fat soluble vitamin

用語	欧文表記
小胞体	endoplasmic reticulum
水溶性ビタミン	water soluble vitamin
ステロイド	steroid
ステロール	sterol
スファジルコリン	phosphatidyl choline (PC)
スフィンゴミエリン	sphingomyelin
スフィンゴリン脂質	sphingophospholipid
スフィンゴ糖脂質	sphingoglycolipid
スプライシング	splicing
生体膜	biological membrane, biomembrane
接着結合	adherens junction
染色体	chromosome
セントラルドグマ	central dogma
体液性免疫	humoral immunity
多価不飽和脂肪酸	polyunsaturated fatty acid
脱水素酵素（デヒドロゲナーゼ）	dehydrogenase
脱離酵素（リアーゼ）	lyase
多量ミネラル	macro-mineral
単純脂質	simple lipid
単純タンパク質	simple protein
単糖	monosaccharide
タンパク質	protein
チミン	thymine
チャネル	channel
中間代謝	intermediary metabolism
中性脂肪	neutral fat
デオキシリボヌクレオチド	deoxyribonucleotide
電子伝達系	electron transport system
転写	transcription
同化	assimilation
糖原性アミノ酸	glucogenic amino acid
糖脂質	glycolipid
糖質	carbohydrate
糖新生	glyconeogenesis
ナイーブリンパ球	naive lymphocyte
ナチュラルキラー細胞（NK細胞）	natural killer cell
ナトリウム依存性グルコース輸送体	sodium-dependent glucose transporter
ナトリウム非依存性グルコース輸送体	sodium-independent glucose transporter

用語	欧文表記
尿素回路（オルニチン回路）	urea cycle (ornithine cycle)
ヌクレオシド	nucleoside
ヌクレオチド	nucleotide
粘膜免疫系	mucosal immune system
ビタミン	vitamin
必須アミノ酸	essential amino acids
必須脂肪酸	essential fatty acid
ピリミジンヌクレオチド	pyrimidine nucleotide
微量ミネラル	micro-mineral
複合脂質	complex lipid
複合タンパク質	conjugated protein
不飽和脂肪酸	unsaturated fatty acid
プリンヌクレオチド	purine nucleotide
フルクトース	fructose
ペプチド	peptide
ペルオキシダーゼ	peroxidase
ペントースリン酸回路（五炭糖リン酸回路）	pentose phosphate cycle
飽和脂肪酸	saturated fatty acid
補酵素	coenzyme
補体	complement
ホメオスタシス	homeostasis
ポリソーム	polysome
ホルモン感受性リパーゼ	hormone-sensitive lipase
ポンプ	pump
翻訳	translation
マトリックス	matrix
マラスムス	marasmus
マンノース	mannose
密着結合	tight junction
ミトコンドリア	mitochondria
ミネラル	mineral
免疫	immunity
誘導脂質	derived lipid
リガンド	ligand
リソソーム	lysosome
リノール酸	linoleic acid
リボソーム	ribosome
リポタンパク質	lipoprotein
リン脂質	phospholipid

執筆者一覧

編者

薗田　勝　共立女子大学家政学部食物栄養学科 名誉教授
そのだ　まさる

執筆（掲載順）

薗田　勝　共立女子大学家政学部食物栄養学科 名誉教授
そのだ　まさる

正木　恭介　宮城学院女子大学生活科学部食品栄養学科 教授
まさき　きょうすけ

前田　宜昭　東都大学管理栄養学部管理栄養学科 教授
まえだ　よしあき

鎌田　弥生　順天堂大学大学院医学研究科環境医学研究所 助教
かまた　やよい

武田　篤　相模女子大学 名誉教授
たけだ　あつし

碓井　之雄　東京医療保健大学 名誉教授
うすい　ゆきお

穂苅　茂　元 埼玉医科大学医学部生化学教室 講師
ほかり　しげる

日比野康英　城西大学大学院医療栄養学専攻生体防御学講座 教授
ひびの　やすひで

島﨑　弘幸　元 人間総合科学大学健康栄養学科 教授
しまさき　ひろゆき

小山　岩雄　元 埼玉医科大学短期大学臨床検査学科 教授
こやま　いわお

木元　幸一　東京家政大学家政学部栄養学科 教授
きもと　こういち

村上　昌弘　共立女子大学家政学部食物栄養学科 教授
むらかみ　まさひろ

中島　孝則　日本薬科大学薬学部薬学科 教授
なかじま　たかのり

林　修　女子栄養大学栄養学部保健栄養学科 教授
はやし　おさむ

栄養科学イラストレイテッド

生化学

第3版

第1章 細胞の構造

Point

1 細胞の基本構造を理解する

2 細胞小器官（核，リボソーム，小胞体，ゴルジ体，リソソーム，ミトコンドリア）の機能について理解する

3 細胞膜の機能（膜電位，チャネル，ポンプ，受容体，酵素，物質の輸送，分泌と吸収）について理解する

4 細胞同士の結合のしくみについて理解する

概略図 人体の構成と階層

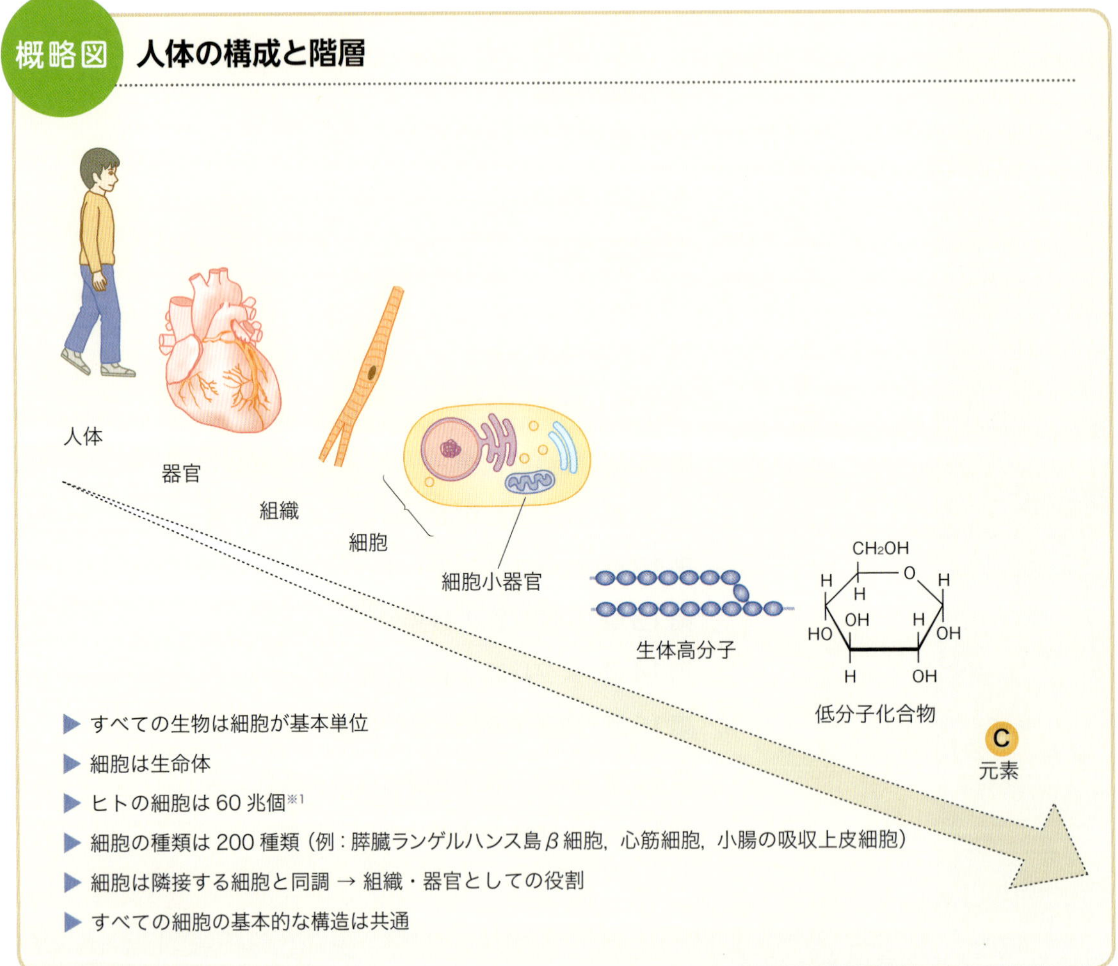

- すべての生物は細胞が基本単位
- 細胞は生命体
- ヒトの細胞は60兆個※1
- 細胞の種類は200種類（例：膵臓ランゲルハンス島β細胞，心筋細胞，小腸の吸収上皮細胞）
- 細胞は隣接する細胞と同調 → 組織・器官としての役割
- すべての細胞の基本的な構造は共通

1 細胞の基本構造

ヒトは約60兆個[※1]の細胞からなる多細胞生物[※2]である．ヒトの体を構成する細胞の種類は200種類[※3]ほどである．1個の受精卵が分裂し，多数の細胞となり個体となる．この過程で細胞は特殊な形態や機能を有する細胞群に分化[※4]し，生命活動を支えている．神経細胞，吸収上皮細胞，心筋細胞，膵臓のランゲルハンス島，脂肪細胞など（図1），細胞は組織や器官によって機能と形態はさまざまであるが，すべての細胞は基本的に共通の基本構造を有している．細胞の構造は**細胞膜**，**細胞小器官**[※5]〔オルガネラ（organelle）ともいう〕，**細胞質**，**細胞骨格**に分けられる．

2 細胞質，細胞小器官，細胞骨格

細胞質と細胞内のさまざまな細胞小器官および細胞骨格について，その構造と機能を説明する（図2）．

A. 細胞質

細胞膜と核膜の間の領域すべてを細胞質（cytoplasm）と呼ぶ．細胞質には核を除く細胞小器官が発達している．細胞内の細胞小器官を囲む細胞質の液状部分を**細胞質ゾル**（cytosol：細胞内液とも呼ばれる）という．この細胞質ゾルには電解質，栄養素，酵素が含まれ，多くの代謝反応が行われている．また，細胞の形状や運動にかかわる細胞骨格も含まれている．脂肪細胞の細胞質には脂肪滴が存在している（図1e）．

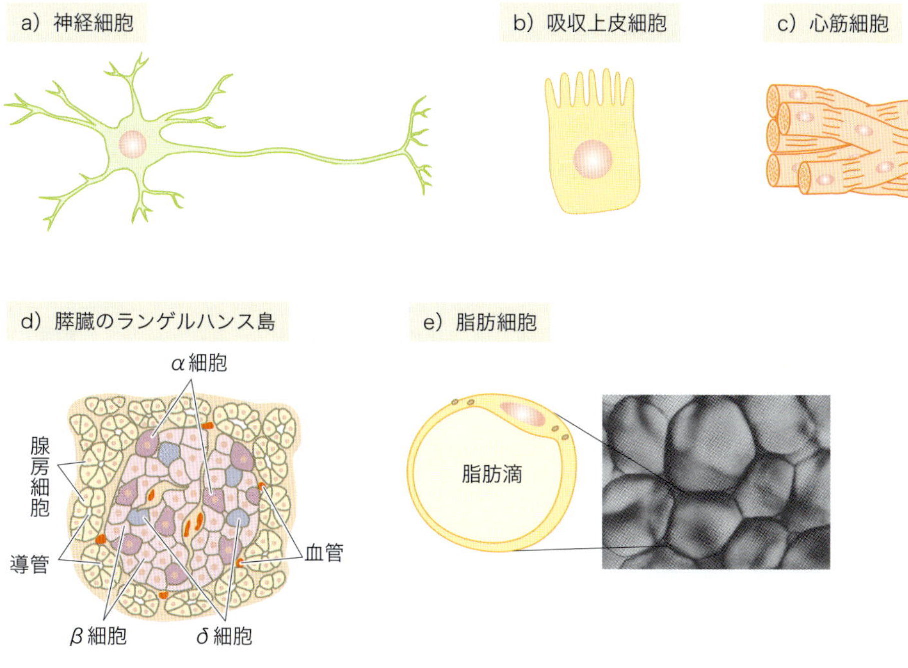

図1 細胞の多様な形態

※1 37兆2,000億個ほどだとする見解もある．

※2 **多細胞生物**：複数の細胞で構成されている生物を指す．1つの細胞のみで構成されている生物は単細胞生物という．アメーバや腸内微生物などは単細胞生物である．

※3 270種類ほどだとする見解もある．

※4 **分化**：発生したばかりの細胞は形態的・機能的に同一であるが，幹細胞を経て組織特有の形態および機能を有した細胞に変化する．この細胞の変化を分化という．分化の方向に逆行する場合は幼若化（ようじゃくか）あるいは脱分化という．

※5 **細胞小器官**：細胞の内部の分化した形態や機能をもつ構造体の総称であり，核，リボソーム，小胞体，ゴルジ体，リソソーム，ミトコンドリアなどがある．

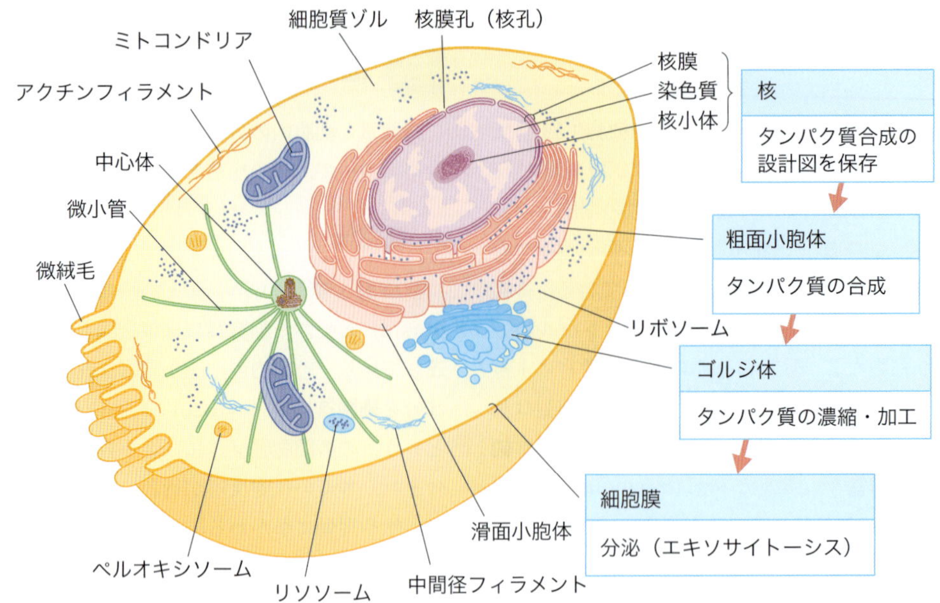

図2 細胞の基本構造と細胞小器官

B. 核

核（nucleus）は核膜[※6]で包まれ，中には遺伝情報とタンパク質の合成を支配する**DNA**が含まれている．DNAは**ヒストン**と呼ばれるタンパク質と結合し，染色質（クロマチンともいう）という複合体を形成している（第6章，p77参照）．核膜には**核膜孔（核孔）**と呼ばれる小孔があり，DNA転写（第15章，p194参照）後の**mRNA**は小孔を通って細胞質に移動する．核小体（nucleolus）は，核のなかに存在し，rRNAの転写やリボソームの構築が行われる．仁ともいわれる．生体膜によって区分されてはいない．

C. リボソーム・ポリソーム

リボソーム（ribosome）は，細胞質中に遊離しているか，小胞体と結合して存在する小顆粒である．リボソームでは，mRNAの情報をもとにタンパク質の合成が行われる（第15章，p196参照）．タンパク質合成の際，いくつかのリボソームがmRNAと結合したものは，ポリソーム（polysome）と呼ばれる．ポリソームには小胞体に結合した膜結合型と結合していない遊離型がある．遊離型から合成されたタンパク質は主に細胞内で酵素として働く．

D. 小胞体

リボソーム（ポリソーム）が結合した**粗面小胞体**（そめん）[※7]ではタンパク質の合成，**滑面小胞体**（かつめん）ではステロイドホルモンや脂質の合成，また，薬物のヒドロキシル化（水酸化）や**抱合**（ほうごう）[※8]などの解毒反応などが行われる．

E. ゴルジ体

粗面小胞体で産生されたタンパク質はゴルジ体（Golgi body）に取り込まれ，タンパク質の修飾や濃縮などを行う．ここで加工されたタンパク質は**出芽**[※9]という形で放出され，膜内のタンパク質として役割を果たすか，あるいは細胞外へ分泌される．タンパク質

※6 核膜は脂質二重層からなり，二重膜構造となっている．
※7 endoplasmic reticulum (ER)．顕微鏡写真による外観から名づけられた．リボソーム（ポリソーム）が結合した部分は点が付着したように観察されたため粗面小胞体という名がついた．
※8 **抱合**：薬物などの異物，栄養素以外の一部の食物成分，および体内由来の一部物質（ホルモン，胆汁酸，ビリルビンなど）に硫酸，グルクロン酸，グルタチオンなどの親水性分子が付加される反応をいう．解毒排泄機構の一部である．
※9 **出芽**：ゴルジ体で濃縮・加工されたタンパク質はゴルジ体膜に包まれ，小胞を形成しゴルジ体から放出される．この放出のしくみを出芽という．

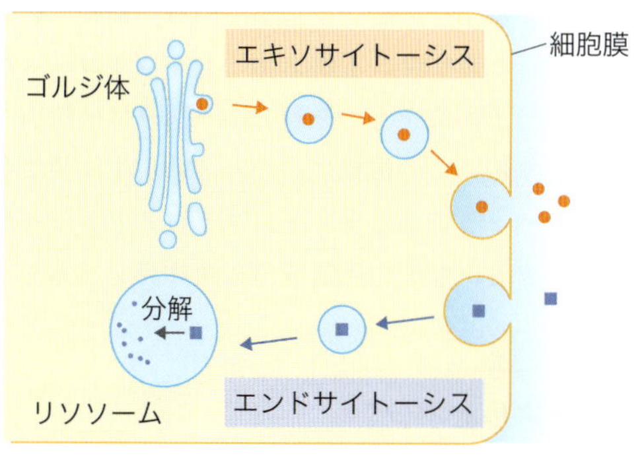

図3 エキソサイトーシスとエンドサイトーシス

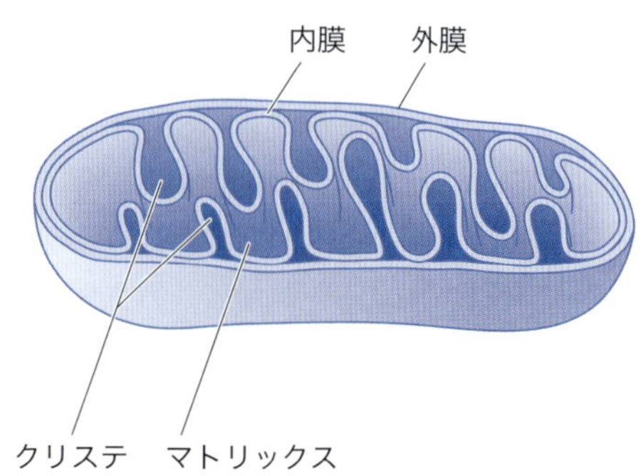

図4 ミトコンドリア
マトリックス内でクエン酸回路が進行する．内膜にはATP合成酵素が局在しており，電子伝達系による反応によりATPが産生される

の細胞外への放出は出芽小胞の膜と細胞膜の融合を伴い，このような物質の移動を**エキソサイトーシス**（exocytosis）という．逆に細胞内に膜の融合を伴い物質を取り込むことを**エンドサイトーシス**（endocytosis）という（図3）．

F. リソソーム

リソソーム（lysosome：ライソソームとも呼ばれる）は，膜で囲まれた小胞で，多種の加水分解酵素を含んでおり，病原体，不要となったタンパク質および細胞小器官の除去処理を行う，細胞内消化器官である．

G. ミトコンドリア

ミトコンドリア（mitochondria）は，**内膜**と**外膜**の2種類の膜構造をもつエネルギー産生を担当する器官である．好気的な反応により，栄養素のエネルギーをATPのエネルギーに変換する．内膜内側の空間を**マトリックス**（matrix）と呼び，内膜の折りたたみに伴うひだ状の構造部分を**クリステ**（cristae）という（図4）．

H. 細胞骨格

細胞内には線維状のタンパク質がはりめぐらされており，細胞構造の維持や運動にかかわっている．**微小管**，**アクチンフィラメント**，**中間径フィラメント**※10の大きさの異なる3種類の線維（細胞骨格：cytoskeleton）が存在する．微小管は中空構造であり，細胞内の物質移動にかかわっている．

※10 アクチンフィラメントと微小管の中間の太さのため，中間径フィラメントと呼ばれている．フィラメントとは細かい糸状の構造物を指す．

I. 中心体とペルオキシソーム

中心体は，細胞分裂の際に役割を果たすと考えられている構造体である．ペルオキシソームは，多様な物質の酸化反応を行っており，ここで酸化酵素の働きにより発生する過酸化水素は，内包するカタラーゼによって分解される．

3 生体膜

細胞膜や核膜などは共通の構造を有し，細胞小器官の膜も含め**生体膜**（biological membrane, biomembrane）という．外界を隔て，内部環境を維持するための壁としての役割だけでなく，膜では物質代謝，膜内の輸送タンパク質がかかわる物質の出入り，膜に局在する受容体（receptor）を介しての外界からの情報入手などのさまざまな機能を有する．

A. 生体膜の構造

生体膜の主成分は**リン脂質**である．リン脂質は親水性のリン酸基部分と疎水性の脂肪酸部分を合わせもつ化合物である．リン脂質の疎水性部分が向かい合い，

脂質二重層を形成している．外側には親水性のリン酸基が並び，細胞内外の環境になじむような構造をとっている（図5）．この二重層にタンパク質やコレステロールが結合している．生体膜中の脂質とタンパク質は生体膜中を動くことができ，この性質を膜の流動性という．生体膜を構成するリン脂質の脂肪酸には飽和脂肪酸と不飽和脂肪酸がある（第3章，p42参照）．生体膜中のコレステロールは生体膜の**流動性**を調節している．

B. 生体膜の機能

生体膜は酸素，二酸化炭素，水などの小さな分子は透過させることができるが，グルコースやアミノ酸などの比較的大きな分子や電荷を有するイオンなどを自由に透過させることはできない（図6）．そのため細胞内外のイオン組成は異なり，細胞内外では電位が生じる．この電位を**膜電位**という（次項参照）．細胞内の恒常性を保つ役割を細胞膜は担っている．細胞に必要な電荷をもったカリウムイオン（K^+）やグルコースなどの大型の分子構造をもつ物質の取り込みには特別な機構が存在する．この機構にかかわるのが生体膜に存在するタンパク質である．一方，ステロイドホルモンや脂溶性ビタミンなどの脂質成分は生体膜を通過できる（図6）．

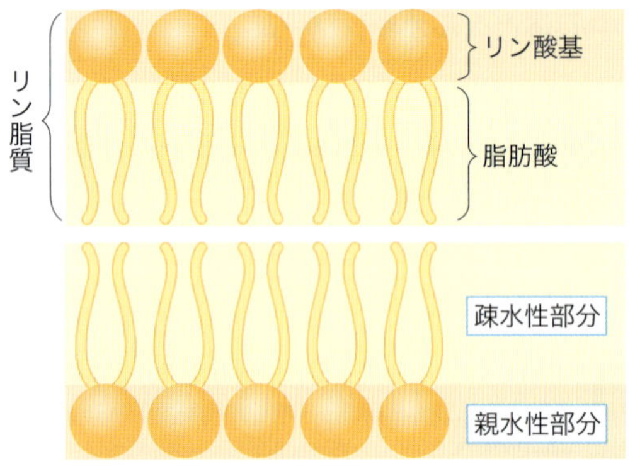

図5　生体膜の基本構造

C. チャネルとポンプ

生体膜にある膜貫通タンパク質で，特定のイオンを透過させる働きを有するものを**チャネル**（channel）という（イオンチャネルもしくはチャンネルともいう）．イオンの細胞内外への輸送の役割を行い，膜電位の維持やシグナル伝達にかかわる．このチャネルに類似するタンパク質として**ポンプ**（pump：イオンポンプともいう）がある．ポンプはチャネルと同様に膜タンパク質がかかわるが，イオンの輸送にATPのエネルギーを要する．ポンプは細胞内外の濃度勾配に逆らい，エネルギーを使いながら**能動的**にイオンを輸送するが，チャネルではイオン濃度の高いほうから低いほうへと**受動的**にイオンを輸送する．

図7に示すように，ナトリウムイオン（Na^+）は細胞内で少なく，細胞外の濃度が高い．カリウムイオン（K^+）はその逆である．外部環境の組成が細胞内の組成に反映されていない．これは，ATPのエネルギーを使ってナトリウムイオンを細胞外へくみ出し，カリウムイオンを細胞内に取り込んでいるからである※11．このように濃度勾配に逆らい，エネルギーを使って輸送するしくみを**能動輸送**という．エネルギーを使用しな

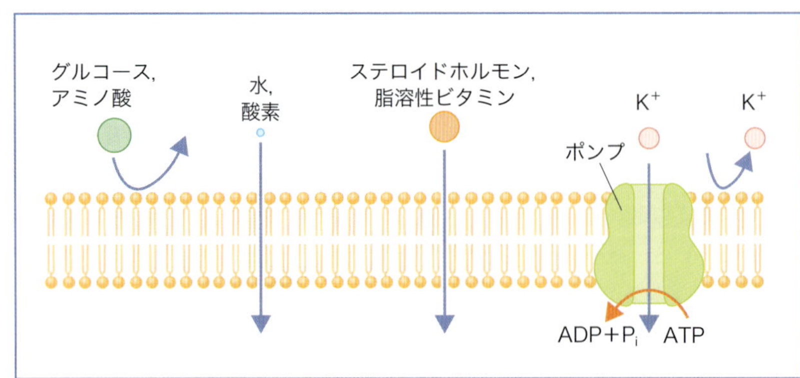

図6　生体膜の透過性

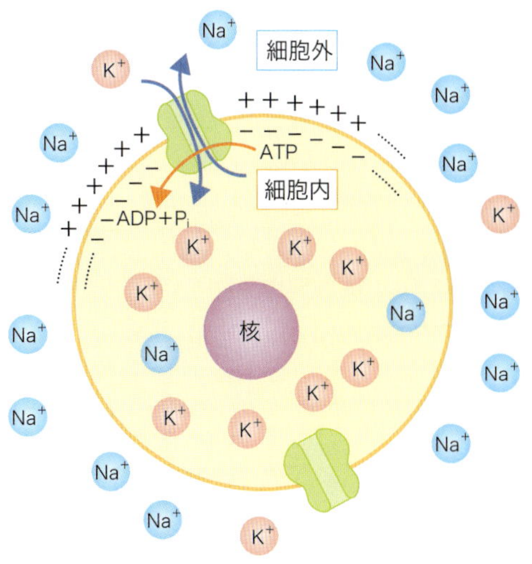

図7　細胞内外のナトリウム，カリウム濃度
ナトリウムイオン（Na^+）は細胞外液中の主要な陽イオンであり，カリウムイオン（K^+）は細胞内液に最も多い陽イオンである．この細胞内外の濃度勾配により膜電位が生じる．細胞内が負（－），細胞外が正（＋）に帯電している

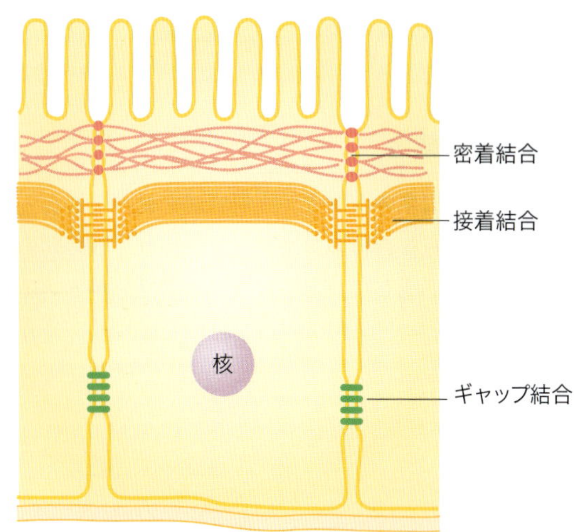

図8　細胞間の結合

い輸送は**受動輸送**という．

D. 受容体

細胞膜には情報伝達にかかわるタンパク質が存在する．組織や器官から血液を介して運搬された主な水溶性のホルモンは標的となる各種細胞の細胞膜に局在するタンパク質である**受容体**※12に結合し，細胞内へその情報が伝達され，効果が発現する．

4 細胞同士の結合

肉眼で手のひらを見ても細胞は見えない．見えるのは皮膚という組織である．けがをしていない限り，調理中に手のひらから栄養素が入り込むことはない．細胞同士がきつく結合して，手のひらを形づくる皮膚という上皮組織を形成しているからである．このように細胞は集合して器官や組織を形成する．細胞同士が集合するには細胞間の結合が必要である．細胞同士のこの結合および細胞と基底膜などとの結合を**細胞接着**といい，細胞膜に存在する膜タンパク質がこの接着に関与しており，この膜タンパク質は**接着因子**と呼ばれる．

結合の様式は，①**接着結合**（adherens junction），②**密着結合**（tight junction），③**ギャップ結合**（gap junction）に分類される．これらの結合により細胞は組織の一員として協調して代謝や運動などを行うことが可能となる（図8）．

A. 接着結合

接着性の細胞膜を貫通しているタンパク質が，隣接する細胞と結合する．この膜タンパク質※13は細胞内の**細胞骨格**と連結しており，細胞同士の協調した運動にかかわっている．

B. 密着結合

細胞間隙を分子やイオンが通過しないように細胞同士を物理的に連結し，隙間を密閉する結合様式を**密着結合**という．小腸の吸収上皮細胞の微絨毛付近では密

※11　このポンプをナトリウム-カリウムポンプ（Na, K-ポンプ）と呼び，ATPを使う酵素タンパク質であるため，ナトリウム-カリウムATPase（Na^+, K^+-ATPase）とも呼ばれる．

※12　受容体には細胞膜上のものだけではなく，細胞内の受容体や核内の受容体もある．

※13　カドヘリン，インテグリンという糖タンパク質．

着結合の様式をとっているため，栄養素が細胞間の間隙を通り抜けることはできない．上皮細胞※14は普通この結合様式をとっている．

C. ギャップ結合

細胞膜には**コネキシン**という膜貫通タンパク質からなるタンパク質複合体のコネクソンがあり，細胞間の橋渡し構造を形成している．このコネクソンがトンネルのような管状の構造をとり，チャネルとなる．この通路を通ってイオンやグルコースなどが隣接細胞の細胞質へ移動する．心筋組織などの興奮伝播にかかわっている．

※14　**上皮細胞**：体表面を覆う表皮，管腔臓器の粘膜を構成する上皮（狭義），外分泌腺を構成する腺房細胞や内分泌腺を構成する腺細胞などの総称．

Column

シュライデン，シュワンとウィルヒョーによる「細胞説」

1838年にドイツのシュライデンが「植物体の構造と機能の単位は細胞である」と，翌年の1839年にドイツのシュワンが「動物体の構造と機能の単位は細胞である」と提唱した．

20年を経て1858年にドイツのウィルヒョーが「すべての細胞は細胞から生じる」と唱えた．顕微鏡の発明により細胞の微細構造などが明らかとなり，「あらゆる生物は細胞から成り立っており，すべての細胞は細胞から生じる」という細胞説が受け入れられた．

なお，シュワンはタンパク質分解酵素であるペプシンの発見者でもある．

臨床栄養への入門

細胞の特殊性と糖尿病合併症

細胞の基本構造を学んだが，ミトコンドリアのない細胞がある．赤血球は血液中に存在する細胞であり，酸素や二酸化炭素の運搬を担うが，骨髄において造血幹細胞から分化・成熟して赤血球になり，血液中に移動する過程でミトコンドリアやリボソームを失う．同様に眼の水晶体を形成している繊維細胞にもミトコンドリアは存在しない．このように細胞小器官の一部を有さない特殊な細胞も体内には存在する．ミトコンドリアはグルコース由来のピルビン酸を原料としてATPを産生する細胞小器官であるが，ミトコンドリアをもたない赤血球や水晶体はグルコースの代謝が他の細胞と大きく異なる．

食後，血液中のグルコース濃度は上昇するが，インスリンの働きによって血液中のグルコースが各種細胞に取り込まれ，その結果，血液中グルコース濃度は食前と同じレベルまでに低下する．筋肉や脂肪組織などを形成する細胞では，グルコースの細胞内への取り込みにはインスリンに反応するグルコーストランスポーター（GLUT4）が関与している．一方，脳，赤血球，水晶体，網膜，肝臓，腎臓などの細胞・組織ではインスリンに反応しない別のグルコーストランスポーター（GLUT2）がグルコースの取り込みに関与している．

インスリンの作用不足あるいはインスリン量の不足となっている糖尿病では，血液中のグルコースは高くなる．糖尿病の合併症として網膜症，腎症，神経障害があげられるが，細胞の特殊性がこの合併症に関与している．血液中のグルコース濃度が高まった場合，大量のグルコースが網膜，水晶体，腎臓，神経細胞に流入することになる．これらの細胞内ではグルコースがアルドースレダクターゼという酵素によりソルビトール（糖アルコールの一種）に代謝される．肝臓では蓄積したソルビトールをフルクトースに代謝するが，網膜，水晶体，腎臓，神経細胞ではフルクトースへ代謝する酵素が少なく，また，ソルビトールを細胞外へ汲み出す機構がないため，ソルビトールが細胞内に蓄積する．このソルビトールの蓄積は細胞内の浸透圧を高め，細胞内に水が流入し，細胞が膨張することにつながる．糖尿病網膜症，白内障，腎症，神経障害の一因と考えられている．

なお，ソルビトールはグルコースを還元して得られる糖アルコールであり，甘味を有し，低カロリー食品の甘味料として利用されているが，摂取した大部分のソルビトールは小腸で吸収を受けず，大腸内の腸内細菌に利用されるため，糖尿病合併症の心配はないとされている．

第1章 チェック問題

問 題

- □ □ **Q1** 細胞膜を構成する脂質は何か．
- □ □ **Q2** エネルギー産生を担当する細胞小器官は何か．
- □ □ **Q3** ステロイドホルモンの合成が行われている細胞小器官は何か．
- □ □ **Q4** 細胞間の結合の様式を概説せよ．
- □ □ **Q5** エネルギーが必要な輸送をなんというか．

解答＆解説

A1 リン脂質．疎水性部分が向き合う二重構造をとり脂質二重層と呼ばれる．

A2 ミトコンドリア．クエン酸回路，電子伝達系という代謝反応はミトコンドリア内で生じている．

A3 滑面小胞体．リボソーム顆粒をもたない小胞体である．

A4 接着結合，密着結合，ギャップ結合があり，細胞間の情報伝達，物質の出入り，運動などにかかわるしくみである．

A5 能動輸送．消化管におけるグルコースの吸収もこの輸送形態である．

本書関連ノート「第1章　細胞の構造」でさらに力試しをしてみましょう！

第2章 糖 質

Point

1. エネルギー源や生体構成成分として，また生物学的情報認識分子として重要な糖質の化学構造，炭素数とカルボニル基の位置，立体異性体などを理解する
2. 主として炭素，水素，酸素の三元素からなり，$C_m(H_2O)_n$の分子式で表される糖質の種類とその特徴を理解する
3. 糖質の代謝をマスターするために必須な糖質化学のポイントを理解する

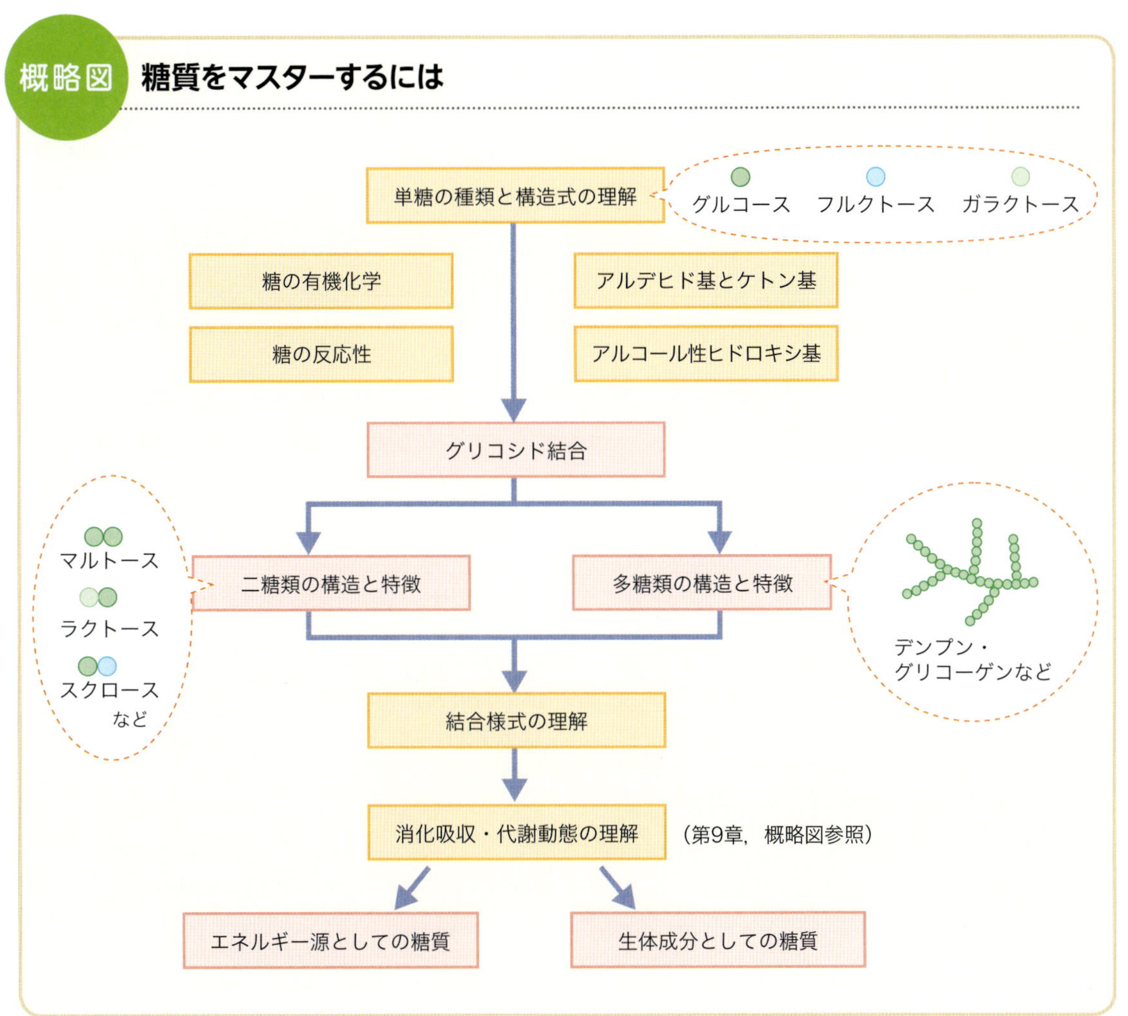

1 糖質の基礎

糖質とは，エネルギー源として最も重要であるほか，プロテオグリカンなどの生体構成成分としても大切な有機化合物である．

A. 単糖の鎖状構造

糖質の基本となる分子は単糖（単糖類）である．最小炭素数の単糖は炭素数３個（三炭糖※1）でアルデヒド基（－CHO）をもつD-グリセルアルデヒド※2あるいはL-グリセルアルデヒド（いずれも総称名はアルドース※3），およびケトン基（＞C＝O）をもつジヒドロキシアセトン（総称名はケトース）である．アルデヒド基とケトン基※4は**カルボニル基**ともいう．糖は，分子内にヒドロキシ基（－OH：大半はアルコール性ヒドロキシ基）をたくさんもったポリヒドロキシアルデヒドあるいはポリヒドロキシケトンでもあり，水に溶けやすく，結合組織※5に存在する多糖類は水を保持して粘膜や粘液の機能にかかわっている．

図１に主な単糖類を示したが，グリセルアルデヒドとジヒドロキシアセトン，グルコースとフルクトースはカルボニル基の位置が異なるだけであって，ある条件では相互の変換が可能である．このような関係を互いに**タウトマー**という．

炭水化物とも呼ばれる糖は，$C_m(H_2O)_n$あるいは$(C \cdot H_2O)_n$の分子式で表される．三炭糖は，アルドトリオースあるいはケトトリオース，または単に**トリオー**

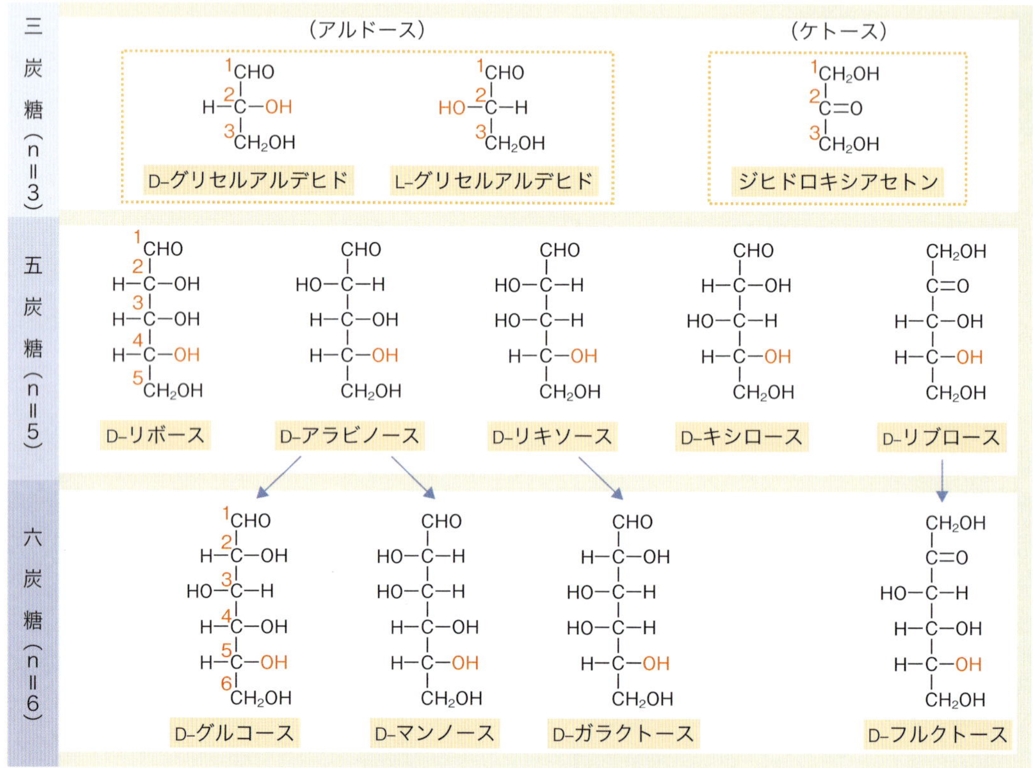

図１　フィッシャー投影式による主な単糖類

炭素数（n）が３～６個のアルドースとケトースの代表例．赤色の-OHがD-，L-型にかかわる

※1　単糖と炭糖の漢字に惑わされないように要注意．

※2　多くの糖やアミノ酸には異性体が存在するため，違いをD-とL-で表す（詳細は本項B）．D-，L-の記号は小さめの大文字（small capital）で記すように決められている．

※3　図１に示すとおり，名前の接尾語に「～ース（～ose）」がつけばアルドースを，「～ゥロース（～ulose）」であればケトースを意味すると考えて間違いない．フルクトース（fructose）のような例外もある．

※4　ケトン基は一般に還元性を示さないが，糖においてはケトン基のとなりにアルコール性ヒドロキシ基を有するオキシケトン基として還元力を発揮する．

※5　皮膚や血管壁などの結合組織では，線維状タンパク質であるコラーゲンやエラスチンがゲル状の細胞間物質の中に埋没した状態にある．

スとも呼ばれる．五炭糖は，アルドペントースあるいはケトペントース，または単に**ペントース**，六炭糖は，アルドヘキソースあるいはケトヘキソース，または単に**ヘキソース**ともいう．四炭糖[※6]のD-エリトロース（アルドース）やD-エリトルロース（ケトース），七炭糖のD-セドヘプツロース（ケトース）のリン酸化体は，ペントースリン酸回路（第9章，p116，図9参照）の代謝中間体として生体内に存在する．

B. 異性体

糖の構造は鎖状構造のフィッシャー（Fischer）投影式（あるいはフィッシャー・トレンス式）または環状構造[※7]のハワース（Haworth：ハースとも呼ぶ）投影式で表すのが一般的である（図1，2）．アルドースではアルデヒド基（－CHO）の炭素を1位と定めて番号を付し，ケトースの場合は対応するアルドースの番号に順ずる．図1の三炭糖の構造式を見ると，グリセルアルデヒドの2位の炭素（C2位）は**不斉炭素**[※8]である．C2位に結合する4つの原子と置換基はすべて異種のものであるため**鏡像異性体**[※9]が存在することになる．しかし，対応するジヒドロキシアセトンには不斉炭素がないため鏡像異性体は生じない．四炭糖以上の場合では，**アルデヒド基（－CHO）またはケトン基（＞C＝O）から1番遠い不斉炭素の絶対配置**がD-グリセルアルデヒドと同じ場合をD-型とし，その鏡像異性体をL-型と定めている．このような異性体を**エナンチオマー**ともいう．

グルコース（ブドウ糖，D-グルコースをデキストロースと呼ぶ：Glc）やフルクトース（果糖：Fru）の鎖状構造を例にとると，C5位のアルコール性ヒドロキシ基が右側にある場合がD-型である．ところで，グルコースのC2，3，4位も不斉炭素であることからそれぞれに結合するアルコール性ヒドロキシ基の向きが異なれば，それはもはやグルコースではない．グルコースC2位のヒドロキシ基の向きが逆になるとマンノース（Man）であり，C4位のそれが逆になればガラクトース（Gal）である．このような関係をそれぞれの炭素について互いに**エピマー**であるという．

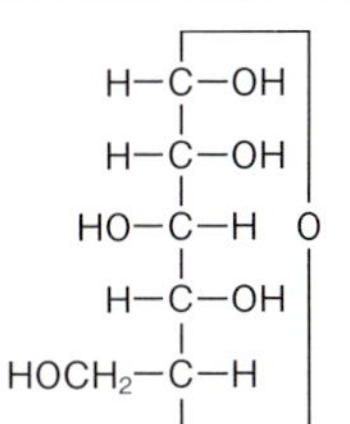

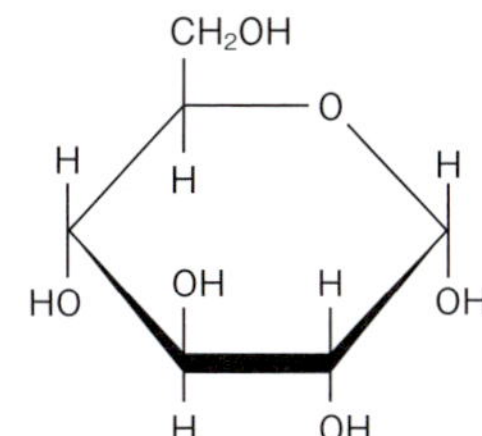

図2 グルコースの構造式

鏡像異性体ではない立体異性体を**ジアステレオマー**と呼び，エピマーもジアステレオマーである．つまり，n個の不斉炭素が存在するとき立体異性体の数は2^n個になるが，そのうちの1つの不斉炭素原子についてだけの2つのジアステレオマーを互いにエピマーという．なお，後述のアノマーもジアステレオマーであるが，アノマー炭素に限定して用いられる用語である．

ところで，天然に存在する糖の大半はD-型であるため，D-，L-が省略されている場合はD-型とみなすのが一般的である．なお，L-フコースやL-ラムノースなどはL-型が天然品である．D-，L-は**旋光度**（せんこう）[※10]の右旋性（dextro）と左旋性（levo）に由来する．D-型とL-型の生理活性は全く異なる．例えば，D-グルコースは生体内で代謝されエネルギー源となるが，L-グルコースは利用できない．そのため，代謝酵素は異性体を認識している．

C. 環状構造とアノマー

単糖の分子内に存在するアルコール性ヒドロキシ基とアルデヒド基（－CHO）あるいはケトン基（＞C＝O）は，水溶液中で互いに反応して分子内環状ヘミアセタール[※11]あるいはヘミケタール[※11]環状構造を形成

※6　アルドテトロースあるいはケトテトロース，または単にテトロースともいう．

※7　五炭糖や六炭糖は直鎖状と環状構造式の両方で記載される．水溶液中の糖の構造は99％以上がα，βの環状（本項C参照）であって，わずかの直鎖状構造と平衡状態を取っている．しかし，1％以下ではあるが直鎖状構造の存在が糖の還元性に寄与している．

※8　**不斉炭素**：互いに異なる4つの原子あるいは原子団と結合している炭素原子のこと．

※9　**鏡像異性体**：旋光性を異にするが，化学的性質は同じである立体異性体で，光学異性体と同義語である．

※10　ある化合物の層を直線偏光が透過する際に偏光面が回転すれば，その化合物は旋光性があることになる．旋光度は偏光子を備えた旋光計で測定する．なお，D-型とL-型の混合物をラセミ体という．

※11　**ヘミアセタール，ヘミケタール**：アルデヒドが水和した構造をヘミアセタールといい，ヘミは半分の意味である．アルドースの－CHOとアルコール性－OHとの縮合はその例である（図3）．ヘミケタールも同様にケトースが水和した構造である．

する（図3）．環状構造になるとアルデヒド基（−CHO）やケトン基（>C＝O）の炭素は不斉炭素（図中C）に変化すると同時にヒドロキシ基（図中OH）が新たに生じる．このヒドロキシ基を**アノマーヒドロキシ基**あるいは**グリコシド性ヒドロキシ基**と呼ぶが，アルコール性ヒドロキシ基とは性質が大きく異なる．

このようにして単糖が環状構造を形成すると，アノマーヒドロキシ基の向きにより立体異性体を生じる．フィッシャー投影式では，環を形成する酸素とアノマーヒドロキシ基が同じ向きの場合を α，反対側にある場合を β という．また，ハワース投影式では，アノマーヒドロキシ基が最も番号の大きな不斉炭素に結合した置換基と環状構造に対して反対側（D-型の構造式では下向き）にある場合を α，同じ側（D-型の構造式では上向き）にある場合を β とする（図4）．なお，この際の環状構造が六員環であればピラノースと，五員環であればフラノースとも呼ぶ．例えば，α-D-グルコピラノースや β-D-フルクトフラノースなどである．

水溶液中では開環型（アルデヒド基やケトン基が露

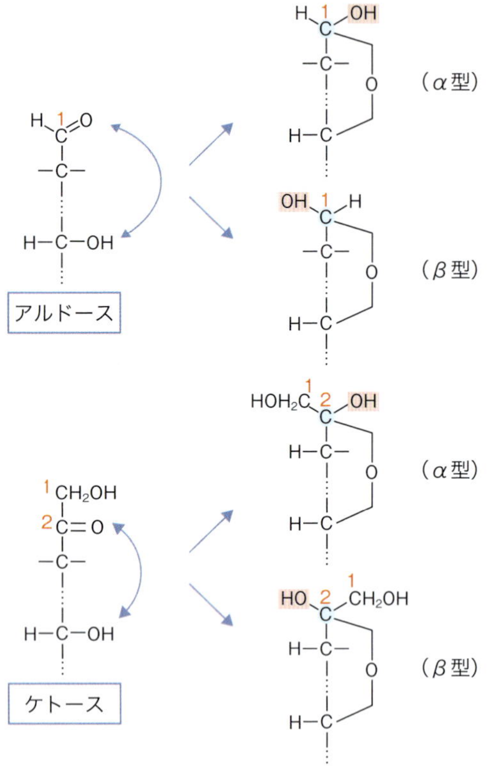

図3　糖の鎖状構造と環状構造

アルデヒド基あるいはケトン基とアルコール性ヒドロキシ基との間で結合し環状構造をとる

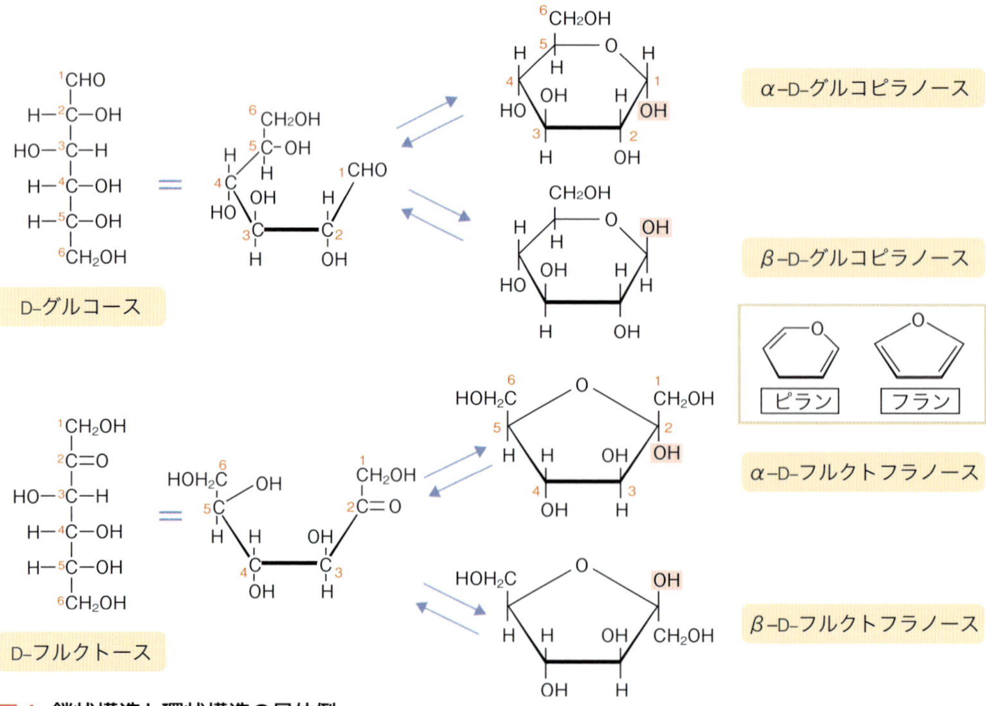

図4　鎖状構造と環状構造の具体例

アノマーヒドロキシ基（図中OH）が，最も番号の大きな不斉炭素（図は六炭糖なのでC5位）に結合している置換基（図では−CH_2OH）と環状構造に対して反対側にあるものを α-，同じ側にあるものを β-と呼ぶ

出する鎖状構造）を介してα型とβ型の相互変換が生じ，ある一定の割合で平衡状態となる．このとき旋光度も変化する（**変旋光**）．つまり，アノマーヒドロキシ基はアルデヒド基あるいはケトン基としての特徴を常に有しているので環状構造式に騙されてはいけない．しかし，アノマーヒドロキシ基が他の糖などとの結合にかかわるとアノマー構造は固定される．

D. 主な糖誘導体

単糖の化学構造が一部変化したものを誘導糖と呼ぶ（図5）．単糖のC1位が酸化されてカルボキシ基（$-COOH$）に変換されたものを総称して**アルドン酸**という．グルコースのアルドン酸はグルコン酸である．そのリン酸化体，6-ホスホグルコン酸はペントースリン酸回路（第9章，p116，図9参照）の中間体として重要である．

アルドースの第1級アルコール基（ヒドロキシメチル基），つまり，アルデヒド基（$-CHO$）から1番遠くにある$-CH_2OH$がカルボキシ基に酸化されたものを**ウロン酸**と呼ぶ．グルコースC6位が酸化されたウロン酸はグルクロン酸であり，グルクロン酸抱合※12に関与する．ヘパリン（抗凝固薬，図8参照）に含まれるL-イズロン酸もウロン酸である．

アルドースやケトースは，そのアルデヒド基（$-CHO$）あるいはケトン基（$>C=O$）が還元されると非環状のアルコールとなり，これらは**糖アルコール**（アルドース由来の場合はアルジトールともいう）と呼ばれる．グルコースの糖アルコールはグルシトール（ソルビトール）であり，リビトールやグリセロール，キシリトールも糖アルコールである．なお，六員環構造のイノシトールは細胞内の情報伝達にかかわる重要な脂質成分である．

デオキシリボース（β-D-2-デオキシリボース：リボースC2位のヒドロキシ基が還元されて生じる）のように分子内のアルコール性ヒドロキシ基が水素に置換されたものは**デオキシ糖**である．なお，L-フコース※13とL-ラムノースはともにC6位がデオキシ化（脱酸素化）されている．

アミノ糖は，分子内のアルコール性ヒドロキシ基がアミノ基（$-NH_2$）に置換された糖であり，生体成分として重要なものにグルコサミンやガラクトサミンなどがある．このアミノ基がアセチル化されたものが**複合糖質**の構成成分である*N*-アセチルグルコサミンと*N*-アセチルガラクトサミンである．情報認識など細胞

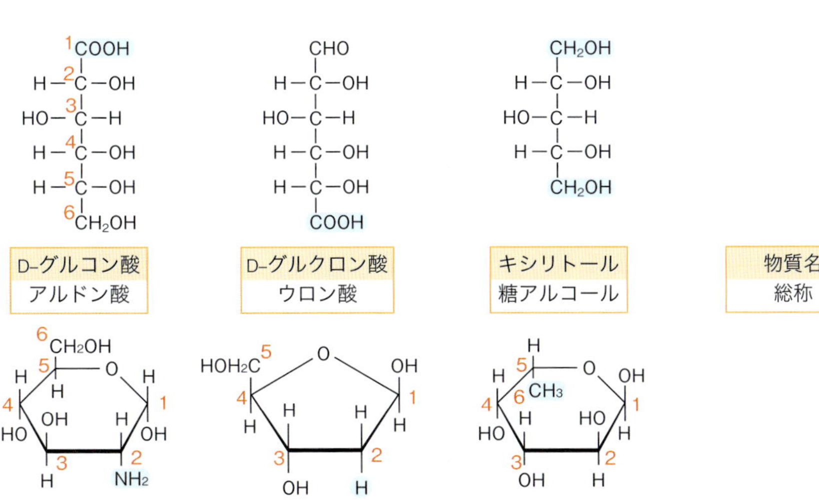

図5 主な誘導糖
アルドン酸や糖アルコールなどは環状構造をとりえないが，多くの糖では鎖状構造と環状構造が一定の割合で平衡状態となっている

※12 異物をグルクロン酸と結合させ（抱合），胆汁によって腸管に排泄．

※13 ガラクトースC6位の$-CH_2OH$が$-CH_3$（メチル基）に変換されているのでメチルペントースでもある．一般に生体内の糖の多くはD-型だが，フコースはL-型として生体に存在し糖鎖の生理活性に関与する．

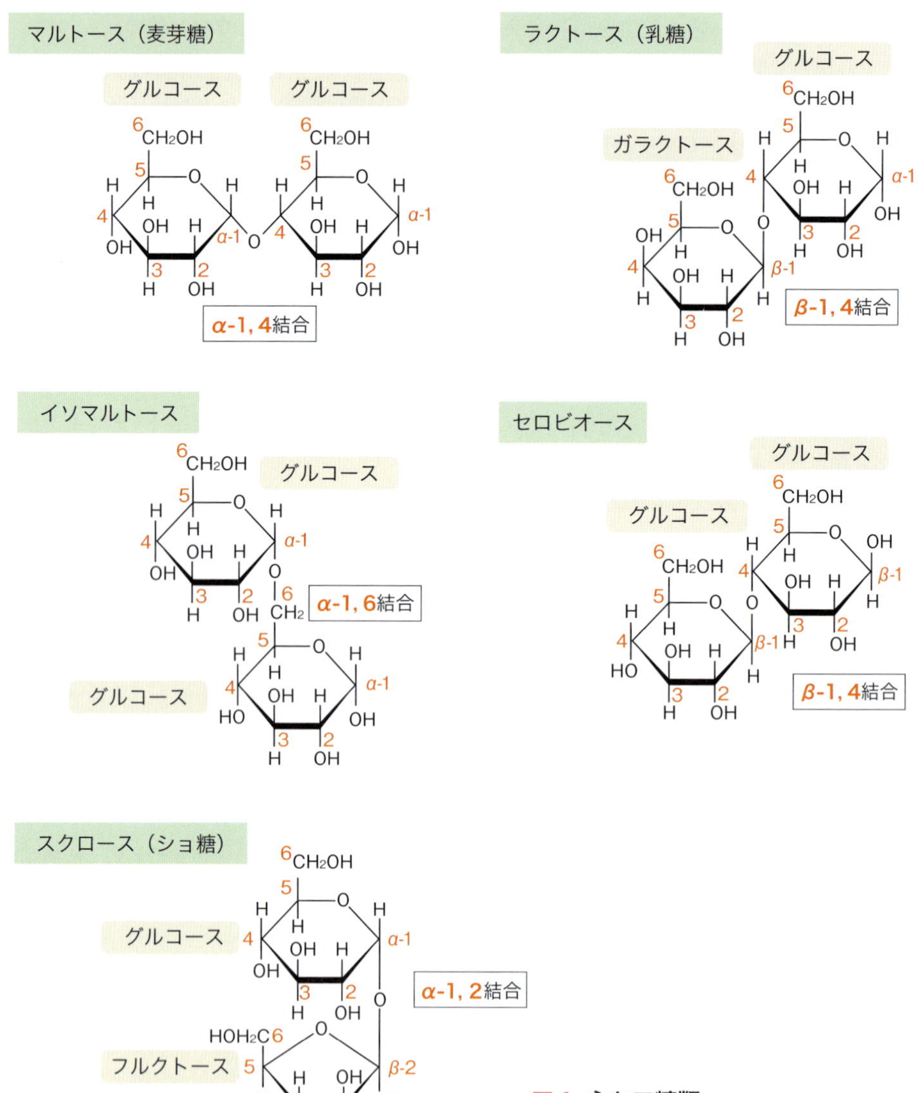

図6 主な二糖類
スクロースの構造式の理解は注意を要する

膜の機能にかかわるシアル酸は，*N*-アセチルマンノサミンとピルビン酸の縮合体である*N*-アセチルノイラミン酸とその誘導体を指す．

2 糖質の分類

A. 主な二糖類

2個以上10個程度の単糖が**グリコシド結合**※14により縮合したものを少糖類（オリゴ糖）と呼ぶが，天然に存在するその多くは二糖類である．代表的な二糖類を図6に示したが，還元性二糖類と非還元性二糖類に分けられる．

2つの単糖が結合する際には，反応性の高いグリコシド性ヒドロキシ基（アノマーヒドロキシ基）が他の単糖のアルコール性ヒドロキシ基と縮重合することが多く，生じる二糖類の多くは還元性にかかわるアノマーヒドロキシ基が遊離の状態にある（還元性二糖類）．

マルトースは，2分子のグルコースが α-1,4 グリコ

※14 グリコシド結合とは一般に糖が脱水縮合し，エーテル結合したものを指すが，グルコースが結合した場合にはグルコシド結合とも呼ぶ．

構造式　直鎖構造（α-1,4結合）と枝分かれ構造（α-1,6結合）

グルコースの略号

図7　アミロペクチン（グリコーゲン）の構造
アミロペクチンとグリコーゲンでは分枝の頻度が異なる

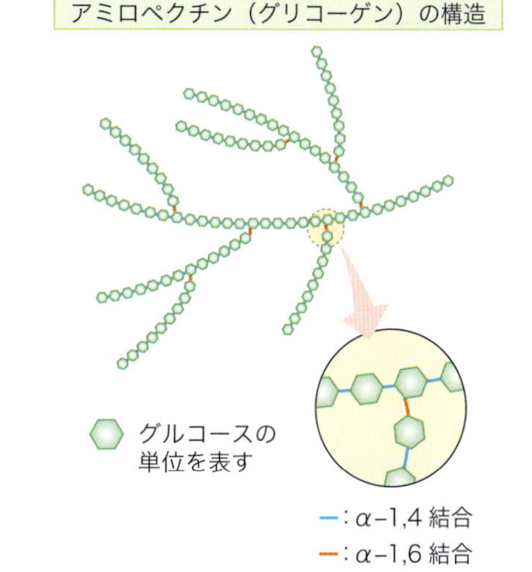

シド結合したものであるが，セロビオースは2分子のグルコースが β-1,4グリコシド結合している．グリコシド結合が切断されれば両者ともに2分子のグルコースを生じることになるが，消化酵素のマルターゼはセロビオースを分解できない．両者の相違はグルコースの結合様式のみであるが，マルターゼは α-1,4グリコシド結合だけを認識できるのである．イソマルトースは2分子のグルコースが α-1,6グリコシド結合したものであって，アミロペクチンの分岐鎖構造部分に相当する（図7）．

ガラクトースのアノマーヒドロキシ基がグルコースC4位のアルコール性ヒドロキシ基にグリコシド結合したものがラクトースである．ラクターゼは，この β-1,4結合を分解する．

スクロース〔α-D-グルコピラノシル-（1→2）-β-D-フルクトフラノシド〕は，グルコースC1位（α型）とフルクトースC2位（β型）のアノマーヒドロキシ基同士が α-1,2グリコシド結合したものである．スクロースは，開環可能なアノマーヒドロキシ基がなく，したがって非還元性二糖類である．

B. 主な多糖類

多糖類は，少糖類と同様に単糖が**グリコシド結合**したものであるが，その重合度が単糖10個以上のものを指す．構成単糖が同一種類のものを**ホモ多糖**（**単純多糖**），2種類以上の異なる単糖から構築されている場合を**ヘテロ多糖**（**複合多糖**）という．

1）ホモ多糖

ホモ多糖には，高等植物の貯蔵多糖であるデンプン，動物の貯蔵多糖で肝臓や骨格筋に特に多いグリコーゲン，構造多糖に分類される高等植物の細胞壁成分のセルロースなどがある．

デンプンはアミロースとアミロペクチンの混合物である．アミロースは数百分子のグルコースが α-1,4グリコシド結合で一列につながったものであるが，グルコース残基6個で1回転するらせん構造（右巻きヘリッ

※15　アミロースのらせん構造もタンパク質の α ヘリックス構造（二次構造）と同様に水素結合で安定化されている．セルロースではグルコースが逆向きに結合するため，隣り合うセルロース鎖間で水素結合が形成され，タンパク質の β シート構造のように安定化する．

クス)※15をとる．同様にグルコースが β-1,4結合で重合したセルロースはらせん状とはならず線維状構造を示す．アミロペクチンはアミロースから α-1,6結合で分枝した構造をもつグルコースの重合体で，グルコース分子数は数万〜数十万にもなる巨大高分子であって，デンプンの粘着性にかかわる（図7）．

動物細胞の細胞質に顆粒として貯蔵されるグリコーゲンは，グルコースの重合体でアミロペクチンと類似の構造を示すが，分枝の頻度はアミロペクチンよりも高い（第9章，p111参照）．甲殻類などに含まれるキチンは*N*-アセチル-D-グルコサミンのホモ多糖で β-1,4グリコシド結合による重合体である．

2）ヘテロ多糖

ヘテロ多糖は植物由来と動物由来で大きく異なる．植物由来のヘテロ多糖には，アガロースとアガロペクチンからなる寒天，マンノースとグルコースの β-1,4重合体であるグルコマンナンやキシロースやアラビノースなどで構成されるヘミセルロースなどがある．

一方，動物組織由来のヘテロ多糖，グリコサミノグリカン（ムコ多糖）はアミノ糖を含む酸性多糖であって，アミノ糖とウロン酸あるいはガラクトースからなる二糖単位のくり返し長鎖構造を示し，硫酸基を含む場合もある．グリコサミノグリカンは，細胞間物質，特に血管壁や軟骨，腱，皮膚などの結合組織に含まれている．ヒアルロン酸，コンドロイチン硫酸，ヘパリンを図8に示すが，特徴的なくり返し二糖単位で構成されている．

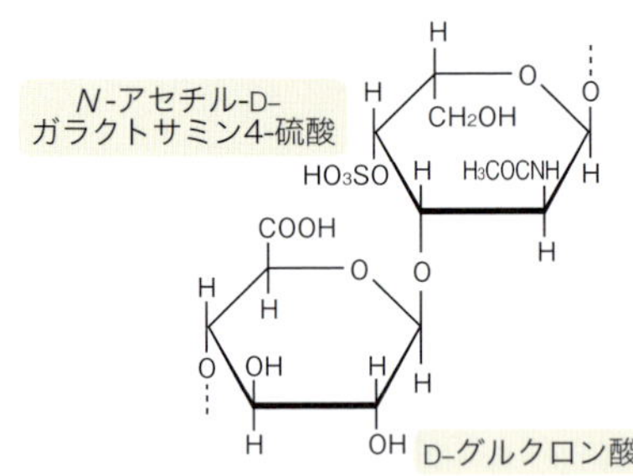

図8 主な複合糖質の二糖単位
硫酸基（$-OSO_3H$）を $-OSO_3^-$，カルボキシ基（$-COOH$）を $-COO^-$ と表記することもある

Column

糖質の過剰摂取は活性酸素産生を引き起こす？

にわかには信じられないことであるが，Dandonaらの研究論文によると，75 gのグルコース摂取によりヒト白血球系細胞のNADPH-オキシダーゼが活性化されて生体内の酸化ストレスが上昇するという（J Clin Endocrinol Metab, 2000）．また，高血糖に起因した活性酸素産生は，解糖系の鍵酵素であるグリセルアルデヒド-3-リン酸デヒドロゲナーゼを阻害するなどさまざまな議論がある（Tvn NN et al：World J Diabetes 8：235-248, 2017）．

ところで，普段私たちは，耐糖能試験を除けば，これほど大量のグルコースを直接摂取することはない．茶碗一杯に含まれているデンプンの量を50 g程度として，この量に相当するグルコースを等張液にしてみると1 Lほどの甘い溶液になる．

アミロペクチンはグルコース分子を大量にグリコシド結合した巨大分子であるから浸透圧に影響を与えることはないが，相当量のグルコースを一気に摂取すれば血糖値の急上昇とともに体液の浸透圧にも変化が生じるほか，活性酸素産生の可能性などがあるかもしれない．

日々摂取する糖質の大部分が高分子化合物のデンプンであることは意義深いことである．

C. 複合糖質

生体内のヘテロ多糖はタンパク質や脂質と共有結合しており，複合糖質という．複合糖質は，タンパク質に糖鎖が共有結合した**糖タンパク質**，コアタンパク質に糖鎖（グリコサミノグリカン）※16が共有結合した**プロテオグリカン**（糖タンパク質でもある）およびスフィンゴ糖脂質やグリセロ糖脂質からなる**糖脂質**に分類される．

細胞外に分泌される分泌タンパク質や細胞膜上で細胞外に局在するタンパク質は糖鎖を結合している糖タンパク質であって，*N*-結合型糖鎖と*O*-結合型糖鎖の２種類が知られている．グリコサミノグリカンとの複合体であるプロテオグリカンは皮膚や軟骨などの結合組織に多く含まれていて，保水などの機能を示すほか，丈夫さとしなやかさの付与にかかわっている．スフィンゴ糖脂質には，セラミドに糖が結合したセレブロシドやガングリオシドがある．

抗体やホルモン，サイトカイン，各種増殖因子などは糖鎖をもった糖タンパク質であるほか，小腸上皮粘膜細胞微絨毛の表面は糖鎖（グリコカリックス）で覆われていて，腸内細菌の侵入を防ぎつつ栄養素の吸収に寄与している．

※16 遺伝情報にしたがって合成されるタンパク質のなかには，糖鎖が結合してはじめて生物活性を発揮するものがある．

糖質制限食と必須糖

炭水化物150 g/日を取りあえずのラインとする糖質制限食が糖尿病治療食の選択肢の１つとして日本糖尿病学会で提言された（2013年３月）．この糖質制限食は，糖質量をこのレベルまで減らせばカロリーはそれほど気にしなくても良いとする案である．

生命維持に一番大切なものはエネルギー分子のATP産生であるが，それが何から誘導されるかといえば言わずもがな熱量素である．それらは，糖質のグルコース，脂質の脂肪酸，タンパク質を構成するアミノ酸の炭素骨格とケトン体であることは確かだ．また，脂質成分のグリセロールと多くのアミノ酸はグルコースに転換されて熱量素として利用されるから話は複雑である．

ところで，グルコースを環状構造で表すとアルデヒド基が消えてしまうように見えるが，水溶液中のそれはα型とβ型，そしてアルデヒド型の３種が平衡状態を保っている．つまり，環状式で記されていてもアルデヒド基が存在するのである．そのため，グルコースの反応性はとても高く，グルコースは生体成分を容易に糖化するなど危険な分子なのである．実際，その多くは*in vitro*の結果だが，食後高血糖（Postprandial Hyperglycemia）が血管内皮細胞を傷害し，動脈硬化進展に繋がるとする研究論文は少なくない．

しかし，グルコースが数百分子も重合した多糖類において，アルデヒド基の数は少ない．それは，α-1,4結合などでアルデヒド基（グリコシド性ヒドロキシ基）がグルコース分子相互の結合に関わるから，その重合体には遊離可能な高反応性アルデヒド基はわずかなのである．したがって，植物のデンプンも，動物のグリコーゲンも不活性となり貯蔵に適しているのである．もし，数百・数千分子のグルコースを単体で貯めこむとするならばそれは危険極まりないことであろう．

そして，消化吸収されたグルコースが血管内皮細胞などにグルコース輸送体を介して積極的に取り込まれ代謝されると活性酸素が漏出する可能性は高まる．つまり，糖質である「めし」の摂取量が多くなれば活性酸素の生成量も増えるとする考え方である．そうであるならば，「めし」の摂取量を制限することにより食後高血糖に基づく内皮細胞障害が低減され，引いては糖尿病の改善やその予備軍における予防的効果が期待されるとするのが「糖質制限食」の考え方なのであろう．

必須脂肪酸や必須アミノ酸は存在するが，必須糖は知られていない．なぜだろうか．

第2章 チェック問題

問 題

□□ **Q1** 代謝酵素は，グルコースのD-型とL-型を区別するか．

□□ **Q2** 炭素数が7個の単糖は天然に存在するか．あるとすれば，それは何か．

□□ **Q3** グルコサミンはアミノ糖である．どの位置にアミノ基があるのか．

□□ **Q4** グルクロン酸とは，どのような構造をしているのか．

□□ **Q5** フィッシャー投影式において，グルコースがα型であるならば．C1位のアノマー性ヒドロキシ基はどの方向にあるか．

□□ **Q6** 二糖類のスクロースは，どのような2種の単糖が，いかなる様式で結合したものか．

□□ **Q7** ヒアルロン酸は，どのような糖で構成されているか．

解答＆解説

A1 酵素の基質に異性体がある場合，一般論として酵素はその相違を認識する．例えば，生体内のヘキソキナーゼはD-グルコースのみを基質とする．

A2 七炭糖のセドヘプツロースが存在する．セドヘプツロースは，ペントースリン酸回路の中間体である．

A3 グルコサミンは，グルコースのC2位にアミノ基が存在する．

A4 ウロン酸であるグルクロン酸は，グルコースのC6位がカルボキシ基となった構造である．

A5 C1位のアノマー性ヒドロキシ基が環状構造を形成する酸素と同じ側にある場合をα型と呼ぶ．

A6 グルコースとフルクトースがα-1,2結合しているのが，スクロースである．

A7 ヒアルロン酸は，D-グルクロン酸と*N*-アセチルD-グルコサミンのくり返し構造で成り立っている．

本書関連ノート「第2章　糖質」でさらに力試しをしてみましょう！

第3章 脂質

Point

1. 脂質は，有機溶媒に可溶で，水に溶けにくい性質をもっていることを理解する
2. 脂質は，生体にとって主要なエネルギー源になっているほか，生体膜の構成成分，ステロイド化合物の原材料，生理機能調節作用などの役割を担っていることを理解する
3. 脂質は，その構造に基づき，①単純脂質，②複合脂質，③誘導脂質の３種類に大別されることを理解する

概略図 脂質の特徴と分類

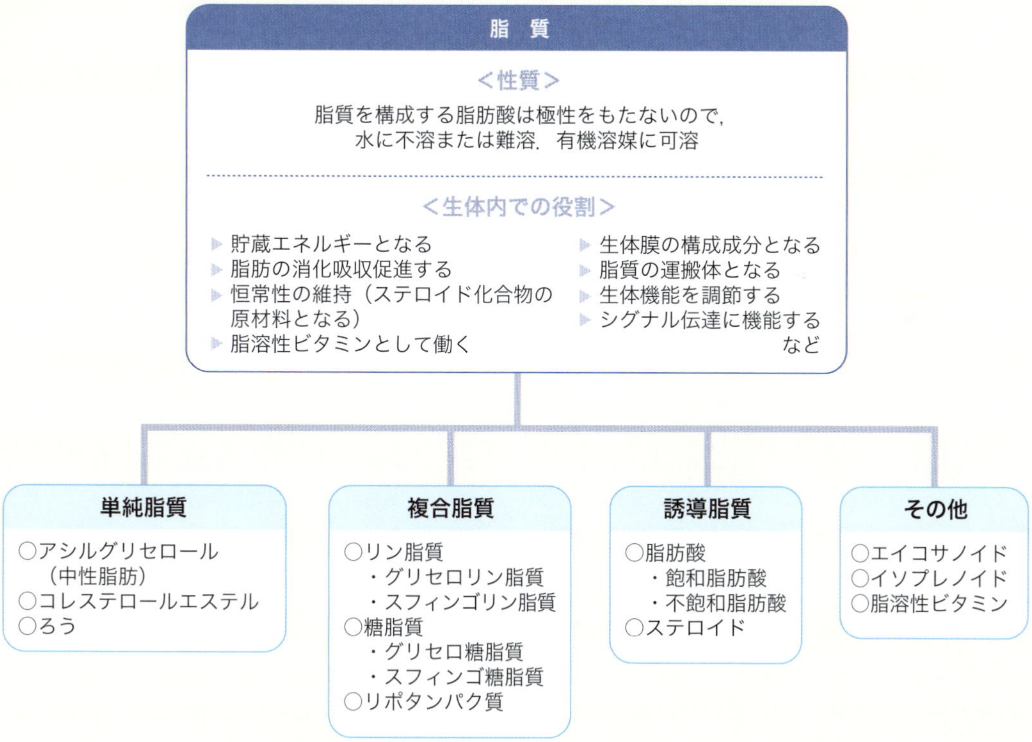

脂　質

<性質>

脂質を構成する脂肪酸は極性をもたないので，
水に不溶または難溶．有機溶媒に可溶

<生体内での役割>

- 貯蔵エネルギーとなる
- 脂肪の消化吸収促進する
- 恒常性の維持（ステロイド化合物の原材料となる）
- 脂溶性ビタミンとして働く
- 生体膜の構成成分となる
- 脂質の運搬体となる
- 生体機能を調節する
- シグナル伝達に機能する

など

単純脂質

○アシルグリセロール
（中性脂肪）
○コレステロールエステル
○ろう

複合脂質

○リン脂質
・グリセロリン脂質
・スフィンゴリン脂質
○糖脂質
・グリセロ糖脂質
・スフィンゴ糖脂質
○リポタンパク質

誘導脂質

○脂肪酸
・飽和脂肪酸
・不飽和脂肪酸
○ステロイド

その他

○エイコサノイド
○イソプレノイド
○脂溶性ビタミン

1 脂質の基礎

脂質（lipid）は，ベンゼン，エーテル，クロロホルムなどの有機溶媒には一般に可溶であるが，水には不溶あるいは難溶性を示す物質の総称である．この有機溶媒に可溶で，水に不溶（難溶）な性質は，脂質が極性をもたない長い鎖状あるいは環状の炭化水素により構成されているためであり，極性分子の溶媒である水になじみにくく，疎水性を示すからである．疎水結合により脂質分子同士が集合しあって特徴的な構造体を形成することで，表1に示すようにさまざまな役割を担っている．

脂質を化学構造から大別すると，表2のように，**単純脂質**（simple lipid），**複合脂質**（complex lipid）および**誘導脂質**（derived lipid）に分類できる．

※1　アシル基はふつうカルボン酸（R－COOH）からOHを取り除いたR－CO－のことをいう．
※2　**トリアシルグリセロール**：中性脂肪の他にトリグリセリド（triglyceride）とも呼ばれるが，国際的にはトリアシルグリセロールを使用することになっている．

2 脂質の分類

A. 単純脂質

1）アシルグリセロール（中性脂肪）

単純脂質は，脂肪酸（本項C参照）とアルコール（p40，「Column」参照）のエステルである．脂肪酸とグリセロール（グリセリンともいう）のエステル化したものを**アシルグリセロール**（acylglycerol）といい，一般構造は，図1に示したように，3価のアルコールであるグリセロールにエステル結合（－COO－）したアシル基[※1]の数によりトリアシルグリセロール[※2]（TG：脂肪酸が3個），ジアシルグリセロール（DG：脂肪酸が2個），モノアシルグリセロール（MG：脂肪

表1　生体内での脂質の役割

貯蔵エネルギー	中性脂肪：単位重量あたりの熱量（9 kcal/g）が高い（タンパク質や糖質は4 kcal/g）．皮下や腹腔に貯蔵され，体温の放散を防ぎ，内臓を保護する役割もある
生体膜の構成成分	リン脂質など（脂質二重層を形成して細胞膜などの基本構造をなす）
脂質の消化吸収促進	胆汁酸（界面活性剤として脂質の消化を助ける）
脂質の運搬体	リポタンパク質〔キロミクロン（カイロミクロン），VLDL，LDL，HDL〕
恒常性の維持	ステロイドホルモン（性ホルモン，副腎皮質ホルモンなど）
生体機能調節	プロスタグランジン，ロイコトリエン，トロンボキサンなど
脂溶性ビタミン	ビタミンA，D，E，K
シグナル伝達	ジアシルグリセロール，イノシトール三リン酸など

Column

水に溶けるもの，溶けないもの

水は比較的よく物を溶かす．しかし，水に溶ける物はイオン性物質もしくは極性のある非イオン性物質に限られる．極性とは，分子内の電子分布に偏りがあり，電気的に分極した状態にあることをいう．

食塩（塩化ナトリウム）は，水中でイオン（Na^+とCl^-）になって電荷をもつので水に溶けやすい．極性のある非イオン性物質であるスクロースは，イオンをもたないが，電気的に偏りをもつヒドロキシ基（－OH）をもつので水に溶けやすい．

水のような極性溶媒中では，極性をもたない溶質，非極性物質は，極性溶媒の電荷からの反発を受けるので，散らばって存在する（混ざる状態）よりは，自らが固まり合って水との接触面を最小にしようとする．したがって水に拡散できずに溶けない．いわゆる油の類（極性のない非イオン性物質）は水には溶けにくい．

有機溶媒であるベンゼン自体は極性がない非イオン性物質なので水には溶けにくいが，ベンゼン環にニトロ基が付いたニトロベンゼンは水に溶けやすくなる．

酸が1個）に分けられる．電気的に中性である（電荷をもたない）ことから，アシルグリセロールは**中性脂肪**（neutral fat）とも呼ばれる．

なかでもトリアシルグリセロールは，主にエネルギー貯蔵物質として動植物界に広く存在する．動物では脂肪細胞に中性脂肪として貯蔵されている．また，コレステロールとエステル化したものが，輸送タンパク質と結合してリポタンパク質となって血液中を循環している．ジアシルグリセロールはイノシトール三リン酸（IP_3）と協同してホスホリパーゼCを介するシグナルのセカンドメッセンジャーとして働くことが知られている．

2）コレステロールエステル／ろう

また，コレステロールのヒドロキシ基（－OH）に脂肪酸がエステル結合した**コレステロールエステル**，さらに長い炭素鎖のアルコールと脂肪酸が結合した**ろう**（wax）なども単純脂質に含まれる．

B. 複合脂質

複合脂質は，アルコールと脂肪酸のエステルに加えて，その分子内にリン酸，糖，あるいは含窒素化合物を含むため，1つの分子内に疎水性の炭化水素と親水性の極性基の両方を併せもつ極性脂質（**両親媒性**）である．このため，石鹸のような界面活性剤の作用を示す．一般にアセトンには溶けにくい．複合脂質は，**リン脂質**（phospholipid）と**糖脂質**（glycolipid）に大別される．

1）リン脂質

リン脂質は，**グリセロリン脂質**（glycerophospholipid）と**スフィンゴリン脂質**（sphingophospholipid）に分けられ，主として動植物や微生物の生体膜を形成する必須成分である（第1章，p22，図5参照）．生体膜に存在するリン脂質は，ホスホリパーゼCにより加水分解され，イノシトール三リン酸とジアシルグリセロールを生成し，細胞のシグナル伝達に機能する．

表2 脂質の分類

A. 単純脂質：脂肪酸と各種アルコールとのエステル*の総称
①アシルグリセロール（中性脂肪）：脂肪酸とグリセロールとのエステル （例：トリアシルグリセロール，ジアシルグリセロール，モノアシルグリセロール） ②コレステロールエステル：脂肪酸とステロールとのエステル （例：エステル型コレステロール） ③ろう：長鎖脂肪酸と高級脂肪族アルコールとのエステル （例：蜜蝋など）
B. 複合脂質：脂肪酸とアルコールに加えて，リン酸，糖などのその他の成分が結合した複合体
①リン脂質：脂肪酸とグリセロールまたはスフィンゴシン，リン酸，窒素化合物が結合した複合体 a. グリセロリン脂質　：ホスファチジルコリン（レシチン），ホスファチジルエタノールアミン，ホスファチジルセリン，ジホスファチジルグリセロール（カルジオリピン），ホスファチジルグリセロール，ホスファチジルイノシトール b. スフィンゴリン脂質：スフィンゴミエリン，セラミドシリアチン ②糖脂質：脂肪酸とグリセロールまたはスフィンゴシン，リン酸，糖が結合した複合体 a. グリセロ糖脂質　：さまざまな糖が結合したジグリセリド，セミノリピド b. スフィンゴ糖脂質：セレブロシド，グロボシド，スルファチド，ガングリオシド ③リポタンパク質：トリアシルグリセロール，コレステロール，コレステロールエステル，リン脂質，タンパク質により構成 <リポタンパク質の種類>キロミクロン（カイロミクロン），VLDL，LDL，HDL
C. 誘導脂質：単純脂質や複合脂質の代謝産物あるいは加水分解で生じる誘導物
①脂肪酸：飽和脂肪酸，不飽和脂肪酸 ②ステロイド：胆汁酸，性ホルモン（テストステロン，エストラジオール），副腎皮質ホルモン（コルチゾール），プロビタミンD類，遊離型コレステロールなど
D. その他の（誘導）脂質
①エイコサノイド プロスタグランジン，ロイコトリエン，トロンボキサンなど ②イソプレノイド（テルペノイド） スクアレン，カロテノイド，ビタミンA，E，Kなど ③脂溶性ビタミン ビタミンA，D，E，K

＊ エステル：カルボン酸（R-COOH）とアルコール（R-OH）やフェノール類が脱水反応したとみなせる化合物．分子構造中にエステル結合（－COO－）が存在する．広義には酸とアルコールやフェノール類からの化合物の総称をいう．

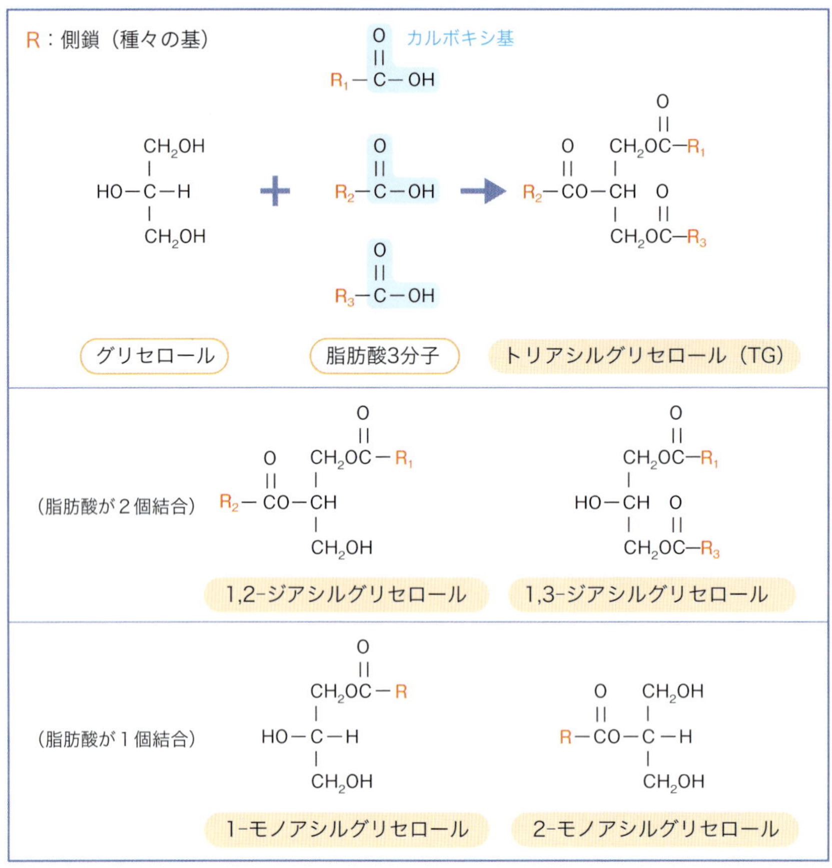

図1　アシルグリセロール

①グリセロリン脂質

リン脂質はトリアシルグリセロールに似ているが，グリセロールの1位と2位に脂肪酸，3位にリン酸が置き換わったものを基本骨格にもつリン脂質をグリセロリン脂質と呼ぶ．一般構造は図2に示すように，リン酸基にコリンやエタノールアミンなどの塩基が結合したものを，それぞれホスファチジルコリン〔phosphatidyl choline：PCと略し，**レシチン**（lecithin）とも呼ぶ〕，

Column

アルコールには高級と低級がある?

アルコールとは，アルカン分子の－Hがヒドロキシ基（ヒドロキシル基：－OH）で置き換わった構造を有する化合物をいう．分子中のヒドロキシ基の数によって一価アルコール，二価アルコール，三価アルコール（グリセリン）などといい，二価以上のアルコールを多価アルコールという．高級アルコールの『高級』とは，分子中のヒドロキシ基の数でなく，アルカン分子の炭素原子の数が多い（分子量が大きい，炭素原子数が12個以上のドデカノールから）という意味である．炭素原子の数の少ないメタノール（メチルアルコール）やエタノール（エチルアルコール）は低級アルコールという．低級アルコールは無色の液体であり，高級アルコールは蝋状の固体である．

高級・低級といった分類は，アルコール以外にも高級脂肪酸や低級アルデヒドなど一般に広く使われている．

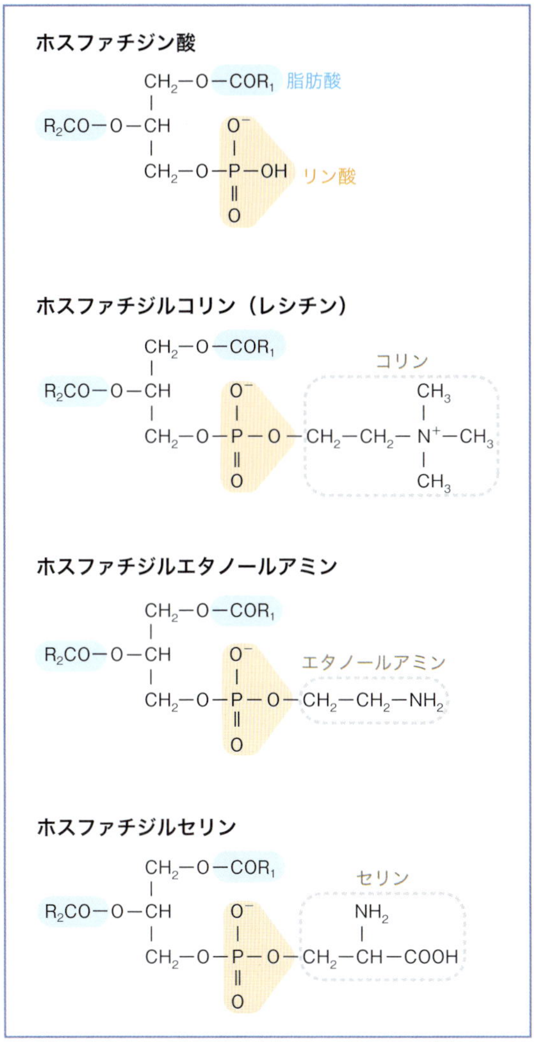

ホスファチジン酸

脂肪酸

リン酸

ホスファチジルコリン（レシチン）

コリン

ホスファチジルエタノールアミン

エタノールアミン

ホスファチジルセリン

セリン

図2 グリセロリン脂質

基本の構造となるホスファチジン酸．さらにコリンが結合したホスファチジルコリン，エタノールアミンが結合したホスファチジルエタノールアミン，セリンが結合したホスファチジルセリンが代表的である

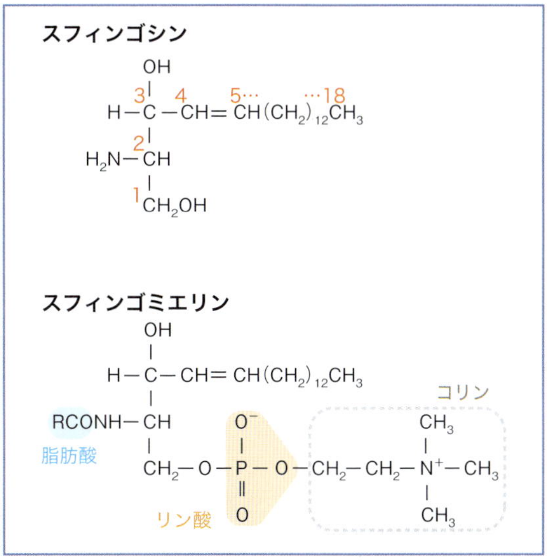

スフィンゴシン

スフィンゴミエリン

脂肪酸

リン酸

コリン

図3 スフィンゴリン脂質

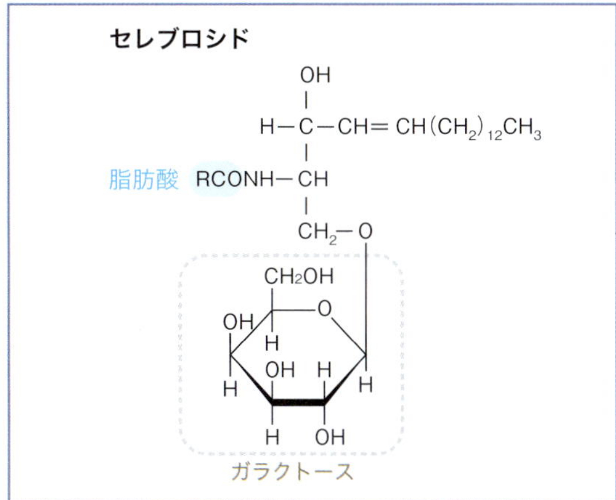

図4 スフィンゴ糖脂質

スフィンゴシンに脂肪酸と糖が結合．セレブロシドは糖としてグルコースやガラクトースが結合する

ホスファチジルエタノールアミン（phosphatidyl ethanolamine：PE）と呼び，生体を構成する主要なリン脂質である．グリセロリン脂質は，セカンドメッセンジャーとしても重要な役割をもつ（第16章，p216参照）．このほかにもホスファチジン酸（phosphatidic acid：PA），ホスファチジルイノシトール（phosphatidyl inositol：PI）およびホスファチジルセリン（phosphatidyl serine：PS）が代表的なものとしてある．両親媒性を示すリン脂質は，水溶液中で安定な脂質二重層を形成し，生体膜の主要な成分となっていて，細胞膜構造の骨格や機能の維持に役立っている．

②スフィンゴリン脂質

スフィンゴリン脂質の代表的なものとして，グリセロールの代わりにスフィンゴシンの1位のヒドロキシ基にリン酸がエステル結合し，さらにコリンとエステル化し，2位のアミノ基と脂肪酸がアミド結合したスフィンゴミエリン（sphingomyelin：SM）がある（図3）．脳や神経系の細胞に多く含まれ，特に神経線維皮膜であるミエリン鞘の主成分として知られている．エーテルに不溶である．

2）糖脂質

糖脂質は，グリセロールまたはスフィンゴシンに脂肪酸と糖が結合したものの総称であり，生体膜や中枢神経組織に多く存在している．リン脂質と同様に両親媒性を示す．糖脂質は，**グリセロ糖脂質**（glycero glycolipid）と**スフィンゴ糖脂質**（sphingoglycolipid）に分けられる．グリセロ糖脂質は，さまざまな糖が結合したジアシルグリセロールやセミノリピドなどがある．スフィンゴ糖脂質は，セレブロシド※3，スルファチド※4，ガングリオシド（脳灰白質に多い）などがある（図4）．

3）リポタンパク質

脂質とタンパク質の複合体を**リポタンパク質**（lipoprotein）と呼ぶ．血清中のリポタンパク質は，大きさ，密度，含まれる脂質の組成やアポタンパク質の違いから，キロミクロン※5（chylomicron，カイロミクロンともいう），高密度リポタンパク質（high density lipoprotein：HDL），低密度リポタンパク質（low density lipoprotein：LDL），超低密度リポタンパク質（very low density lipoprotein：VLDL）が存在する．すべてのリポタンパク質の内部はトリアシルグリセロールやコレステロールエステルにより疎水性であるが，外部は，両親媒性であるリン脂質，アポタンパク質，コレステロールによって構成されているため親水性になっている（第10章，p134，図12参照）．

なお，遊離脂肪酸はアルブミンと結合して運ばれるが，これはリポタンパク質とは呼ばない．

C. 誘導脂質

1）脂肪酸

炭化水素の長い鎖をもつカルボン酸を**脂肪酸**（fatty acid）と呼ぶ．天然の脂肪酸の多くは炭素数が偶数個で，トリアシルグリセロール，コレステロールエステル，あるいはリン脂質中にエステル結合した形で存在する．遊離型の形ではほとんど存在しないが，血中に脂肪酸のままで輸送されているものを遊離脂肪酸と呼ぶ．脂肪酸は，表3に示したように脂肪酸の炭化水素鎖に二重結合（－CH＝CH－）をもたない飽和脂肪酸（saturated fatty acid）と二重結合をもつ不飽和脂肪酸（unsaturated fatty acid）に大別される．

飽和脂肪酸は，生体内で糖質あるいは脂肪酸に代謝されるアミノ酸から合成することができ，炭素数16のパルミチン酸と炭素数18のステアリン酸が重要である（表3の太字参照）．天然の飽和脂肪酸は，一部の植物を除いて，直鎖構造である．**不飽和脂肪酸**は，分子内に二重結合が1つのものを**一価不飽和脂肪酸**（monounsaturated fatty acid，モノエン酸ともいう）といい，二重結合が2つ以上あるものを**多価不飽和脂肪酸**（polyunsaturated fatty acid，ポリエン酸ともいう）と呼ぶ．

脂肪酸は，炭素数によってC_6以下は**短鎖脂肪酸**，C_8～C_{10}は**中鎖脂肪酸**，C_{12}以上で**長鎖脂肪酸**に分類される．飽和脂肪酸の融点は，炭素数が多くなるにしたがって高くなり，カプリン酸（C_{10}）以上の飽和脂肪酸は常温で固体である．不飽和脂肪酸の融点は，二重結合の数が増えるにしたがって低くなり，常温で液体の状態である．不飽和脂肪酸は二重結合があるためシス-トランス異性体が存在する．天然の不飽和脂肪酸は，ほとんどシス形構造で折れ曲がりの分子構造をとっているが，人工的に合成された脂肪酸にはトランス形が含まれる．

生体内では，飽和脂肪酸のステアリン酸から一価不飽和脂肪酸であるオレイン酸を合成できるが，多価不飽和脂肪酸を合成することができない．多価不飽和脂肪酸のなかで，リノール酸（linoleic acid），α-リノレン酸（α-linolenic acid），アラキドン酸（arachidonic acid）を**必須脂肪酸**（essential fatty acid）といい（アラキドン酸を必須脂肪酸に含めないとする説もある），それらは生体内で生合成できないか，もしくは合成能が低いことから，食品から摂取しなければならない脂肪酸である．またEPA（エイコサペンタエン酸）やDHA（ドコサヘキサエン酸）も必須脂肪酸として分類されることがあり，魚油中に多く含まれる多価不飽和脂肪酸である．不飽和脂肪酸の摂取は体内の過酸化脂質を増加させ，健康障害をもたらす可能性がある．

※3　ほとんどのセレブロシドはガラクトース（galactose）を含むためガラクトセレブロシドともいう．脳細胞膜に多い．

※4　硫酸基（$-SO_3H$）をもつエステル，脳，神経系に多く，ミエリン構成脂質である．

※5　キロミクロンは，食事由来の脂質を血中へ運搬する．

表3 脂肪酸の種類

慣用名	正式名（化学名）	分子式	炭素数：二重結合数（位置）	融点（℃）
飽和脂肪酸				
ギ酸	メタン酸	$HCOOH$	C_1：0	8.4
酢酸	エタン酸	CH_3COOH	C_2：0	16.7
プロピオン酸	プロパン酸	C_2H_5COOH	C_3：0	-21.0
酪酸（ブタン酸）	ブタン酸	C_3H_7COOH	C_4：0	-7.9
吉草酸	ペンタン酸	C_4H_9COOH	C_5：0	-34.5
カプロン酸	ヘキサン酸	$C_5H_{11}COOH$	C_6：0	-3.0
カプリル酸	オクタン酸	$C_7H_{15}COOH$	C_8：0	16.7
カプリン酸	デカン酸	$C_9H_{19}COOH$	C_{10}：0	31.4
ラウリン酸	ドデカン酸	$C_{11}H_{23}COOH$	C_{12}：0	44.0
ミリスチン酸	テトラデカン酸	$C_{13}H_{27}COOH$	C_{14}：0	54.0
パルミチン酸	ヘキサデカン酸	$C_{15}H_{31}COOH$	C_{16}：0	63.0
ステアリン酸	オクタデカン酸	$C_{17}H_{35}COOH$	C_{18}：0	69.6
アラキジン酸	イコサン酸	$C_{19}H_{39}COOH$	C_{20}：0	75.5
ベヘン酸	ドコサン酸	$C_{21}H_{43}COOH$	C_{22}：0	81.5
リグノセリン酸	テトラコサン酸	$C_{23}H_{47}COOH$	C_{24}：0	84.2
不飽和脂肪酸				
パルミトレイン酸	Δ9ヘキサデセン酸	$C_{15}H_{29}COOH$	C_{16}：1（9）	5.0
オレイン酸	Δ9オクタデセン酸	$C_{17}H_{33}COOH$	C_{18}：1（9）	13.4
リノール酸★	Δ9,12オクタデカジエン酸	$C_{17}H_{31}COOH$	C_{18}：2（9,12）	5.0
α-リノレン酸★	Δ9,12,15オクタデカトリエン酸	$C_{17}H_{29}COOH$	C_{18}：3（9,12,15）	-11.0
γ-リノレン酸	Δ6,9,12オクタデカトリエン酸	$C_{17}H_{29}COOH$	C_{18}：3（6,9,12）	-26.0
アラキドン酸★	Δ5,8,11,14イコサテトラエン酸	$C_{19}H_{31}COOH$	C_{20}：4（5,8,11,14）	-49.5
EPA	Δ5,8,11,14,17エイコサペンタエン酸	$C_{19}H_{29}COOH$	C_{20}：5（5,8,11,14,17）	-54.0
DPA	Δ7,10,13,16,19ドコサペンタエン酸	$C_{21}H_{33}COOH$	C_{22}：5（7,10,13,16,19）	-78.0
DHA	Δ4,7,10,13,16,19ドコサヘキサエン酸	$C_{21}H_{31}COOH$	C_{22}：6（4,7,10,13,16,19）	-44.0

EPA（エイコサペンタエン酸），DPA（ドコサペンタエン酸），DHA（ドコサヘキサエン酸）
★：必須脂肪酸

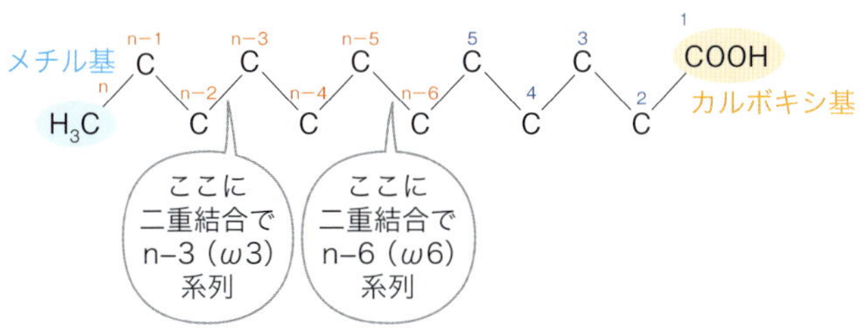

図5 炭素鎖の数え方
書籍によっては，メチル基（$-CH_3$）の炭素をn-1として次の炭素をn-2，n-3…と数える場合もある．

二重結合の位置は，カルボキシ基の炭素を1として以下順に数えて炭素に番号を付けて表す．また，脂肪酸のカルボキシ基（$-COOH$）の反対側のメチル基（$-CH_3$）の炭素をnとして次の炭素をn-1，n-2，……と以下順に数えて3番目（n-2）と4番目（n-3）の炭素の間に二重結合を有するものをn-3（あるいはω3）系列とし，6番目（n-5）と7番目（n-6）の炭素の間に二重結合を有するものをn-6（ω6）系列とする（図5）．例えば，炭素数18（n＝18）のリノール酸の化学名は，$\Delta^{9,12}$オクタデカジエン酸といい，カルボキシ基の炭素から数えて9番目と12番目に二重結合があることを表す．またメチル基から数えて6番目と7番目（18－12＝6），9と10番目（18－9＝9）の間に二重結合があることが計算でき，リノール酸は，食事摂取基準[※6]では，n-6系列脂肪酸であることがわかる（第10章，p127，図3参照）．メチル基末端の炭素をω末端と呼び，以下順にω1，ω2，……と呼ぶこともある．

α-リノレン酸，EPA，DHAは，n-3系列に，リノール酸，γ-リノレン酸，アラキドン酸がn-6系列に属

※6 第7章※1にて解説．

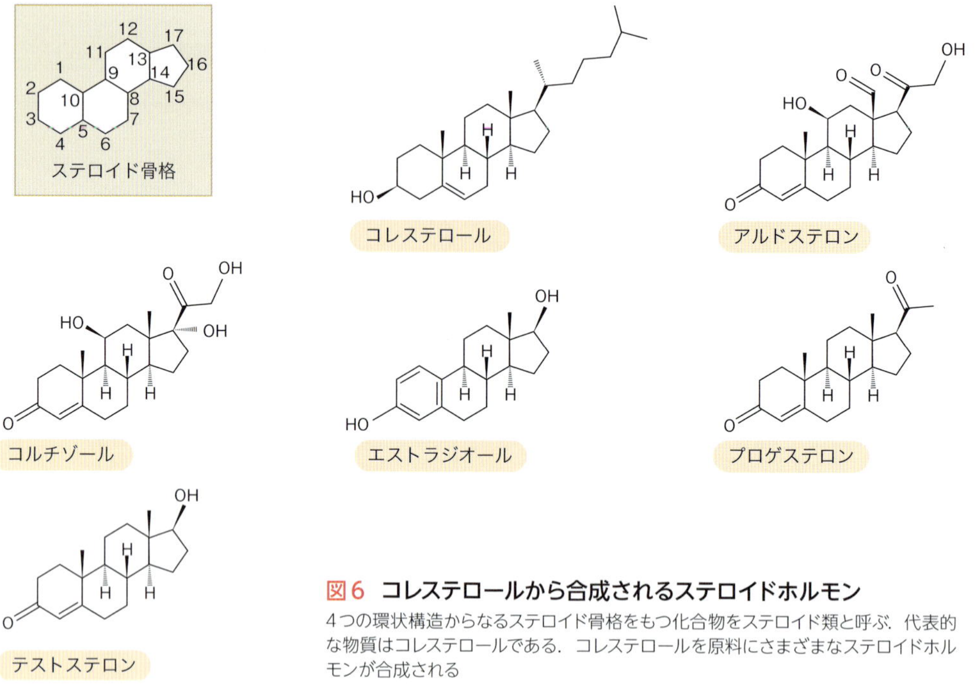

ステロイド骨格

コレステロール

アルドステロン

コルチゾール

エストラジオール

プロゲステロン

テストステロン

図6 コレステロールから合成されるステロイドホルモン

4つの環状構造からなるステロイド骨格をもつ化合物をステロイド類と呼ぶ．代表的な物質はコレステロールである．コレステロールを原料にさまざまなステロイドホルモンが合成される

する．この2系列にそれぞれに属する脂肪酸は，哺乳類ではお互いの系列間で変換することができない．食事摂取基準では，n-6系とn-3系の脂肪酸の摂取比率は4：1～5：1が望ましいとされている．

2）ステロイド

ステロイド（steroid）とは，六角形と五角形の4つの環状構造からなるシクロペンタノヒドロフェナントレン骨格（ステロイド骨格）をもつ一群の化合物のことである（図6）．ステロイド骨格の3位にヒドロキシ基をもつステロイドの総称を**ステロール**（sterol）といい，遊離型，エステル型，配糖体などの形で，動植物界に幅広く分布しており，一般に動物ステロールとしてコレステロールが，植物ステロールとしてスチグマステロール，シトステロール，カンペステロールなどが，また菌類ステロールとしてエルゴステロールなどが知られている．また，コレステロールの前駆体の1つである7-デヒドロコレステロールは，皮膚において紫外線の照射によりビタミンD_3となり，肝臓を経て，腎臓にて活性型ビタミンDに変換される．

コレステロール（cholesterol）には，遊離型と3位のヒドロキシ基に脂肪酸がエステル結合したエステル型があり，リン脂質とともに生体膜の主要な構成成分である．生体内ではアセチルCoAから約1.5～2.0 g/日のコレステロールが肝臓で合成される．コレステロールの代謝は生体内での合成の他に，食事からの摂取と胆汁酸としての排泄のバランスで調節されている．

胆汁酸（bile acid）は，肝臓でコレステロールから生合成され，タウリンあるいはグリシンと結合して抱合型胆汁酸となり，胆嚢（たんのう）に貯留濃縮されるが，摂取した脂質の刺激により十二指腸に分泌される．その基本構造は，コレステロールの側鎖末端のイソプロピル基が切断されてカルボキシ基に変換されたものであり，コール酸，デオキシコール酸，ケノデオキシコール酸などがある（第10章，p138，図16参照）．いずれもが両親媒性を示すため，強い界面活性作用をもっているので乳化剤として脂質とともに**ミセル**※7を形成して，

※7 **ミセル**：水中内での両親媒性をもつ分子は，ある濃度以上になると，非極性を示す疎水基が（吸着できる界面がないので）疎水基同士で集まって水を避けるように働く．そのため，水基を内側に，親水基を外側（水のある側）に向けた集合体を形成する．この集合体をミセルと呼ぶ．ミセルは，中心部が疎水性，つまり油となじみやすい性質であるので，水に溶けにくい油性の物質をミセルの内部に取り込むことができる．この現象を可溶化と呼ぶ．この結果，消化酵素であるリパーゼは，水に溶けづらい油脂成分をその中に取り込み，加水分解することができるようになる．

それらの消化吸収を助ける．腸肝循環から逸脱された数%の胆汁酸（通常1 g/日以下）は，食物の残渣とともに排泄される．さらにコール酸やケノデオキシコール酸は，大腸の腸内細菌に分解されてデオキシコール酸やリトコール酸となり，糞便中に排泄される．コレステロールの排泄は，この経路以外に存在しない．

また，コレステロールは**ステロイドホルモン**（steroid hormone）であるテストステロン（男性ホルモン），エストロゲン（エストラジオールともいう：女性ホルモン），プロゲステロン（黄体ホルモン），コルチゾール〔グルココルチコイド（糖質コルチコイドともいう）〕，アルドステロン〔ミネラルコルチコイド（鉱質コルチコイドともいう）〕の材料としても重要である（図6）．ステロイドホルモンは生体内の恒常性を維持している（第16章，p220参照）．

D. その他の（誘導）脂質

単純脂質や複合脂質を加水分解して生成される分解産物のうち，エイコサノイド，イソプレノイド，脂溶性ビタミンおよびカロテノイドは，化学的性質や分子構造の面から誘導脂質に分類される場合もある．

1）エイコサノイド

エイコサノイド（eicosanoid：イコサノイドともいう）とは，n-6系列のエイコサトリエン酸（ジホモ-γ-リノレン酸ともいう），アラキドン酸やn-3系列のEPAのようなC_{20}の多価不飽和脂肪酸が生体内で過酸化されてできる生理活性脂肪酸の総称である．リン脂質の2位についたアラキドン酸がホスホリパーゼA_2によって切断され，リポキシゲナーゼ，シクロオキシゲナーゼ，ペルオキシダーゼなどの酵素によってシクロペンタン環をもつプロスタグランジン（prostaglandin：PG），共役トリエン構造をもつロイコトリエン（leukotriene：LT），テトラヒドロピラン環をもつトロンボキサン（thromboxane：TX）などに変換され，炎症，発熱，疼痛反応，血圧調節，体温調節，血小板機能，生殖などのさまざまな生理機能に関与する（第10章，p131／第16章，p226参照）．

2）イソプレノイド

イソプレノイド（isoprenoid：テルペン，テルペノイドともいう）は，炭素数5のイソプレン骨格が重合した有機化合物の総称をいい，生体組織の構成成分としてだけではなく，生物のさまざまな生理現象に関係する生理活性物質としても重要な役割を担っている．コレステロールの前駆体であるスクアレン，カロテノイドおよびビタミンA, E, Kなどはイソプレノイド誘導体に属する．

Column

動植物界におけるろう（wax）の役割

蜜蝋とはbeeswaxともいい，花蜜や花粉を食べて育った働きバチの腹部にある蝋線から分泌される蝋のことでミツバチの巣を構成する材料になる． 主成分は，パルミチン酸とトリアコンタノールのエステルであり，一般的に化粧品，ロウソク，石鹸，漢方薬などの原料に使われている．また動物の皮脂腺から分泌される皮脂には，同様の化学構造であるロウやスクワレンのほか，中性脂肪が多く含まれ，主に皮膚の乾燥を防ぎ，潤いを保つ働きをしている．

脂質検査の基準値

臨床検査の基準値は，栄養アセスメントを実施するうえでの客観的指標として欠かせないものである．脂質検査は，血液検査の生化学検査に属し，最も一般に行われる検体検査である．脂質検査の指標は，血清総コレステロール（T-Cho），低密度リポタンパク質コレステロール（LDLコレステロール），高密度リポタンパク質コレステロール（HDLコレステロール）および中性脂肪（トリアシルグリセロール：TG）がある．

血清T-Choの基準値は，130〜219（220未満）mg/dLである．従来までは，T-Choが220 mg/dL以上の場合に，高脂血症と診断されてきた．しかし，T-Cho値よりLDLコレステロール値の方が，より動脈硬化との関係が深いことが指摘されたため，現在，脂質異常症の診断基準には含まれていない．

LDLコレステロールの基準値は，70〜139（140未満）mg/dLであり，この値が基準値よりも高いと動脈硬化を起こしやすくなる．高値を示す主な疾患として，家族性高コレステロール血症，閉塞性黄疸（おうだん），糖尿病，ネフローゼ症候群などがある．低値でも家族性低コレステロール血症，肝機能障害（慢性肝炎や肝硬変），アジソン病，貧血，白血病，吸収不良症候群，栄養障害（栄養失調症）などの疾患につながることもある．またLDLコレステロールは甲状腺機能にも深くかかわり，高値を示すと甲状腺機能低下症，低値を示すと甲状腺機能亢進症の指標となる．

HDLコレステロールの基準値は，男性40〜70 mg/dL，女性45〜75 mg/dLであり，女性のほうが男性よりもやや高い．この値が基準値よりも低いと動脈硬化症，虚血性心疾患，高血圧症，糖尿病を引き起こしやすくなり，心筋梗塞や脳血栓症などに注意が必要である．また，肥満，喫煙，運動不足などの生活習慣により数値が減少する．

TGの基準値は，30（もしくは50）〜149（150未満）mg/dLであるが，150 mg/dL以上になると，高トリグリセリド血症と診断される．TGの値が高いと動脈硬化が進みやすくなり，極端に高くなると急性膵炎を引き起こす危険性がある．肥満，食べ過ぎ，アルコールの飲みすぎで数値は上昇し，動脈硬化や肝臓障害（脂肪肝）の原因になる．なお，コレステロールは食事，運動の影響や日内変動が少ないものの，中性脂肪は食後上昇するので，検査前12時間以上絶食した空腹時に採血が行われている．

検体検査の基準値は，脂質検査の基準値に限らず，検査方法，機器の種類，試薬の種類および施設の基準などによって微妙に異なっているのが現状である．また基準とされる検査値も，文献によって多少異なっており，絶対的なものではないことを理解しておく必要がある．検査はあくまで検査でしかない．なお，現在では「正常値」という用語は好ましくないとされ，ほとんど使われていない．

チェック問題

問 題

□ □ **Q1** 脂質の性質について説明しなさい.

□ □ **Q2** 脂質を化学構造から大別すると単純脂質，複合脂質，誘導脂質の３種類に分類される．複合脂質の構造の特徴と性質を説明しなさい.

□ □ **Q3** n-3系列，n-6系列の不飽和脂肪酸にはどのようなものがあるか，それぞれ3つずつあげよ.

□ □ **Q4** コレステロールの体内での役割は何か説明しなさい.

□ □ **Q5** 胆汁酸の主な役割について説明しなさい.

解答＆解説

A1 脂質は，ベンゼン，エーテル，クロロホルムなどの有機溶媒に可溶で，水に不溶あるいは溶けにくい性質をもっている.

A2 複合脂質は1つの分子内に疎水性の炭化水素と親水性の極性基の両方を併せもつ両親媒性であるため，界面活性剤の作用を示す.

A3 n-3系列の脂肪酸は，α-リノレン酸，EPA，DHA，n-6系列の脂肪酸は，リノール酸，γ-リノレン酸，アラキドン酸である.

A4 コレステロールは，生体膜の構成成分，胆汁酸およびステロイドホルモンの材料として体内の恒常性の維持に関与している．エネルギー源にならないので注意.

A5 胆汁酸は，肝臓でコレステロールから生合成され，消化管内に分泌されることで脂質とミセルを形成し消化吸収を促進する.

本書関連ノート「第３章　脂質」でさらに力試しをしてみましょう！

第4章 タンパク質とアミノ酸

Point

1 タンパク質は，約20種類のL-アミノ酸がペプチド結合で多数つながった高分子物質であることを理解する

2 タンパク質は，アミノ酸の組成の違いによって特異的な高次構造を形成し，さまざまな種類と性質をもち，多様な働きをしていることを理解する

概略図 タンパク質の構造

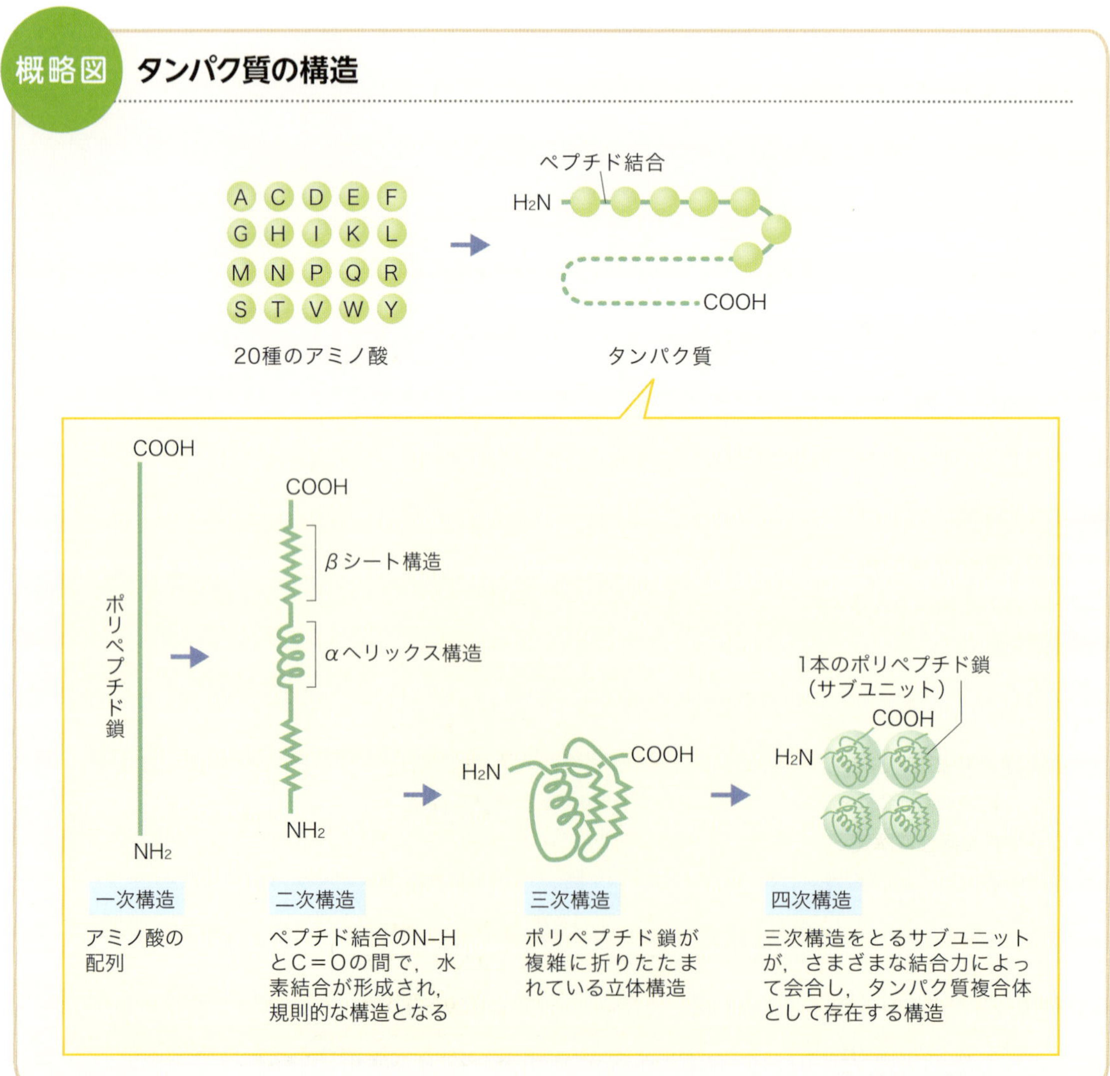

1 アミノ酸

アミノ酸は，タンパク質を構成する成分であるほか，タンパク質の構成成分ではないが生理活性をもつものがある．さまざまな食品にも含まれ，栄養学的にも重要な物質である．

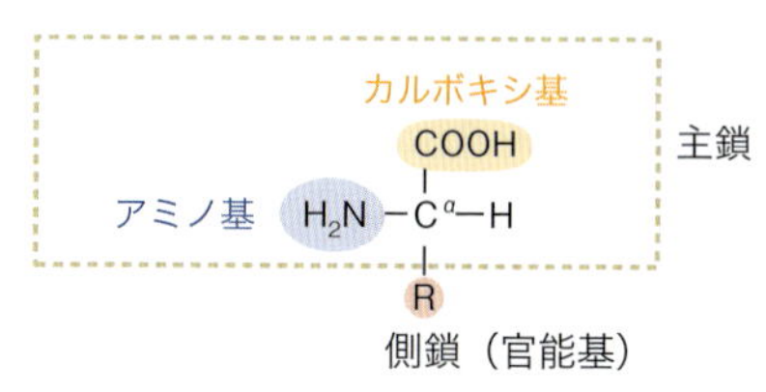

図1　α-アミノ酸の一般式

A. アミノ酸の構造と種類

図1にアミノ酸の一般構造を示す．**カルボキシ基**に結合している炭素をα-炭素といい，この炭素に**アミノ基**が結合している化合物を**α-アミノ酸**と呼ぶ．α-炭素にはRで示されたさまざまな原子団が結合しており，その原子団の化学的性質によってアミノ酸の種類と性質が決まる．通常，Rは**側鎖**または**官能基**と呼ぶ．それに対してすべてのアミノ酸に共通なα-炭素とアミノ基およびカルボキシ基部分を**主鎖**と呼ぶ．

また，アミノ酸はα-炭素に4つの異なる原子や原子団が結合した化合物で，自然界には**L-型**と**D-型**の**鏡像異性体**が存在する．タンパク質を構成するアミノ酸20種類は，基本的にL-型のアミノ酸で，Rの構造によって，脂肪族アミノ酸，ヒドロキシ（オキシ）アミノ酸，酸性アミノ酸[※1]とそのアミド，塩基性アミノ酸[※2]，含硫アミノ酸，芳香族アミノ酸，イミノ酸に分類される（表1）．

B. アミノ酸の性質

1）アミノ酸のイオン性

アミノ酸の主鎖はカルボキシ基とアミノ基という2つのイオン化できる基からできている．アミノ酸は酸性溶液中ではカルボキシ基（$-COO^-$）が中和されて陽イオンとなり，逆に塩基性溶液中ではアミノ基（$-NH_3^+$）が中和されて陰イオンとなる（図2）．このように，溶液のpHによって陰イオンにも陽イオンにもなる物質を**両性電解質**という．また，アミノ酸は中性付近の溶液ではカルボキシ基が水素イオン（H^+）を遊離して$-COO^-$に，アミノ基はその水素イオンを受け取って陽イオンの$-NH_3^+$になる．このように分子中に陰イオンと陽イオンをもつものを**両性イオン**という．そして，このアミノ基のもつ正の電荷とカルボキシ基のもつ負の電荷がちょうど打ち消し合って分子全体が電気的に中性になる溶液のpHを**等電点（pI）**という．すべてのアミノ酸は，側鎖の構造の違いによって異なった等電点を示す[※3]．

2）アミノ酸の溶解性

アミノ酸は，側鎖の性質から水への溶けやすさで**親水性アミノ酸**と**疎水性アミノ酸**に分類される．親水性アミノ酸は，酸性アミノ酸とそのアミド，塩基性アミノ酸，ヒドロキシアミノ酸である．一方，疎水性アミノ酸は，脂肪族アミノ酸，芳香族アミノ酸である（表2）．

アミノ酸は，前に述べたようにイオン性が強いため，水によく溶ける．しかし，アセトン，クロロホルム，アルコール類のような非極性有機溶媒には溶けにくい．また，アミノ酸は，荷電しており分子内塩を形成しているため，一般の有機化合物と比べて融点[※4]が高い．

3）アミノ酸の反応性

アミノ酸のアミノ基，カルボキシ基および側鎖は，さまざまな化学試薬と特有な反応をして誘導体を形成し呈色を示す．

①アミノ基の反応

アミノ酸は，ニンヒドリン[※5]と加熱反応すると**青紫色**の溶液となる（**ニンヒドリン反応**）．これは，α-アミノ酸が酸化され，CO_2，NH_3とアルデヒドを形成し，還元されたニンヒドリンがNH_3と反応して青紫色の物質を生成するためである（図3）．反応は非常に鋭敏なのでアミノ酸の検出や定量に利用されている．ただし，

※1　**酸性アミノ酸**：側鎖にカルボキシ基を含み，酸の性質を示すもののこと．

※2　**塩基性アミノ酸**：側鎖が塩基性の性質を示すもののこと．グアニジル基やイミダゾール環が塩基性を示すので必ずしもアミノ基とはいえない．

※3　アミノ酸の種類によって等電点が異なり，脂肪族アミノ酸はpH6付近，酸性アミノ酸はpH3付近，塩基性アミノ酸はpH10付近にある．

※4　**融点**：固体（粉末）を加熱すると溶けて液体になる温度をいう．

※5　**ニンヒドリン**：α-アミノ酸の検出や比色定量に用いられる試薬．

表1　タンパク質を構成するアミノ酸20種類とその構造

分類		名称	略号[*1]	側鎖（R）の構造
脂肪族アミノ酸		グリシン[*2]	Gly（G）	$-H$
		アラニン	Ala（A）	$-CH_3$
	分枝（分岐鎖）アミノ酸	バリン★	Val（V）	$-CH{<}^{CH_3}_{CH_3}$
		ロイシン★	Leu（L）	$-CH_2-CH{<}^{CH_3}_{CH_3}$
		イソロイシン★	Ile（I）	$-CH{<}^{CH_3}_{CH_2-CH_3}$
ヒドロキシ（オキシ）アミノ酸		セリン	Ser（S）	$-CH_2-OH$
		スレオニン（トレオニン）★	Thr（T）	$-CH{<}^{OH}_{CH_3}$
酸性アミノ酸とそのアミド		アスパラギン酸	Asp（D）	$-CH_2-COOH$
		グルタミン酸	Glu（E）	$-CH_2-CH_2-COOH$
		アスパラギン	Asn（N）	$-CH_2-C{<}^{NH_2}_{=O}$
		グルタミン	Gln（Q）	$-CH_2-CH_2-C{<}^{NH_2}_{=O}$
塩基性アミノ酸		アルギニン	Arg（R）	$-(CH_2)_3-NH-C(=NH)-NH_2$
		リジン（リシン）★	Lys（K）	$-(CH_2)_4-NH_2$
		ヒスチジン★	His（H）	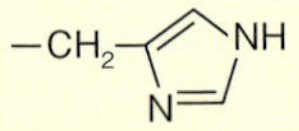 $-CH_2-$ NH N
含硫アミノ酸		システイン[*3]	Cys（C）	$-CH_2-SH$
		メチオニン★	Met（M）	$-CH_2-CH_2-S-CH_3$
芳香族アミノ酸		フェニルアラニン★	Phe（F）	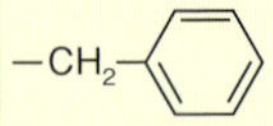 $-CH_2-$⌬
		チロシン	Tyr（Y）	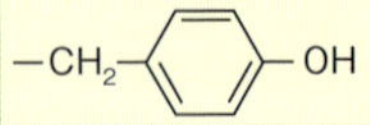 $-CH_2-$⌬$-OH$
		トリプトファン★	Trp（W）	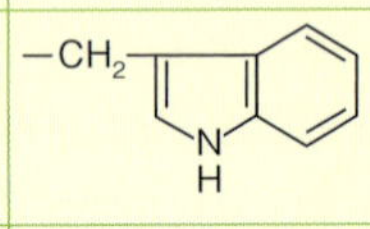 $-CH_2-$ N H
イミノ酸		プロリン[*4]	Pro（P）	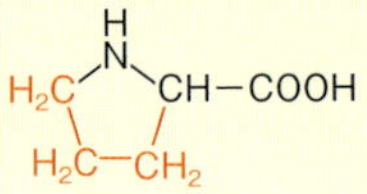 H N, H_2C, $CH-COOH$, H_2C-CH_2

＊1　（　）内は一文字表記を示す
＊2　側鎖がHなので鏡像異性体は存在しない
＊3　システインの－SHの2分子が結合したものはシスチンである
＊4　タンパク質の構成ではアミノ酸であるが単独ではイミノ酸である．赤い部分が側鎖
★は必須アミノ酸を表す

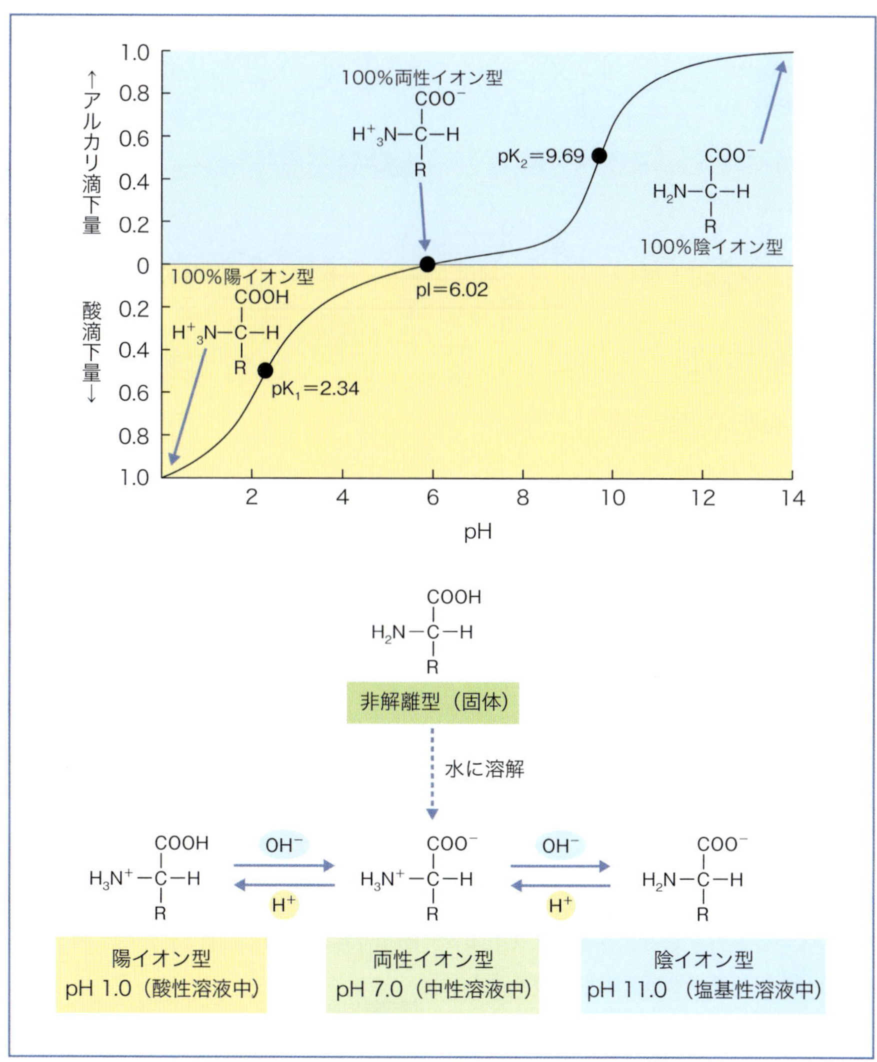

図2 アミノ酸の滴定曲線

表2 アミノ酸の極性による分類

親水性アミノ酸	疎水性アミノ酸
アスパラギン酸 アスパラギン グルタミン酸 グルタミン ヒスチジン リジン アルギニン セリン スレオニン システイン グリシン*1	アラニン バリン ロイシン イソロイシン フェニルアラニン チロシン*2 トリプトファン メチオニン プロリン

＊1　脂肪族アミノ酸に含まれるが親水性である
＊2　わずかに水に溶ける（親水性に分類される場合もある）
タンパク質の分子内部に存在するアミノ酸は，疎水性アミノ酸が多い

プロリンとヒドロキシプロリンは α－アミノ酸ではないので特徴的な黄色となる．

このほか，タンパク質の中のアミノ基は，2,4-ジニトロフルオロベンゼン，ダンシルクロリド，フェニルイソチオシアネートと反応し，タンパク質のN末端のアミノ基の同定や定量に用いられる．また，フェニルイソチオシアネートと結合したN末端アミノ酸は，適切な化学的方法でN末端から順次切り離すことができることから，タンパク質の一次構造の決定に利用される．

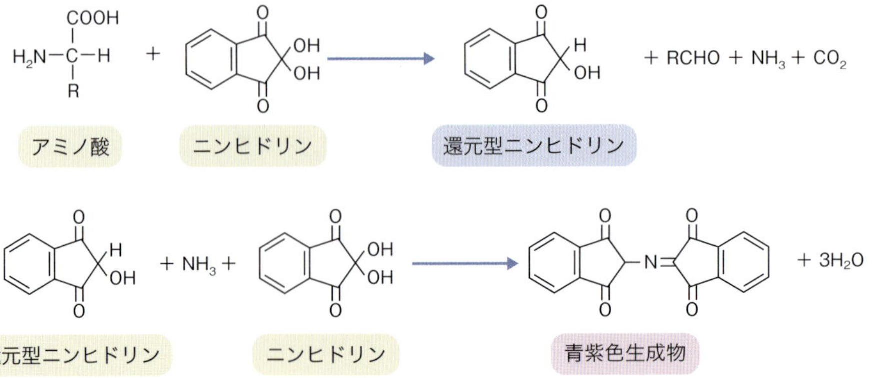

アミノ酸 + ニンヒドリン → 還元型ニンヒドリン + RCHO + NH_3 + CO_2

還元型ニンヒドリン + NH_3 + ニンヒドリン → 青紫色生成物 + $3H_2O$

図3 ニンヒドリンの反応式

表3 アミノ酸側鎖の反応

反応名	反応する側鎖	特異的なアミノ酸	呈色
ニンヒドリン反応	アミノ基	プロリンを除くすべて	青紫色
キサントプロテイン反応	ベンゼン環	芳香族アミノ酸	黄色
坂口反応	グアニジル基	アルギニン	淡赤色～赤色
ミロン反応	フェノール基	チロシン	赤色
エルマン反応	チオール基	システイン	黄色
フォリン・チオカルト反応	フェノール基	チロシン	青色
エールリッヒ反応	インドール環	トリプトファン	青紫色

②カルボキシ基の反応

アミノ酸のカルボキシ基は，エタノールでエステル化され，この反応は，ペプチド合成においてカルボキシ基の保護に用いられる．また，カルボキシ基はリチウムボロハイドライド（$LiBH_4$）のような還元剤で還元され，対応する一級アルコールとなる．

③側鎖の反応

アミノ酸の側鎖は，さまざまな試薬と特有の呈色反応を示すので，アミノ酸やタンパク質の検出，定量に利用される（表3）．

4）必須アミノ酸

アミノ酸には，体内での合成経路が複雑であることから合成できないものがあり，それらは栄養学的に**必須アミノ酸**〔**バリン，ロイシン，イソロイシン，スレオニン（トレオニン），リジン（リシン），ヒスチジン，メチオニン，フェニルアラニン，トリプトファン**〕と呼ばれる（表1）．

5）特殊アミノ酸

タンパク質をつくる20種類のアミノ酸の他に，生体内には代謝の中間物や生理的な役割をもつ特殊アミノ酸が存在している（表4）．

2 ペプチド

A. ペプチド結合

隣り合った2つのアミノ酸のカルボキシ基とアミノ基が，脱水縮合によって水が取れて結合したものが**ペプチド結合**である（図4）．

アミノ酸がペプチド結合で結合してできるのが**ペプチド**で，ペプチドに含まれるアミノ酸の数によって**オリゴペプチド**，**ポリペプチド**と区別される．オリゴペプチドはアミノ酸の数が10個以下で，2個のものをジペプチド，3個のものをトリペプチドなどと呼ぶ（表5）．また，アミノ酸の数が10個以上のものをポリペプチドと呼び，その数が約50個以上になるとタンパク質と呼んでいる．ペプチドおよびタンパク質の反応し

表4　代表的な特殊アミノ酸

アミノ酸	構造	生理機能
γ-アミノ酪酸 (GABA)	$H_2N-CH_2-CH_2-CH_2-COOH$	哺乳類の脳に存在する抑制性神経伝達物質
オルニチン	$H_2N-CH_2-CH_2-CH_2-CH(NH_2)-COOH$	尿素回路のアルギニン代謝中間体
シトルリン	$H_2N-C(=O)-NH-CH_2-CH_2-CH_2-CH(NH_2)-COOH$	尿素回路のアルギニン代謝中間体．一酸化窒素 (NO) 合成酵素により生成する
タウリン	$H_2N-CH_2-CH_2-SO_3H$	胆汁酸と抱合したタウロコール酸として存在する
4-ヒドロキシプロリン	HN—COOH（環，OH）	コラーゲンに主として存在する
ホモシステイン	$SH-CH_2-CH_2-CH(NH_2)-COOH$	メチオニン，システインの代謝中間体

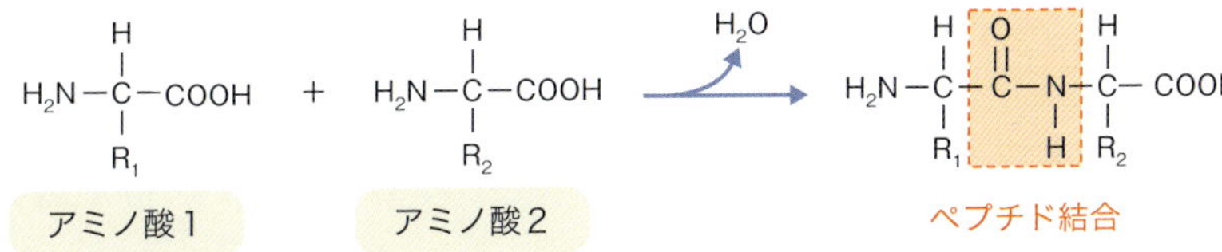

図4　ペプチド結合の形成

表5　オリゴペプチド

アミノ酸の数	ペプチドの名称
2個	ジペプチド
3個	トリペプチド
4個	テトラペプチド
5個	ペンタペプチド
6個	ヘキサペプチド

●アミノ酸

ていないアミノ基側をアミノ末端（N末端），カルボキシ基側をカルボキシ末端（C末端）という．

B. 生理活性ペプチド

ペプチドには生体内でさまざまな生理的な役割をもつものが知られており，それらは前駆体タンパク質からプロセッシング※6によって生成するものが多い．表6に代表的な生理活性ペプチドとその作用を示す．

3　タンパク質

タンパク質は，アミノ酸の数が約50個以上のペプチド結合で結合した大きな分子量をもつペプチドである．それは，アミノ酸の組成の違いによってさまざまな種類と性質をもち，特異的な高次構造を形成し，多様な働きをもっている．

A. 分類

1）形状による分類

形状によって**線維状タンパク質**と**球状タンパク質**に分類できる．

①線維状タンパク質※7

線維状になったタンパク質で，**コラーゲン**，**ケラチン**，**ミオシン**，**エラスチン**，**フィブリン**※8などが含ま

※6　**プロセッシング**：ペプチド結合が酵素（プロテアーゼ）により切断される反応をいう．

※7　その多くは皮膚，骨，筋肉，靭帯などに存在する．

※8　血漿中に存在し，血液凝固にかかわる．

表6　代表的な生理活性ペプチド

ペプチド	アミノ酸数	生理作用	所在
グルタチオン	3	タンパク質のSH基を適切な還元状態に保ち保護する．有害な過酸化物と反応し解毒作用を果たす	広く分布
バソプレシン	9	腎臓の集合管で水の再吸収を促進し，血管を収縮させ，血圧を上昇させる	下垂体後葉
ガストリン	17	胃酸およびペプシンの分泌促進	胃，十二指腸
セクレチン	28	重炭酸塩に富んだ膵液の分泌を促進．ガストリンの分泌を抑制．幽門括約筋の収縮	十二指腸，空腸
グルカゴン	29	肝臓のアデニル酸シクラーゼを活性化し，グリコーゲン分解を促進することで血糖を上昇させる	膵臓ランゲルハンス島 α 細胞
エンドルフィン	31	モルヒネ様鎮痛作用．下垂体ホルモンの分泌制御	脳，下垂体
カルシトニン	32	血中カルシウム濃度の低下	甲状腺
コレシストキニン	33	胆嚢を収縮させ胆汁を放出．消化酵素に富んだ膵液の分泌を促進	十二指腸，空腸
インスリン	51	細胞内へのグルコース取り込み促進による血糖の低下	膵臓ランゲルハンス島 β 細胞
レプチン	146	摂食行動と代謝を制御．エネルギー代謝を調節する	脂肪細胞で合成され，血中と視床下部に存在

表7　単純タンパク質と複合タンパク質の例

種類		特徴	例
単純タンパク質	アルブミン	・動植物の細胞，体液中に存在し，血清総タンパク質の60％（最も多い）を占める ・水，希酸，希アルカリによく溶解する	血清アルブミン（血清）， ラクトアルブミン（乳汁）
	グロブリン	・動植物の細胞，体液中に存在し，血清総タンパク質の40％を占める ・水には溶解しにくいが，塩類溶液には可溶のものが多い	α，β，γ－グロブリン（血清）
	ヒストン （第6章，p77，図8）	・核内にあってDNAとヌクレオヒストンと呼ばれる複合体を形成している ・水と酸に可溶で，アルカリに不溶の塩基性タンパク質	H1，H2A，H2B，H3，H4ヒストン（5種類の分子より形成されている）
	プロタミン	・動物精子の核DNAと複合体を形成する ・水，酸，アルカリに可溶の塩基性タンパク質	ヒトプロタミン（ヒト），サルミン（サケ），クルペイン（ニシン）
	硬タンパク質	・動物を外界から守っている組織（皮膚など）に大量に存在する ・水，希酸，希アルカリ，塩類溶液に不溶のタンパク質の総称	コラーゲン（生体内で最も多い），エラスチン，ケラチン
複合タンパク質	糖タンパク質	・タンパク質のアスパラギンやセリン，スレオニンにオリゴ糖または単糖が結合したもの	ムチン，エリスロポエチン，セルロプラスミン
	リポタンパク質	・タンパク質と脂質の複合体	血漿リポタンパク質
	ヘムタンパク質	・ヘムを構成成分とするタンパク質	カタラーゼ，シトクロムc，ヘモグロビン，ミオグロビン
	フラビンタンパク質	・リボフラビンをもつタンパク質	アミノ酸オキシダーゼ，キサンチンオキシダーゼ
	金属タンパク質	・重金属が直接結合しているタンパク質	トランスフェリン，アスコルビン酸オキシダーゼ
	核タンパク質	・DNAあるいはRNAが成分中に含まれるもの	ヌクレオヒストン，リボソーム

れる．

②球状タンパク質

ペプチド鎖が折りたたまれるため楕円形の形をした球状となる．その折りたたまれた内側には疎水性アミノ酸が多く，外側には親水性アミノ酸が多く存在している．線維状タンパク質以外のものはほぼすべて球状タンパク質である．

2）組成による分類

組成がアミノ酸だけの**単純タンパク質**とアミノ酸以外の糖質，脂質，金属などが結合している**複合タンパ**

表8　機能によるタンパク質の分類

分類	機能	例
酵素タンパク質	触媒	アミラーゼ，トリプシン＊1，アミノトランスフェラーゼ
輸送タンパク質	運搬	ヘモグロビン，血清アルブミン＊2，トランスフェリン，セルロプラスミン＊3
貯蔵タンパク質	貯蔵	ミオグロビン，フェリチン
情報タンパク質	情報伝達	さまざまな受容体，ホルモン
収縮タンパク質	収縮	アクチン，ミオシン
防御タンパク質	生体防御	イムノグロブリン

＊1　タンパク質には前駆体タンパク質として生合成されるものがある
＊2　アルブミンは血清中で最も多いタンパク質である
＊3　貯蔵の機能もある

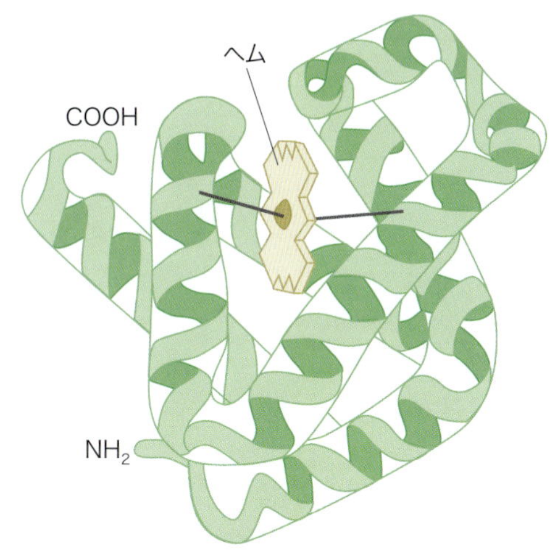

図5　ミオグロビンの高次構造

ク質に分類できる（表7）.

①単純タンパク質

タンパク質の酸加水分解によってアミノ酸のみを生成する.

②複合タンパク質

タンパク質の酸加水分解によってアミノ酸と他の有機化合物または無機化合物を生成する．結合している有機化合物によって表7のように分類される.

3）機能による分類

タンパク質は，生体内での働きによって表8のようにさまざまに分類される.

B. 高次構造

タンパク質は，その種類によって特異的な高次構造（立体構造）をとっている．図5は，はじめて高次構造が明らかにされたミオグロビンである．タンパク質の高次構造には次の4つが含まれる.

①一次構造

タンパク質を構成するアミノ酸の配列順序をいう．この配列はタンパク質の構造遺伝子（エクソン）にコードされている情報（DNAの配列）に厳密にしたがっている.

②二次構造

タンパク質のペプチド主鎖（C＝OとN－H）のとる空間的（幾何学的）配置を示す構造をいう．二次構造には，らせん構造（α ヘリックス構造），β シート構造，ランダム構造※9がある．β シート構造は隣り合った鎖の向きにより，N末端からC末端の方向が同じ平行 β シート構造と，方向が異なる逆平行 β シート構造をとる（図6）.

③三次構造

球状タンパク質で，ポリペプチド鎖が複雑に折りたたまれてとる高次構造をいう．三次構造をとっているペプチド鎖は，分子内のアミノ酸側鎖間の**ジスルフィド結合（S-S結合）**，**水素結合**，**疎水性相互作用**，**イオン結合**などの結合によって安定に保たれている（図6）．この特定な高次構造は一次構造によって決まっている.

④四次構造

複雑に折りたたまれた三次構造をもつ複数のポリペプチド鎖が，構造を安定に保つためのさまざまな結合力によって会合して1つの機能をもつタンパク質複合体として存在する構造である．その個々のポリペプチ

※9　α ヘリックス構造や β シート構造など特別な構造をもたない部分.

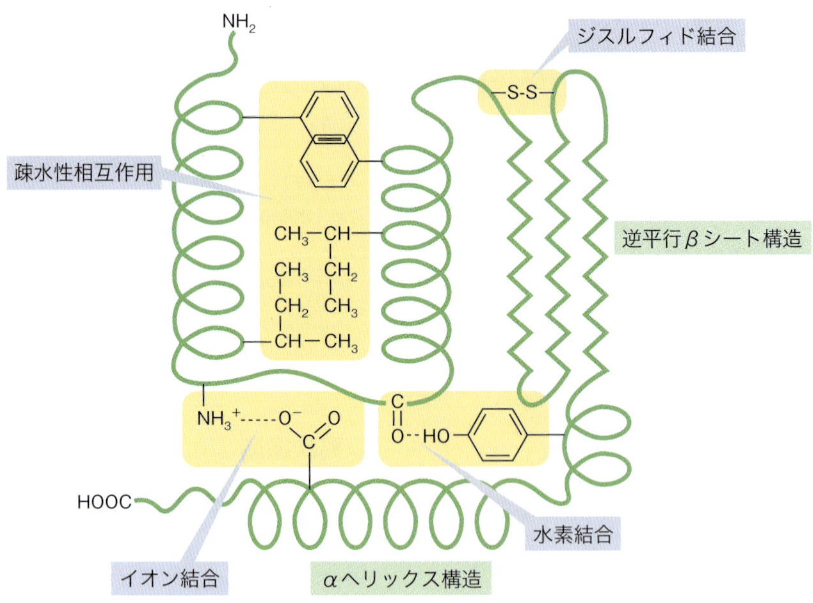

図6 タンパク質の高次構造

ドを**サブユニット**と呼ぶ（概略図）.

C. タンパク質の性質

タンパク質は，ペプチド結合を形成するある特異的なアミノ酸に糖質，脂質，金属，補欠分子などが結合し，さらに，タンパク質を安定に保つ結合によって高次構造を形成してさまざまな働きをしている．したがって，タンパク質は構成しているアミノ酸の性質に加えて，それぞれに特有の性質をもっている．

1）電気的性質

タンパク質は多くの正電荷と負電荷をもつ両性イオンであり，アミノ酸と同じように，溶けている溶液のpHによってタンパク質の電荷は変化する．したがってpHの変化によってタンパク質の高次構造は変化を受ける．

2）溶解性

タンパク質の溶解性は，構成しているアミノ酸の組成によって異なる．

3）沈殿

タンパク質はさまざまな処理，あるいは溶液の変化により沈殿を起こす．

①塩析

タンパク質に硫酸アンモニウムなどの塩類を加えると，凝集して沈殿する．

②酸

タンパク質に酢酸，塩酸，硫酸など酸を加えると沈殿する．

③有機溶媒

タンパク質は非極性溶媒（アセトン，クロロホルム，

Column

身近に存在する鏡像異性体

天然に存在するL-型とD-型の鏡像異性体は，味やにおい，薬理作用など異なることが多い．うま味をだすために化学調味料として使用されているグルタミン酸は，L-グルタミン酸であり，D-グルタミン酸にはうま味はない．また，薬害化合物で知られるサリドマイド〔3-（N-フタルイミド）グルタルイミド〕は，L-型には薬効があり，D-型には副作用がある．このように，鏡像異性体はわれわれの身近なところに存在している．

アルコール類）には溶けにくく，沈殿を生じることがある．

④変性剤

尿素，塩酸グアニジンなどはタンパク質の高次構造を安定に保っている水素結合に影響を与えて変性させタンパク質を可溶化させる．

⑤加熱

タンパク質は加熱すると高次構造の変化による会合が起こり凝固，沈殿する．

4）変性

目玉焼きをつくると卵白は白く凝固してしまう．このようなタンパク質の変化を変性という．変性を起こす原因には，熱，紫外線，乾燥，高圧，泡立てなど物理的な因子，強酸，強アルカリ，有機溶媒，重金属，高濃度の変性剤など化学的な因子がある．

5）タンパク質の分析

タンパク質それぞれの固有の特性を知るために，さまざまな分析方法がある．

①分子量測定

分子ふるい法（ゲル濾過法），電気泳動法などがある．

②タンパク質量の測定

ケルダール法，ビウレット法，ローリー法，紫外部吸収法[※10]などがある．

※10　タンパク質は，芳香族アミノ酸（チロシン，フェニルアラニン，トリプトファン）のフェニル基に由来する紫外部280 nmに大きな吸収帯をもつ．

タンパク質およびアミノ酸による栄養学的予防と治療

タンパク質とそれを構成するアミノ酸について学ぶことは，タンパク質の栄養の異常で発症する病気の栄養学的予防や治療において大切である．タンパク質栄養の異常によって起こる例として最初に知るのは，クワシオルコル（クワシオルコール）およびマラスムスと呼ばれているタンパク質・エネルギー栄養失調症の痩せ細った子どもである．前者は，糖質は足りているがタンパク質が不足しており，特に食事のタンパク質源の食材に必須アミノ酸の一部が含まれていないことが主因である．一方，後者は飢餓によるエネルギー不足を自分の体の構成タンパク質を分解して補うことによる．このように，食事にどんな食材を選ぶかは栄養成分（ここではタンパク質のアミノ酸組成）の構成が重要である．

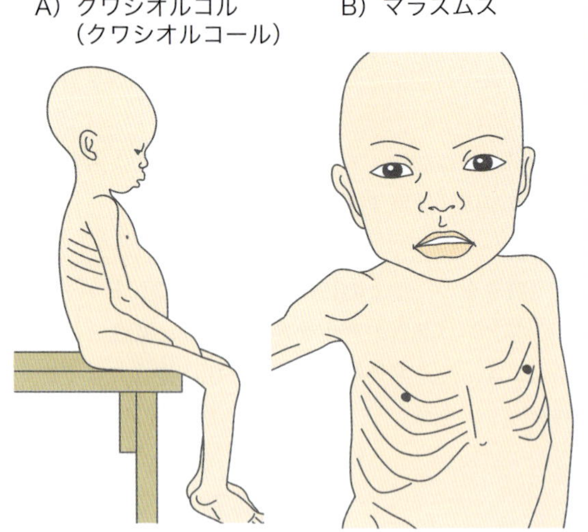

今，日本では超高齢社会を迎えて栄養学的対応を必要とする人々の増加が問題になっている．高齢者の疾病や外傷などでは，一般的にタンパク質の消耗が顕著であり，そのときのタンパク質の栄養学的処置においてはタンパク質とアミノ酸の知識が大いに役立つ．また，高齢者の傷病下において食事摂取が不可能か不十分である場合は，生体の窒素源となるアミノ酸，ペプチドおよびタンパク質を配合した医療用栄養剤の補給が必要である．それら栄養補給剤は，個々の症状や疾患および病態の違いによって組成および配合がさまざまである．したがって，栄養素として用いられるアミノ酸，ペプチドおよび固有のタンパク質の特性とその代謝的過程での役割を十分理解していなければならない．最近では多くの市販の栄養剤が出回っていることから，それら個々の製品の特性を十分理解して栄養学的処置のできることが望まれている．このように，栄養学的な治療にかかわるにはタンパク質とアミノ酸に関する基本的な知識を身につけておかなければならない．

チェック問題

問 題

☐☐ **Q1** ヒトの必須アミノ酸にはどのようなアミノ酸があるかあげよ.

☐☐ **Q2** アミノ酸のアミノ基の正電荷とカルボキシ基の負電荷が打ち消し合って分子全体が電気的に中和される溶液のpHを何というか.

☐☐ **Q3** 線維状タンパク質に含まれるタンパク質にはどんなものがあるか.

☐☐ **Q4** タンパク質の高次構造を安定に保っている結合にはどんなものがあるか.

☐☐ **Q5** タンパク質が加熱されて高次構造の変化により機能を失うことを何というか.

解答&解説

A1 フェニルアラニン，トリプトファン，リジン（リシン），メチオニン，ヒスチジン，ロイシン，イソロイシン，バリン，スレオニン（トレオニン）．アルギニンは幼児期のみ必須アミノ酸とすることがある．
必須アミノ酸はゴロ合わせで覚えよう．→「フトリメヒロイバス」 暗記

A2 等電点（pＩ）．アミノ酸の種類によって等電点が異なり，脂肪族アミノ酸はpH6付近，酸性アミノ酸はpH3付近，塩基性アミノ酸はpH10付近にある．

A3 コラーゲン，ケラチン，ミオシン，エラスチン，フィブリンなど．形状でタンパク質を分類すると，線維状タンパク質には上記のものに限られるから覚えておくと便利．

A4 水素結合，疎水結合，イオン結合の非共有結合と，ジスルフィド結合（S-S結合）の共有結合．主に，二次構造は水素結合，三次構造は上記の結合によって安定に保たれている．

A5 変性．タンパク質は高次構造を安定に保って種々の機能を発揮できる．

本書関連ノート「第４章　タンパク質とアミノ酸」でさらに力試しをしてみましょう！

第5章 酵素

Point

1. 酵素とは，生体内で起こっている種々の化学反応の触媒を行っている物質であることを理解する
2. 酵素には，基質特異性，至適温度，至適 pH，および *K*m（ミカエリス定数）という生化学的性質があることを理解する
3. ほとんどの酵素は，物質としてはタンパク質であるが，酵素によっては，補酵素（補因子）を必要とするものがあることを理解する

概略図　酵素の働きと特性

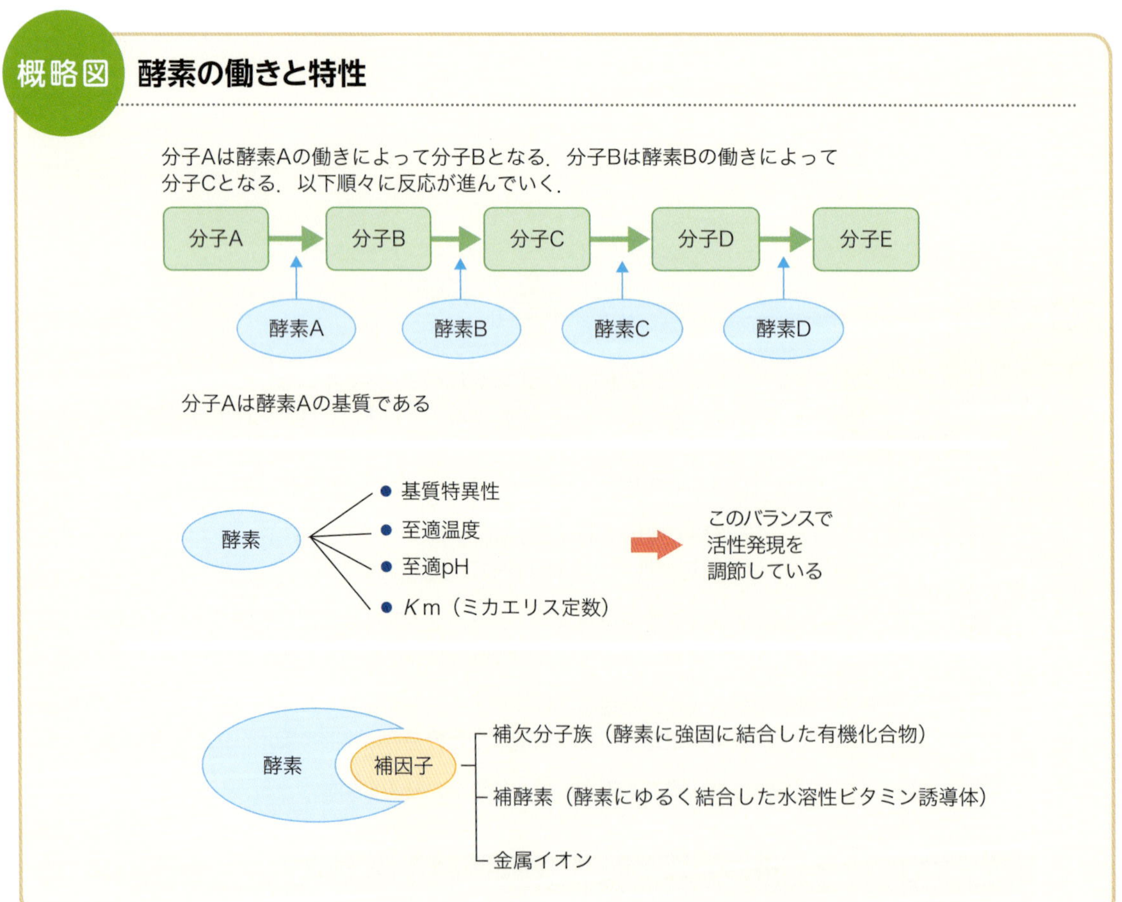

1 酵素の分類と性質

生物が生命活動を維持していくためにさまざまな代謝，すなわち化学反応が必須である．酵素はこの化学反応を進める**触媒**として機能するタンパク質である．

A. 酵素の分類と名称

酵素の名称は通常，その酵素の触媒する反応名または基質名が挿入されている場合が多い．しかし，酵素の名付け方に規則がなかったため，酵素の命名に混乱が生じてきた．そこで，現在，国際生化学・分子生物学連合（IUBMB）の提案で，酵素はその触媒する反応の種類により，以下の6群に分類されている．

1）酸化還元酵素（オキシドレダクターゼ）

酸化還元反応を触媒する酵素で，デヒドロゲナーゼ，オキシダーゼ，レダクターゼなどがある（第12章，p160参照）．

（例）アルコールデヒドロゲナーゼ

R-CH_2OH ＋ NAD^+ → R-CHO ＋ NADH ＋ H^+

2）転移酵素（トランスフェラーゼ）

基質分子の一部原子団をもう一方の基質分子へ転移する酵素で，ヘキソキナーゼ，アミノトランスフェラーゼなどがある．

（例）アミノトランスフェラーゼ

R-CH(NH_2)-COOH ＋ R'-CO-COOH ⇄ R-CO-COOH ＋ R'-CH(NH_2)-COOH

（L-アミノ酸，ケト酸 ⇄ ケト酸，L-アミノ酸）

3）加水分解酵素（ヒドロラーゼ）

加水分解を行う酵素で，消化酵素がよく知られている．タンパク質を分解するプロテアーゼ（第11章，p143参照），脂肪を分解するリパーゼ，デンプンを分解するアミラーゼ，核酸を分解するヌクレアーゼなどがあり，分解を受ける基質名の後に"アーゼ"がついている．

（例）アミラーゼ

グルコース - グルコース - グルコース - グルコース …（デンプン） → マルトトリオース，マルトース，グルコース

（例）プロテアーゼ

アミノ酸 - アミノ酸 - アミノ酸 - アミノ酸 …（タンパク質） → 低分子ペプチド

4）脱離酵素（リアーゼ）

基質から加水分解や酸化によらず，ある基を脱離させ二重結合を残す反応を触媒する酵素の総称で，炭酸デヒドラターゼ（炭酸脱水酵素），ピルビン酸デカルボキシラーゼ（ピルビン酸脱炭酸酵素）などがある．また，この酵素は一般に可逆反応であり，逆反応の場合は二重結合への付加反応になるので，付加酵素と呼ばれることもある．また，合成反応を重視する場合はシンターゼ※1と呼ばれる．

（例）炭酸脱水酵素

H_2CO_3 ⇄ CO_2 ＋ H_2O

5）異性化酵素（イソメラーゼ）

異性体の相互変換を行う．イソメラーゼ，ムターゼなどがある．

（例）グルコース-6-リン酸イソメラーゼ（第9章，p104参照）

グルコース 6-リン酸 → フルクトース 6-リン酸

6）合成酵素（リガーゼ）

2つの分子をATPや他のエネルギー源を利用して結合させる反応を触媒する酵素で，シンテターゼ※1，カルボキシラーゼ，DNAリガーゼ，RNAリガーゼなどがある．

（例）アシルCoAシンテターゼ

R-COOH ＋ HS-CoA ＋ ATP → R-CO～S-CoA ＋ AMP ＋ PP_i

（脂肪酸，補酵素A → アシルCoA，ピロリン酸（二リン酸））

B. アイソザイム

同一反応を触媒するが，タンパク質の構造が異なる酵素を**アイソザイム**という．代表例として乳酸デヒドロゲナーゼ（乳酸脱水素酵素）がある．乳酸デヒドロ

※1 **シンターゼ，シンテターゼ**：ともに日本語では"合成酵素"と訳されるが，酵素の分類ではシンターゼはリアーゼで，シンテターゼはリガーゼに分類される．シンターゼではATPなどのエネルギー源を必要としない縮合反応を触媒するが，シンテターゼでは，ATPや他のエネルギー源を利用して2つの原子を結びつける縮合反応である．

第5章 酵素

ゲナーゼはH型とM型の2種類のサブユニット4個から構成され，そのサブユニットの組み合わせから，H_4，H_3M，H_2M_2，HM_3，M_4の5種類が存在する．臓器により分布が異なり，H_4型は好気性組織である心臓に多く，M_4型は嫌気性組織である骨格筋に多い．

血液中の乳酸デヒドロゲナーゼのアイソザイムの濃度比（アイソザイムパターン）は心筋梗塞や肝臓疾患で変化するので，各種疾患の診断に応用されている（逸脱酵素：本項D参照）．

C. 補因子

酵素には，酵素タンパク質のみで活性を発揮するものもあるが，酵素タンパク質以外の補因子を必要とするものがある．この補因子には3種類あり，①低分子の有機化合物のなかで酵素タンパク質と非共有結合でゆるい結合をしながら，くり返し利用可能な往復運搬体，または化学置換基転移剤として働く**補酵素**，②低分子の有機化合物や金属イオンのなかで，酵素タンパク質と共有結合あるいは非共有結合などで，強固かつ安定に組み込まれて働く**補欠分子族**※2，および③**金属イオン**がある（第8章，p92参照）．補酵素は表1に示すように，化学的には水溶性ビタミンまたはこれが化学的変化を受けた分子が多い（第7章，p84参照）．また，既知の酵素の1/3はその構造または作用に金属イオンが必要であるか，または金属イオンが促進剤になる．

補因子が結合して活性を発揮している酵素を**ホロ酵素**，ホロ酵素のタンパク質部分を**アポ酵素**と呼ぶ．

※2　ペルオキシダーゼの鉄ポルフィリン，コハク酸デヒドロゲナーゼに強く結合しているFADなどが補欠分子族である．

表1　補酵素・ビタミン・酵素・欠乏症の関係

補酵素名	ビタミン名	関与する反応，酵素名	欠乏症
ニコチンアミドアデニンジヌクレオチド（NAD^+），ニコチンアミドアデニンジヌクレオチドリン酸（$NADP^+$）	ニコチン酸，ニコチンアミド（ナイアシン）	酸化還元反応	ペラグラ
フラビンアデニンジヌクレオチド（FAD），フラビンモノヌクレオチド（FMN）	ビタミンB_2（リボフラビン）	酸化還元反応	成長停止，口角炎，口唇炎，脂漏性皮膚炎
補酵素A（CoA-SH）＊1	パントテン酸	アシル基の運搬体	皮膚炎
チアミン二リン酸（TPP）＊2	ビタミンB_1（チアミン）	ピルビン酸デヒドロゲナーゼ複合体，トランスケトラーゼ	脚気，多発性神経炎
ピリドキサールリン酸（PLP）	ビタミンB_6（ピリドキシン）	アミノ基転移反応，脱炭酸反応	皮膚炎
ビオチン	ビオチン	炭酸固定，カルボキシ基転移反応	皮膚炎，脱毛
テトラヒドロ葉酸	葉酸	炭素1個の基の移動	巨赤芽球性貧血
アデノシルコバラミン，メチルコバラミン	ビタミンB_{12}	メチオニン合成酵素	悪性貧血，巨赤芽球性貧血

＊1　コエンザイムAともいう
＊2　チアミンピロリン酸ともいう

表2　主な逸脱酵素と疾患の関係

酵素名	本来の所在臓器	疾患
AST（GOT）	心筋，骨格筋，肝臓	心筋梗塞，肝腫瘍
ALT（GPT）	肝臓	肝炎（ALT＞AST）＊
アミラーゼ	膵臓	膵炎，膵疾患など
γ-GTP	肝臓	肝炎，肝腫瘍
クレアチンキナーゼ	骨格筋，心筋	心筋梗塞，筋ジストロフィー
アルカリホスファターゼ	骨	骨軟化症，くる病，腫瘍など
酸性ホスファターゼ	前立腺	前立腺腫瘍など
乳酸デヒドロゲナーゼ	ほとんどすべての臓器	心筋梗塞，悪性貧血，溶血性貧血，悪性リンパ腫，白血病，肝炎など

＊急性肝炎のごく初期，慢性肝炎の急性増悪期はALT＜ASTとなる

D. 逸脱酵素と疾患

細胞がさまざまな理由で障害されたときには，酵素が細胞外に逸脱してくることがある．それを逸脱酵素という．仮に，ある臓器に特徴的な酵素が血液中に検出されれば，その臓器の細胞の障害の存在が考えられる．そのようなことから，病変部位の特定や疾患の診断に有用な情報を得るために，臨床検査において血液中のさまざまな酵素を測定しているのである．表2に代表的な逸脱酵素と疾患の例をあげた．

E. 酵素の性質

酵素はタンパク質であるため，その特性には，タンパク質に特徴的な化学的性質が伴っている．

1）酵素反応

酵素反応は，通常次のような反応式で示される．

E（酵素）＋S（基質）⇄
ES（酵素–基質複合体）→ E＋P（生成物）

化学反応は一般に図1aに示すように，①反応物（基質）同士が衝突，②複合体となり活性化する，③生成物ができる，という段階を経て進行する．なお，この反応の前後で，酵素自体は変化しない．酵素が触媒になっている反応では，酵素作用を受ける物質を**基質**といい，この反応において，酵素が存在しない場合には，S（基質）→P（生成物）の反応は進みにくい．これはSからPへ進むためには途中にエネルギー障壁があるからで，この障壁を飛びこすためのエネルギーのこと

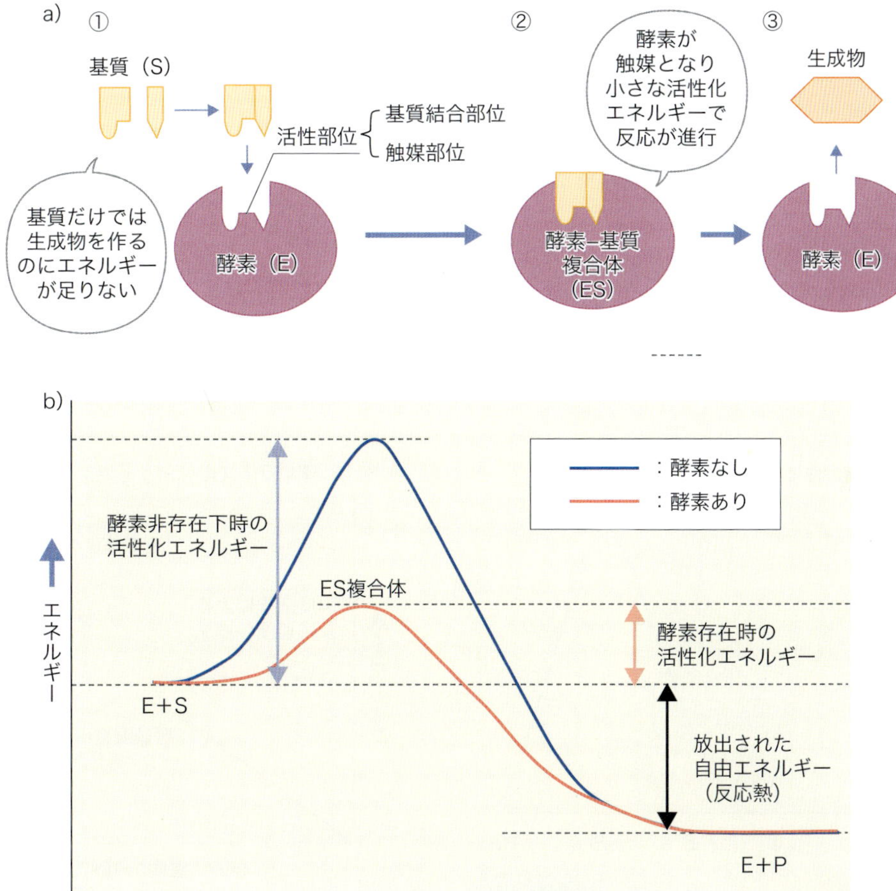

図1 化学反応における酵素の作用と活性化エネルギー

を**活性化エネルギー**と呼んでいる．

一方，タンパク質でできている酵素分子の立体構造は，基質との結合および反応の進行に大変都合よくできており，結合した基質の反応性を比較的低いエネルギーで進めることができる（図1b）．具体例として，計算上であるが，過酸化水素の分解反応である $H_2O_2 \rightarrow H_2O + O_2$ においては，触媒下（Fe^{3+}イオン）のときの活性化エネルギーは18 kcal/molであるが，この反応の特異的酵素であるカタラーゼ存在下では，その1/3以下の5.5 kcal/molで反応は進行する．

2）基質特異性

酵素にはタンパク質の立体構造の一部に穴があり，それを活性部位と呼ぶ．そこは基質が結合する部位（**基質結合部位**）と，触媒作用を発揮する部位（**触媒部位**）から構成されている．この「基質」と酵素の「活性部位」との間には，ちょうど「鍵」と「鍵穴」のような関係があり，酵素の活性部位という「鍵穴」に入れるものだけが「鍵」である基質になることができるようになっている（図1a）．このような酵素の構造上の特徴から，酵素に結合できる基質は酵素ごとにきわめて厳格に限定されており，その結果，酵素は特定の構造の化合物（基質）にだけ作用することとなる．例えば，タンパク質分解酵素はタンパク質を基質とする※3ので消化するが，多糖類であるデンプンは基質にならず，したがって消化できない．この性質を**基質特異性**という．

3）至適pHと至適温度

酵素反応はpHの影響を大きく受け，それぞれの酵素の最大の酵素活性を与えるpHを**至適pH**という．多くの生体の酵素の至適pHは7付近であるが，例外もあり，胃で産生・分泌されるタンパク質分解酵素であるペプシンの至適pHは，胃酸のpH環境である1～2である．また，膵臓で産生されて小腸で働くタンパク質分解酵素のトリプシンの至適pHは，小腸のpH環境である8付近である（図2a）．

また，最大の酵素活性を与える温度を**至適温度**という．一般に化学反応は温度が高いほど速やかに進行するが，酵素反応も同様である．しかし，一定以上に温度が上昇すると，酵素タンパク質の立体構造に変化が起こる（熱変性）ため活性は低下する．この温度上昇による反応速度の増加と，熱変性による反応速度の減少との交差した付近の温度が，その酵素の至適温度となる．多くの酵素の至適温度は体温付近の38℃前後である（図2b）．

※3　タンパク質の特定のペプチド結合を認識する．

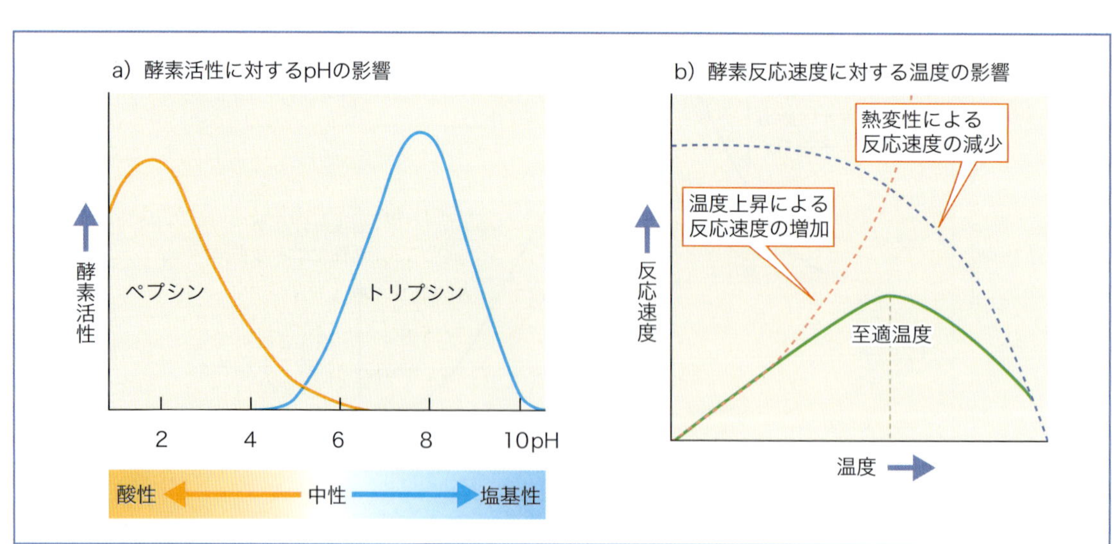

図2　酵素反応とpHおよび温度との関係

2 酵素反応速度論

A. 酵素反応と基質濃度

酵素の反応速度（v）は，一般的に単位時間あたりの生成物のできる量で示され，酵素の濃度（[E]）が一定の場合，基質濃度（[S]）の上昇に比例して増大する．しかし，基質濃度がある程度以上になると次第に反応速度は頭打ちになり，ついには一定になる（最大速度：Vmax）．この関係を式に示すと，以下のようになる．

$$v = \frac{V_{max}\,[S]}{K_m + [S]}$$

この式を**ミカエリス-メンテン（Michaelis-Menten）の式**という．式中のKmは**ミカエリス（Michaelis）定数**といい，V maxの1/2の速度をもたらす［S］である．vと［S］の関係をグラフに表すと図3のようになる．Kmは酵素と基質の親和性を示しており，酵素に固有の値である．この値が小さい酵素ほど基質との親和性が高く，逆に値が大きい酵素ほど基質との親和性が低い．

実験的にミカエリス定数や最大速度を求めるには，ミカエリス-メンテンの式の両辺の逆数をとって変形した式，

$$\frac{1}{v} = \frac{K_m}{V_{max}} \times \frac{1}{[S]} + \frac{1}{V_{max}}$$

を用いることが多い．この式は，**ラインウィーバー・バークの式**と呼ばれ，1/［S］と1/vが比例していることを示している．図4のように，横軸に1/［S］を，縦軸に1/vをとり図示したものを**ラインウィーバー・バークの二重逆数プロット**と呼び，実験値のラインウィーバー・バークプロットからV maxとKmを求めることができる．

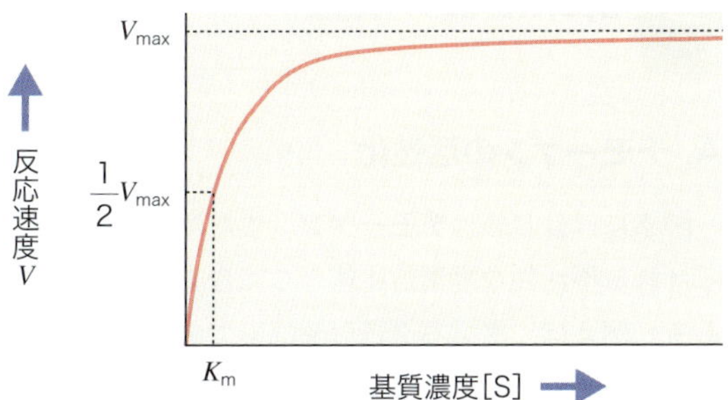

図3　基質濃度と酵素反応速度の関係

B. グルコキナーゼとヘキソキナーゼ

ともにグルコースをリン酸化する酵素であるが，ヘキソキナーゼのKmは約0.01～0.1 mMに対してグルコキナーゼ（肝臓と膵臓ランゲルハンス島β細胞のみに存在）のKmは約10 mMなので，グルコキナーゼはヘキソキナーゼに比べて1/1,000～1/100の親和性ということになる．このKmの違いによって2種の酵素の生理的意義は異なっている．

血液中のグルコース濃度（血糖値）は普通5 mMなので，空腹時のような血糖の低い状態でもKmの小さいヘキソキナーゼは肝臓以外の組織では最大速度で働き，グルコースの利用がスムーズに行われる．

一方，摂食後，血糖値が上昇（食後には7 mM程度）し，多量のグルコースを処理する必要が出てきたときには，Kmの大きいグルコキナーゼが肝臓で活発に働いて，過剰なグルコースをグリコーゲンとして肝臓で貯蔵して，迅速にグルコース処理が行われる．また，同時に，次の食事までの血糖値の維持の準備がこの貯蔵グリコーゲンによってなされる（第9章，p104参照）．

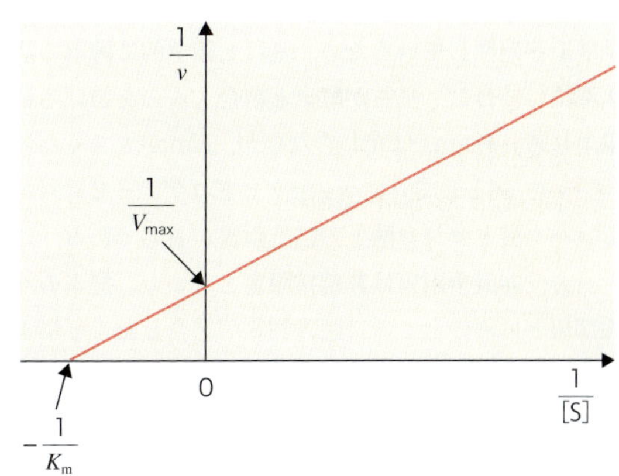

図4　ラインウィーバー・バークの二重逆数プロット

第5章 酵素

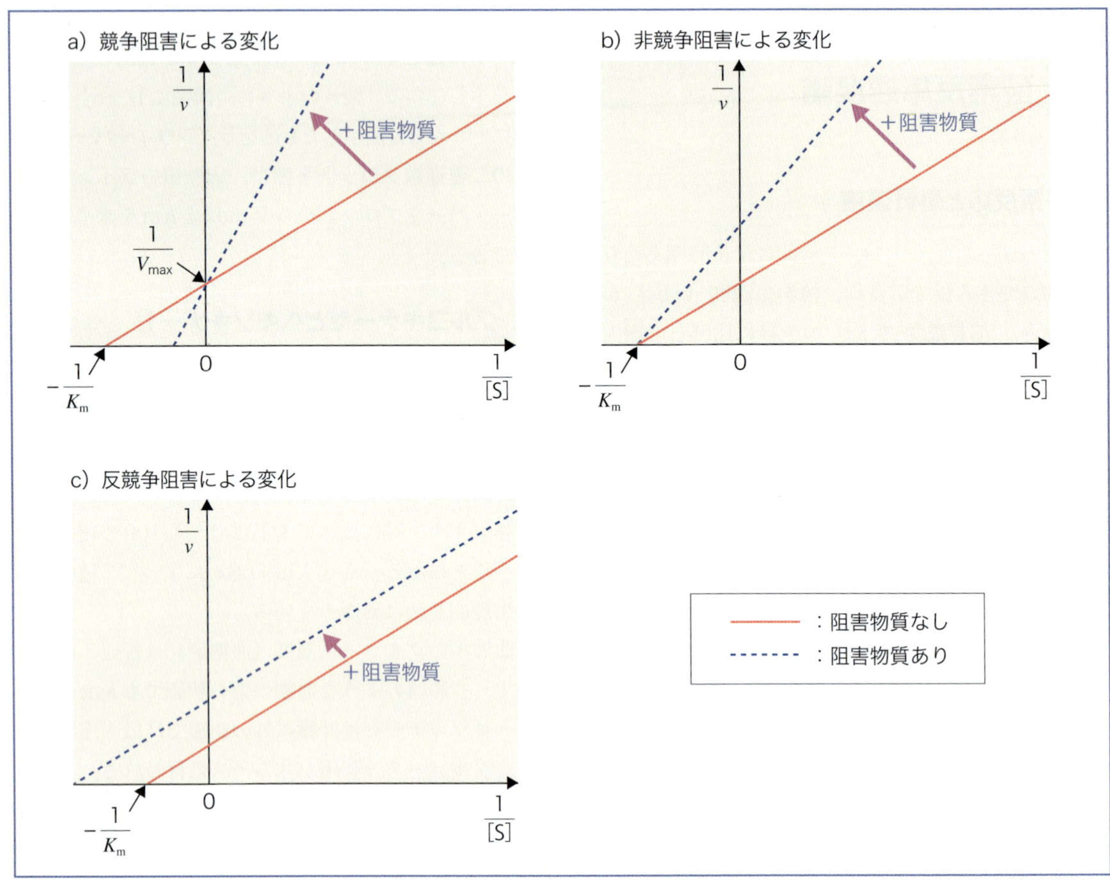

図5　阻害物質の酵素活性に及ぼす影響（ラインウィーバー・バークの二重逆数プロットの変化）

C. 阻害

ある物質は酵素の特定部位に結合し，その活性を低下させる．これを酵素反応の阻害といい，その作用のある物質を阻害物質という．阻害には，**競争阻害**，**非競争阻害**，および**反競争阻害**がある．

競争阻害は**拮抗阻害**ともいい，阻害物質が基質と化学構造が類似しているため，基質と競争的に酵素の活性部位に結合し，基質が酵素と結合するのを妨げる結果生じる．*V* maxは変わらないが，*K*mが大きくなる（図5a）．例として，コハク酸デヒドロゲナーゼに対するコハク酸とマロン酸との拮抗阻害が有名である．

一方，非競争阻害は**非拮抗阻害**ともいい，酵素の活性部位とは別のところに阻害物質が結合したことにより酵素活性が阻害されるものである．*K*mは不変だが*V* maxは小さくなる（図5b）．

また，遊離の酵素には結合せず，酵素−基質複合体にのみ結合し，阻害することを反競争阻害（反拮抗阻害，不拮抗阻害ともいう）という．基質が酵素に結合すると酵素の構造が変化し，阻害剤が酵素活性部位とは別のところに結合することでさらに酵素の構造が変わり生成物が酵素活性部位から出にくくなり反応速度が落ちる．また，基質濃度を高めても阻害はなくならない．*K*mも*V* maxも小さくなる（図5c）．

3 酵素活性の調節

A. チモーゲンの活性化

酵素にははじめは**チモーゲン**（またはプロ酵素）と呼ばれる不活性な酵素前駆体として合成されるものがある．例えば，タンパク質分解酵素であるトリプシンの場合，チモーゲンのトリプシノーゲンとして合成された後，タンパク質分解酵素であるエンテロペプチダー

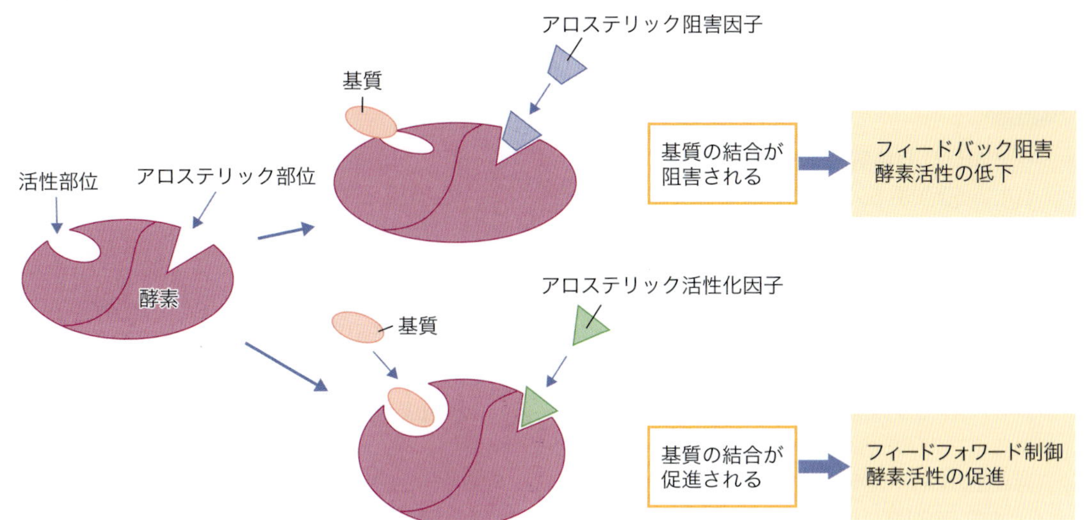

図6 アロステリック酵素のエフェクター分子による阻害と活性化

ゼの作用で，活性型のトリプシンになる．トリプシンがこのように不活性な酵素前駆体として合成されるのは，もし活性型の状態で合成されると，周囲のタンパク質を次々に分解して，生体に悪い作用を及ぼしてしまうためである．

B. アロステリックエフェクターによる調節

酵素の基質が結合し，触媒を受ける活性部位以外の場所（**アロステリック部位**）に，低分子化合物（**エフェクター分子**）が非共有結合で相互作用をすることを，**アロステリック効果**といい，そのような作用を受ける酵素を**アロステリック酵素**という．アロステリック酵素はアロステリック部位へのエフェクター分子の結合によって酵素の立体構造が可逆的に変化する．つまり，アロステリック阻害因子がアロステリック部位に結合すると，活性部位への基質の結合が阻害されるような酵素の立体構造の変化が生じ，その結果，酵素活性は低下する（フィードバック阻害）．一方，アロステリック活性化因子のアロステリック部位への結合では，活性部位への基質の結合が促進されるような立体構造の変化が生じ，その結果，酵素活性は促進される（フィードフォワード制御：図6）．また，エフェクター分子としてはその酵素の働いている代謝系に関連した種々の代謝産物が作用する場合が多い．

C. 化学修飾による調節

タンパク質の**リン酸化**による調節が，この調節機能で代表的なものである．リン酸化とは，リン酸化を行う酵素（キナーゼ）の作用により，酵素タンパク質を構成しているアミノ酸のセリンやスレオニンなどの側鎖のヒドロキシ基にリン酸基が転移することで，酵素タンパク質の立体構造に変化が生じ，酵素が活性化あるいは不活性化されることである．すなわち，タンパク質のリン酸化は，その酵素にとって活性のスイッチのオン/オフに相当することになる．

アスピリンの作用と酵素

アスピリンは解熱鎮痛作用をもち，古くより汎用されている薬である．歴史的には19世紀末，ドイツ人化学者のホフマンが関節痛に苦しむ父親のためにサリチル酸の改良を試み，胃腸への作用の少ないアセチルサリチル酸を発見し，その後，ドイツの製薬会社バイエルがアスピリンという商品名でこのアセチルサリチル酸の販売をはじめた．現在，世界中で年間に使用されるアスピリンの量は，4万トンを超えるといわれている．アメリカではアスピリンの年間使用量は200億錠といわれ，世界一である．

さて，アスピリンに解熱鎮痛作用があるのは，なぜだろう？ そもそも体温は，視床下部の体温調節中枢によって一定の温度にコントロールされている．感染などにより免疫系の活性化が原因となって生じるインターロイキン1やインターロイキン6といったサイトカイン類が放出され，それが脳内の血管の内皮細胞に作用すると，細胞膜を構成するリン脂質よりアラキドン酸が切り出され，そのアラキドン酸からシクロオキシゲナーゼ（COX）の作用によりプロスタグランジンH_2が生成し，それがさらに変化してプロスタグランジンE_2などが生成される．そのプロスタグランジンE_2が，体温調節中枢に働き，体温を上昇させ，また，疼痛などを引き起こすのである．したがって，アスピリンの解熱鎮痛作用は，COXの酵素活性を妨害し，その結果，プロスタグランジンE_2の生成を減少させ，発熱や疼痛を抑えるのである．

ただ，よいことばかりではない．アスピリンには副作用として胃腸障害が知られている．この原因として，COXにはCOX-1とCOX-2の2種類のアイソザイムがあり，2つの酵素は基本的に同じ反応を行うが，アミノ酸組成，臓器分布およびその生理作用の点で大きく異なる．COX-1は恒常的に組織に存在して生体を守る働きを有しており，例えば胃においては，胃の粘膜を保護する粘液分泌を促進している．一方，COX-2は通常の濃度は低いが，炎症が起こると発熱や疼痛に関与するプロスタグランジンを産生する．アスピリンは両方の活性を阻害するので，COX-2阻害により発熱や疼痛を抑えるが，同時にCOX-1も阻害するため，胃粘膜の保護をする粘液分泌が低下し，胃腸障害が引き起こされることとなる．

現在，COX-1には作用せず，COX-2に選択的に作用する分子，つまり解熱鎮痛作用はあるが胃腸障害のない薬の探索が行われた結果，「COX-2選択的阻害薬」と称されるセレコキシブという薬が開発され，関節リウマチや変形性関節症に用いられている．

チェック問題

問 題

- □□ **Q1** プロテアーゼがデンプンを消化することができないのはなぜか.
- □□ **Q2** 酵素の至適pHと至適温度とは何か.
- □□ **Q3** 補酵素の役割とは何か.
- □□ **Q4** 競争阻害と非競争阻害の違いは何か.
- □□ **Q5** アロステリック酵素とは何か.

第5章 酵素

解答&解説

A1 酵素には基質特異性という性質があり，それぞれのタンパク質分解酵素はタンパク質の特定のペプチド結合を認識して切断し，分解することができるが，多糖類であるデンプンは認識できず，そのため分解することができない．なお，デンプンはアミラーゼによって分解される．

A2 それぞれの酵素には，その触媒活性が最大に発揮されるpHや温度があり，それをその酵素の至適pH，至適温度という．

A3 補酵素の多くは水溶性ビタミンの誘導体で，酵素とゆるく結合して，酵素の働きの中心的な機能を担う化合物である．

A4 競争阻害は，基質と競争的に酵素の活性部位に結合し，基質が酵素と結合するのを妨げることをいい，非競争阻害は，酵素の活性部位とは別のところに阻害物質が結合したことにより酵素活性が阻害されることである．

A5 アロステリック酵素とはさまざまな代謝産物がそのアロステリック部位に結合して，その立体構造が変化し，そのことによって酵素活性が調節される結果，代謝調節にかかわることのできる酵素である．

本書関連ノート「第５章　酵素」でさらに力試しをしてみましょう！

第6章 核酸

Point

1. 核酸分子を形成する基本単位であるヌクレオチドの構造を理解する
2. 核酸（DNAとRNA）の構造，種類，および，それらの働きについて理解する
3. 遺伝子の細胞内分布，遺伝情報の構造について理解する

概略図　核酸の基本単位－ヌクレオチド

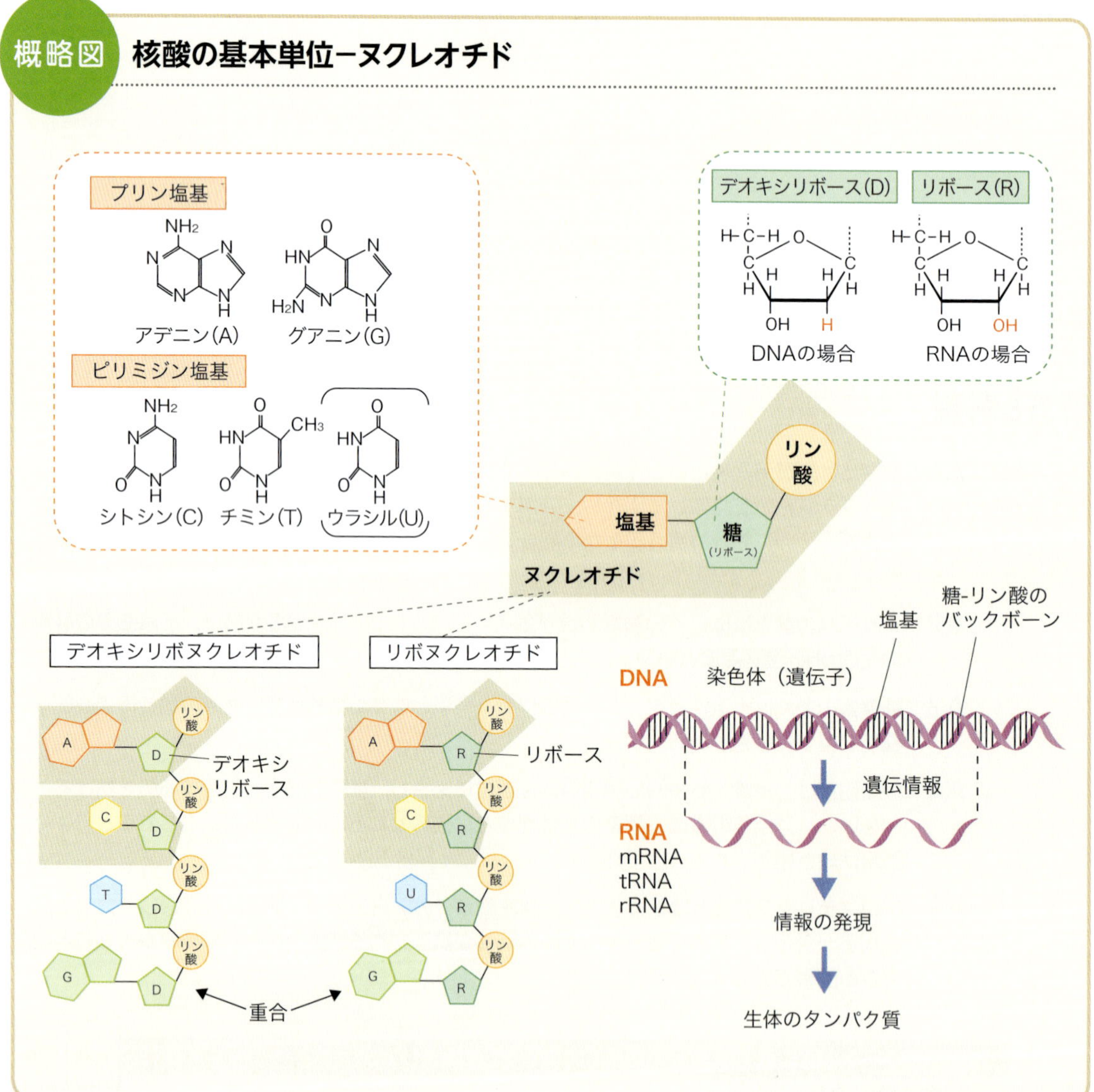

1 核酸の基礎

A. 核酸とは

すべての生物は既存の同種の生物から再生産される．細胞分裂によって新たに生じた細胞や，有性生殖によって親から産まれてきた子どもはこの定義のうえでは同じである．産まれた新しい命はその親とほとんど同じ性質をもっている．この同じ性質を表現することに必要な物質が遺伝子で，遺伝子の本体が**DNA**という核酸である．核酸という名称は細胞内の核（nucleus）で見つかった酸性（acidic）の物質，“nucleic acid”に由来している．染色体に含まれる全遺伝子1セットのDNAはゲノムと呼ばれる（第15章，p192参照）．また，ヒト細胞の生存には約2万数千の遺伝子が関与することがわかっている．

遺伝子は生物が生きていくための設計図のようなもので，この設計図に記載された情報をもとに，細胞内でいろいろな働きをもつタンパク質がつくられる．DNAそのものは働かないが，タンパク質をつくりだすためには，その情報を運用するために働くいろいろなタンパク質やDNAとは違う種類の核酸，**RNA**が必要になる．タンパク質の生合成（遺伝子の発現という）については第15章（p191）で学習する．核酸という物質は大きな分子であるが，まずその構造を理解することからはじめよう．

B. ヌクレオチドの構造

核酸分子を構成している1単位の物質を**ヌクレオチド**※1（nucleotide）という．デンプンを構成するグルコース，タンパク質を構成するアミノ酸と同様のポジションにある．ヌクレオチドの一種に**ATP**（adenosine 5′-triphosphate）というエネルギー物質があるが，これは代表的なヌクレオチドなので，例にあげて説明する．

まずATPという名称に含まれているアデノシン（adenosine）は，**ヌクレオシド**※1（nucleoside）といわれる物質の一種なのだが，アデニン（adenine）という核酸を構成するための**塩基**が，リボース（D-リボース）との間で***N*-グリコシド結合**した化合物である（図1）．D-リボースは五炭糖である．五炭糖の環状構造では1，2，3および5位の炭素にヒドロキシ基（－OH）がついている．このうち1位の－OHは塩基との結合に使われているので，ヌクレオチドの構造においては3位と5位の－OHが重要な役目をもっている．これらのヒドロキシ基と**エステル結合**するのがリン酸基（phosphate）である．これで，ATPの残りの部分，5′-triphosphateの意味がほぼ理解できただろう．「tri（トリ）」は3個のことなので，ATPでは5位にリン酸が3個並んで結合している．ちなみにリン酸基が何個結合していてもすべてヌクレオチドと呼ぶ．では，「5」でなくてなぜ「5′」なのだろう．それは有機化学で学んだように，1つの化合物に環状構造が2種類含まれ

※1 糖と塩基が結合したものをヌクレオシドという．それに，さらにリン酸基が結合するとヌクレオチドと呼ばれる．

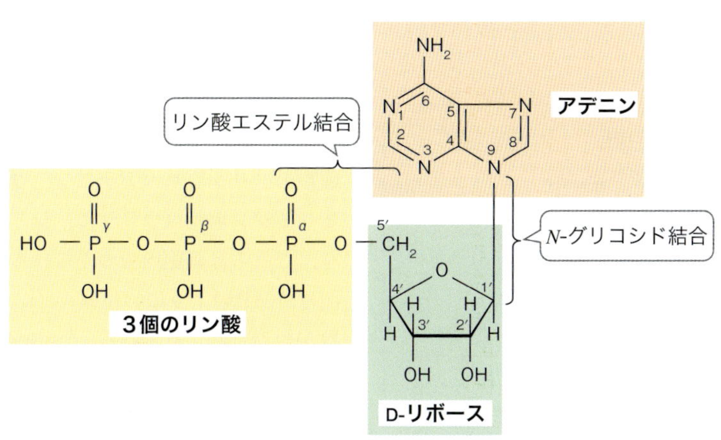

図1 ATPの構造

プリン塩基

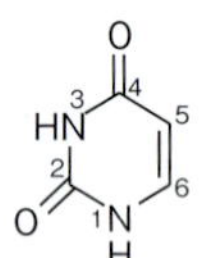

アデニン
(6-アミノ-プリン)

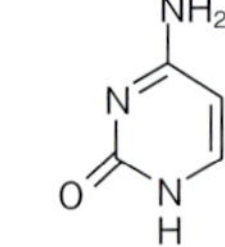

グアニン
(2-アミノ-6-オキシ-プリン)

ピリミジン塩基

ウラシル
(2,4-ジオキシ-ピリミジン)

シトシン
(2-オキシ-4-アミノ-ピリミジン)

チミン
(2,4-ジオキシ-5-メチル-ピリミジン)

図2 核酸に含まれる主な塩基

表1 ヌクレオチドの種類と構成

塩基	糖	ヌクレオシド	ヌクレオチド
アデニン [A]	D-リボース	アデノシン	AMP
	2-デオキシ-D-リボース	デオキシアデノシン	dAMP
グアニン [G]	D-リボース	グアノシン	GMP
	2-デオキシ-D-リボース	デオキシグアノシン	dGMP
シトシン [C]	D-リボース	シチジン	CMP
	2-デオキシ-D-リボース	デオキシシチジン	dCMP
チミン [T]	D-リボース	(チミジン)	(TMP)
	2-デオキシ-D-リボース	(デオキシ) チミジン	dTMP
ウラシル [U]	D-リボース	ウリジン	UMP
	2-デオキシ-D-リボース	(デオキシウリジン)	(dUMP)

( ) で表したヌクレオシドおよびヌクレオチドは，核酸中にはきわめてわずかしか含まれない．デオキシチミジンのデオキシ (図5も参照) を省いても，デオキシチミジンを指している場合が多い．

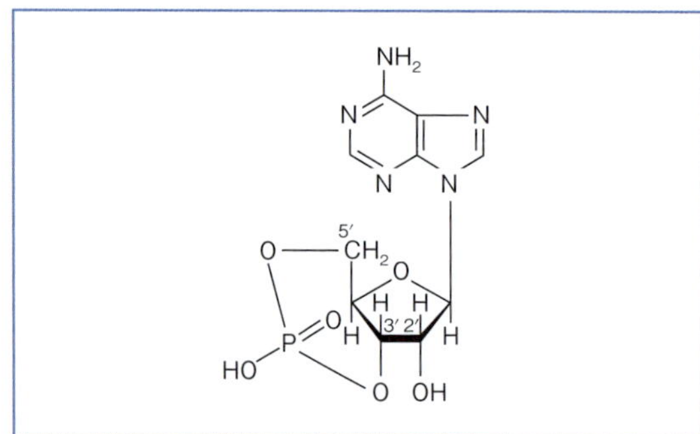

図3 サイクリックAMPの構造

る時は，どちらかを1′，2′，のように表示する．ヌクレオチドでは塩基がもう1つの環状構造である．

ヌクレオチドを構成する塩基（図2，表1）には，2種類のプリン塩基（**アデニン，グアニン**）と3種類のピリミジン塩基（**ウラシル，シトシン，チミン**）があり，これらは細胞内でつくられる．ヌクレオチドの表記はAMPのように，塩基のイニシャルとリン酸基の数が組み合わされている．「mono（モノ）」は1個で「di（ジ）」は2個である．また，3′位のヒドロキシ基にもリン酸基は結合できる．これは3′-ヌクレオチドと呼ばれている．ホルモンなどの情報を細胞内で伝達していく物質

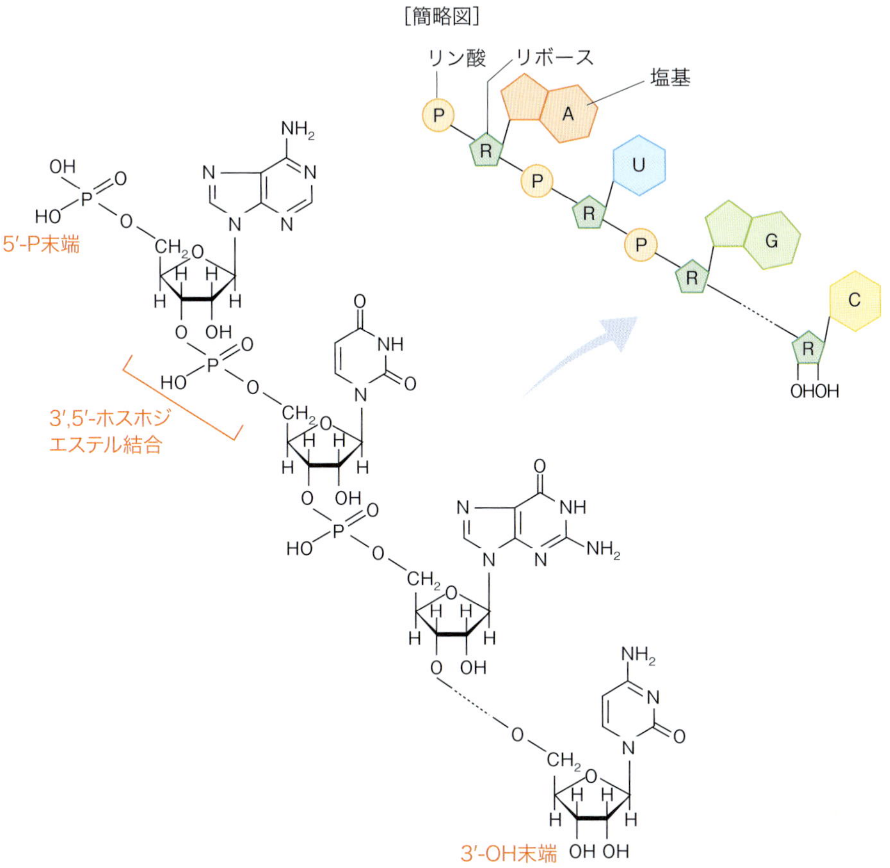

図4　ヌクレオチド鎖の構造

の1つに**サイクリックAMP**（3′,5′-cyclic AMP：図3）があるが，この化合物は1個のリン酸基がD-リボースの3′位と5′位両方に結合した，少し変わりものである．

C. ヌクレオチド鎖の構造

ヌクレオチドを1単位としてそれらが重合体を形成したもの，これを**ポリヌクレオチド**の鎖という．塩基の部分が違っている別の種類のヌクレオチド，AMP，GMP，CMPなどがランダムに結合して鎖ができあがるわけだが，グルコースやアミノ酸の重合と同様，ヌクレオチドの場合も各分子は同じ向きで並んでいく．図4をみてほしい．鎖の中のヌクレオチドの1つが左上に5′を向けていると，右下が3′になる．そして，3′のヒドロキシ基に，次に並ぶべきヌクレオチドの5′にあるリン酸基が結合している．この化学結合を**3′,5′-ホスホジエステル結合**（3′,5′-phosphodiester bond）という．このような結合でできた鎖には方向性があり，一方の末端が**5′-P**※2の場合，もう一方の末端は**3′-OH**※2となる．

ヌクレオチド鎖の構造を概観すると（図4の簡略図参照），リボースとリン酸が交互に繋がった鎖から飾りライトのように塩基がとび出ている形にみえる．事実，ヌクレオチド鎖の化学的性質はグリコーゲンに似ていて，また，核酸の鎖から塩基部分だけが脱落する化学反応※3もみられる．

※2　核酸の合成に使われるヌクレオチドはすべて5′-ヌクレオチドである．そのため，リン酸は5′側に結合している．

※3　脱プリン，脱ピリミジン反応という．

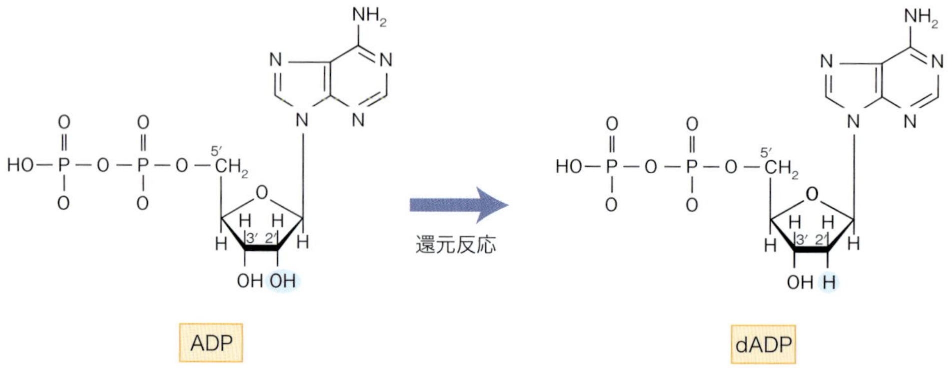

HO—P—O—P—O—CH₂ … ADP → 還元反応 → dADP

図5　デオキシリボヌクレオチドの生成
リボヌクレオシド-二リン酸を基質にしてリボヌクレオチド還元酵素が働き，リボースの2′位のヒドロキシ基を還元する

2 核酸の種類

A. デオキシリボヌクレオチド

核酸はDNAとRNAという2種に大別されるが，その説明の前に，もう1つのヌクレオチドを紹介する必要がある．**2′-デオキシリボヌクレオチド**と呼ばれるもので，化学にちょっと自信のある人ならすぐに気付いたと思うが，リボースの構造が少しだけ違っている．2位のヒドロキシ基がないのである．このヌクレオチドはリボヌクレオチド（前に説明したものを正式にはこう呼ぶ）が酵素的に還元されてできあがる（図5）．略号の前にdをつけ，dAMP，dGMP，dCMP，dTMPと表記し，この4種がDNAを構成している．一方，RNAを構成するのはAMP，GMP，CMP，UMPの4種で，DNAとRNAでは1種のみ塩基の異なるヌクレオチドが使われている．ヌクレオチドの合成経路では，UMPからdTMPがつくられる（第14章，p186参照）からである．

B. DNA（デオキシリボ核酸）

ヌクレオチド鎖がA（アデニン），G（グアニン），C（シトシン），T（チミン）のデオキシリボヌクレオチドで構成されるのがDNA（デオキシリボ核酸）で，多くの生物では遺伝子として利用されている分子である．DNAの特徴は特別な場合を除き二本鎖構造であることである※4．それも5′末端から3′末端への方向が**逆向き**に対をなした2本の鎖が**らせん構造**をとっている（図6左）．ワトソンとクリックが解明したB型※5の二重らせん構造は最も安定な構造といわれている．この構造では，1ピッチ（3.4 nm）のらせんに10塩基が並び，それぞれの鎖中の塩基は，らせん階段のように**AとT，GとC**で対をなしている．これを**塩基対**といって，二本鎖構造が安定である要因の1つである．図6右に示したように，水素結合数の多いGC対の方がAT対より結合力が大きい．

完全な塩基対で成り立つ2本の鎖を互いに**相補鎖**という．したがってDNAとRNAの間でも相補鎖は形成され，この場合はAU対とGC対ができる．相補鎖を形成する性質を**相補性**というが，この性質は核酸の合成や遺伝子の発現を理解するために重要である．なおこの塩基対結合は熱やアルカリで切断されるので，そのような処理によりDNAは一本鎖になるが，ゆっくり冷却したり中和することで二本鎖に戻る．

C. RNA（リボ核酸）

前述のように，A，G，C，U（ウラシル）のリボヌクレオチドで構成されるのがRNAで，RNAの大部分は一本鎖構造※6である．核酸は酸に対しては非較的安

※4　二本鎖以外には，一本鎖DNAウイルスの遺伝子や遺伝子末端部の部分的な一本鎖構造などがある．

※5　このほかにA型（B型とともに右巻き），左巻きのZ型がある．

※6　二本鎖RNAをもつウイルスや分子内の部分的二本鎖構造がある．

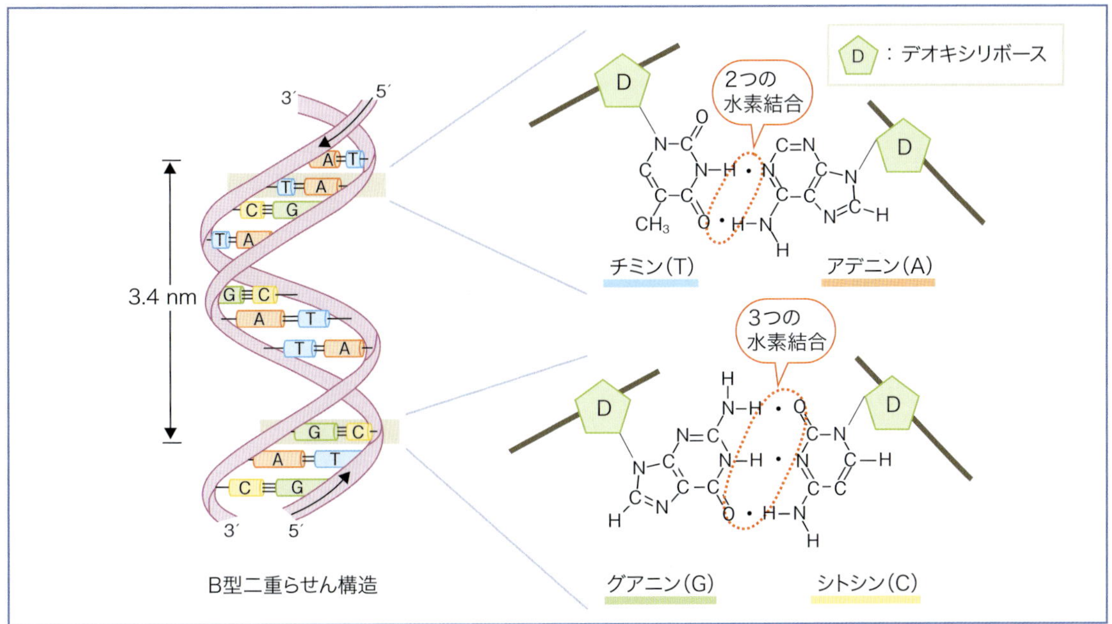

図6　DNAの二重らせん構造と塩基対合

定であるが，RNAはDNAよりアルカリに不安定で分解されやすい※7．すべての生物ではRNAを遺伝子情報の発現（タンパク質の生合成）に利用している．DNAから情報を写し取ってくる**メッセンジャーRNA（伝令RNA，mRNA）**，タンパク質の素材であるアミノ酸を供給する**トランスファーRNA（転移RNA，tRNA）**，そしてタンパク質を合成する装置（リボソーム）の構成員である**リボソームRNA（rRNA）**，という3種が働いている（表2）．図7に示したように，それぞれ特徴がある構造をしている．mRNAは5′末端に**キャップ構造**，3′末端にはポリA（アデニンのヌクレオチドが数十個から200個ほど連結している）からなる**テール構造**があり，これらはmRNAの安定性や識別に役立っている．tRNAは**クローバー葉状の構造**で，アミノ酸を結合するサイト，リボソームに結合するサイト，mRNAの遺伝情報を読むサイト（**アンチコドン**※8）などをもっている．

この他にも核内には前述した3種のRNAの前駆体（hnRNA）や小分子RNA（snRNA）などがみつかっている．小分子RNAの働きについては，核酸を分解する触媒活性をもつリボザイムの他，RNA干渉（RNAi）※9に関与するマイクロRNA（miRNA）や小分子干渉RNA（siRNA）などが知られている．

表2　タンパク質合成に働くRNA

RNAの種類	特徴	役割
メッセンジャーRNA（mRNA）	キャップ構造，ポリAテール構造	DNAから遺伝情報を写し取る
トランスファーRNA（tRNA）	クローバー葉状構造	アミノ酸を供給する
リボソームRNA（rRNA）	リボソーム中に含まれる	タンパク質合成の場をつくる

3　核酸と遺伝子

A. 遺伝子の分布

遺伝子は生命体※10にとって生存および生殖に必須

※7　リボースの方は2位にもヒドロキシ基があるので，鎖が切断されると，2′と3′でリン酸を環状に結合し安定な構造をとる．
※8　コドンを認識して塩基対結合する．第15章，p197，図4参照．
※9　次ページの「Column」参照．
※10　代謝能力をもつことが生命体の定義とすると，ウイルスは除外される．

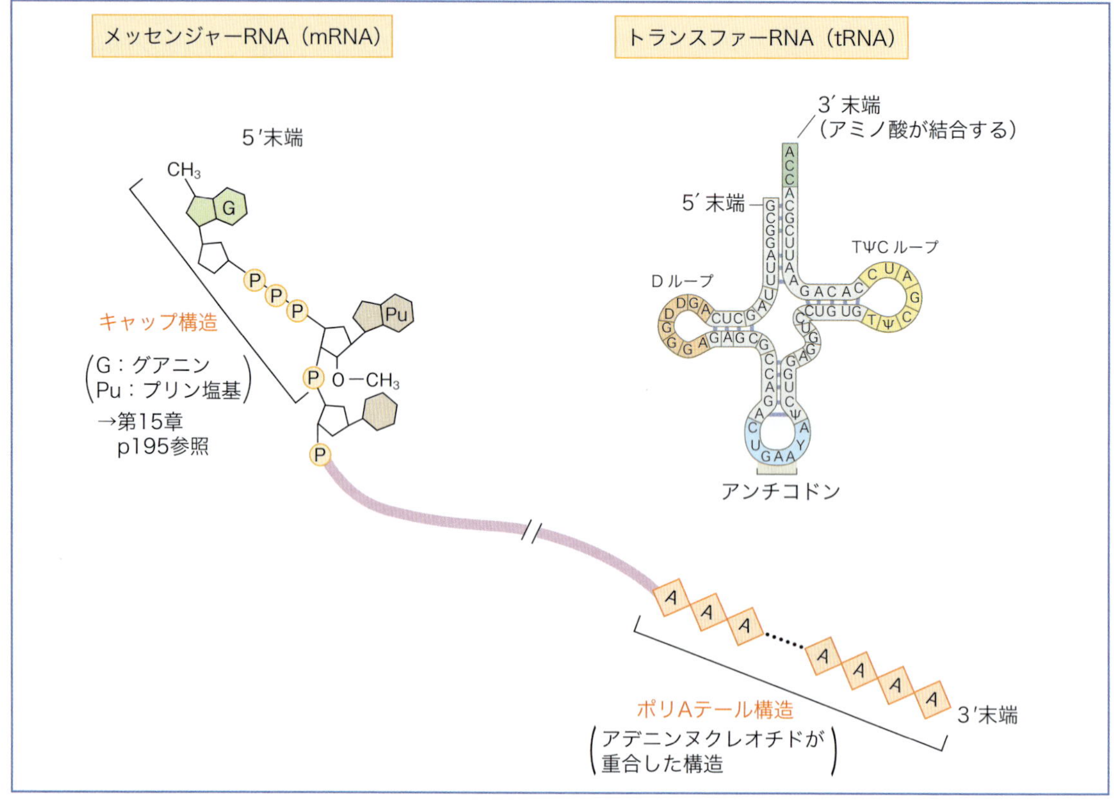

図7 特徴あるRNAの構造

の物質である．その本体はDNAであるが，どの細胞においても核あるいは核様の構造体[※11]に含まれている．また遺伝子は生物種により固有のものと理解してよいのだが，少し細かい話をすると，細胞内遺伝子には多少の質的・量的な違いがある．これは核外遺伝子によって起こることで，動物ではミトコンドリアに，植物ではミトコンドリアと葉緑体に，そしてバクテリアや酵母のような単細胞生物にはプラスミドという小

※11 バクテリアにおいては核ではなく核様の構造体がある．

Column

RNAワールドとDNAワールド

生物はDNAとRNAをもっている．なぜこの2種類を使い分けているのだろか？ 実はこんなふうに考えられている．歴史上まず先に出現したのはRNAで，遺伝因子の役割だけでなく酵素のような触媒活性をも示していた．「リボザイム」がそうである．ところがその後，生物はリボヌクレオチドを基にしたデオキシリボヌクレオチドを手に入れ，利用しはじめた．本文中で述べたようにDNAはRNAより化学的に安定なのだ．これは遺伝情報の保持にはもってこいの物質だった．

そんなわけで今，遺伝因子ではDNAの世界になっているが，かつてはRNAの世界が中心だったのである．

古い世界の名残がもう1つ発見され，急速にその研究が進展している．「マイクロRNA」と呼ばれる小分子RNAで，主に遺伝子のイントロン（タンパク質合成の情報ではない部分）からつくられている．mRNAに相補的に貼り付くことでその働きを干渉しているというのだ．遺伝子発現を調節する分子がイントロン領域に隠されているのである．

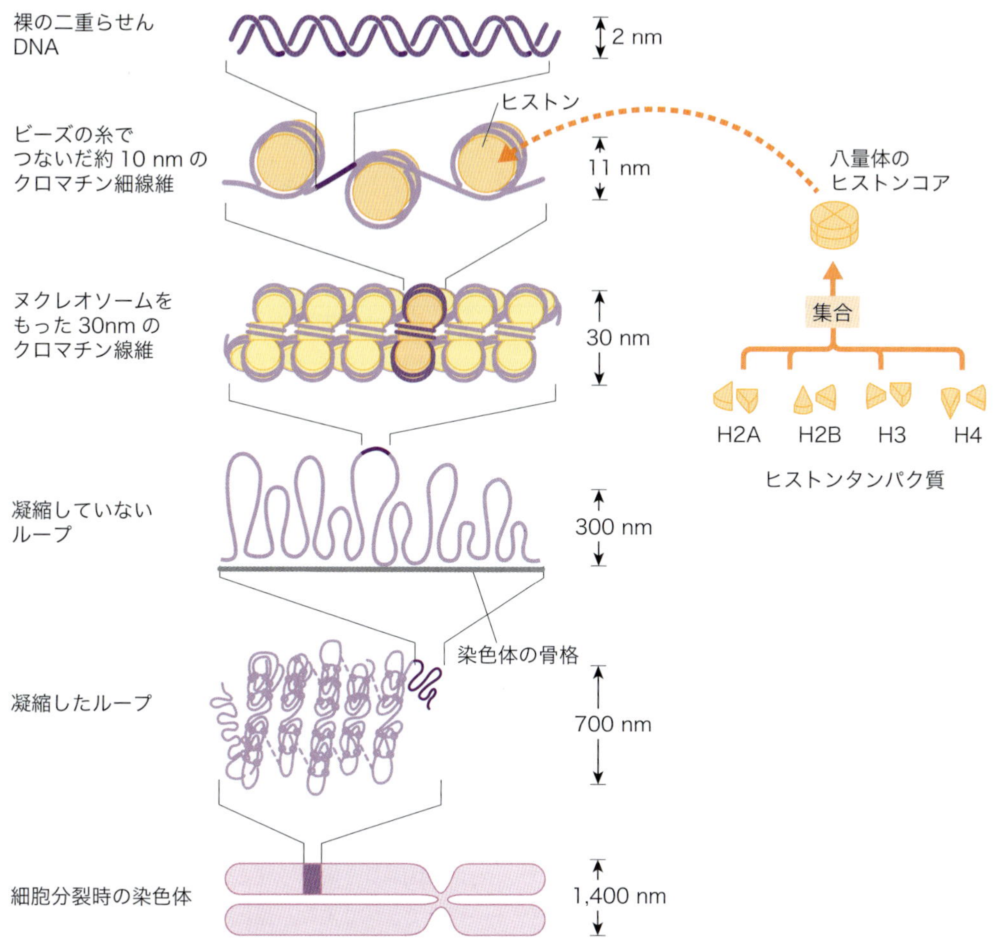

図8 染色体には凝縮されたDNAがつめ込まれている(模式図)
DNAは化学的にかなり安定であるが，それでも裸の状態では危険で放射線やDNA分解酵素で壊されてしまう．そこである種のタンパク質との複合体をつくっている．**ヒストン**という塩基性タンパク質の八量体に約200塩基対分のDNAが巻きついて**ヌクレオソーム構造**を形成している．この構造体がDNAの長さ全部にできあがると，玉をつないだようになる．この構造がさらに超らせんをつくり高度に凝縮される．そして，完成したものが**クロマチン**（染色質）構造で，細胞周期の分裂（M期）中期にみられるものを**染色体**と呼んでいる〔「Essential細胞生物学　原著第3版」（中村桂子，松原謙一／監訳），南江堂，2011をもとに作成〕

さいDNA分子がある．これらの遺伝子も核遺伝子と同様に，複製や発現が起こる．

B. 遺伝子の構造

動植物の遺伝子とバクテリアの遺伝子とでは構造がかなり違っていて，バクテリアのDNAは環状である．したがって末端はない．ミトコンドリアや葉緑体のDNA，プラスミドも環状構造である．動植物のDNAは末端をもつ線状で，図8に示したような凝縮された構造体（染色体）を形成している．ヒトでは22対の常染色体と1対の性染色体，女性はXX，男性はXY，の計46本の染色体が核に収まっている．卵細胞または精細胞には23本の染色体が含まれ，3×10^9塩基対のDNAに相当するが，これがゲノムの量である．バクテリアの遺伝子もタンパク質との複合体であるが，それほど高度に凝縮されていない．

C. 遺伝情報

タンパク質をつくる情報（設計図）について説明しよう．DNAの一次構造は4種の塩基（またはヌクレオチド）の並び方であるが，これが設計図である．DNAは二本鎖でできあがっているが，それぞれが相補鎖で

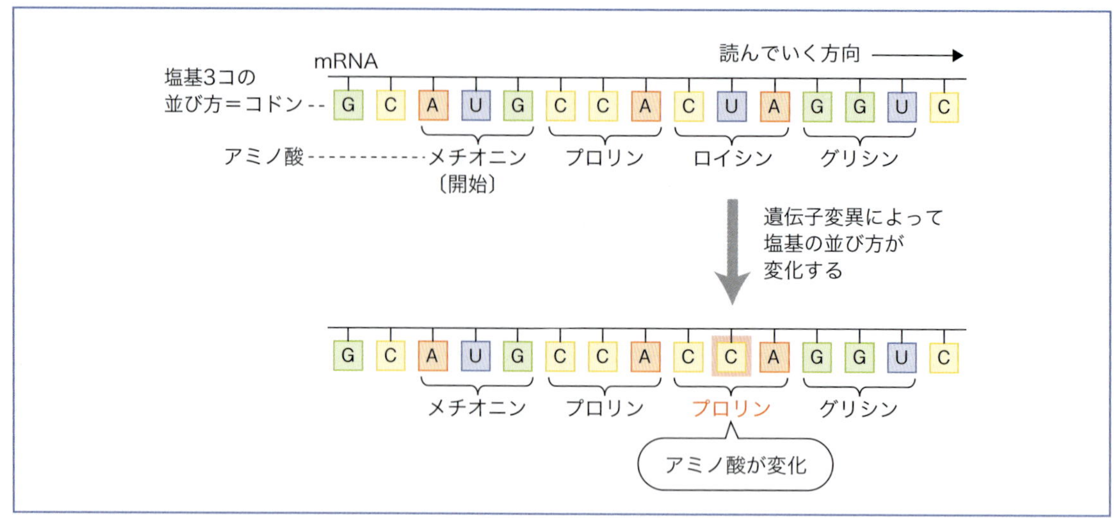

図9 遺伝情報の読み方と遺伝子変異

あるから片方だけについて考えてみよう．遺伝情報には解読暗号があり，3個ずつのセットで並び方を読む（図9）．これを**コドン**という．「4種の塩基を重複可で3個並べる」という並べ方は64通りあるが，遺伝暗号表（第15章，p196，表1参照）にあるように，それぞれのコドンで指定するアミノ酸（20種）が決まっている．設計図はATG（mRNAではAUG）から読みはじめる※12．それに続いて3個ずつの各コドンを読んでいくことで，アミノ酸の配列が決まる．合成の終了点はUAA，UAG，UGAという3種のコドンで指定されており，終止コドンと呼ばれる．これらのコドンには，tRNAがやってこない．

遺伝病とかがん細胞などでは産生されるべきタンパク質が異常な構造になったり，つくられなくなったりする．何らかの原因で遺伝子のコドンが変化してしまうと，指定されるアミノ酸は違ってくる．終止コドンに変化する場合もあり，こういった現象を**遺伝子変異**という．

遺伝子は生物種により差異が認められるが，同じ種においても一次構造のわずかな違いを分析することにより個体差を検出できる．ただ4種の塩基の配列を調べればそれですむ．遺伝子の検査はがんや遺伝病をはじめ，感染症，臓器移植，親子鑑定，食品のDNA鑑定，さらに考古学の分野でも広く応用されている．

※12　遺伝子によっては複数のAUGが配列の近傍にあったりするが，特定のAUGから読みはじめることができる（開始コドン）．

血流に乗って旅するDNA

ヒトの細胞には，遺伝子であるDNAとその発現に関与するRNAがあり，それらは重要な生体構成物質である．しかし，核酸はタンパク質や糖質・脂質のように重要な栄養素ではない．胎児の場合を除くと核酸（ヌクレオチド）は栄養源にはならない，と認識されていて，基本的に細胞内で合成され分解されている．核酸が成人での栄養と関係をもつのは痛風という病気くらいであろうか．ヌクレオチドの代謝ではサルベージ合成という語が出てきた．ヌクレオシドと核酸塩基は細胞内だけでなく，細胞間でも血液を介してヌクレオチドの供給に関与している．核酸を含む食物が消化されると，ヌクレオシドや核酸塩基は腸管粘膜から血液に入り体内のいろんな細胞に取り込まれることになる．プリン体を多く含む食品は痛風を促進するという理由である．

さて，血液中には前述の低分子だけでなく核酸分子も含まれている．感染によって侵入した微生物やウイルスのほか，微量ではあるが，自己細胞の崩壊により生じた核酸分子もある．遺伝子検査の多くは生細胞（白血球，毛根細胞，口腔粘膜細胞など）から核酸を抽出分離して行うが，血液の液体成分（血漿や血清）を検体にすると感染症の検査ができる．こういった検査法の多くは，それぞれの細菌やウイルスの遺伝子内での特徴ある塩基配列部分の検出によっている．PCR（polymerase chain reaction）という方法を用いることによりDNAの一部分を増幅できるので，配列に特徴がある部分をねらってPCRを行えばよい．検出方法の基盤になるのは遺伝子の塩基配列だが，いろいろな生物の遺伝子は次々に分析されていて，データベースとして利用できるようになっている．逆にいうと，データベースに載っていない場合は検査ができないことになり，これが新型ウイルスの検査に対応できない理由の1つである．

感染症という非自己生物に対する検査について把握できたところで，ちょっと目新しい遺伝子検査を紹介しよう．記事の出典はJAMA（2011. Vol306, p.627）で，検査対象は胎児，目的は性別である．一般に検査は対象者の苦痛が少ない非侵襲的なものが望まれるが，性別判定では通常，羊水穿刺（ようすいせんし）や超音波検査によっている．これらは流産の危険が伴うとか，判定の信頼性が乏しいという欠点がある．記事によるとこの検査法は欧州の数カ国ではルーチンの診療に組み込まれているそうである．方法をごく簡単に述べると，胎児の母親の血液を採取し，胎児に由来するY染色体の一部を検出するのである．特殊な場合を除き胎児の性染色体はXX（女児）かXY（男児）である．母親はもちろんXXであるから，Y染色体が検出されれば胎児は男と考えられる．この検査法について解析した結果では，感度，特異度，的中率ともに95％を超えており，伴性遺伝疾患のリスクがある胎児の早期発見に有効と述べている．妊娠7週以降の母親の血液試料で有効な結果が出ており，このことは細胞がない状況でも胎児DNA（の断片）が血流を通して母体に流れ込んでいることを裏付けている．

［補足］

本文にある「Y染色体の検出」に利用されているものに，アメロゲニン（Amelogenin）遺伝子がある．この遺伝子からの産物は歯のエナメル質形成にかかわるタンパク質であり，遺伝子はX染色体とY染色体それぞれに存在するが，それらの構造（塩基配列および塩基数）は互いに異なっている．それゆえ，遺伝子検査の結果では女性（XX）からのサンプルでは1つだが，男性（XY）からのサンプルでは2つの遺伝子断片（バンド）が検出される．

第6章 チェック問題

問題

- □□ **Q1** アデノシン 5′-三リン酸を構成する化合物（3種）を列記せよ.
- □□ **Q2** 動物では何という核酸が遺伝因子になっているか，フルネームで答えよ.
- □□ **Q3** DNAが二本鎖を形成するとき対になる2組の塩基はそれぞれ何か.
- □□ **Q4** タンパク質を合成するときアミノ酸を供給するのは何というRNAか.
- □□ **Q5** ヒト細胞の主たる遺伝子は，どんな構造で，細胞内のどこに存在しているか.

解答＆解説

A1 アデニン，D-リボース，リン酸．アデノシン 5′-三リン酸はATPのことで，ヌクレオチドの1つである．ヌクレオチドは核酸塩基とD-リボースという五炭糖，リン酸（何個でもよい）からなっている.

A2 デオキシリボ核酸（DNA）．ウイルスがもつ遺伝物質にはRNAも含まれるが，それ以外はすべてDNAである.

A3 アデニン（A）とチミン（T），グアニン（G）とシトシン（C）．プリン塩基とピリミジン塩基が対をつくる．RNAではAに対してはUになる.

A4 トランスファーRNA（tRNA）．他にタンパク質合成にはmRNA（メッセンジャーRNA：遺伝情報を運んでくる）とリボソームが必要．リボソームにはrRNA（リボソームRNA）が含まれる.

A5 DNAとタンパク質が結合してできた染色質（または染色体）が細胞内の核に含まれている（第1章，p20，図2参照）．細胞の遺伝子は核遺伝子といわれ，核外ではミトコンドリアにも遺伝子がある.

本書関連ノート「第6章　核酸」でさらに力試しをしてみましょう！

第7章 ビタミン

Point

1. ビタミンは体内で生合成できない．あるいは，その合成量が不十分なため，外から摂取しなければならない有機化合物であることを理解する
2. ビタミンの欠乏と過剰症について理解する
3. ビタミンの作用機構について理解する

概略図 ビタミンとは

定義 生物が正常な生理機能を営むために，その必要量は微量であるが自分ではそれを生合成できない．あるいは，その合成量が不十分なため，他の天然物から栄養素としてとり入れなければならない一群の有機化合物

特徴

- 微量で物質代謝にかかわる
- 体内で他の栄養素から**合成しきれない**
- 摂取不足により**特有の欠乏症**が生じる

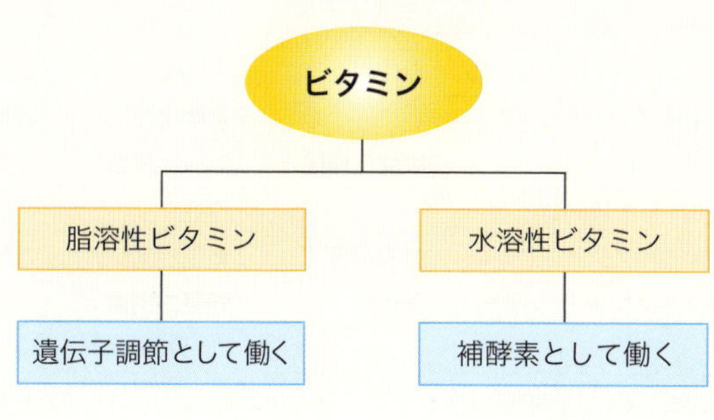

1 ビタミンとは

ヒトの体構成成分の材料は食物成分のみであるが，食物成分そのものが体に反映されているわけではない．ヒトの生命活動に必要な物質は食物成分から合成されている．この合成反応は体内の各種微量成分により調節されているが，その1つが**ビタミン**である．ビタミンはこの体内代謝反応に重要な働きをしている．代謝反応にかかわるが，ヒトの体内で合成することができない，またできたとしても必要な量を合成することのできない有機化合物をビタミンという．

水に溶けない**脂溶性ビタミン**4種類，水に溶ける**水溶性ビタミン**9種類の計13種類がビタミンとされ，食事摂取基準[※1]が策定されている．いずれのビタミンも特有の欠乏症が存在し，脂溶性ビタミンには過剰症も認められている．過剰摂取の場合，水溶性ビタミンは吸収率が低下し，吸収されたとしても過剰分は尿中に排泄されるが，脂溶性ビタミンは体内に蓄積されるためである．水溶性ビタミンは主に**補酵素**として，脂溶性ビタミンは主に**遺伝子調節**の反応にかかわっている．

各ビタミンの特有の作用を示す化合物は1つだけとはかぎらない．誘導体を含め，複数の場合が多く，ビタミンのそれぞれの名称は複数の化合物のグループ名称ととらえる方が理解しやすい．例えば，ビタミンAはレチノール，レチナール，レチノイン酸が該当する化合物であり，ビタミンB_6はピリドキサール，ピリドキサミン，ピリドキシンが該当する．

2 脂溶性ビタミン

脂溶性ビタミンの特徴を表1にまとめた．

A. ビタミンA (vitamin A)

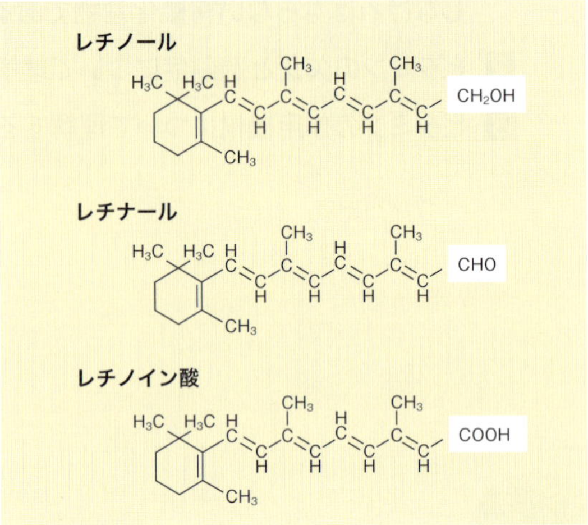

レチノール

レチナール

レチノイン酸

図1 ビタミンA

1) **化合物名：レチノール**（retinol），レチナール（retinal），**レチノイン酸**（retinoic acid）
2) **関連化合物：**α-カロテン，β-カロテン，γ-カロテン，クリプトキサンチンなどは小腸あるいは

表1 脂溶性ビタミン（4種類）

名称	化合物名	機能	欠乏症	過剰症
ビタミンA	レチノール	視覚機能	夜盲症	食欲不振 胎児奇形
	レチナール	細胞の分化		
	レチノイン酸			
ビタミンD	エルゴカルシフェロール	骨代謝	くる病 骨軟化症	高カルシウム血症 腎障害
	コレカルシフェロール			
ビタミンE	トコフェロール	抗酸化作用	溶血性貧血 不妊	なし
	トコトリエノール			
ビタミンK	フィロキノン	血液凝固 骨代謝	新生児メレナ 頭蓋内出血	なし
	メナキノン			

※1 **食事摂取基準**：厚生労働省が健康な個人または集団を対象として，国民の健康の維持・増進，生活習慣病の予防を目的とし，エネルギーおよび各栄養素の摂取量の基準を示したもの．5年ごとに改定される．栄養素の摂取不足により生じる欠乏症の予防に留まらず，生活習慣病の発症と重症化の予防も目的として策定されている．

肝臓でビタミンAに転換され，レチノールとしての生理作用を発現する．

3) **機能**：レチノールは特異的に肝臓にパルミチン酸エステルとして貯蔵され，標的器官の需要に応じて**レチノール結合タンパク質**（retinol binding protein：RBP）に結合し肝臓から血液に分泌される．レチノイン酸は細胞の分化や発生にかかわっており，核内受容体を介して遺伝子の発現調節を行っている．
4) **欠乏症**：レチナールは網膜のタンパク質である**オプシン**と結合し，**ロドプシン**となる．ロドプシンの減少により明暗順応不全となり，夜盲症（やもうしょう）となる．また，皮膚乾燥症，感染抵抗力の低下も生じる．
5) **過剰症**：皮膚の剝離（はくり），食欲不振，頭痛，吐き気が生じる．また，妊婦の場合には過剰摂取に伴う**胎児奇形**が報告されている．なお，β-カロテンなどのカロテノイドに過剰障害は報告されていない．
6) **食事摂取基準**：推奨量→18〜29歳男性 850 μg RAE※2/日，18〜29歳女性 650 μg RAE/日，耐容上限量→2,700 μg RAE/日
7) **多く含む食品**：ウナギ，レバー，乳製品，カボチャ，ほうれんそう，ニンジン

B. ビタミンD (vitamin D)

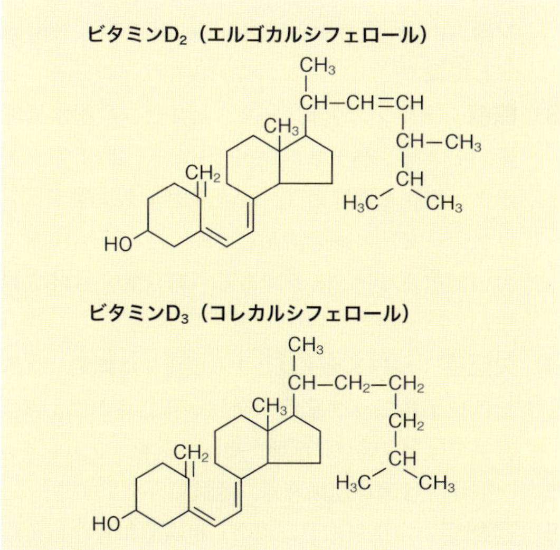

図2 ビタミンD_2とビタミンD_3

※2 RAE：レチノール活性当量を指す．1 μg RAE＝1 μg レチノール．

1) **化合物名**：ビタミンD_2〔エルゴカルシフェロール（ergocalciferol）〕，ビタミンD_3〔コレカルシフェロール（cholecalciferol）〕
2) **関連化合物**：1α,25-ジヒドロキシビタミンD（活性型ビタミンD）
3) **機能**：摂取したビタミンDは肝臓でヒドロキシル化され，さらに腎臓でもヒドロキシル化され，活性型ビタミンDとなる．DNA上の遺伝子発現を調節し，ビタミンD依存性のタンパク質（calcium binding protein：CBP）の合成を促進し，**カルシウム代謝調節**などの生理作用を示す．
4) **欠乏症**：慢性的な不足状態により，小児では**くる病**，成人では骨軟化症が生じる．高齢者では骨粗鬆症と骨折のリスクが高まる．
5) **過剰症**：高カルシウム血症，腎障害，軟組織の石灰化障害が起こる．
6) **食事摂取基準**：目安量→18〜29歳男女 8.5 μg/日，耐容上限量→100 μg/日
7) **多く含む食品**：ウナギ，カツオ，天日干しのシイタケ

C. ビタミンE (vitamin E)

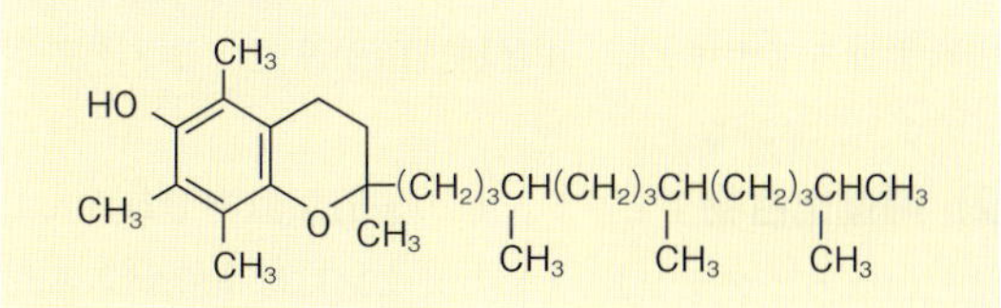

図3 α-トコフェロール

1) **化合物名**：**α-トコフェロール**（α-tocopherol），β-トコフェロール，γ-トコフェロール，δ-トコフェロールの4種と，α-トコトリエノール，β-トコトリエノール，γ-トコトリエノール，δ-トコトリエノールの4種，計8種がビタミンE効力を有する．トコフェロールのビタミンE効力の比はα：β：γ：δ＝100：40：10：1とされている．
2) **機能**：生体脂質成分に対する**抗酸化作用**が主な作用である．抗不妊作用もビタミンEによる抗酸化作用に基づく．
3) **欠乏症**：脂肪吸収障害で欠乏症が生じる．遺伝性の疾患を背景に溶血性貧血，神経障害が生じる場合がある．

4) **過剰症：**成人において過剰症の報告はされていないが，低体重出生児では出血傾向が示されている．

5) **食事摂取基準：**目安量→18～29歳男性 6.0 mg/日，18～29歳女性 5.0 mg/日，耐容上限量→18～29歳男性 850 mg/日，18～29歳女性 650 mg/日

6) **多く含む食品：**サフラワー油，米ぬか油，大豆油，アーモンド，落花生，小麦胚芽

D. ビタミンK（vitamin K）

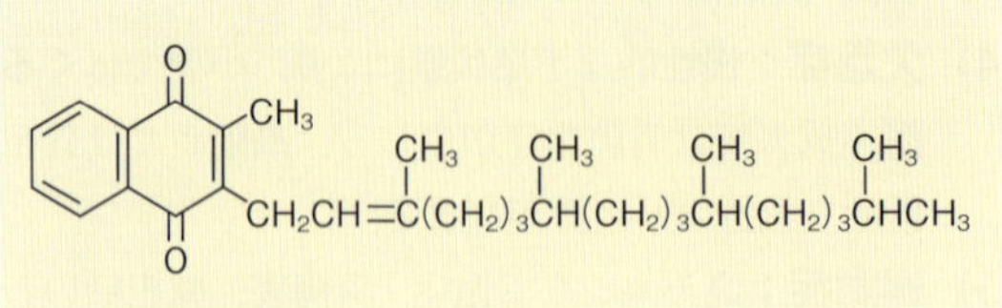

CH_3 CH_3 CH_3 CH_3 $CH_2CH{=}C(CH_2)_3CH(CH_2)_3CH(CH_2)_3CHCH_3$

図4　ビタミンK_1

1) **化合物名：**天然物由来のビタミンK_1〔**フィロキノン**（phylloquinone）〕，ビタミンK_2〔**メナキノン**（menaquinone）〕の2種がある．メナキノンにはさらにイソプレン[※3]単位の数により11種の同属体がある．栄養上重要な同属体は動物性食品に含まれるメナキノン-4と納豆菌が産生するメナキノン-7である．

2) **関連化合物：**ビタミンKの構造類似物である人工合成のビタミンK_3（メナジオン）は毒性があるため，現在使用されていない．

3) **機能：血液凝固因子**を活性化し，血液の凝固を促進する．骨に存在するオステオカルシンを活性化させ，ビタミンDとともに**骨の形成**を促進する．通常，**腸内細菌**が宿主であるヒトに対し十分量を産生・供給している．

4) **欠乏症：**通常，欠乏症は起こらないが，新生児，乳児，抗生物質の長期間大量摂取，腸の手術を受けた患者ではビタミンKを産生する腸内細菌数の低下により出血傾向，血液凝固遅延などが生じる．**新生児メレナ**（消化管出血）や特発性乳児ビタミンK欠乏症（**頭蓋内出血**）が知られている．なお，母乳のビタミンK含量は低い．

5) **過剰症：**毒性は認められておらず，上限量は設定されていないが，抗凝血薬のワルファリン服用時においてビタミンKを含む納豆の摂取は禁忌となっている．

6) **食事摂取基準：**目安量→18～29歳男性 150 μg/日，18～29歳女性 150 μg/日，耐容上限量→設定されていない．

7) **多く含む食品：**納豆，ほうれんそう，小松菜，パセリ

※3　$CH_2{=}C(CH_3)CH{=}CH_2$ 共役二重結合をもつ構造の単位．

3 水溶性ビタミン

水溶性ビタミンの特徴を表2にまとめた（第5章，p62，表1参照）．

A. ビタミンB_1（vitamin B_1）

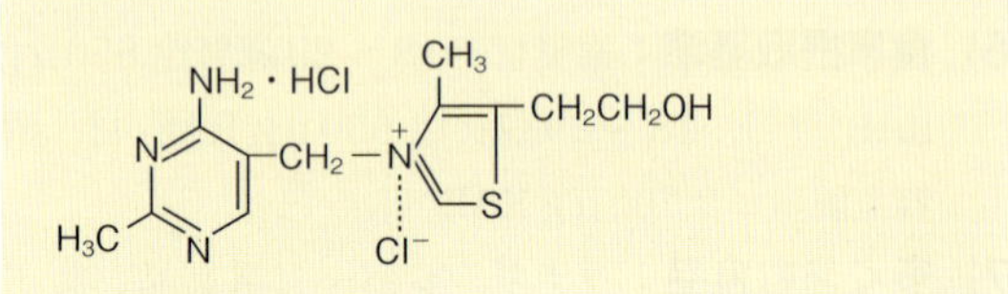

NH_2・HCl　CH_3　CH_2CH_2OH　CH_2　H_3C　Cl^-

図5　チアミン塩酸塩

1) **化合物名：**チアミン（thiamin）

2) **補酵素型：**細胞内でリン酸化された**チアミンニリン酸**（thiamin pyrophosphate：TPP）が補酵素として働く．

3) **機能：**トランスケトラーゼ，**ピルビン酸脱水素酵素**（ピルビン酸デヒドロゲナーゼ），2-オキソグルタル酸脱水素酵素（2-オキソグルタル酸デヒドロゲナーゼ）の補酵素として働くため，糖代謝において重要なビタミンである（第9章，p107参照）．

4) **欠乏症：**精白米を主食とする東洋では**脚気**，欧米では**ウェルニッケ脳症**の発症が報告されている．脚気では全身倦怠，浮腫，知覚異常を，ウェルニッケ脳症では眼球運動麻痺，意識障害を呈する．

5) **過剰症：**多量摂取した場合，組織飽和量を超えた過剰分は尿に排泄されると考えられているが，50 mg/日以上の慢性摂取は頭痛，不眠などの臨床症状が報告されている．

表2　水溶性ビタミン（9種類）

名称	化合物名	補酵素型（略名）	関連酵素	機能	欠乏症
ビタミンB_1	チアミン	チアミンニリン酸（TPP）	ピルビン酸脱水素酵素（ピルビン酸デヒドロゲナーゼ）	糖質代謝	脚気 ウェルニッケ脳症
ビタミンB_2	リボフラビン	フラビンアデニンジヌクレオチド（FAD） フラビンモノヌクレオチド（FMN）	フラビン酵素	酸化還元反応	皮膚炎 口唇炎
ナイアシン	ニコチン酸 ニコチンアミド	ニコチンアミドアデニンジヌクレオチド（NAD） ニコチンアミドアデニンジヌクレオチドリン酸（NADP）	脱水素酵素（デヒドロゲナーゼ）	酸化還元反応 糖質代謝 脂質代謝	ペラグラ
ビタミンB_6	ピリドキシン ピリドキサール ピリドキサミン	ピリドキサールリン酸（PLP） ピリドキサミンリン酸（PMP）	アミノ基転移酵素（アミノトランスフェラーゼ）	アミノ基転移反応 アミノ酸代謝	皮膚炎
葉酸	プテロイルグルタミン酸	テトラヒドロ葉酸（FH_4）	C_1単位炭素原子の転移酵素	プリン塩基，ピリミジン塩基の合成	巨赤芽球性貧血
ビタミンB_{12}	アデノシルコバラミン メチルコバラミン ヒドロキシコバラミン シアノコバラミン	アデノシルコバラミン メチルコバラミン	メチオニンシンターゼ メチルマロニルCoAムターゼ	異性化反応，メチル基転移反応	悪性貧血 （巨赤芽球性貧血）
ビオチン	ビオチン	ビオチン	アセチルCoAカルボキシラーゼ ピルビン酸カルボキシラーゼ	炭酸固定反応 糖新生 アミノ酸代謝 脂肪酸合成	剥離性皮膚炎
パントテン酸	パントテン酸	補酵素A（CoA-SH）		酸化還元反応 アシル基転移反応 糖質代謝 脂質代謝 アミノ酸代謝	成長障害 皮膚・毛髪障害
ビタミンC	アスコルビン酸	なし		抗酸化作用 コラーゲン合成 コレステロール代謝 アミノ酸・ホルモンの代謝 生体異物の代謝	壊血病 皮下出血 潰瘍形成 コラーゲン合成の低下

6）食事摂取基準：推奨量→18～29歳男性 1.4 mg/日，18～29歳女性 1.1 mg/日，耐容上限量→設定されていない．

7）多く含む食品：酵母，肉類，胚芽，乳製品，緑黄色野菜

B. ビタミンB_2（vitamin B_2）

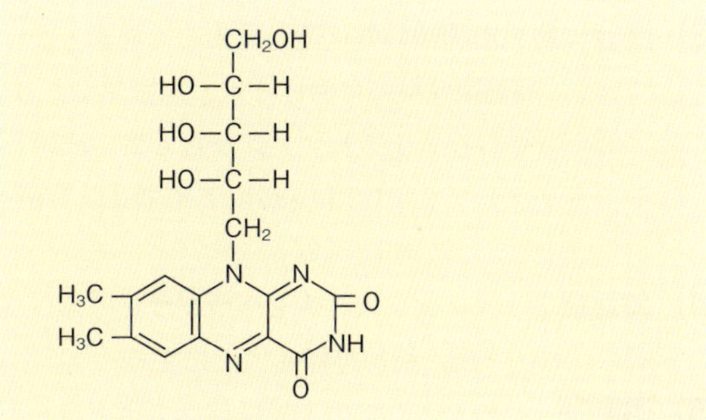

図6　リボフラビン

1）化合物名： リボフラビン（riboflavin）

補酵素型： 細胞内では酵素タンパク質の補酵素型のフラビンアデニンジヌクレオチド（flavin adenine dinucleotide：FAD），あるいはフラビンモノヌクレオチド（flavin mononucleotide：FMN）として存在する．

2）機能： FAD，FMNは脱水素酵素，酸化酵素の補酵素であり，エネルギー産生の代謝反応に不可欠の化合物である．

3）欠乏症： 成長障害，口唇炎，脂漏性皮膚炎などを生じる．

4）過剰症： 吸収率は摂取量の増加に伴い低下し，また過剰吸収分は尿中に排泄されるため，過剰摂取の影響は受けにくい．

5）食事摂取基準： 推奨量→18～29歳男性 1.6 mg/日，18～29歳女性 1.2 mg/日，耐容上限量→設定されていない．

6）多く含む食品： 酵母，鶏卵，レバー，肉類，シイタケ，アーモンド，小麦胚芽

C. ナイアシン（niacin）

図7　ニコチン酸

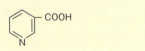

1）化合物名：ニコチン酸（nicotinic acid），ニコチンアミド（nicotinamide）

2）補酵素型： ニコチンアミドアデニンジヌクレオチド（NAD）およびニコチンアミドアデニンジヌクレオチドリン酸（NADP）の形をとる．

3）機能： 約500種類の酸化還元酵素の補酵素となっている．酸化還元反応における水素運搬体である．アミノ酸であるトリプトファンからも生合成される．トリプトファン60 mgからナイアシン1 mgが生成する．

4）欠乏症： ナイアシン欠乏症を**ペラグラ**と呼ぶ．皮膚の荒れ，下痢，精神神経症状を呈する．

5）過剰症： 治療薬としての大量投与は消化不良，下痢，便秘を引き起こし，肝障害も生じる．

6）食事摂取基準： 推奨量→18～29歳男性 15 mgNE[※4]/日，18～29歳女性 11 mgNE/日，耐容上限量[※5]→18～29歳男性 300 mg/日，18～29歳女性 250 mg/日．

7）多く含む食品： カツオ，サバ，ブリ，イワシ，レバー，鶏ササミ，タラコ，豆類

D. ビタミンB_6（vitamin B_6）

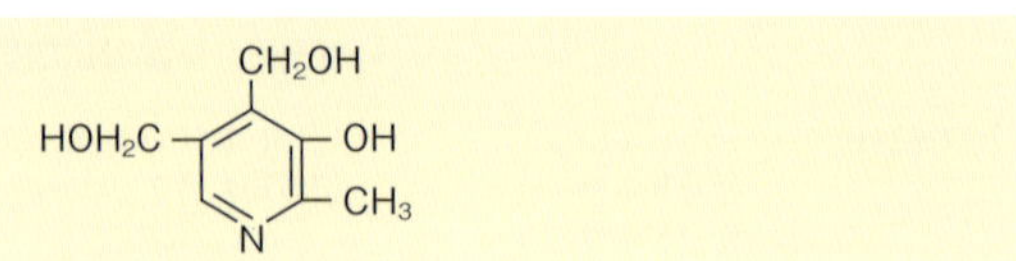

図8　ピリドキシン

1）化合物名：ピリドキシン（pyridoxine），ピリドキサール（pyridoxal），ピリドキサミン（pyridoxamine）の3種がビタミンB_6の活性を有する．

2）補酵素型： 体内ではリン酸化されたピリドキサールリン酸（PLP）やピリドキサミンリン酸（PMP）の形をとり補酵素として働く．

3）機能： PLPおよびPMPはアミノ基転移酵素（アミノトランスフェラーゼ，トランスアミナーゼ）の補酵素となり，アミノ酸の**アミノ基転移反応**にかかわる（第11章，p147，図2参照）．セロトニン，ドーパミン，アドレナリンなどの生理活性アミン合成にかかわる酵素の補酵素でもあり，タンパク質（アミノ酸）代謝に重要なビタミンである．

4）欠乏症： 腸内細菌が合成するため欠乏症は稀であるが，皮膚炎，成長停止，痙攣や神経炎，食欲不振が生じる．また，**ホモシステイン**の尿中排泄量が増加する．

5）過剰症： 長期間大量摂取（g単位を数カ月）した場合に感覚神経障害が観察されている．

6）食事摂取基準： 推奨量→18～29歳男性 1.4 mg/日，18～29歳女性 1.1 mg/日，耐容上限量→18～29歳男性 55 mg/日，18～29歳女性 45 mg/日．

7）多く含む食品： ニンニク，ピスタチオ，ヒマワリの種子，マグロ，鶏のムネ肉

※4　NEはナイアシン当量を指す．
※5　ニコチンアミドとしての量．

E. 葉酸（folic acid）

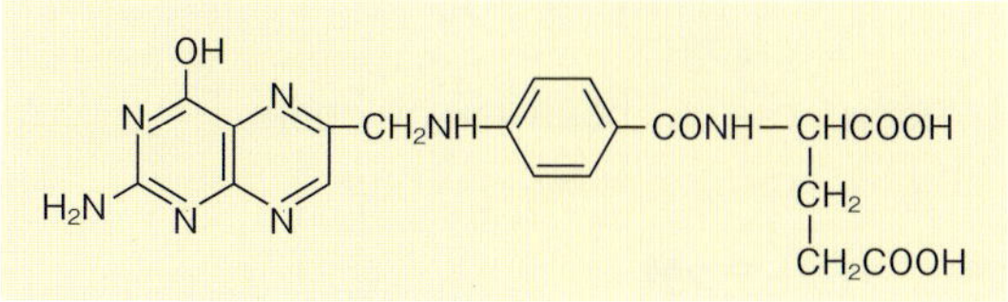

図9　プテロイルグルタミン酸

1) **化合物名：**プテロイルグルタミン酸（pteroylglutamic acid）
2) **補酵素型：**体内で還元され**テトラヒドロ葉酸**となり，補酵素として働く．
3) **機能：**核酸合成の材料であるプリンおよびピリミジン生成反応における補酵素として働くため，細胞の分裂や機能を正常に保つために重要である．
4) **欠乏症：巨赤芽球性貧血**，免疫機能減衰，消化管機能異常を呈する．葉酸は造血作用に対しビタミンB_{12}と協調し，いずれのビタミンの欠乏も巨赤芽球性貧血を招く．
5) **関連疾患：**妊娠期に葉酸が欠乏すると，**神経管閉鎖障害**のリスクが高まる．
6) **過剰症：**悪性貧血患者において大量投与は神経障害，蕁麻疹，呼吸困難などの発生が報告されている．
7) **食事摂取基準：**推奨量→18～29歳男女 240 μg/日，耐容上限量→18～29歳男女 900 μg/日（プテロイルモノグルタミン酸の重量として）．なお，妊娠の計画のある女性，妊娠の可能性のある女性および妊娠初期の妊婦は，胎児の神経管閉鎖障害のリスク低減のために，通常の食品以外の食品に含まれる葉酸（狭義の葉酸）を400 μg/日摂取することが望まれる．
8) **多く含む食品：**大豆，ほうれんそう，ワカメ，牛レバー

F. ビタミンB_{12}（vitamin B_{12}）

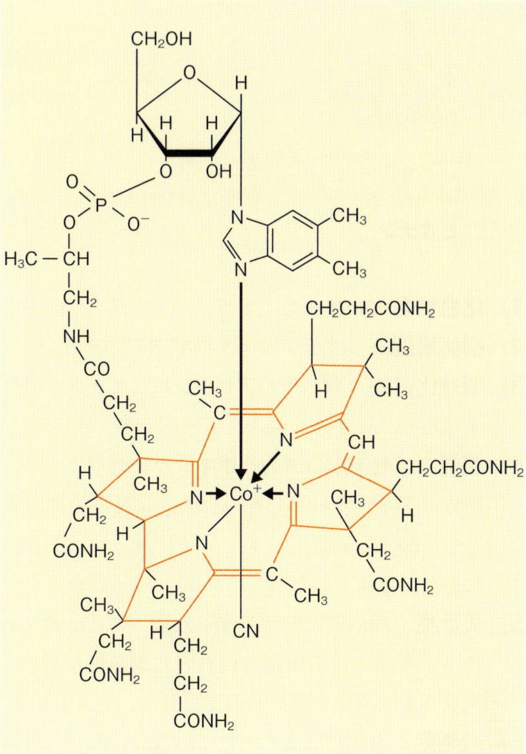

図10　シアノコバラミン

1) **化合物名：アデノシルコバラミン，メチルコバラミン，ヒドロキシコバラミン，シアノコバラミン**（cyanocobalamin）の4種である．
2) **補酵素型：アデノシルコバラミン，メチルコバラミン**が補酵素型である．
3) **機能：**胃内で**内因子**と呼ばれる糖タンパク質と結合し，回腸より吸収され，体内で補酵素型となる．メチルコバラミンは**メチル基転移**（C1代謝）に，アデノシルコバラミンは異性化，脱離，転移反応にかかわる．
4) **欠乏症：悪性貧血**（**巨赤芽球性貧血**），**メチルマロン尿症**，**ホモシステイン尿症**が生じる．
5) **過剰症：**過剰摂取した場合，内因子が飽和するため，吸収量が低下する．過剰症は認められていない．
6) **食事摂取基準：**推奨量→18～29歳男女 2.4 μg/日，耐容上限量→設定されていない．
7) **多く含む食品：**牛レバー，青魚，貝類，乳製品，鶏卵

G. ビオチン (biotin)

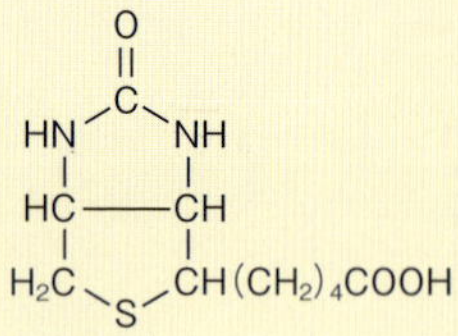

図11　ビオチン

1）**化合物名：**ビオチン
2）**補酵素型：**ビオチン自体が補酵素型である．
3）**関連化合物：**卵白中の**アビジン**はビオチンと結合するため，ビオチン欠乏を引き起こす．
4）**機能：アセチルCoAカルボキシラーゼ**やピルビン酸カルボキシラーゼなどの炭酸固定反応の補酵素として働く．糖新生，アミノ酸代謝，脂肪酸合成にかかわる．
5）**欠乏症：**腸内細菌が産生するため，欠乏は稀であるが，鶏卵だけの極端な偏食者に**剥離性皮膚炎**（はくりせい），脱毛や食欲不振が認められている．
6）**過剰症：**過剰症は認められていない．
7）**食事摂取基準：**目安量→18～29歳男女 50 μg/日，耐容上限量→設定されていない．
8）**多く含む食品：**牛レバー，大豆，鶏卵，ローヤルゼリー

H. パントテン酸 (pantothenic acid)

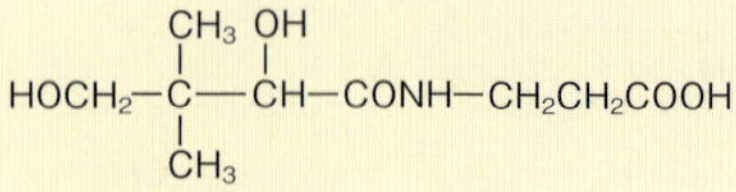

図12　パントテン酸

1）**化合物名：**パントテン酸
2）**補酵素型：**生体内では補酵素型の**補酵素A**（CoA-SH）やパンテテイン誘導体として存在する（図13）．
3）**機能：**パントテン酸から生合成される補酵素Aは酸化還元反応，転移反応（アシル基転移反応など），加水分解反応，合成反応など生体内の主要反応のすべてに関与している．糖代謝（第9章，p108，図4参照），脂質代謝（第10章，p126参照）に主にかかわる．
4）**欠乏症：**成長障害，皮膚・毛髪の障害，精神抑うつ，末梢神経障害などを呈する．
5）**過剰症：**特に知られていない．
6）**食事摂取基準：**目安量→18～29歳男女 5 mg/日，耐容上限量→設定されていない．
7）**多く含む食品：**牛レバー，豚レバー，パン酵母，落花生，鶏卵

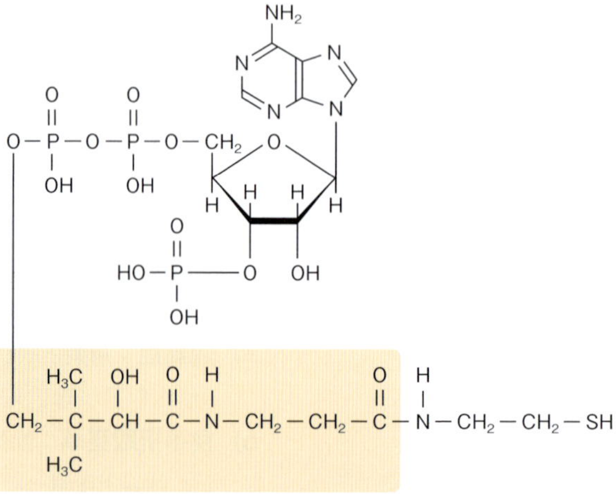

パントテン酸

図13　補酵素A（CoA-SH）の構造とパントテン酸

I. ビタミンC (vitamin C)

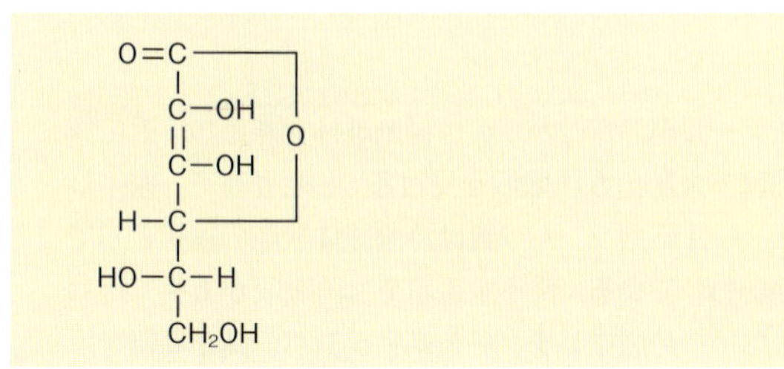

図14 アスコルビン酸

1）**化合物名：**アスコルビン酸（ascorbic acid）

2）**関連化合物：**酸化され，デヒドロアスコルビン酸となる．

3）**機能：**ビタミンCの還元力は**抗酸化能力**，**コラーゲン合成**，**コレステロール代謝**，アミノ酸・ホルモンの代謝，**生体異物の代謝**などに反映している．また，鉄の吸収促進や変異原物質であるニトロソアミンの生成を抑制する働きをもつ．

4）**欠乏症：壊血病**（かいけつびょう），皮下出血，潰瘍形成，コラーゲン合成の低下などがあげられる．

5）**過剰症：**過剰症はないが，3～4 g/日以上摂取では下痢が生じると報告されている．

6）**食事摂取基準：**推奨量→18～29歳男女 100 mg/日，耐容上限量→設定されていない．

7）**多く含む食品：**パセリ，ブロッコリー，ピーマン，ミカン，イチゴ，緑茶

第7章 ビタミン

Column

ビタミンの発見　高木カッケー，敏腕梅太郎（高木兼寛（かねひろ）：脚気，鈴木梅太郎：ビタミンB_1）

日本海軍の軍人の高木兼寛がビタミンB_1欠乏症である脚気を研究し，脚気の予防に努力した．当時感染症として捉えられていた脚気を，食事を工夫することで予防することを試みた．食事による一次予防の先駆けであり，食事が健康を支えるという基礎をつくった．

さらに東京大学の鈴木梅太郎が脚気に有効な物質として米ぬかからビタミンB_1を発見した．彼はビタミンB_1の欠乏症が脚気であることを証明するために自らが欠乏症になって証明したとの逸話がある．

稲の意味のラテン語からオリザニンと命名したが，医学界からは受け入れられず，1年後にポーランド人のフンクがビタミンと命名した．

臨床栄養への入門

ビタミンAの輸送体と栄養評価

ビタミンA（レチノール）は消化管で吸収された後，他の脂質成分と同様にキロミクロンに取り込まれ，リンパ管を経由し，キロミクロンレムナントとして，肝臓に取り込まれ，レチノールエステルの形で肝臓の星細胞（伊藤細胞）に貯蔵される．眼球，性腺や上皮組織などの末梢組織のビタミンA需要に応じてビタミンAはレチノールとして肝臓から放出される．トリアシルグリセロールやコレステロールなどの脂質成分とは異なり，レチノールの血液中の輸送にはこの役割に特化した輸送タンパク質が存在する．この輸送タンパク質はレチノール結合タンパク質（retinol-binding protein：RBP）と呼ばれ，肝臓で合成されている．さらに，レチノールを結合したレチノール結合タンパク質（ホロ型※6）はプレアルブミン（prealbumin，トランスサイレチンともいう）という別の輸送タンパク質と複合体を形成して標的組織に運搬されている．プレアルブミンは血液中の10～15％の甲状腺ホルモン（チロキシン）の輸送を担っており，レチノール結合タンパク質と同様に肝臓で合成されている．つまり，血液中ではビタミンとホルモンが共通の輸送タンパク質複合体によって運搬されている．

レチノール結合タンパク質は標的組織にレチノールを供給した後，プレアルブミンとの親和性が低下し，別々の運命をたどる．レチノールが外れたアポ型のレチノール結合タンパク質は腎糸球体を通過し，近位尿細管で大部分が再吸収を受ける．したがって，尿中レチノール結合タンパク質は腎糸球体機能の指標として用いられている．腎不全患者では再吸収が上手く行われないため尿中レチノール結合タンパク質が高値を示す．一方，プレアルブミンの異化の作用機構の詳細は明らかとなっていない．

さらに，この両タンパク質に共通する臨床上の有用性はタンパク質栄養状態の指標となっている点である．レチノール結合タンパク質の半減期は12～14時間，プレアルブミンの半減期は約2日である．半減期が短いため，rapid turnover protein（RTP）と呼ばれている．遊離脂肪酸などを運搬するタンパク質であるアルブミンも肝臓で合成されるが，この半減期は14～18日であり，レチノール結合タンパク質とプレアルブミンの半減期が短いことがわかる．半減期が短いため，血中の両タンパク質の濃度はタンパク質の摂取状況を鋭敏に反映し，短期間の栄養状態の変動を捉えることのできる有用な動的アセスメント※7の指標として，術前・術後の栄養評価に用いられている．低栄養状態，肝障害では血中レチノール結合タンパク質濃度およびプレアルブミン濃度は低値を示す．なお，アルブミンは静的アセスメントの指標として用いられている．

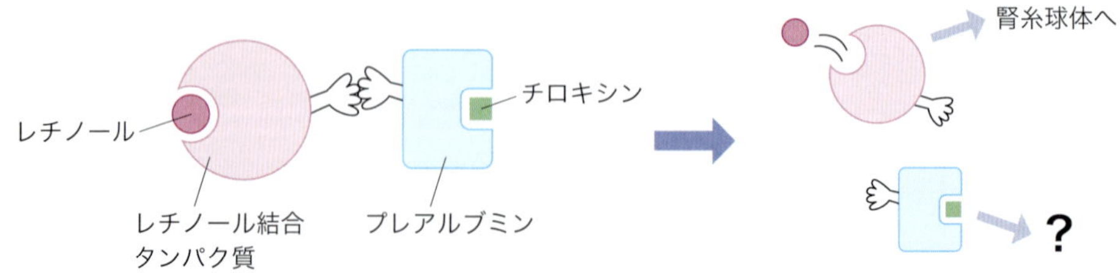

※6　特定のタンパク質に結合する物質をリガンドというが，タンパク質にリガンドが結合した状態をホロ型，結合していないタンパク質部分のみをアポ型という．レチノールを結合したビタミンA-タンパク質複合体はホロ型，タンパク質部分のみはアポ型である．

※7　**動的アセスメント**：短期間での代謝変動や栄養状態を評価すること．トランスフェリン，窒素平衡，尿中3-メチルヒスチジン排泄量，アミノグラムなども動的栄養指標である．

チェック問題

問 題

□ □ Q1 ビタミンKなど腸内細菌で合成されるビタミンがあるが，どうして食事摂取基準が策定されているのか説明しなさい．

□ □ Q2 ビタミンと酵素の関係を説明しなさい．

□ □ Q3 4種類の脂溶性ビタミンは何か．

□ □ Q4 水溶性ビタミンより脂溶性ビタミンに過剰症が多く認められるのはなぜか．

□ □ Q5 アミノ基転移反応にかかわるビタミンの役割について説明しなさい．

解答＆解説

A1 腸内細菌の合成量では不十分な場合があるため．

A2 水溶性ビタミンは補酵素として働き，脂溶性ビタミンは遺伝子発現調節を介し，酵素タンパク質を合成する．

A3 ビタミンA，D，E，K．並び替えるとDAKE．コレDAKEと覚えよう． 暗記

A4 過剰摂取の場合，水溶性ビタミンは吸収率が低下し，吸収されたとしても過剰分は尿中に排泄されるが，脂溶性ビタミンは体内に蓄積されるため．

A5 ビタミンB_6の補酵素型のピリドキサールリン酸がアミノトランスフェラーゼの補酵素としての役割をする．

本書関連ノート「第７章　ビタミン」でさらに力試しをしてみましょう！

第8章 ミネラル

Point

1. ミネラル（無機質）は多量ミネラルと微量ミネラルに分類されることを理解する
2. 多量ミネラルは，Na，K，Ca，Mg，Pの5種類であり，微量ミネラルは，Fe，Zn，Cu，Mn，I，Se，Cr，Moの8種類であることを理解する
3. ミネラルは，生体構成成分として，また生理機能の調節に不可欠であるが，ビタミンとは異なり有機化合物ではないことを理解する

概略図 ミネラルの栄養状態

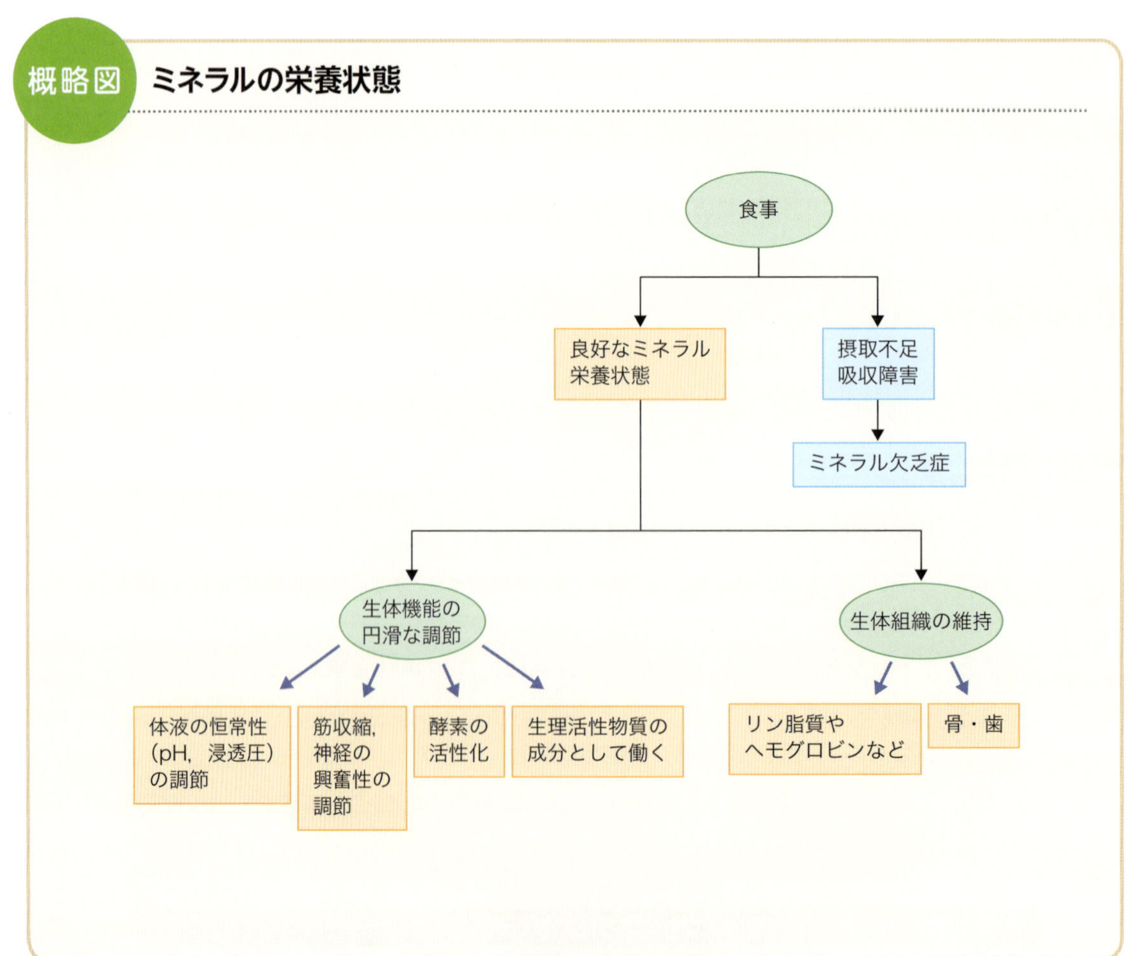

1 ミネラルとは

人体には50種類以上の元素が認められており，体重の96％をその存在比が高い順に酸素（O），炭素（C），水素（H），窒素（N）の4元素が占めている．これらの4元素が有機物（有機質）を構成し，生命体を構築している．残りの4％に過ぎないが，4元素以外で生体に存在する数多くの元素（生体元素）をミネラル（**無機質**）と呼ぶ．生体内にはベリリウム（Be：0.5μg/kg体重）やウラン（U：10μg/kg体重），セシウム（Cs：20μg/kg体重）なども見出されているが，それらの生理的意義は知られておらず，また生命維持に不可欠な元素である証拠もない．おそらく飲料水や野菜などの食物から，つまり土壌中の元素が体内に取り込まれたものと考えられている．

ところで，以下に記すミネラル群は**イオン**や**複合体**などとして生体内で欠かすことのできないさまざまな機能を担っているため，そのすべてを食物や飲料水から日々摂取しなければならないとされている．

人体に必須なミネラルを**多量ミネラル**と**微量ミネラル**に大別する．「日本人の食事摂取基準（2020年版）」で策定されている多量ミネラルは，ナトリウム（**Na**），カリウム（**K**），カルシウム（**Ca**），マグネシウム（**Mg**），リン（**P**）の5種類である．また，微量ミネラルとして，鉄（**Fe**），亜鉛（**Zn**），銅（**Cu**），マンガン（**Mn**），ヨウ素（**I**），セレン（**Se**），クロム（**Cr**），モリブデン（**Mo**）の8種類が「日本人の食事摂取基準（2020年版）」に栄養素として設定されている．なお，塩素（**Cl**）とイオウ（**S**）を多量ミネラルに，コバルト（**Co**），フッ素（**F**），バナジウム（**V**）などを微量ミネラルに加える場合もある．多量ミネラルは，文字どおり，その体内存在量が比較的高い元素であって，摂取すべきその量は，元素により大きく異なるものの，数百mgのレベルである．また，微量ミネラルは，その体内存在量が極わずかな元素を指し，数mgあるいはμg単位の量が食事摂取基準として策定されている．多量ミネラルの体内存在量は，Ca（体重の1.4％）＞P（同1.0％）＞S（同0.2％）＞K（同0.2％）＞Na（同0.14％）＞Cl（同0.14％）＞Mg（同0.027％）の順である．微量ミネラルのそれは，Feが0.006％と極端に少なく，Crでは0.000009％に過ぎない．しかし，ミネラルは生体構成成分として，また生理機能の調節においても絶対的に必須な無機物である．その必要量からみればビタミンも同様だが，**有機化合物**であるかどうかが大きく異なることに留意する必要がある．

2 ミネラルの生理的意義

ミネラルは生体組織および酵素の成分として不可欠である．ミネラルは，①生体構成成分として，②酵素タンパク質の必須成分や酵素反応に不可欠な補助因子（賦活剤（ふかつ））などとして，③生体機能の調節因子として働いている．

①Ca，P，Mgなどは骨・歯などの**硬組織**の成分として必須である．

②細胞膜のリン脂質（P），**酸素運搬**・保持にかかわるヘモグロビンやミオグロビン，カタラーゼ，薬物代謝のシトクロムP-450や電子伝達系の構成要素など（Fe），シトクロムオキシダーゼ（Cu），ヘキソキナーゼ（Mg[※1]），メチオニンやシスチン（S）などのほか，**抗酸化**にかかわるスーパーオキシドジスムターゼ（Cu，Zn，Mn）やグルタチオンペルオキシダーゼ（Se），プリン化合物の**異化反応**に関与するキサンチンオキシダーゼ（Mo），アルコールデヒドロゲナーゼ，炭酸脱水酵素，DNAポリメラーゼ（Zn）などの酵素活性中心や補助因子の必須成分としてミネラルが不可欠である．なかでも，Se欠乏症で心筋壊死を引き起こす**克山病（けしゃんびょう）**[※2]や軟骨組織の萎縮をきたす**カシン・ベック病**は有名であって，このような元素の必要量は微量であるがその不足は生命維持を左右してしまう．

③体液のpHや**浸透圧**の調節にNa，K，Ca，Mgなどがかかわっているほか，神経や筋細胞の興奮にもNaやK，Ca，Mgなどが不可欠である．

※1 MgとATPの配位が反応に必須．
※2 **克山病**："こくざんびょう"とも読む．別名として，クーシャン病とも呼ばれる．

3 多量ミネラル（表1）

A. ナトリウム（Na）

体液の主要な陽イオンであるナトリウムの大部分は食塩（塩化ナトリウム）として摂取されている．ナトリウムイオンは細胞内（10 mEq/L）と比較して細胞外（142 mEq/L）に多く（表2），細胞外液量を保持し浸透圧の維持や酸・塩基平衡などに関与している．また，細胞内外のその濃度差を利用してグルコースやアミノ酸の能動輸送などが進行する（**共輸送：二次的能動輸送**）．

食塩の過剰摂取は高血圧症を引き起こすとされているが，遺伝素因も影響していると考えられ，その機序はいまだ明確ではない．しかし，食塩の過剰摂取により胃がんのリスクが高まるほか，腎機能障害をきたす場合があるとされている．下痢や大量の発汗などで欠乏すると筋肉痛，痙攣，昏睡などを引き起こす場合もある．なお，体内のナトリウム量の調節には**レニン-アンジオテンシン-アルドステロン系**がかかわっている．

1) **機能：**細胞内外の浸透圧と電位差の形成にかかわる．
2) **欠乏症：**130 mmol/L以下で低ナトリウム血症，120 mmol/L以下で昏睡に陥る．
3) **過剰症：**腎機能障害をきたす場合がある．145 mmol/L以上で高ナトリウム血症，160 mmol/L以上で死に至る．

B. カリウム（K）

カリウムも体液の浸透圧維持に不可欠な陽イオンである．しかし，ナトリウムとは逆に，カリウムイオンは大半が細胞内（140 mEq/L）に存在し，細胞外には4 mEq/Lと少なく（表2），このナトリウムイオンとカリウムイオンの細胞内外の濃度差はNa,K-ポンプ（Na^+,K^+-ATPase）により維持されている．カリウムの生体内総量は120～160 gであり，その約98 %がこのポンプでたえず細胞内に汲み上げられている．カリウムイオンは筋収縮や神経の刺激伝達，糖代謝などに関与していて，通常の食生活でカリウムの過剰症や欠乏症は起きないとされているが，下痢や嘔吐により欠乏症をきたす場合がある．なお，カリウムを積極的に摂取することによりナトリウムの排出効果が期待され，高血圧の改善がもたらされる．カリウムを多く含む食品は，海藻，豆，肉，野菜，穀類などである．

1) **機能：**細胞内外の浸透圧と電位差の形成にかかわる．
2) **欠乏症：**低カリウム血症，2.5 mmol/L以下で死に至る．
3) **過剰症：**5 mmol/L以上で高カリウム血症，8 mmol/L以上で死に至る．

C. 塩素（クロール：Cl）

多量ミネラルに分類されていないが，陰イオンである塩素イオンはナトリウム・カリウムイオンの対立イオンとして重要であり，細胞外（103 mEq/L）に多く存在する．ナトリウム・カリウム陽イオンと塩素陰イオンは常に細胞内外を出入りすることにより浸透圧お

表1 多量ミネラル

ミネラル	生体含量（%）	機能	主な供給源
Na	0.14	浸透圧調節，膜電位差の形成，ミネラル代謝	食塩
K	0.2	膜電位差の形成，ミネラル代謝	野菜，果物，穀物
（Cl	0.14	Na^+，K^+の対立イオンとして	食塩）
Ca	1.4	骨形成，血液凝固，細胞内情報伝達	牛乳，乳製品
Mg	0.027	骨形成，酵素の補因子	緑色野菜
P	1.1	骨形成，エネルギー代謝，核酸代謝	肉，牛乳，穀物，野菜
（S	0.2	含硫アミノ酸，ビタミンB_1などの成分として	含硫アミノ酸を含む食品．鶏卵，タマネギなど）

（　）：ClとSは多量ミネラルとして策定されていない

表2 細胞内外の主なイオン濃度

イオン	細胞内濃度（mEq/L）	細胞外濃度（mEq/L）
Na^+	10	142
K^+	140	4
Cl^-	4	103
Ca^{2+}	0.0001	2.4
Mg^{2+}	58	1.2
HPO_4^{2-}	75	4

よび電位差の形成に関与している．

1）**機能：**細胞内外の浸透圧と電位差の形成にかかわる．

2）**欠乏症・過剰症：**ナトリウムイオンと並行してその濃度は変化する．

D. カルシウム（Ca）

カルシウムは，生体内で最も多いミネラルである（約1 kg：14 g/kg体重）．そのおよそ99％は骨と歯に**ヒドロキシアパタイト**として存在しており，骨重量の約40％を占めている．残りの1％は細胞外（血漿や細胞間液など）にあり骨形成や血液凝固などのほか，筋収縮や白血球の食作用などにおいて重要な役割を担っている．健常成人の血漿カルシウム濃度は8.8～10.4 mg/dLに厳密に調節されており，上部消化管では活性型ビタミンD依存性の**能動輸送**で，下部消化管では濃度依存的な**受動輸送**でカルシウムは吸収される．なお，シュウ酸やフィチン酸はカルシウム吸収を阻害することが知られている．また，血中カルシウム濃度を一定に保つため**パラトルモン（骨吸収）**や**カルシトニン（骨形成）**が関与している．カルシウムの過剰症として高カルシウム血症や**ミルク・アルカリ症候群**※3が，また欠乏による骨塩量の低下により**骨粗鬆症**が引き起こされる．

1）**機能：**血液凝固，骨形成，神経細胞内へのナトリウムイオン輸送の制御，細胞内情報伝達．

2）**欠乏症：**6 mg/dL以下で低カルシウム血症，テタニー（手足の拘縮）をきたす．骨粗鬆症も引き起こされる．

3）**過剰症：**15 mg/dL以上で高カルシウム血症，神経反射が鈍化する．ミルク・アルカリ症候群をきたす．

E. マグネシウム（Mg）

マグネシウムは生体内の物質代謝に不可欠なミネラルで，骨にリン酸塩として最も多く含まれている．マグネシウムが不足する場合には骨から血中に動員されて利用される．血漿中のその濃度は0.70～1.05 mmol/dLに維持されている．マグネシウムはATP依存性酵素やエネルギー代謝にかかわる酵素などの補因子として，また細胞の構造維持などに必須のミネラルである．腸管からの吸収率はあまり高くないが，吸収後は速やかに血中に移行する．マグネシウムの欠乏は神経疾患や精神疾患などをきたすことが知られているが，最近，マグネシウムの摂取不足と糖尿病との関連性が取りざたされている（**本章「臨床栄養への入門」**参照）．カルシウム／マグネシウムの比が高い場合には虚血性心疾患のリスクが高まる．なお，マグネシウムは植物性食品に多く含まれているため精製加工食品への依存度が高まっている昨今では，マグネシウム摂取不足の傾向にある．

1）**機能：**ナトリウム・カルシウムイオンの神経細胞内への輸送を調節．

2）**欠乏症：**神経疾患，精神疾患，テタニーや不整脈をきたす．

3）**過剰症：**腎不全に伴う低血圧．

F. リン（P）

リンは，カルシウムとヒドロキシアパタイトを形成して骨，歯などの硬組織に存在するほか，核酸，リン脂質，リンタンパク質などとして生理的機能の維持に不可欠なミネラルである．リン酸イオン（HPO_4^{2-}）は細胞内に豊富な陰イオンとして，強い緩衝作用をもつことも特徴の1つである．食品中のリン酸はカルシウムと不溶性のリン酸カルシウムを形成しているため，カルシウムの吸収を阻害するとされている．しかし，リンは動物性・植物性食品全般に豊富に含まれているため，その摂取量が不足することはなく，加工食品のリン含量が高いことから，むしろ過剰摂取が危惧されている．また，腎機能低下時には高リン血症や副甲状腺機能亢進が引き起こされる．

1）**機能：**生体組織の維持．

2）**欠乏症：**痙攣や昏睡を呈する（低リン血症）．

3）**過剰症：**無症状であるが，低カルシウム血症が付随すればテタニーなど．

※3 **ミルク・アルカリ症候群**：弱アルカリ性を示す酸化マグネシウム（MgO：便秘薬）の服用と前後して牛乳を多量に飲んだ際に高カルシウム血症が引き起こされる場合がある．MgOの吸収率は低いもののパラトルモンの低下をきたす．その結果，炭酸水素イオンの腎再吸収が高まるためアルカローシスをまねく．そのため，カルシウムの腎再吸収亢進や血漿アルブミンのカルシウム結合量の上昇などが進行し，牛乳由来のカルシウム吸収量の増加と相まってカルシウムの血中濃度が上昇する．

G. イオウ (S)

イオウは，塩素と同じく「日本人の食事摂取基準(2020年版)」にその設定はないが，システインやメチオニン，ホモシステインなどの含硫アミノ酸，コール酸（胆汁酸）と抱合するタウリン（タウロコール酸），還元剤として機能するグルタチオンなどの構成元素である．また，チアミンやパントテン酸，ビオチンなどにも含まれていてさまざまな生理機能に関与している．例えば，タンパク質のシステイン残基のチオール基（スルフヒドリル基，SH基：チオはイオウを指す）は，パパインやカテプシンなどのシステインプロテアーゼの活性中心として，また，パンテテイン※4の反応性チオール基はアセチルCoAやアシルCoAとして働く．なお，システイン残基間のジスルフィド結合（S-S結合）は，タンパク質の高次構造を保持するために不可欠である．

1) **機能**：生体組織の維持．
2) **欠乏症**：含硫アミノ酸不足により皮膚炎などの可能性が高まる．
3) **過剰症**：特に知られていない．

4 微量ミネラル（表3）

表3 微量ミネラル

ミネラル	生体含量 (%)	機能	主な供給源
Fe	0.006	ヘモグロビン，ミオグロビン，シトクロム，カタラーゼなどの成分	肉，レバー，卵，野菜，イモ，穀物
Zn	0.003	亜鉛酵素の成分	肉，レバー，穀物
Cu	0.0001	酸化酵素の成分	肉，野菜，果物，魚
Mn	1.7×10^{-5}	酵素の成分	多くの食品
I	1.9×10^{-5}	チロキシンの成分	海産物
Se	1.9×10^{-5}	セレン酵素の成分	野菜，肉
Cr	9.4×10^{-6}以下	耐糖能改善	
Mo	1.3×10^{-5}以下	酸化還元酵素の成分	穀物，ナッツ類

A. 鉄 (Fe)

鉄は，赤血球の**ヘモグロビン**（鉄含量約2.5 g）や筋肉の**ミオグロビン**（鉄含量約150 mg）のヘム鉄として酸素の運搬と保持に関与する重要なミネラルである(成人の体内鉄総量は約4 g)．また，シトクロム，カタラーゼ，ペルオキシダーゼなどのヘム鉄は**機能鉄**として働いている．吸収された鉄はフェリチンとして肝臓に蓄積され，トランスフェリンと結合して血中を循環し，体内鉄は再利用される．このことは他のミネラルにはない特徴である．なお，非ヘム鉄の吸収にはビタミンCによる三価鉄から二価鉄への還元が重要であるが，カフェインやフィチン酸，シュウ酸，タンニンは鉄吸収を阻害する．

1) **機能**：酸素の運搬と保持．
2) **欠乏症**：鉄欠乏性貧血．
3) **過剰症**：鉄沈着症．1歳以上で耐容上限量が策定されている．

B. 亜鉛 (Zn)

亜鉛は全ての細胞に存在し（体内総量約2 g），多くの酵素の金属成分として重要な元素である．特に，骨，肝臓，腎臓などで亜鉛含量が高く，体液では精液に多いのも特徴であり，その大部分は門脈経由で肝臓に蓄積されている．亜鉛は酵素の金属成分として酵素の安定化と活性化に寄与しており，抗酸化酵素※5であるCu/Zn-SOD（SOD：スーパーオキシドジスムターゼ）の構成要素としても不可欠なミネラルである．また，亜鉛はDNA合成にも不可欠であるためその欠乏は成長障害や免疫能の低下などをきたすことが知られている．味蕾（みらい）の味細胞が亜鉛高含有量であることから亜鉛摂取不足による**味覚障害**も指摘されている．牡蠣の亜鉛含量は高い．

1) **機能**：酵素の構成成分などとして機能．
2) **欠乏症**：味覚障害や成長障害．
3) **過剰症**：過剰症はほとんど知られていないが，18歳以上で耐容上限量が策定されている．

※4 **パンテテイン**：パントテン酸にシステアミン（2-メルカプトエチルアミン）が縮合したチオール化合物である．
※5 **抗酸化酵素**：白血球の食作用や情報伝達の一部に利用されることを除けば，活性酸素は細胞酸化毒性を有する厄介者である．そのため，生体は，進化の過程で抗酸化系を装備してきた．O_2の一電子還元で生じるO_2^{-}・を消去（不均化反応）するのがSODである．CuとZnを含むCu/Zn-SODやMn-SODのほかグルタチオンペルオキシダーゼなどの抗酸化酵素が存在する．

C. 銅 (Cu)

銅は，多くの組織や細胞に広く分布している微量元素で，前述のCu/Zn-SODなどの銅酵素の活性中心を構成している．銅酵素には，銅の輸送と貯蔵にかかわるセルロプラスミンのほか，チロシナーゼやシトクロムオキシダーゼなどもあり，銅はこれらの酵素の活性化に必須な元素である．銅はメタロチオネインと結合して吸収され，胆管経由で体外に排泄される．銅が欠乏すると鉄の吸収量も低下して貧血をきたすとされている．なお，育児用調製粉乳には亜鉛とともに銅が強化されている．銅含量が高い食物は，牡蠣，豆類，種実類などである．

1）**機能：**酵素の活性化などに不可欠．鉄吸収やメラニン形成にも必須．
2）**欠乏症：**貧血．
3）**過剰症：**過剰症は稀だが，溶血性貧血を起こす場合もある．18歳以上で耐容上限量が策定されている．

D. マンガン (Mn)

マンガンは，鉄と共存して分布し，ピルビン酸カルボキシラーゼやMn-SODなどの構成成分として必須なミネラルである．また，リン酸カルシウム生成促進作用による骨形成や生殖機能などにもかかわるとされているほか，多くの酵素の補因子として重要である．体内総量は成人でおよそ10 mgとされている．マンガンは茶葉など植物性食品に多く含まれており，それは小腸から吸収され，銅と同じく総胆管経由で体外へ排出される．

1）**機能：**酵素の活性化．
2）**欠乏症：**ほとんどない．
3）**過剰症：**通常の食事形態では認められないが，18歳以上で耐容上限量が策定されている．

E. ヨウ素 (I)

生体のヨウ素は**甲状腺**に局在してチロキシンやトリヨードチロニンなどの**甲状腺ホルモン**に組み込まれており，体内総量は15～20 mg程度（甲状腺に約8 mg）と見積もられている．甲状腺ホルモンはタンパク質合成（発育の促進）やエネルギー代謝（基礎代謝亢進）などに関与する．ヨウ素は海藻類に特に多く含まれているため，日本人においては欠乏の心配はなく，むしろ，その過剰摂取により甲状腺機能悪化をきたす場合がある．なお，欠乏症は甲状腺刺激ホルモンの分泌亢進を介して甲状腺腫を引き起こす．

1）**機能：**甲状腺ホルモンの構成要素として必須．基礎代謝の上昇に関与．
2）**欠乏症：**甲状腺腫．
3）**過剰症：**甲状腺腫と甲状腺機能障害．全ての年齢において耐容上限量が策定されている．

F. セレン (Se)

セレンは，前述のとおり抗酸化酵素であるグルタチオンペルオキシダーゼの構成元素として重要である．また，ビタミンEなどの抗酸化物質と共役して活性酸素酸化障害から生体を防御しているとされている．穀物のセレン含量は土壌中のその濃度に依存しており，不足した場合に引き起こされる心筋症，克山病からセレンの有用性が明らかにされた経緯がある．成長障害や免疫能低下などの症状も欠乏症として知られている．なお，セレンはセレノシステインなどとして穀類などから吸収される．

1）**機能：**グルタチオンペルオキシダーゼの構成要素．
2）**欠乏症：**克山病以外はほとんど知られていない．
3）**過剰症：**悪心，頭痛など．1歳以上で耐容上限量が策定されている．

G. クロム (Cr)

クロムには三価と六価クロムが存在するが，生体内に分布するのは三価クロムである．クロムは糖代謝と脂質代謝に不可欠な必須ミネラルで，耐糖能の改善にかかわるとされている．長期間の**中心静脈栄養**において発症するクロム欠乏では末梢神経障害などが引き起こされ，耐糖能の低下や昏睡を伴う糖代謝異常が知られている．

1）**機能：**糖代謝やインスリン作用に不可欠．
2）**欠乏症：**耐糖能障害．
3）**過剰症：**特に知られていないが，18歳以上で耐容上限量が策定されている．

H. モリブデン (Mo)

モリブデンは，キサンチンオキシダーゼやアルデヒドオキシダーゼ，亜硝酸オキシダーゼなどの活性発現に必須な元素として重要である．通常の食生活で不足することはないが，中心静脈栄養の長期化による欠乏症では頻脈やプリン体代謝障害などがみられる．モリブデンは豆類，動物の内臓，魚介類などに多く含まれている．

1）機能：酸化酵素の補因子として機能．

2）欠乏症：遺伝性欠乏症がある．精神発達の遅滞．

3）過剰症：特に知られていないが，18歳以上で耐容上限量が策定されている．

マグネシウム欠乏と2型糖尿病

骨に高濃度で貯蔵されているマグネシウム（Mg）は，骨や歯の形成のほか，代謝や生合成反応にかかわるほぼ全ての酵素の機能維持に不可欠であり，欠乏すると神経疾患や心疾患などをきたすものとされている．その日本人の食事摂取基準（2020年版；推奨量：18歳以上）は男性で320～370 mg/日，女性で260～290 mg/日と策定されている．しかし，平成30年国民健康・栄養調査結果において20歳以上のMg摂取状況は273 mg/日（男女1人あたりの平均値）に過ぎない．摂取基準の数値に根拠があるとするならば明らかにMg摂取不足の状況下にある．この不足状態は麦や雑穀を食べなくなった昭和35年頃以降変わっていないこと，この年代前には2型糖尿病が一般に稀であったこと，Mgがさまざまな代謝に不可欠であることなどからMg欠乏と2型糖尿病の関連性が取りざたされている．

大麦や雑穀のMg含量は比較的高いが精白米のそれは少なく，また，魚介類や海藻，大豆製品，ゴマや木の実などのそれは多い．この50年ほどの間に欧米風の食事が定着してしまった現代においてはその慢性的欠乏状況は当然の帰結なのである．しかし，Mgが物質代謝に不可欠なミネラルであることを考えるとさまざまな病変発症にMgがかかわるとする仮説を否定することはできない．

遺伝素因としてインスリン分泌能が弱いモンゴロイドにおいて，Mg不足がインスリン抵抗性に関与する因子の1つとして上乗せされるとすれば，肥満を伴わない糖尿病発症を説明できるのかもしれない．

塩の専売制が廃止されてからは精製塩が大量に消費されるようになった．いわゆる粗塩のMg含量は高いのである．Naを減らしてMg摂取量を上げるためには和食を見直す必要があるのではないだろうか．

Column

Molybdenosis

モリブデン（Molybdenun：Mo）過剰症として，コロラド州クライマックス鉱山近辺の牧草地でMoを多く含む草を食べ続けたウシが中毒を起こしたとする話は有名である．「-osis」は頻出の接尾語で病名を表しており，Molybdenosisは体重減少，食欲低下，貧血などをきたすとされている．牧草1 kg当たりのMo含量は20～100 mgにもなるそうだから何事も食べ過ぎはよろしくないし，同じ食品ばかり食べるのも推して知るべしである．

チェック問題

問 題

□□ **Q1** ミネラルの大半はどんな物質でできているか答えよ．

□□ **Q2** ミネラルは多量ミネラルと微量ミネラルに分類される．それぞれの定義を答えよ．

□□ **Q3** 「日本人の食事摂取基準（2020年版）」でその摂取すべき量が策定されている微量ミネラルは何種類か．

□□ **Q4** 食塩は可能な限り摂取しない方がよいのだろうか．食塩の摂取における注意事項を説明せよ．

□□ **Q5** ヨウ素はなぜ必須ミネラルなのか答えよ．

解答＆解説

A1 ミネラル（無機質）は全て無機物質である．

A2 多量ミネラルは，体内存在量が比較的高い元素で摂取すべき量は数百mgのレベルである．微量ミネラルは，体内存在量が極わずかな元素で摂取すべき量は数mgあるいはμg単位の量である．

A3 微量ミネラルとして8種類（Fe，Zn，Cu，Mn，I，Se，Cr，Mo）が策定されている．

A4 食塩の最少必要量は1.5 g程度と推定されている．また，摂取基準の推定平均必要量として1.5 g/日（Naとして600 mg/日）が設定されているが，その目標量を達成するのは容易ではない．しかし，食品に食塩を添加しなくても1.5 gは食べ物から確保できるため食塩摂取はできる限り控えるべきであろう．

A5 ヨウ素は甲状腺ホルモンの構成要素として必須である．特に，発育の促進には欠かせない．

本書関連ノート「第8章　ミネラル」でさらに力試しをしてみましょう！

第9章 糖質の代謝

Point

1. 栄養素としての糖質が分解を受けて単糖になるまでの過程と，これらが細胞に吸収され全身に運ばれる過程を理解する
2. グルコースが独自の経路〔解糖系，クエン酸回路（TCA 回路ともいう），ペントースリン酸回路，グルクロン酸経路〕で代謝される過程と，これらを利用してエネルギーを産生する過程を理解する
3. 血糖値を維持するためのグリコーゲン合成系と分解系および糖新生系，さらに血糖調節メカニズムについて理解する

概略図 **糖質代謝の概念図**

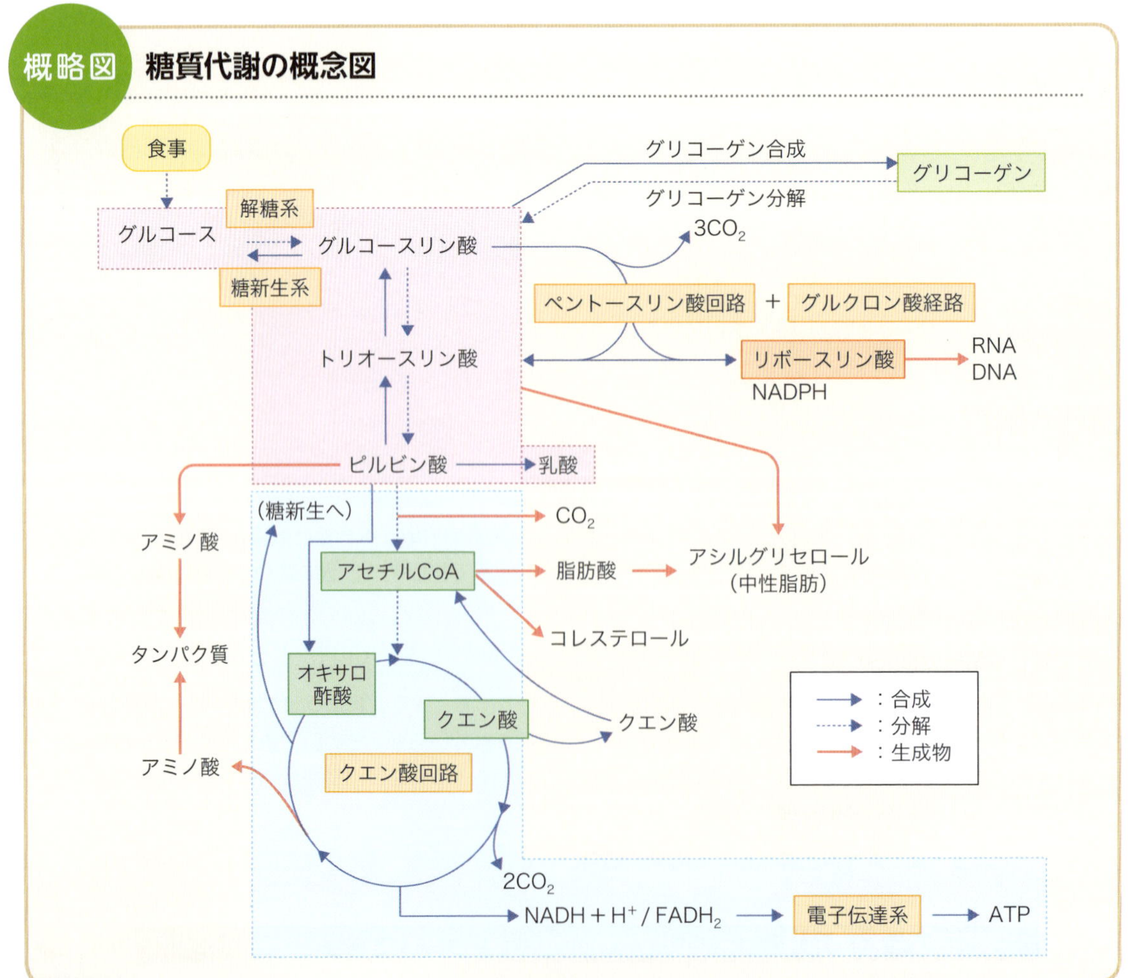

1 糖質代謝の概要

ヒトは必要なエネルギーの約60％を糖質から得ており，その多くをデンプンに依存している．

体内に取り込まれた糖質は，細胞内で酸化分解され身体活動に必要なエネルギーを生成する．特に，脳，神経組織，赤血球など，通常，グルコースのみをエネルギー源とする組織や細胞などでは必須である．一方，血糖値を正常に保つために，グルコースの重合体であるグリコーゲンを肝臓や筋肉に貯蔵し，さらに**過剰なグルコースを肝臓で中性脂肪に変換**する．血糖値が低下すると肝臓のグリコーゲンが分解されて，グルコースを血中に放出する．しかし，体内での糖質の保存量は長くても1日程度であるために，絶食状態が続くと糖新生[※1]系によってグルコースが合成されて血糖値を維持する．グルコースは，核酸の生合成に必要なリボースの生成や，脂肪酸の合成に必要なNADPHなど細胞の構成要素の生成にも利用される．また，グルクロン酸経路は解毒に必要な物質を合成する．糖質代謝は，脂質代謝やアミノ酸代謝，さらにはヌクレオチド代謝とも密接に関連している．

2 糖質の消化と吸収

A. 糖質の消化

ヒトが食物として摂取する主な糖質は，デンプン，スクロース，ラクトースである（第2章，p27参照）．これら糖質は，小腸粘膜で単糖にまで加水分解されると同時に吸収され，門脈を経て肝臓に送られる．また，必要に応じて循環血に入り各組織に運搬されて利用される．

デンプンは，唾液中の**アミラーゼ**により部分的に分解されるが，大部分は膵臓から十二指腸に分泌される膵液中のアミラーゼによってマルトースになる．マルトースは，**小腸粘膜上皮細胞**の微絨毛膜に局在する**マルターゼ**によりグルコースに変換され吸収される．スクロースは，同様に微絨毛に局在する**スクラーゼ**によりグルコースとフルクトースに加水分解されて吸収される．ラクトースも，他の二糖と同じように微絨毛膜の**ラクターゼ**によりグルコースとガラクトースに分解され吸収される．

B. 細胞内への単糖の輸送

グルコースとガラクトースは，小腸粘膜上皮細胞膜の**ナトリウム依存性グルコース輸送体**（sodium-dependent glucose transporter：**SGLT1**[※2]）によって，管腔側から細胞内へのNa^+の流入とともに取り込まれる（共輸送）．フルクトースは，**ナトリウム非依存性グルコース輸送体**（glucose transporter 5：**GLUT5**）によって濃度勾配にしたがって輸送される．吸収されたこれら単糖は，**GLUT2**によって上皮細胞から排出され，毛細血管に入り門脈を経由して肝臓に運ばれる（図1）[※3]．

血液中から各組織の細胞内へのグルコースの取り込みは，すべてGLUTによって行われる．GLUTには複数のアイソフォームが知られており[※4]，グルコースに対する親和性やインスリンに対する感受性が異なり，目的に応じて使い分けられている．

GLUT1	：脳の主要なトランスポーターであり，腎臓や赤血球にも発現する．
GLUT2	：高濃度のグルコースの輸送に対応し，インスリン非依存性で膵臓のランゲルハンス島β細胞ではインスリン分泌刺激を促進する．肝臓で主要な働きをするが，膵臓，腎臓，腸管にも発現する．
GLUT3	：肝臓，小腸，腎臓，脂肪組織，脳，胎盤などほぼ全身の組織に発現し，グルコース，ガラクトース，マンノース，キシロース，フコースなどの単糖を輸送するが，フルクトース輸送には関与しない．

※1 **糖新生**：糖質以外の物質からグルコースを合成することで，乳酸，アミノ酸，グリセロールなどを材料化する．

※2 SGLTは，SGLT1とSGLT2が詳しく調べられている．SGLT1は小腸粘膜上皮細胞の管腔側に発現して，グルコースやガラクトースを取り込む機能を担い，SGLT2は腎臓に発現してグルコースを再吸収する．

※3 フルクトースの吸収・代謝は，いくつかの報告があり，低濃度のフルクトース摂取時は，腸上皮細胞にてグルコースと有機酸に分解されて吸収されるとの報告もある．

※4 GLUTは，現在GLUT14まで報告されている．GLUT13は，プロトン依存性ミオイノシトール輸送体として機能し，脳のグリア細胞や神経細胞に発現している．

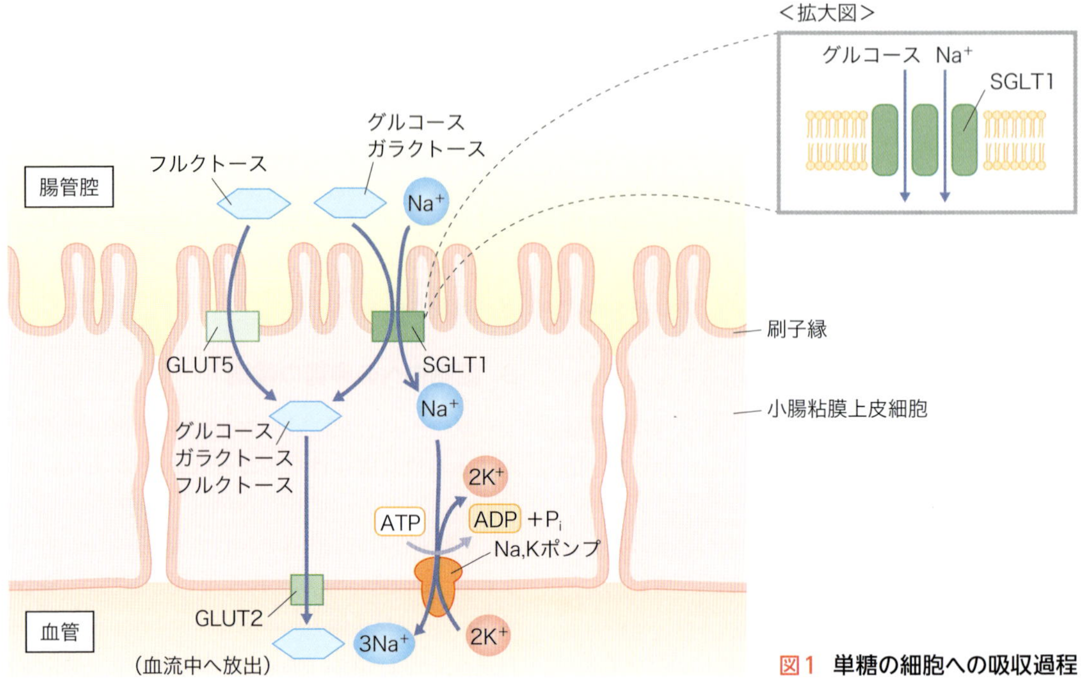

図1 単糖の細胞への吸収過程

GLUT4 ：インスリン感受性で，インスリンの刺激によって細胞質ゾルから細胞膜へトランスロケーションして，血糖値をすみやかに低下させる．脂肪細胞や筋肉へのグルコースの取り込みに関与する（本章10-C参照）．
GLUT5 ：小腸，脂肪組織，精子，骨髄，腎臓に存在し，フルクトースを輸送する．
GLUT6 ：脳，脾臓，白血球に発現し，ヘキソースを運搬する．
GLUT7 ：小腸と結腸に発現し，高い親和性をもってグルコースとフルクトースを輸送する．
GLUT8 ：精巣上皮細胞に発現し，インスリン調節性グルコーストランスポーターである．
GLUT9 ：脳や白血球に発現し，フルクトースを運搬するが，グルコースも一部運搬する．
GLUT10：肝臓と膵臓に発現し，グルコース輸送に関与する．

3 糖質代謝の主要な3経路

細胞内に取り込まれたグルコースは，ヘキソキナーゼ（肝臓ではグルコキナーゼ）の作用によってリン酸化され，グルコース 6-リン酸となった後に，目的に応じて次の主な3つの経路により代謝される．

A. 解糖系とクエン酸回路

細胞の活動に必要なエネルギーを作り出すために，グルコース（炭素数6）は炭素数3のピルビン酸2分子に分解される（**解糖系**）．続いて**クエン酸回路**※5（**TCA回路**，tricarboxylic acid cycle）で代謝され，電子伝達系の**酸化的リン酸化**により高エネルギーリン酸化合物のATPを生成する．

B. ペントースリン酸回路

核酸の生合成に必要な**リボース 5-リン酸**（第14章，p181参照）と**NADPH**（還元型ニコチンアミドアデニンジヌクレオチドリン酸）が生成する．NADPHは脂肪酸の生合成の際の還元型補酵素として使われる．

C. UDP-グルコースを経由する経路（グリコーゲン合成とグルクロン酸経路）

グリコーゲン合成では，グルコース 6-リン酸にム

※5 **クエン酸回路**：アセチルCoAを完全酸化して効率よくエネルギーを産生したり，アミノ酸の生合成にも重要な回路．

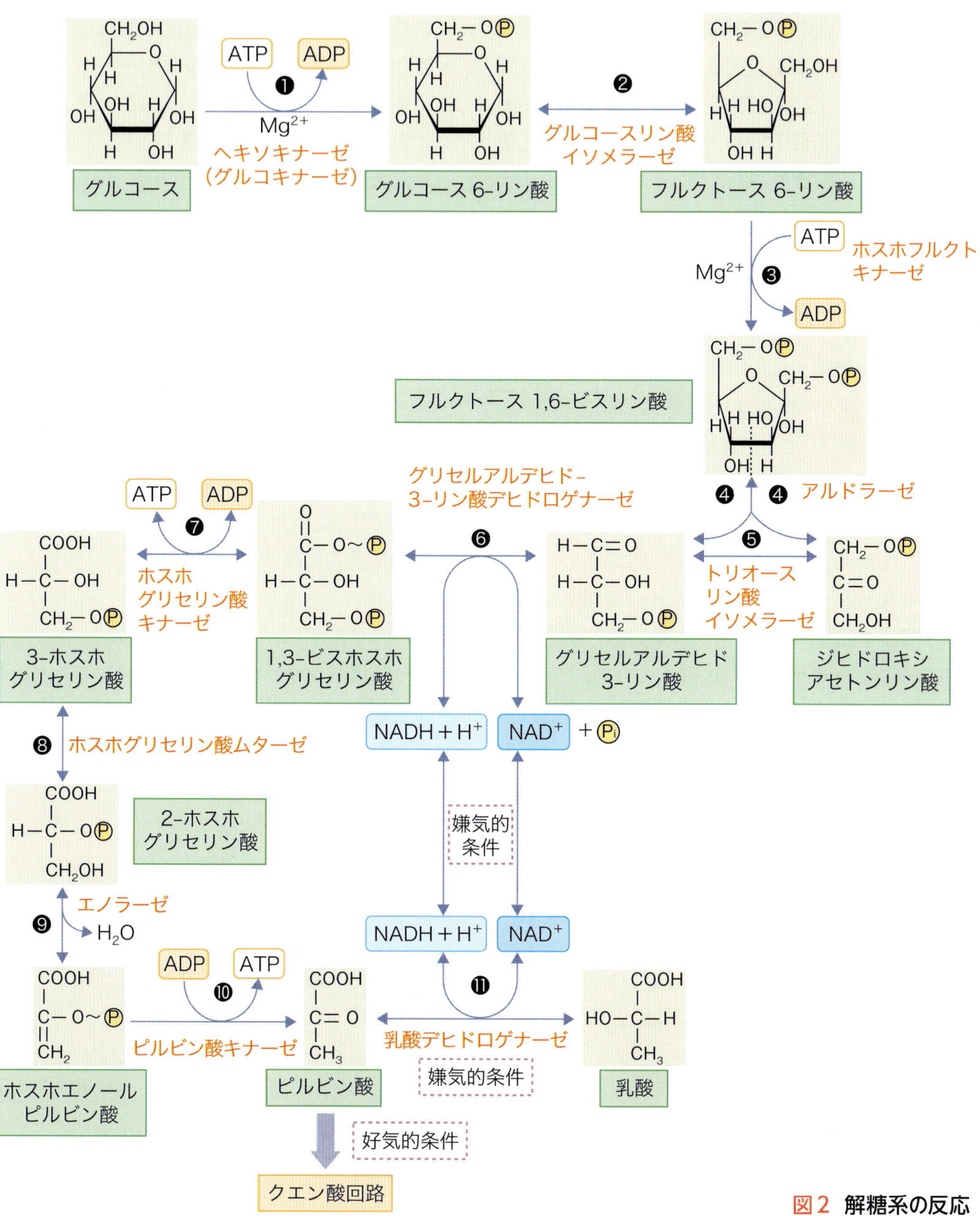

図2　解糖系の反応

ターゼが作用してグルコース 1-リン酸に変換したのち，グルコース 1-リン酸がUTP（ウリジン三リン酸）と反応して得られる**UDP-グルコース**を基質とする．UDP-グルコースは，グルクロン酸の生合成（**グルクロン酸経路**）にも利用される．

4 解糖系

細胞内に取り込まれたグルコースがピルビン酸あるいは乳酸に代謝される経路を解糖系といい，10あるいは11段階の反応からなる（図2）．また，グリコーゲン分解で生じたグルコース 6-リン酸も解糖系に合流する．これらの反応はすべて**細胞質ゾル**で進行する．解糖系の主要な役割はATPの生成であり，この経路は酸素を消費することなく補酵素NAD^+がグルコースを酸化し，嫌気的[※6]な条件下でもグルコース1分子が**乳酸**にまで代謝される間に差し引き2分子の**ATP**を生成する．ミトコンドリアをもたない赤血球では，エネルギー産生は解糖系に依存する．

A. 解糖系の反応（図2）

[反応❶]：解糖系の最初の反応は，細胞に取り込まれたグルコースが**ヘキソキナーゼ**（肝細胞では**グルコキナーゼ**と呼ばれる）の作用により，1分子のATPを消費してリン酸化されグルコース 6-リン酸を生成する反応である．この反応はATPの他にMg^{2+}を必要とし，生理的条件下では不可逆的である．ヘキソキナーゼは，生成物のグルコース 6-リン酸による**アロステリック阻害**を受ける（第5章，p67参照）．この場合のキナーゼは，ATPの末端リン酸基を転移する**リン酸化反応**を触媒する．ヘキソキナーゼは，グルコースだけでなくフルクトースやマンノースもリン酸化し，基質特異性は低い．この酵素には生化学的特異性の異なるアイソザイムが4種類存在し，臓器特異性を示す．肝臓などでは高濃度のグルコースに対応できる（*K*m値が大きい）**グルコキナーゼ**（別名**ヘキソキナーゼⅣ**とも呼ばれる）が存在し，食事後多量のグルコースを処理する必要がある場合に有効となる．つまり，肝臓が他の組織よりも優先してグルコースを代謝することを示している（第5章，p65参照）．

[反応❷]：グルコース 6-リン酸は，グルコースリン酸イソメラーゼの異性化作用[※7]によりフルクトース 6-リン酸となる．

[反応❸]：フルクトース 6-リン酸は，**ホスホフルクトキナーゼ**の作用により1分子のATPを消費してフルクトース 1,6-ビスリン酸となる．この酵素は，**アロステリック酵素**（第5章，p67参照）であり過剰濃度のATPにより阻害され，ADP，AMPなどで活性化される．さらに，**フルクトース 2,6-ビスリン酸**によっても活性化される．生理的条件下では不可逆であり，**解糖系の律速段階**である．

[反応❹]：フルクトース 1,6-ビスリン酸[※8]はアルドラーゼの作用により，三炭糖であるジヒドロキシアセトンリン酸とグリセルアルデヒド 3-リン酸になる（図2中の点線で開裂部分を示した）．つまり，六炭糖二リン酸から2分子の三炭糖一リン酸を生じる．グリセルアルデヒド 3-リン酸は，**反応❻**で用いられる．この後は，2分子ずつの反応が進む．

[反応❺]：**反応❹**で生成したジヒドロキシアセトンリン酸は，トリオースリン酸イソメラーゼの作用によりグリセルアルデヒド 3-リン酸に転換されて，**反応❻**に導入される．

[反応❻]：グリセルアルデヒド 3-リン酸は，グリセルアルデヒド-3-リン酸デヒドロゲナーゼの作用により無機リン酸が付加されて，高エネルギーリン酸化合物である1,3-ビスホスホグリセリン酸となる．この反応では，補酵素NAD^+が水素を受け取り$NADH + H^+$が生成する．

[反応❼]：1,3-ビスホスホグリセリン酸は，ホスホグリセリン酸キナーゼによる触媒作用により，3-ホスホグリセリン酸となる．この反応で高エネルギーリン酸結合の1位のリン酸基がADPに移されATPが生成する（**基質レベルのリン酸化**[※9]）．

[反応❽]：3-ホスホグリセリン酸は，ホスホグリセリン酸ムターゼの異性化作用により2-ホスホグリセリン酸となる（ムターゼは，リン酸基のような化学基の分子内での転移を触媒する酵素である）．

[反応❾]：2-ホスホグリセリン酸は，エノラーゼの脱水作用により高エネルギーリン酸化合物のホスホエノールピルビン酸となる．

[反応❿]：ホスホエノールピルビン酸は，**ピルビン酸キナーゼ**の作用によりピルビン酸となる．この反応でリン酸基がADPに移されATPが生成する（**基**

※6 **嫌気的**：酸素の供給（利用）を伴わない場合を嫌気的といい，逆に酸素を利用できる場合を好気的という．

※7 **異性化作用**：異性体とは，分子式は同じで構造が異なる化合物のことで，グルコース 6-リン酸とフルクトース 6-リン酸の異性体間で変換反応を触媒する作用をいう．

※8 ビス（bis-）は，リン酸基が同一分子内の異なる部位に2つ結合していることを示し，ジ（di-）は，同じ部位に2つのリン酸が結合していることを示す．

※9 **基質レベルのリン酸化**：リン酸基を転移するときに酸素を最終的な電子受容体とする電子伝達反応（酸化的リン酸化）と区別するためで，中間代謝物が分解されるときに生じるエネルギーを用いてATPを合成する過程のこと．

質レベルのリン酸化）．この反応は，生理的条件下では不可逆である．

［反応⓫］：嫌気的な条件では，ピルビン酸は**乳酸デヒドロゲナーゼ**（乳酸脱水素酵素）の作用により，**反応❻**で生成した $NADH+H^+$ により還元されて乳酸となる．ピルビン酸は，好気的な条件では**反応⓫**に進むことなくクエン酸回路に導入される．

解糖系は，嫌気的な条件下（酸素が不足するような激しい運動中の筋肉など）では，

グルコース ＋ 2ADP ＋ $2P_i$（無機リン酸）
→ 2乳酸 ＋ 2ATP ＋ $2H_2O$

となり，グルコース1分子から**2分子のATP**が生成するとともに**乳酸**を生じる．**［反応⓫］**では，嫌気的な条件下の解糖系で連続してATPの生産が行えるように，$NADH+H^+$ を再酸化して**［反応❻］**に必要な NAD^+ を供給する．筋肉細胞では，反応の初期に多量に存在する乳酸デヒドロゲナーゼを利用して速やかにATPを生産する．激しい運動で酸素の供給が間に合わないときは，解糖系でエネルギー供給を行うことになる．ミトコンドリアをもたない**赤血球**やミトコンドリアの酸化活性の弱い**白筋**では，乳酸デヒドロゲナーゼの作用により $NADH+H^+$ をピルビン酸で再酸化して NAD^+ を再生し，解糖系から効率よくATPを得る．生じた乳酸は，拡散によって血液中に放出され**肝臓に運ばれて糖新生に利用**される（**コリ回路**：p114，図7参照）．

好気的条件下（酸素の供給が充分な状況）では，

グルコース ＋ 2ADP ＋ $2NAD^+$ ＋ $2P_i$
→ 2ピルビン酸＋2ATP＋$2NADH+2H^+$＋$2H_2O$

となる．$2NADH+2H^+$ は，臓器ごとに異なる輸送系（p109参照）でミトコンドリア内に取り込まれATPの合成に利用される．ピルビン酸は，ミトコンドリア内に入り**アセチルCoA**となったのち，クエン酸回路で CO_2 にまで酸化される．

解糖系のエネルギー収支は，クエン酸回路とともに本章6（p109）でまとめた．

B. 解糖系の反応を調節するステップ

解糖系の代謝速度は，不可逆反応に関与する3つの酵素反応により調節される．解糖系の酵素反応のなかで，**［反応❶］**：ATP[※10]の γ-リン酸基がグルコースの6位に移されグルコース 6-リン酸を生成する反応（**ヘキソキナーゼが関与**），**［反応❸］**：ATPの γ-リン酸基がフルクトース 6-リン酸に移されフルクトース 1,6-ビスリン酸を生成する反応（**ホスホフルクトキナーゼが関与**），**［反応❿］**：高エネルギーリン酸化合物であるホスホエノールピルビン酸からリン酸基をADPに移しATPとピルビン酸が生成する反応（**ピルビン酸キナーゼが関与**）の3カ所で代謝速度を調節している．このため解糖系を逆行してグルコースを生成する糖新生系では，上記3つの不可逆反応をバイパスしなければならない．

C. 解糖系でのATP生成

解糖系で1分子のグルコースが2分子のピルビン酸（あるいは乳酸）にまで代謝される間に，基質をリン酸化するために2分子のATPが消費される．しかし，2分子の1,3-ビスホスホグリセリン酸が3-ホスホグリセリン酸へ，および2分子のホスホエノールピルビン酸がピルビン酸へ代謝されるときに，高エネルギーリン酸結合がADPに移され，合計4分子のATPが生成する．したがって，差し引き実質**2分子のATP**が生成することになる．

D. グルコース以外の単糖の利用（図3）

二糖類が分解されて生じるフルクトースやガラクトースも解糖系に合流して代謝される．また，脂肪が分解されて生じるグリセロールも解糖系に合流することがある．

1）フルクトース

肝臓ではフルクトキナーゼ（ケトヘキソキナーゼ）によって生じたフルクトース 1-リン酸がアルドラーゼによりグリセルアルデヒドとジヒドロキシアセトンリン酸に変化し，前者に続いてトリオキナーゼによりグリセルアルデヒド 3-リン酸となり解糖系に合流する．一方，肝臓以外ではヘキソキナーゼによってフルクトース 6-リン酸となり，続いてホスホフルクトキナーゼによってフルクトース 1,6-ビスリン酸となり解糖系に入る．さら

※10　ATPに含まれる3つのリン酸を区別して示すために，リボース（五炭糖）に最も近いリン酸を α，2番目を β，3番目を γ と呼ぶ．

第9章 糖質の代謝

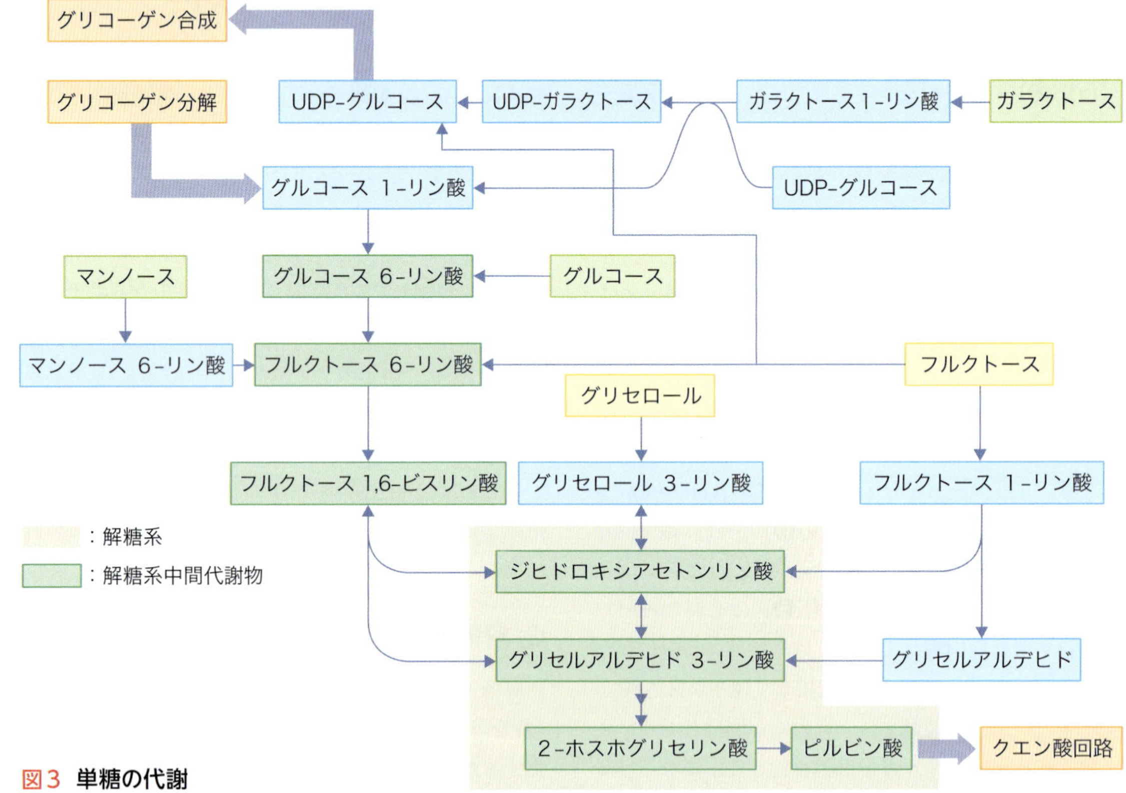

図3 単糖の代謝

に，フルクトースはある種の条件下において，UDP-グルコースに変換されてグリコーゲン合成に利用される．

2) ガラクトース

ガラクトキナーゼによりガラクトース 1-リン酸に変換される．次に，**ウリジルトランスフェラーゼ**の作用により，UDP-グルコースからウリジル基を受け取り，UDP-ガラクトースとグルコース 1-リン酸となる．UDP-ガラクトースは**エピメラーゼ**の作用により**UDP-グルコース**に変換される．UDP-グルコースはグリコーゲン合成に利用される．また，グルコース 1-リン酸は，ホスホグルコムターゼによりグルコース 6-リン酸に変換され，解糖系など糖代謝に利用される．

3) マンノース

ヘキソキナーゼの作用によりマンノース 6-リン酸となり，続いて**ホスホマンノースイソメラーゼ**の作用により，フルクトース 6-リン酸に変換して解糖系で代謝される．

4) グリセロール

脂肪が分解されて生じるグリセロールは，グリセロールキナーゼによりグリセロール 3-リン酸となる．さらに，**グリセロール-3-リン酸デヒドロゲナーゼ**によりジヒドロキシアセトンリン酸となり解糖系に合流する．一方，ジヒドロキシアセトンリン酸は，糖新生系に利用されることもある．この反応は，可逆的反応であるために多量の糖質を脂肪に変える場合は逆方向に反応が進行して，グリセロール 3-リン酸を合成して脂肪酸のエステル化反応が進行する．反応の方向性（バランス）は，解糖系・糖新生系，脂肪合成系・脂肪分解系などによって制御されている．

E. 解糖系からクエン酸回路への導入

解糖系で生じたピルビン酸は，好気的条件下では「ピルビン酸/プロトン共輸送体」により，水素イオン（プロトン）とともに**細胞質ゾル**から**ミトコンドリアのマトリックス**に輸送される．ピルビン酸は，以下の反応式にしたがって酸化的に脱炭酸され，CoA-SH と結合してクエン酸回路の導入に必須な**アセチルCoA**を生成する．

ピルビン酸 ＋ NAD^+ ＋ CoA-SH
→ アセチルCoA ＋ NADH ＋ H^+ ＋ CO_2

この反応を触媒する**ピルビン酸デヒドロゲナーゼ**複合体は，①**ピルビン酸デヒドロゲナーゼ**，②**ジヒドロリポイルトランスアセチラーゼ**，③**ジヒドロリポイルデヒドロゲナーゼ**の異なる3つの活性をもつ複合体である．

最初に，ピルビン酸が脱炭酸されて生じたアセチル基がヒドロキシエチル基となって**チアミン二リン酸**（TPP：ビタミンB_1の補酵素としての代謝物，第5章，p62／第7章，p85参照）に結合する．**TPPの不足は糖代謝に支障をきたすことになる**（ピルビン酸デヒドロゲナーゼは，リン酸化によって不活性化される）．この反応で生じたNADH＋H^+は，電子伝達系におけるATP生成に利用される．ピルビン酸からアセチルCoAへの変換は不可逆的で，この現象は生理学的に重要な意味をもつ．つまり，**脂肪代謝（β酸化）によって生じたアセチルCoAはピルビン酸に変換されないことから，糖新生系に入ってグルコースを合成することはない**．動物では，脂肪酸からグルコースが合成されないのはこの理由からである．

5 クエン酸回路の全体像

クエン酸回路は，アセチルCoAのアセチル基部分が分解されてCO_2とGTP，さらにNADH＋H^+，$FADH_2$を産生する回路である．電子伝達系では，NADH＋H^+と$FADH_2$（両者を**還元当量**※11と呼ぶ）を利用してATPを合成する．クエン酸回路が1回転する間に，2分子のCO_2，3分子のNADH＋H^+，1分子の$FADH_2$が生じる．この際，CO_2と還元当量を生成するのに2分子のH_2Oが回路外から供給される．このサイクルに関与する酵素は，ミトコンドリアの**マトリックス**に高濃度で存在する．ただし，**[反応❻]**のコハク酸デヒドロゲナーゼはミトコンドリア内膜の内表面に存在する．

※11 **還元当量**：H^+または電子（e^-）のことをいう．ここでは，NADH＋H^+と$FADH_2$が相当する．栄養素の酸化によって遊離したエネルギーのほとんどは，還元当量の形でミトコンドリアに集められ，電子伝達系（呼吸鎖）で酸素と反応して水になる．この際ATPが産生される．

A. クエン酸回路の反応（図4）

[反応❶]：第一段階の反応は，アセチルCoAが**クエン酸シンターゼ**の作用により，オキサロ酢酸と縮合してクエン酸を生じるもので，サイクルへの導入反応である．この酵素反応は**不可逆的**である．

[反応❷]：クエン酸は，アコニターゼの作用により*cis*－アコニット酸を経てイソクエン酸となる．両者の変換は可逆的である．

[反応❸]：イソクエン酸は，**イソクエン酸デヒドロゲナーゼ**の作用により，中間代謝産物であるオキサロコハク酸となる．この反応には補酵素NAD^+が必要であり，NADH＋H^+が生成する．オキサロコハク酸は不安定であり，カルボキシ基をCO_2として放出して，2－オキソグルタル酸（α－ケトグルタル酸）となる．

[反応❹]：2－オキソグルタル酸は，**2－オキソグルタル酸デヒドロゲナーゼ**の作用によりCoA-SHと反応して**高エネルギーチオエステル結合**をもつスクシニルCoAとなる．このとき酸化的脱炭酸反応が起こり，水素がNAD^+にわたされNADH＋H^+が生成しCO_2を遊離する．

[反応❺]：スクシニルCoAは，スクシニルCoAシンテターゼの作用によりCoAを遊離してコハク酸となる．この反応に共役してチオエステル結合の分解によって遊離する自由エネルギーの一部が，GDPとP_i（無機リン酸）から生成する**GTP（グアノシン三リン酸）**に移る．これはクエン酸回路の反応のなかで，**基質レベルのリン酸化**が起こる唯一の反応である．GTPの高エネルギー結合リン酸基は可逆的にADPに移され，**ATPが生成**する．

[反応❻]：コハク酸は，コハク酸デヒドロゲナーゼの作用により，脱水素されてフマル酸となる．この遊離水素がFADにわたされ$FADH_2$が生成する．

[反応❼]：フマル酸は，フマラーゼの作用により，H_2Oが付加されてリンゴ酸となる．

[反応❽]：リンゴ酸は，リンゴ酸デヒドロゲナーゼの作用により脱水素されてオキサロ酢酸となる．このとき水素が補酵素NAD^+にわたされNADH＋H^+が生成する．

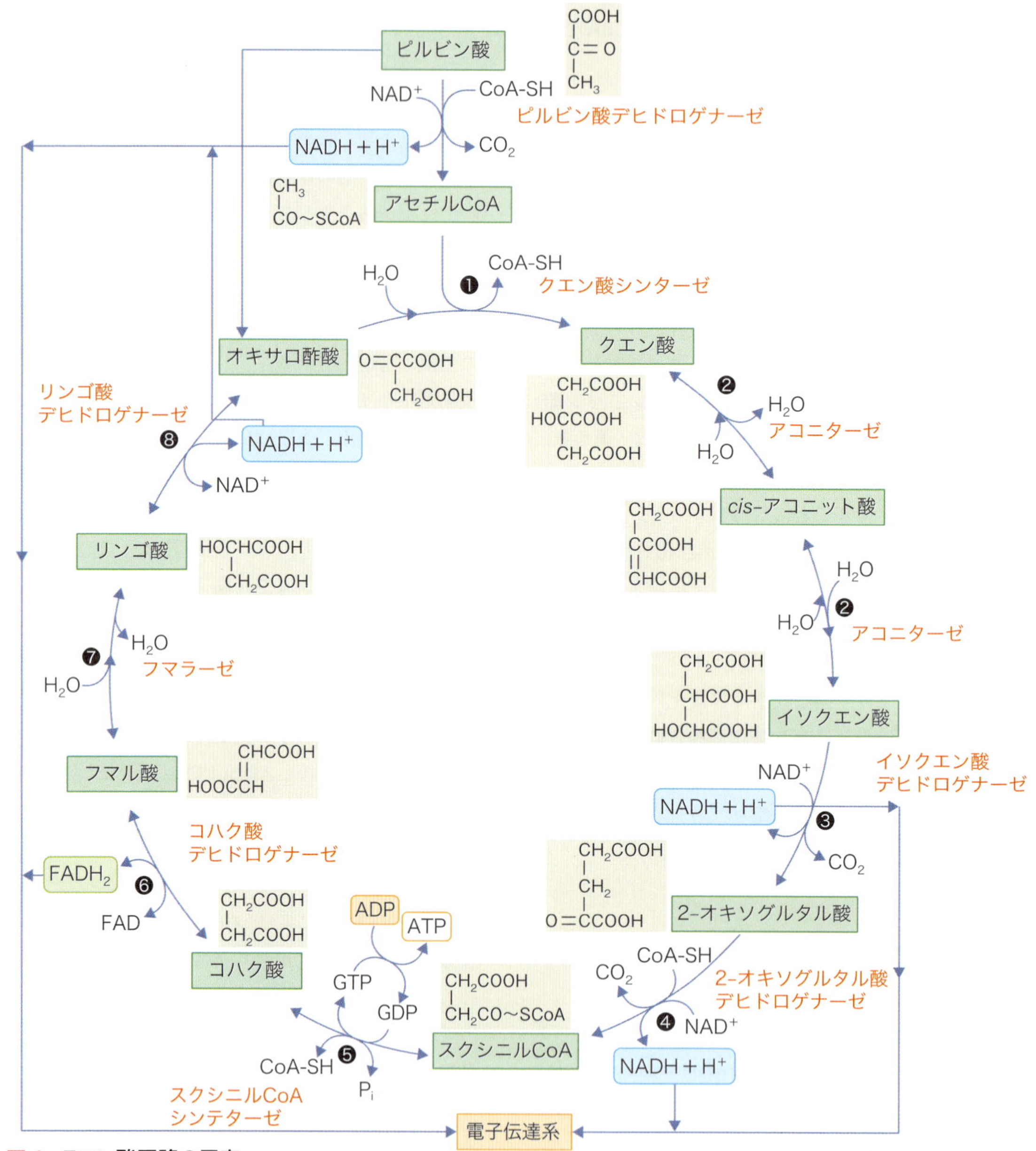

図4　クエン酸回路の反応

反応❶〜❽までに，1分子のアセチル基が反応経路に取り込まれ代謝されてオキサロ酢酸が再生成したことになる．この間に水素8原子が補酵素に移される．また，高エネルギーリン酸化合物であるGTPが1分子生成する．したがって，クエン酸回路全体の反応式は次のようになる．

$$CH_3CO \sim SCoA + 2H_2O + 3NAD^+ + FAD + GDP + P_i$$
$$\rightarrow 2CO_2 + \underbrace{3NADH + 3H^+} + FADH_2 + CoA\text{-}SH + GTP$$

B. 還元当量の利用とATPの合成と運搬

グルコースは，解糖系，クエン酸回路によって完全酸化され，炭素はCO_2に，水素は補酵素の還元に利用されて$NADH + H^+$と$FADH_2$に変換される．続いて$NADH + H^+$と$FADH_2$は，**電子伝達系**（**呼吸鎖**）で酸化されてNAD^+とFADになり，再びクエン酸回路から供給される水素によって還元される．つまり，**ミトコンドリア内でのクエン酸回路と電子伝達系はお互い密**

接に関連している．

細胞内でのATP合成は，**細胞質ゾル**の「解糖系」，**ミトコンドリアのマトリックス**での「クエン酸回路」，**ミトコンドリア内膜**での「電子伝達系」で行われる．

ATPは，各細胞で自給自足されており，ミトコンドリア内で大量に生産されたATPは，大部分がミトコンドリア外部の細胞内で消費される．このために，ATPは細胞質ゾルからミトコンドリア内にADPとP_iが入る代わりに，ミトコンドリアの外に出ていく必要がある．しかし，これらの物質は負に帯電しているために，ミトコンドリア内膜を拡散によって通過することができない．このための輸送系として，ミトコンドリア内部のATPと外部のADPの交換を**ATP-ADPトランスロカーゼ**により，リン酸とH^+の共輸送によるミトコンドリア外部から内部への輸送を**リン酸トランスロカーゼ**が行う．

C. クエン酸回路の効率的利用

クエン酸回路が一方向にしか進まず不可逆的である理由は，**❶アセチルCoAとオキサロ酢酸の縮合によるクエン酸合成，❸イソクエン酸から2-オキソグルタル酸への脱炭酸反応，❹2-オキソグルタル酸の酸化的脱炭酸反応の3つの反応**による（図4）．

クエン酸回路は，アセチルCoAとオキサロ酢酸の縮合にはじまり，8種類の有機酸化合物に順次変換されて最後に出発物質のオキサロ酢酸に戻るため，みかけ上サイクルの構成要素としてのオキサロ酢酸が使い果たされることはないようである．つまり，解糖系やβ酸化による脂肪酸分解から供給されるアセチルCoAが存在すれば，回路は常に回転するはずである．しかし，クエン酸回路はミトコンドリア内で唯一の反応系ではなく，回路を構成する有機酸がクエン酸回路とは別の代謝系に引き抜かれる場合がある．このため，クエン酸回路を常に適切に働かせるために，回路を構成する有機酸が不足しないようにしなければならない（例えば，脂肪酸の分解が亢進して糖新生系が活発となる状況）．そこで，ATPのエネルギーを利用してピルビン酸とCO_2からオキサロ酢酸をつくる反応がある．

$$\text{ピルビン酸} + CO_2 + H_2O + ATP \rightarrow \text{オキサロ酢酸} + ADP + P_i + 2H^+$$

この反応は，**アナプレロティック反応**（あるいは**補充反応**）と呼ばれ，アロステリック酵素である**ピルビン酸カルボキシラーゼ**が触媒し補酵素ビオチンとMg^{2+}が反応を効率的に進める．

低血糖時，肝細胞のミトコンドリアではアセチルCoAの濃度上昇に伴って糖新生系が活性化され，オキサロ酢酸が過剰に消費される．一方，脂肪酸の分解が亢進してアセチルCoAが供給されても，クエン酸回路が効率的に機能しないために**ケトン体**が生じる．ピルビン酸カルボキシラーゼは，生成するアセチルCoAによる正のアロステリック制御（アセチルCoAがエフェクター分子となる）により活性化して，アセチルCoAが高濃度で存在するとピルビン酸は糖新生系で利用される．つまり，ピルビン酸カルボキシラーゼは，アセチルCoAを分解するためのクエン酸回路を円滑に回転させる**アナプレロティック反応**とともに，糖新生系においても重要な役割を果たしていることになる．

6 グルコースの完全酸化

グルコースは，酸素の存在下で完全に酸化されてCO_2とH_2Oになる．この際，解糖系，電子伝達系の各プロセスを通してグルコースの化学エネルギーは，**高エネルギーリン酸化合物（ATP）**に変換される．このエネルギー変換効率は高く，グルコースのもつ化学エネルギーの40％以上がATPに蓄積され，生体高分子の合成や膜輸送，細胞運動などに利用される．

A. 還元当量の輸送

解糖系では，2分子のグリセルアルデヒド 3-リン酸が脱水素されるときに2分子の$NADH + H^+$が生成する．嫌気的条件下では，**乳酸デヒドロゲナーゼ**により$NADH + H^+$を消費して乳酸をつくり，NAD^+を供給する．一方，好気的条件下では（すなわち，乳酸を生成せずに$NADH + H^+$が消費されない場合）ミトコンドリア内へ輸送されてATPの生成に使われるが，$NADH + H^+$はミトコンドリア膜を通過できないために，**シャトル機構**を利用して還元当量を輸送する．その輸送には，**グリセロールリン酸シャトル**と**リンゴ酸-アスパラギン酸シャトル**（第13章，

第9章 糖質の代謝

表1　グルコースの酸化によるATPの収量

経路	リン酸基産生の方法	触媒酵素	ATP生成	
解糖系	グルコースのリン酸化	ヘキソキナーゼ	−1	−1
	フルクトース6-リン酸のリン酸化	ホスホフルクトキナーゼ	−1	−1
	2分子の1,3-ビスホスホグリセリン酸の脱リン酸化	ホスホグリセリン酸キナーゼ	2	2
	2分子のホスホエノールピルビン酸の脱リン酸化	ピルビン酸キナーゼ	2	2
還元当量輸送	2分子のグリセルアルデヒド3-リン酸の酸化で生じた2分子の$NADH+H^+$のシャトルシステムによる還元当量の移動		グリセロールリン酸シャトル（骨格筋，脳）	リンゴ酸-アスパラギン酸シャトル（肝臓，腎臓，心筋）
			3	5
ピルビン酸からアセチルCoAへの変換	2分子の$NADH+H^+$の生成	ピルビン酸デヒドロゲナーゼ	5	5
クエン酸回路	2分子のイソクエン酸の酸化（$NADH+H^+$）	イソクエン酸デヒドロゲナーゼ	5	5
	2分子の2-オキソグルタル酸の酸化（$NADH+H^+$）	2-オキソグルタル酸デヒドロゲナーゼ	5	5
	2分子のスクシニルCoAからコハク酸が生成する基質レベルのリン酸化	スクシニルCoAシンテターゼ	2	2
	2分子コハク酸の酸化（$FADH_2$）	コハク酸デヒドロゲナーゼ	3	3
	2分子のリンゴ酸の酸化（$NADH+H^+$）	リンゴ酸デヒドロゲナーゼ	5	5
		ATP生成の合計	30	32

$NADH+H^+$および$FADH_2$のミトコンドリアにおける酸化時のATP合成量を，それぞれ2.5および1.5とする概算値を利用した

p174，図8参照）の2種類ある．骨格筋や脳ではグリセロールリン酸シャトルにより，水素はFADに移され$FADH_2$が生成する．肝臓や腎臓ではリンゴ酸-アスパラギン酸シャトルにより，水素はNAD^+にわたされ$NADH+H^+$が生成する．

B. ATP生成の収支※12（表1）

グルコースは，解糖系によってピルビン酸を生成し，好気的条件下でさらにクエン酸回路と電子伝達系によって完全酸化される．このプロセスを通して，**基質レベルのリン酸化や電子伝達系による酸化的リン酸化でATPが合成される．**電子伝達系では$NADH+H^+$の酸化と共役して**平均2.5分子**のATPが，$FADH_2$からは**平均1.5分子**のATPが合成される．さらに，解糖系で生じた細胞質ゾルでの還元当量の輸送方式の違いにより，ミトコンドリア内で合成される総ATP量が異なる．

還元当量を輸送するシャトルは臓器ごとに異なり，リンゴ酸-アスパラギン酸シャトルを利用する肝臓，腎臓，心臓では**32ATP**が，グリセロールリン酸シャトルを利用する筋肉，脳では**30ATP**が生成する．

※12　基質レベルのリン酸化および酸化的リン酸化におけるATPの収量は，グルコース1分子あたりこれまでに報告されてきた36あるいは38ATP値と異なっている．これは，プロトンポンプ，ATP合成，代謝物輸送の化学量論の概算値とみなすためである．

7　グリコーゲンの合成と分解

グリコーゲンは，脳や赤血球を除く細胞内での動物性貯蔵多糖類である．特に**肝臓**にはその重量の5％（**約100 g**），**筋肉**には同様に1％（**約250 g**）が含まれる．肝細胞のグリコーゲンは血糖の供給源となり，血中に放出されて血糖が維持される．一方，筋線維細胞のグリコーゲンは運動する際のエネルギー源となり細胞内で自家消費される．

A. グリコーゲンの合成

グリコーゲンは，グルコースが**グリコシド結合**で重

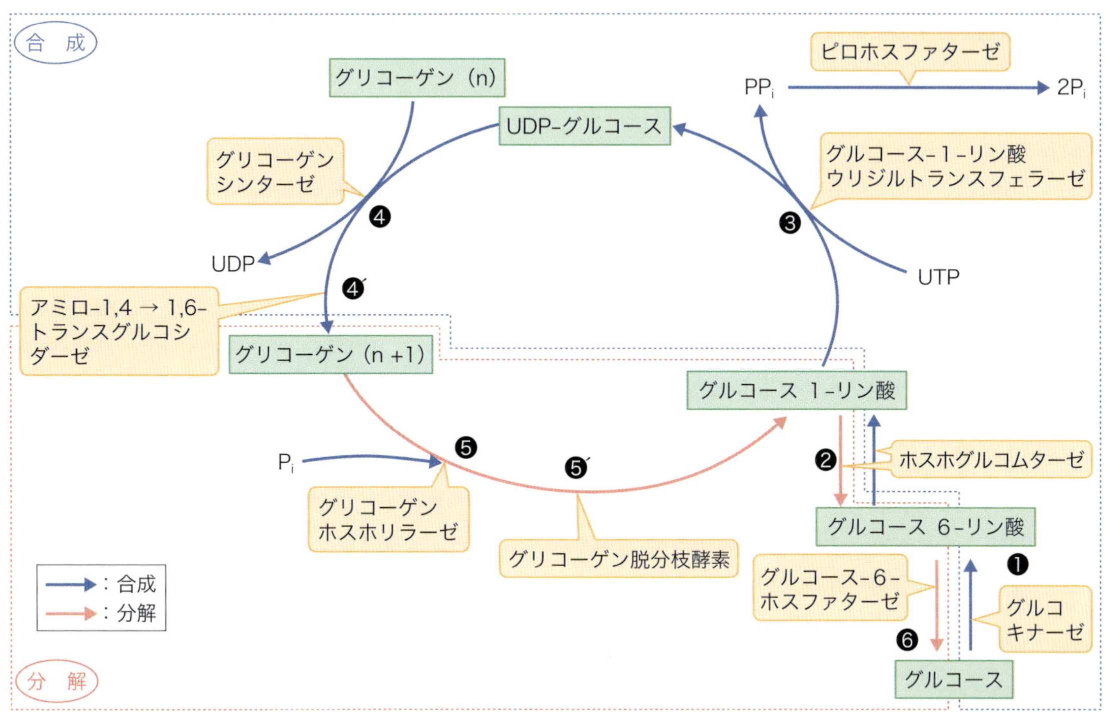

図5 グリコーゲンの合成と分解

合した多糖類である（第2章，p33参照）．グリコシド結合には高エネルギーリン酸結合からのエネルギーの供給が必要であり，この際**UTP**（ウリジン三リン酸）が利用される．グリコーゲン合成は，すでに存在するグリコーゲン分子の鎖をさらに伸長させることによって進められ，すでに存在するグリコーゲン分子を**プライマー**と呼び，**非還元末端**にグルコースを1分子ずつ結合する．また還元末端にはグリコーゲンが結合する．

細胞に取り込まれたグルコースによるグリコーゲン合成は，次のステップを経て行われる（図5）．**❶グルコキナーゼ**（ヘキソキナーゼ）の作用によりグルコース 6-リン酸に変換される．細胞内での代謝のバランスによりグルコース 6-リン酸濃度が高くなると，**❷ホスホグルコムターゼ**の作用により6位のリン酸が1位に移ってグルコース 1-リン酸が生成する．続いてグルコース 1-リン酸は，**❸グルコース-1-リン酸ウリジルトランスフェラーゼ**の作用によりUTPと反応して**UDP-グルコース**となる．この際，二リン酸（PP_i：ピロリン酸）が生じるが，すぐに加水分解されてリン酸となり，逆反応は起こらない．

UDP-グルコースのグルコース残基は，**❹グリコーゲンシンターゼ**（グリコーゲン合成酵素）の作用により，プライマー（4残基以上）の非還元末端グルコース残基の4位に移り，α-1,4結合を形成して同時にUDPを放出する．グリコーゲンシンターゼにより鎖が11分子まで伸びると，**❹′アミロ-1,4 → 1,6-トランスグルコシダーゼ**（**分枝酵素**ともいう）により，直鎖状（α-1,4結合）の一部を隣り合う鎖にα-1,6鎖として転移させ枝分かれをつくる．グリコーゲンは分枝がくり返されることにより高分子化する．グルコース以外のフルクトースやガラクトースもUDP-グルコースに変換され，グリコーゲン合成に利用される．

B. グリコーゲンの分解

グリコーゲンの分解は，合成と同じように**非還元末端**から起こるが，合成反応の逆反応ではない（図5）．**❺グリコーゲンホスホリラーゼ**の作用によりP_iを利用してα-1,4結合を**加リン酸分解**し，**グルコース 1-リン酸**が生成する．グリコーゲンホスホリラーゼは，この分解反応の律速酵素である．グリコシド鎖がα-1,6-

分岐点の手前4分子のところまで切断されると，今度は❺′**グリコーゲン脱分枝酵素**〔1つの酵素で2種類の酵素活性をもつ（4-α-グルカノトランスフェラーゼ活性とアミロ-1,6-グルコシダーゼ活性）〕によってグルコース3残基まで切り取られ，別の枝の非還元末端にα-1,4グリコシド結合で転移されて直鎖状になる．α-1,6結合として残った1分子のグルコースは，前述した同じ酵素でグルコースとして切り出される．

切り出されたグルコース 1-リン酸は，❷**ホスホグルコムターゼ**の作用によりグルコース 6-リン酸となる．**肝臓**と**腎臓**では，❻**グルコース-6-ホスファターゼ**が作用してグルコースが生成し，血中に放出され血糖の維持に関与する．**筋肉**には，グルコース-6-ホスファターゼが存在しないため，グルコース 6-リン酸は解糖系路で代謝されエネルギー生成に利用される．

8 糖新生

血糖値の低下は，脳細胞に重大な影響を及ぼす．**脳**には血液脳関門が存在するために脂肪酸は通過できない．したがって，脂肪酸をエネルギー源として利用することができないために，グルコースが貴重なエネルギー源となる．また，嫌気的な環境下にある**網膜細胞**や**腎髄質**，ミトコンドリアをもたない**赤血球**もエネルギーの供給を解糖系に依存しているために，グルコースがエネルギー源となる．肝臓に貯蔵されているグリコーゲンは，食事によって十分な糖質を供給できない状況下では半日〜1日程度で枯渇するために，グルコースを供給する糖質以外の物質をグルコースに変換する**糖新生系**が必要となる．糖新生の原材料は，ピルビン酸（乳酸），筋肉のタンパク質の分解で生じた**アミノ酸**，脂肪細胞のトリアシルグリセロールの分解で生じた**グリセロール**などであり，その合成は主に**肝臓**で行われ，量的にはわずかであるが**腎臓**（肝臓の約1/10）も貢献している．糖新生は飢餓状態におけるグルコースの合成だけでなく，正常な状態でも嫌気的な解糖系によって生じた乳酸を**コリ回路**を介してグルコースに再生する生理的な意味をもっている．一方で，糖新生ではATPが大量に消費される．

A. 糖新生の反応経路（図6）

糖新生は解糖系のほぼ逆反応経路で進行する．ただし解糖系には，3カ所の不可逆な反応が存在するために，これらの反応をバイパスする必要がある．

その不可逆反応は，**1）ホスホエノールピルビン酸からピルビン酸が生成する反応，2）フルクトース 6-リン酸からフルクトース 1,6-ビスリン酸が生成する反応，3）グルコースからグルコース 6-リン酸が生成する反応**である．糖新生では，この3カ所は解糖系とは別の経路あるいは別の酵素によって反応が進む．

1）ピルビン酸からホスホエノールピルビン酸の生成

解糖系においてホスホエノールピルビン酸からピルビン酸が生成する反応を触媒するピルビン酸キナーゼは，逆反応を触媒せず，また逆反応を促進する酵素も存在しない．そのため糖新生系では，ミトコンドリア内のピルビン酸に❶**ピルビン酸カルボキシラーゼ**の作用によりATPを消費してCO_2を付加し，オキサロ酢酸を生成する（アナプレロティック反応）．オキサロ酢酸はミトコンドリア膜を通過できないため，クエン酸回路の酵素である❷**リンゴ酸デヒドロゲナーゼ**の作用によりNADH＋H^+を消費してリンゴ酸に変換する．リンゴ酸はミトコンドリア膜を通過し，細胞質へ移動することができる．細胞質に出たリンゴ酸は，❸**リンゴ酸デヒドロゲナーゼ**の作用により脱水素されオキサロ酢酸となる．オキサロ酢酸は，❹**ホスホエノールピルビン酸カルボキシキナーゼ**の作用により，脱炭酸とGTPを消費するリン酸化でホスホエノールピルビン酸となる．

生成したホスホエノールピルビン酸は，解糖系の逆反応経路を進みフルクトース 1,6-ビスリン酸となる．

2）フルクトース 1,6-ビスリン酸からフルクトース 6-リン酸の生成

この反応を触媒する酵素は，❺**フルクトース-1,6-ビスホスファターゼ**であり，フルクトース 1,6-ビスリン酸は加水分解されてフルクトース 6-リン酸となる．フルクトース 6-リン酸はグルコース 6-リン酸となる．

3）グルコース 6-リン酸からグルコースの生成

この反応を触媒する酵素は，❻**グルコース-6-ホスファターゼ**である．この酵素は，肝臓や腎臓に存在し，筋肉や脂肪細胞には存在しない．この酵素の作用によりグルコース 6-リン酸は加水分解され，グルコースとなって血中へ放出される．

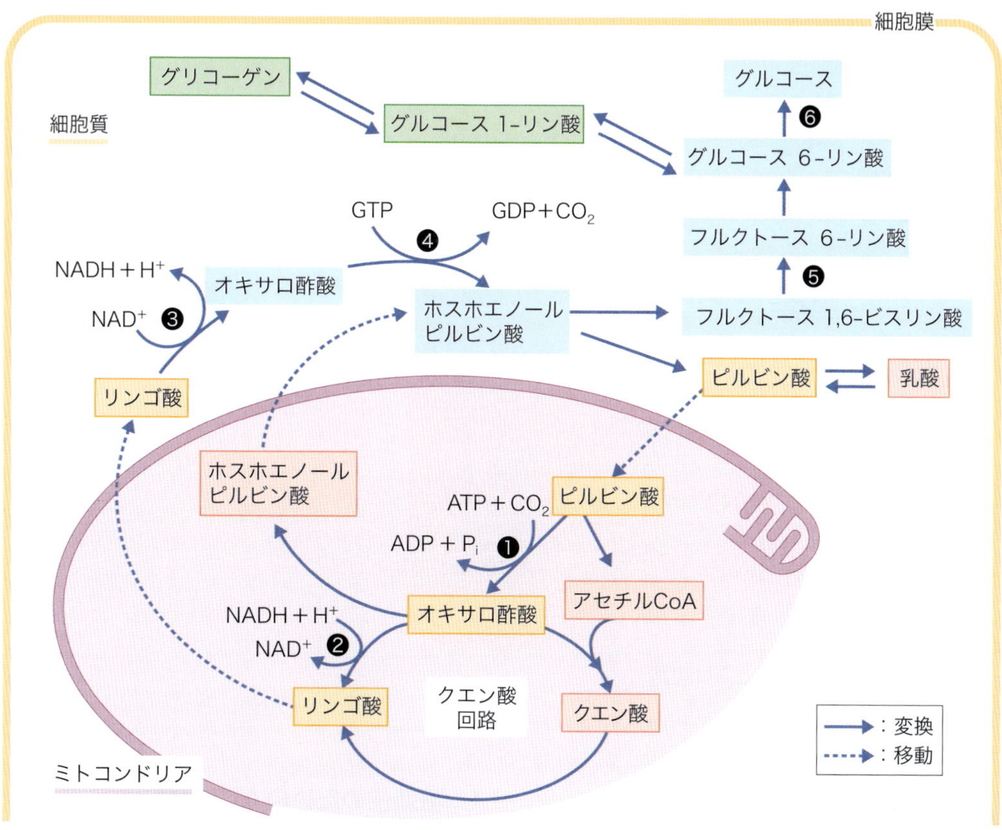

図6　ピルビン酸からの糖新生経路

解糖系には関与せず，糖新生系独自に4種類の酵素（❸，❹，❺，❻）が関与している．これらの酵素の存在量は腎臓よりも肝臓で多く，**肝臓で糖新生が重要**であることを示している．

B. 糖新生の材料

糖新生に利用される主な材料は，1）筋肉タンパク質の分解によって供給されるアミノ酸〔**糖原性アミノ酸**（第11章，p145参照）〕，2）脂肪細胞の中性脂肪（トリアシルグリセロール）の分解で生じる**グリセロール**，3）嫌気的な解糖によって生じる**乳酸**である．アミノ酸とグリセロールは，飢餓時においてグルコースを産生する材料となりグルコースのみをエネルギー源として利用する脳や赤血球へのグルコース供給に優先して利用される．これに対して乳酸は，飢餓時のグルコース供給には寄与しない．平常時，筋肉と赤血球で産生される乳酸を血液から除去するために糖新生が行われている．

1）糖原性アミノ酸

肝臓に貯蔵されていたグリコーゲンがすべて使い尽くされた飢餓状態では，筋肉のタンパク質を分解して得られたアミノ酸のうち，糖に変換可能なアミノ酸である糖原性アミノ酸をクエン酸回路の途中に合流させてピルビン酸を合成する．続いて，細胞内では**アラニンアミノトランスフェラーゼ**（ALT）によってアミノ基が転移されて**アラニン**となる．アラニンは血中に放出され，肝臓において再びピルビン酸に変換され，糖新生系でグルコースとなる（**グルコース-アラニン回路**：図7）．筋肉から放出されるアミノ酸の30％はアラニンである．

2）グリセロール

脂肪組織に貯蔵されていた中性脂肪が**ホルモン感受性リパーゼ**の作用により加水分解されて生じるグリセロールは，グリセロールキナーゼにより**グリセロール3-リン酸**に変換して利用する．しかし，この酵素は脂肪組織ではほとんど存在していないために，グリセロー

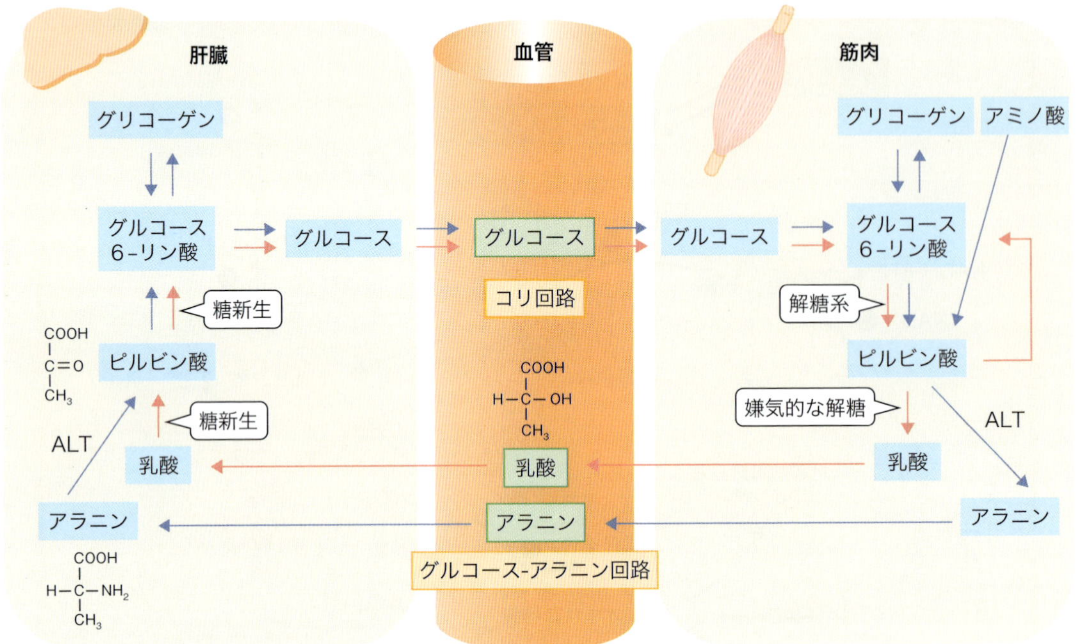

図7 グルコース-アラニン回路とコリ回路
→：グルコース-アラニン回路　→：コリ回路
ATL：アラニンアミノトランスフェラーゼ

ルを脂肪組織では変換することができない．このために，グリセロールは血中に放出され肝臓においてグリセロール 3-リン酸を経て，ジヒドロキシアセトンリン酸に変換し，糖新生系に合流させてグルコースに変換する（第10章，p133，図11参照）．

3）乳酸

筋肉運動の初期や酸素の供給が不十分な激しい運動時では，筋肉細胞では嫌気的な解糖によって乳酸が大量に生成し，細胞内のpHが低下するなどして筋肉疲労の原因となる．また，ミトコンドリアをもたない赤血球はもちろん，嫌気的な環境にある**網膜細胞**や**腎臓の髄質細胞**ではクエン酸回路が十分に機能しないために，筋肉の場合と同様に産生された乳酸は血中に放出される．血液中に多量の乳酸が存在すると，血液のpHが低下して**乳酸アシドーシス**を起こすことがある．血液中の乳酸は肝臓に運ばれてピルビン酸に変換されたのち，糖新生によってグルコースとなり再び筋肉細胞に供給される．つまり，肝臓でグルコースを合成し，再び筋肉細胞は解糖系でATPを合成することが可能となる．この一連の反応を**コリ回路**（図7）という．

C. 糖新生のためのATP消費

糖新生に用いられる材料は，嫌気的な解糖により生成する乳酸とタンパク質の分解によるアラニンをはじめとするアミノ酸で，どちらも主に筋肉から供給される．これらの物質は，それぞれ乳酸デヒドロゲナーゼとアミノトランスフェラーゼ（アミノ基転移酵素）によってピルビン酸に変換される．糖新生系で1分子のグルコースを合成するまでに，2分子のピルビン酸を材料として合計**6分子のATPが消費**される．ATPを必要とする反応は，①**ピルビン酸カルボキシラーゼ**，②**ホスホエノールピルビン酸カルボキシキナーゼ**（PEPCK），③**ホスホグリセリン酸キナーゼ**が触媒する次の3つの反応である．

① ピルビン酸 + CO_2 + ATP + H_2O
　→ オキサロ酢酸 + ADP + P_i + $2H^+$
② オキサロ酢酸 + GTP
　→ ホスホエノールピルビン酸 + GDP + CO_2
③ 3-ホスホグリセリン酸 + ATP
　→ 1,3-ビスホスホグリセリン酸 + ADP（図2参照）

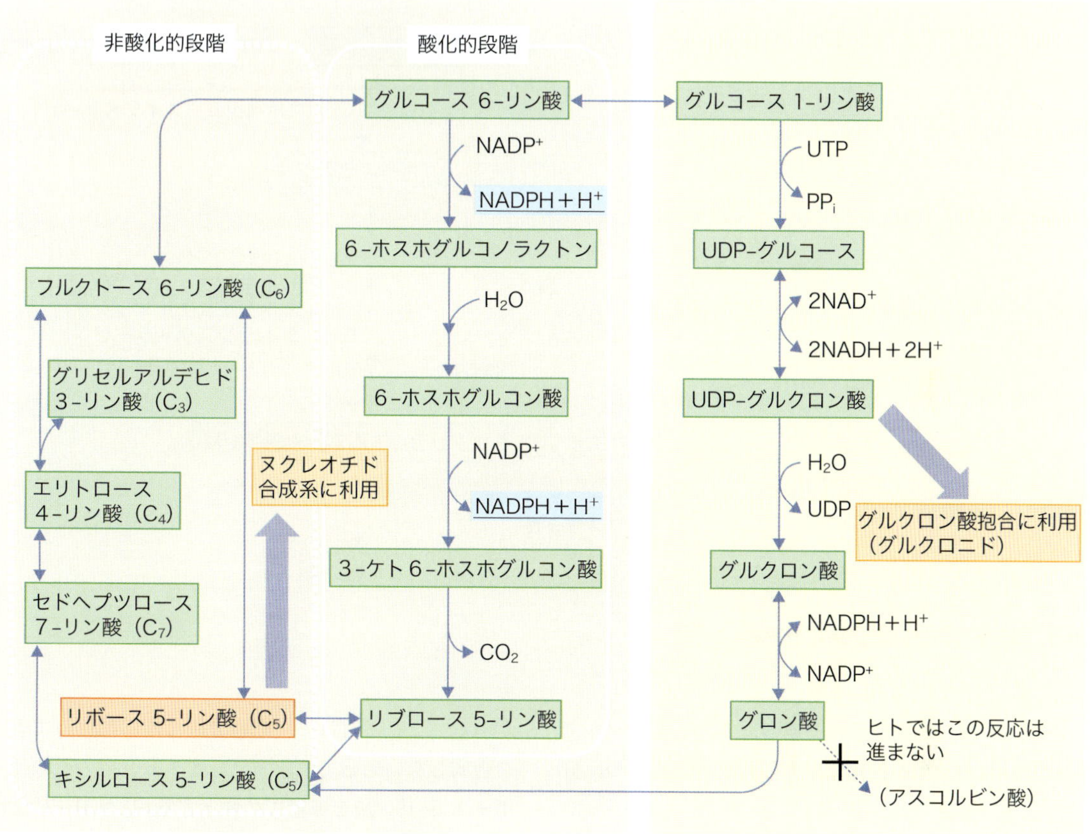

図8　ペントースリン酸回路とグルクロン酸経路

PEPCKはGTPを消費するが，GTPはATPから変換されるのでATPが消費したとみなせる．解糖系で1分子のグルコースから生成するATPが実質2分子であることを考えると，糖新生系でグルコースを生成する同化作用で3倍ものエネルギーが費やされることになる．

安静時に最もグルコースを消費する臓器は脳である．人の肝臓は，脳やその他の臓器に必要とされるグルコースを供給するだけの糖新生能力をもち，肝臓での1日のエネルギー代謝量の約1/3が糖新生系に使われている．

9 糖の相互変換経路

細胞内に入ったグルコースは，速やかにリン酸化されてグルコース 6-リン酸となり，解糖系，グリコーゲン合成，あるいはリボース 5-リン酸を合成するペントースリン酸回路に導入される．また，グリコーゲン分解系あるいは糖新生系でグルコースとなる直前の分子はグルコース 6-リン酸であり，このことからも**グルコース 6-リン酸は糖質代謝の重要な中間代謝物**であるといえる．さらに，グルコース 6-リン酸はグルクロン酸を合成するグルクロン酸経路にも利用される．

A. ペントースリン酸回路（五炭糖リン酸回路）

この回路の主要な目的はATP産生ではなく，次の3つの特殊な代謝を行うことに生理的な意義がある．

①脂肪酸やステロイドの生合成に必要な還元型補酵素NADPHの供給

②核酸やヌクレオチドの生合成に必要なリボース 5-リン酸の供給

③食物中に含まれるペントースを解糖系に導入

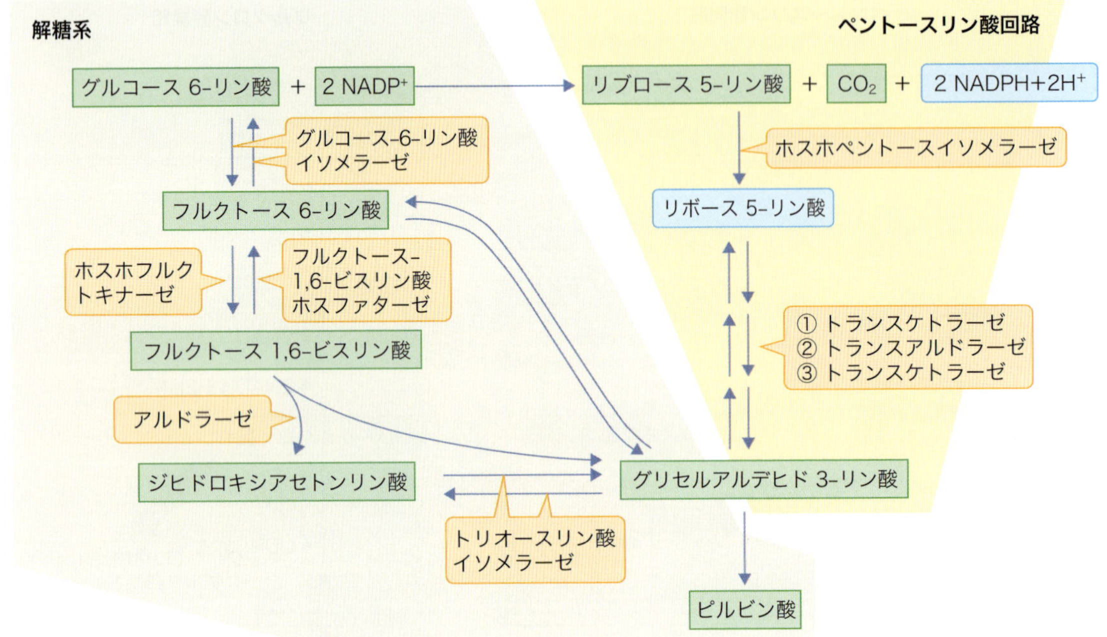

図9　ペントースリン酸回路と解糖系の関係

ペントースリン酸回路の一連の反応は細胞質ゾルで起こり，大きく**酸化的段階**と**非酸化的段階**の2つに分けられる（図8）．

酸化的段階は，グルコース 6-リン酸が酸化的に脱炭酸される反応である．この目的は，脂肪酸やステロイドの合成に利用される**NADPH＋H$^+$**の生成とヌクレオチド合成に必要な**リボース 5-リン酸**の生成である．グルコース 6-リン酸からの脱水素反応と続くリブロース 5-リン酸への変換過程までに2分子のNADPH＋H$^+$が生成する．

非酸化的段階では，三（C_3），四（C_4），五（C_5），六（C_6）および七（C_7）炭糖の相互変換が一連の可逆的反応を触媒する**イソメラーゼ**，**トランスアルドラーゼ**と**トランスケトラーゼ**が協調的に作用することによって進められる．特に，食物中のペントースをリン酸化五炭糖に変換したのち，解糖系の中間体であるリン酸化六炭糖に変換してエネルギー産生に利用できる．

ペントースリン酸回路の酵素活性は，肝臓，授乳期の乳腺，脂肪組織，赤血球や睾丸などで高く，骨格筋で低い．例えば，脂肪酸合成の盛んな組織でNADPHを必要量合成しようとすると，リボース 5-リン酸がヌクレオチド合成に必要な量以上合成されてしまうことがある．これに対して，細胞分裂を盛んに行って脂肪を合成しない細胞では，ヌクレオチド合成のためのリボース 5-リン酸を多量に必要とするが，NADPHをほとんど必要としないことがある．そこで，リボース 5-リン酸とNADPHの必要量をうまく調節するために，過剰分を処理し不足分を補うシステムが必要である．図9で示すように，NADPHを多量に必要とする場合は，ペントースリン酸回路全体が働いて，過剰となったリボース 5-リン酸を非酸化的段階から解糖系を経てグルコース 6-リン酸にリサイクルする．また，食物中のリボースはATP依存性のキナーゼによってリボース 5-リン酸に変換されたのち，グルコース 6-リン酸になる．ヌクレオチド合成のため，生体がNADPHよりもリボース 5-リン酸を多量に必要とする場合は，解糖系にあるフルクトース 6-リン酸とグリセルアルデヒド 3-リン酸を原料にペントースリン酸回路の非酸化的反応が逆行して，トランスケトラーゼとトランスアルドラーゼによりリボース 5-リン酸を生成する．

赤血球は，核をもたないために核酸合成のためのリボース 5-リン酸は必要ではなく，また脂肪酸合成も行わないのでNADPHも不要のはずである．しかし，赤血球にはペントースリン酸回路の強い酵素活性が認められる．赤血球は，酸化還元反応の多くを司るミトコンドリアを欠いており，細胞質ゾルでのペントースリン酸回路は$NADPH + H^+$の唯一の供給源である．$NADPH + H^+$は，ヘモグロビン中のヘム鉄を**二価**の還元状態に保つために，また**グルタチオン**※13の還元に必須であることを示している．

B. グルクロン酸経路（図8）

この経路はグルコースの酸化経路の1つであり，ペントースリン酸回路と同様にATPは産生しない．グルコースからグルクロン酸経路により合成される**グルクロン酸**は，脂溶性の代謝物（ステロイドホルモン，ビリルビンなど）や生体外異物（薬物）を**水溶性化合物に変換（グルクロン酸抱合）して胆汁中や尿に排泄しやすくする**際に重要な役割を果たしている．

この経路の第1ステップは，グルコースを材料としてUDP-グルコースを生成する反応で，これはグリコーゲン合成時の基質生成ステップと同じである．続いて，**UDP-グルコースデヒドロゲナーゼ**の作用により**UDP-グルクロン酸**となり，グルクロン酸抱合に必要な活性型基質が生成する．この基質を用いて，**UDP-グルクロニルトランスフェラーゼ**が薬物や内因性物質のステロイド，ビリルビンなどの物質と抱合して体外への排泄を促進する．

グルクロン酸はさらに$NADPH + H^+$を用いて還元されグロン酸となり，続いてアスコルビン酸となる．ヒトではグロン酸からアスコルビン酸への変換酵素（**グロノラクトンオキシダーゼ**）を欠損しているため，合成できない．アスコルビン酸が別名**ビタミンC**と呼ばれる理由である．

10 血糖値の調節

通常ヒトの空腹時血糖値は，80～100 mg/dL（4.5～5.5 mmol/L）を維持している．食事摂取後30分までに血糖値は120～130 mg/dL（6.5～7.2 mmol/L）に上昇するが，3時間後には空腹時の血糖値の範囲まで低下する．さらに，絶食状態では60～70 mg/dL（3.3～3.9 mmol/L）にまで低下する．血糖値が低下すると痙攣が起こるが，これは脳がエネルギー源としてグルコースの供給に依存していることを示している．血糖値を一定に保つための巧妙な機構として，

① 細胞内での糖代謝（グリコーゲンの合成と分解および解糖，糖新生など）
② トランスポーターを介した組織への取り込み
③ 代謝やトランスポーターの機能に関与するホルモンの作用

の3つが存在する．血糖値の調節にかかわるホルモンには少なくとも6種類あり，このうち血糖値を低下させるホルモンが**インスリン**のみであるのに対して，上昇には**グルカゴン，アドレナリン（エピネフリン），成長ホルモン，甲状腺ホルモン（チロキシン），グルココルチコイド（糖質コルチコイド）**などがある．

A. グリコーゲンの合成と分解による調節

グリコーゲンの代謝を調節する酵素は，**グリコーゲンシンターゼ**（グリコーゲン合成酵素）と**グリコーゲンホスホリラーゼ**（グリコーゲン分解酵素に相当）の2種類あり，両者は酵素分子内の可逆的なリン酸化と脱リン酸化修飾によって活性が調節される．これら酵素のリン酸化状態は，後で述べる種々のホルモンが細胞膜受容体に結合して，**アデニル酸シクラーゼ**の作用によりATPから**cAMP**が生成し，これがホルモンに応答する細胞内の**セカンドメッセンジャー**として働くことで変化する．つまり，cAMPが生成すると，その情報が細胞内に間接的に伝達され，さらにカスケード反応によって増幅され，種々の酵素がリン酸化あるいは脱リン酸化されることで結果的にグリコーゲン合成酵素と分解酵素の活性が調節される．

B. 解糖系と糖新生系による調節

血糖の調節は，短期的にはグリコーゲンの分解と合成によって調節されるが，長期的にみれば糖新生系により維持されているといってよい．細胞内での解糖系と糖新生系は，一方の経路が相対的に活性化状態にあるときは他方が不活性化状態となるようにバランスをとっている．つまり，グルコースが過剰に存在すると

※13 **グルタチオン**：グルタチオン（GSH）は，還元剤として細胞内に多く存在するトリペプチドで，γ-グルタミル-L-システイニルグリシンである．タンパク質を還元状態に保ち，機能を維持するのがその役割である．酸化型グルタチオン（GSSG）は，2分子の還元型グルタチオンのシステイン残基の－SH基同士が反応してジスルフィド結合を形成することにより生じる．

きにはグルコース利用系の酵素群（解糖系と脂質合成）は活性化され，逆に糖新生系に関与する酵素群はすべて低い活性を示すように制御されている．したがって，解糖系の速度はグルコースの濃度によって，糖新生系の速度は乳酸や他のグルコース前駆体の濃度によって決められるといえる．また，これらの基質濃度の変動は，直接的あるいは間接的にホルモンの分泌量を調節して代謝を調節している．例えば，血中グルコース濃度の増大に応答して分泌されるインスリンは，解糖系に必要な鍵酵素の合成を増大させ，同時に糖新生系に必要な鍵酵素の合成を誘導するグルココルチコイドやグルカゴンにより刺激されて産生されるcAMPの効果を弱めるように働く．

糖代謝にかかわる酵素の活性調節には，

①酵素のアロステリック効果

②酵素の可逆的なリン酸化・脱リン酸化修飾

③酵素合成速度（酵素誘導）

の3つがあり，ここでは特に①酵素のアロステリック効果による3つの活性調節例について説明する．

第1は，**フルクトース 6-リン酸とフルクトース 1,6-ビスリン酸の相互変換**である（p104参照）．解糖系の律速酵素である**ホスホフルクトキナーゼ**と糖新生系の**フルクトース-1,6-ビスホスファターゼ**活性は，次のように厳密に制御されている．ホスホフルクトキナーゼは，AMPによって活性化されるアロステリックな調節を受け，ATPとクエン酸で阻害される．一方，フルクトース-1,6-ビスホスファターゼはAMPによって阻害され，ATPとクエン酸で活性化される．AMP濃度が高い状況では，ATPの充足率が低いためにATPを生成する必要があり，解糖系を活性化する方向に働く．逆にATPとクエン酸濃度が高い状況では，エネルギーの充足率が高く生合成中間体が豊富であることを示しており，糖新生系が促進される．加えて，肝臓では**フルクトース 2,6-ビスリン酸**を合成する系が存在し，この物質がフルクトース-1,6-ビスホスファターゼの強力な阻害剤として作用する．フルクトース 2,6-ビスリン酸の濃度は，飢餓状態では低く食事後高くなるために，糖新生系を抑制して解糖系が促進される．

第2は，**糖新生系におけるピルビン酸カルボキシラーゼが，アセチルCoAによるアロステリック調節を受けて活性化**する例である（p112参照）．この反応は，ピルビン酸からオキサロ酢酸を合成する反応であり，脂肪酸の酸化で生じたアセチルCoAによってピルビン酸カルボキシラーゼが活性化され，ピルビン酸デヒドロゲナーゼが阻害されるために糖新生系が促進される．

第3は，**ホスホエノールピルビン酸とピルビン酸の変換**であり，これは**ホスホエノールピルビン酸カルボキシキナーゼ活性**により調節されており，ADPにより阻害され生合成前駆体やATPが豊富なときに糖新生系が促進される（p112参照）．

C. インスリンの作用

インスリンは，高血糖に応答して膵臓の**ランゲルハンス島β細胞**で合成され，脂肪組織や筋肉へのグルコースの取り込みを増加させる．この機構はインスリンが細胞質ゾルにあるグルコーストランスポーター（GLUT4）を細胞膜にトランスロケーション※14させて，細胞へのグルコースの取り込みを促進させるためであり，その結果，血糖値が速やかに低下する．インスリンは，解糖系やグリコーゲン分解・合成，糖新生系を調節する酵素に作用する．

細胞膜に存在するインスリン受容体は，インスリン（リガンド）が結合すると**受容体自身がもつチロシンキナーゼが活性化**し，自身の**チロシン残基が自己リン酸化**される．これをきっかけに，細胞内での一連の反応を開始させ，糖代謝にかかわる酵素がリン酸化・脱リン酸化され活性型あるいは不活性型となり，グリコーゲン合成系が促進し，分解系が抑制される（表2）．

一方，インスリンは肝臓の**ヘキソキナーゼⅣ**（グルコキナーゼ）を誘導し，食後の高血糖状態に適応する．これは，グルコキナーゼがグルコースに対してKm値が大きいため（親和性が低い），グルコース濃度の上昇に伴って活性が増大するという食直後の血糖調節としてきわめて理にかなった性質をもつからである．

D. グルカゴン，アドレナリンなどの作用

グルカゴンは膵臓の**ランゲルハンス島α細胞**で合成され，その分泌は低血糖下で促進される．細胞膜の特異的受容体にグルカゴンが結合すると，細胞膜内表面に存在する**アデニル酸シクラーゼ**を活性化し，ATPか

※14　**トランスロケーション**：インスリンの間接的な作用により通常細胞質にあるGLUT4が細胞表面に移動することをいう．

表2　インスリンによる肝臓での酵素活性調節

糖質代謝酵素	作用	活性	結果	活性化剤	阻害剤
グリコーゲンシンターゼ	脱リン酸化	↑	グリコーゲン合成↑	グルコース6-リン酸	グルカゴン，グリコーゲンなど
グリコーゲンホスホリラーゼ	脱リン酸化	↓	グリコーゲン分解↓	—	—
ホスホフルクトキナーゼ-1	—	↑	グルコース利用↑	フルクトース 2,6-ビスリン酸	グルカゴン，クエン酸
ホスホフルクトキナーゼ-2	脱リン酸化	↑	フルクトース 2,6-ビスリン酸↑	—	—
フルクトース-1,6-ビスホスファターゼ	脱リン酸化	↓	糖新生↓	—	—
ピルビン酸キナーゼ	脱リン酸化	↑	グルコース利用↑	フルクトース 1,6-ビスリン酸	グルカゴン，ATPなど
グルコキナーゼ	—	↑	グルコース利用↑	—	—

↑：増加，亢進　↓：減少

表3　グルカゴン，アドレナリンによる肝臓での酵素活性調節

糖質代謝酵素	作用	活性	結果	栄養状態による活性変化	
				糖質摂取	飢餓および糖尿病
グリコーゲンシンターゼ	リン酸化	↓	グリコーゲン合成↓	↑	↓
グリコーゲンホスホリラーゼ	リン酸化	↑	グリコーゲン分解↑	↓	↑
ホスホフルクトキナーゼ-1	−	↓	グルコース利用↓	↑	↓
ホスホフルクトキナーゼ-2	リン酸化	↓	フルクトース 2,6-ビスリン酸↓	−	−
フルクトース-1,6-ビスホスファターゼ	リン酸化	↑	糖新生↑	↓	↑
ピルビン酸キナーゼ	リン酸化	↓	グルコース利用↓	↑	↓
グルコキナーゼ	−	↓	グルコース吸収↓	↑	↓

↑：増加，亢進　↓：減少

らcAMPを合成してその濃度を上昇させる．cAMPは，cAMP依存性プロテインキナーゼ（**プロテインキナーゼA**）を活性化し，糖代謝に関与する酵素をリン酸化して活性化あるいは不活性化する．例えば，肝臓においてグルカゴンは**グリコーゲンホスホリラーゼ**をリン酸化して活性化することで，グリコーゲン分解を促進し，グルコースを速やかに血中に放出する．ただし，筋肉のホスホリラーゼに対してグルカゴンは作用しない．グルカゴンは，cAMPを介した働きによりアミノ酸と乳酸から糖新生系を促進させ，グリコーゲン分解とともにインスリンとは全く逆に調節する（表2，表3）．

アドレナリンは，ストレス性の刺激によって副腎髄質から分泌される．通常時は，**β受容体**に結合してプロテインキナーゼAが活性化され，最終的にグリコーゲンホスホリラーゼが活性化されると同時に**グリコーゲンシンターゼ**が不活性化される．また，緊張時は**α受容体**に結合して**プロテインキナーゼC**が活性化され，血中に血糖が急激に放出される．

グルココルチコイドは，副腎皮質から分泌され糖新生を促進する．この作用は，筋肉タンパク質の分解を促進させ，肝臓においてアミノ酸の取り込みが促進し，さらに，アミノトランスフェラーゼや糖新生系に関与する酵素群の活性が上昇するため，徐々に血糖値が上昇する．

11　糖質代謝の異常と疾病

これまで見てきたように，糖質代謝は種々のメカニズムが相互に関連して巧妙に調節されている．その調節に狂いが生じると糖質代謝異常を起こし，高血糖状態が継続することになる．この疾患を**糖尿病**と呼ぶ．糖尿病患者は，現在，予備群も合わせるとわが国だけでも2,000万人を超えるといわれ，生活習慣病のなかで最も患者数が多い．糖質代謝においても，生まれながらにして代謝酵素を欠くことが原因で生じる先天性代謝異常症が認められる．

A. 糖尿病

早朝空腹時血糖126 mg/dL（7 mmol/L）以上，随時血糖値200 mg/dL以上，75 g経口ブドウ糖負荷試験2時間値200 mg/dL以上，HbA1c 6.5％以上の所見を判断して糖尿病と診断する．

高血糖が持続すると，グルコースと非酵素的に結合する血液中のタンパク質が増加する．**HbA1c**は，赤血球中の**ヘモグロビンA**にグルコース1分子が結合したもので，赤血球の寿命が120日であることを利用して，HbA1c値から過去1～2カ月の平均血糖値を推定することができる．また，**血中フルクトサミン**は，血漿（けっしょう）中の**アルブミン**とグルコースが結合したもので，アルブミンの半減期が20日であることから，フルクトサミン値は1～2週間の平均血糖値を推定できる．

糖尿病は，1型と2型に分類できる．**1型糖尿病**は，膵臓ランゲルハンス島β細胞が破壊され著しいインスリン欠乏を生じるもので，その破壊の原因は遺伝因子や環境因子などによる自己免疫疾患が主なものである．一方，**2型糖尿病**は，**インスリン分泌低下**と**インスリン抵抗性**がその成因である．インスリン抵抗性とは，健常人と同程度のインスリン作用を発揮するのに必要とするインスリンレベル（量）が，健常人のレベルをはるかに上まわる状態のことをいい，インスリンの作用効率が低下している．インスリン抵抗性の細胞レベルでのメカニズムは，インスリン受容体の減少，さらにはインスリン受容体を介した細胞内情報伝達障害が考えられる．2型糖尿病では，筋肉などの細胞へのグルコース運搬量が低下し，このエネルギー不足を補うために脂肪細胞の脂肪分解が促進し，肝細胞では糖新生系が亢進する．糖新生系では，筋肉の分解によって材料となるアミノ酸が供給される．脂肪細胞からは，多量の遊離脂肪酸が放出され，これを材料にして肝臓においてβ酸化で得られたアセチルCoAをクエン酸回路に導入するが，処理能力を上回るために，**ケトン体**が生成する（第10章，p129，図7参照）．血液中に放出されたケトン体は，血液を酸性側に傾け，**代謝性アシドーシス**を起こす．また，遊離脂肪酸はコレステロールの材料としても利用されるために，**動脈硬化**の原因にもなる．

2型糖尿病の発症には，遺伝因子のほかに肥満や高脂肪食などの生活習慣が大きくかかわっている．大部分の2型糖尿病は，複数の遺伝子異常が関与して発症する多因子遺伝疾患と考えられ，その候補遺伝子は糖質代謝に直接・間接にかかわるすべての遺伝子にその可能性がある．

B. 糖質代謝にかかわる先天性代謝異常

1）ガラクトース血症

食事中のガラクトースは，細胞内で，

①**ガラクトキナーゼによるガラクトース 1-リン酸への変換**

②**ガラクトース 1-リン酸ウリジルトランスフェラーゼの作用によるUDP-ガラクトースへの変換**

③**UDP-ガラクトース-4-エピメラーゼによるグルコース 1-リン酸**と**UDP-グルコースへの変換**

の3つのステップにより解糖系など糖代謝に利用される．この3ステップにかかわる酵素の欠損が原因である先天性代謝異常がみつかっている．

ガラクトース血症は，新生児代謝異常マススクリーニングによる検査の対象となっており，**常染色体劣性遺伝疾患**で，頻度は7万人に1人とされている．①の欠損症は，新生児期後期に白内障が出現する．②では，哺乳開始後1～2週間以内に重篤な症状を呈し重症肝障害，敗血症などで死亡する．いずれの酵素欠損においても，摂取したガラクトースが代謝されないために，血中ガラクトース値が上昇し，ガラクトース血症を示す．さらに，尿中にガラクトースを排泄すると同時に，アミノ酸およびタンパク質も排泄して**ガラクトース尿症**を示す．食事療法は，ガラクトースおよび乳糖を食事から完全に除去することである．

2）乳糖不耐症

新生児は，小腸絨毛の刷子縁膜（さっしえんまく）※15に存在するラクターゼによって乳糖を加水分解して吸収する．ラクトースが分解されないと大腸まで到達し，腸内細菌の働きによる発酵によって分解を受け，ガスを発生して下痢や腹痛などの腹部異常を生じる．出生時には正常のラ

※15　**刷子縁膜**：頂端膜とも呼ばれ，小腸上皮細胞の細胞膜が，刷子（はけ）で縁取られた形態を示すことからこのように呼んでいる．

クターゼ活性を示すものの，離乳期以後に活性が急速に低下する**成人型のラクターゼ欠乏症**が多い．日本人の90％が乳糖不耐症で，1回に飲める牛乳の限度は400 mL（乳糖約40 mg）くらいとされている．

3）糖原病

肝臓でのグリコーゲン（糖原）分解や合成に関与する酵素の障害による先天性代謝疾患を**糖原病**という．糖原病1a型は，グルコース-6-ホスファターゼの欠損症である．この酵素が欠損するために，グリコーゲン分解などで得られた細胞内グルコース6-リン酸がグルコースに変換されず，血中にグルコースが放出されないことから著しい低血糖（20 mg/dL以下）が起こる．また，グリコーゲンの蓄積が起こると同時に，過剰なグルコース6-リン酸の存在が引き金となって，肝臓での解糖系が亢進して血中の**乳酸値**と**ピルビン酸値**が上昇する．この疾患では，低血糖予防のため，食事療法が必要となる．

Column

必須糖がないのはなぜ？

三大栄養素のなかで，アミノ酸にはヒトの体内で合成できない必須アミノ酸があり，また脂肪酸にも必須脂肪酸があるものの，糖質にはこの定義にあてはまる必須の糖質は存在しない．これは，栄養学的にみて非常に重要なことで，ヒト細胞内にペントースリン酸回路を中心とした代謝系がすべての単糖を相互に変換させる系であることがその理由である．

極端にいえば，グルコースはアミノ酸（糖原性アミノ酸）から合成できるので，糖質を栄養素として摂取する必要はない．通常，食事による糖質の摂取ができない場合，ヒトは体内のタンパク質を分解して得られた糖原性アミノ酸を利用して，糖新生系によりグルコースを合成して血糖の維持やエネルギーを供給する．しかし，糖新生系でグルコースを1分子合成するときのエネルギー量は，解糖で得られるエネルギーの3倍も消費するために，常時これに頼ることは糖質を過剰に摂取する場合と同様に健康上好ましくない．

糖新生は緊急時の一時的なグルコースの補給経路として利用するにとどめ，意識して規則正しい食生活を送ることが必要である．

臨床栄養への入門

解糖系と医療

解糖系は，細胞内のグルコースがグルコース 6－リン酸に変換することからはじまり，最終的にピルビン酸（乳酸）となる過程である．多くのがん細胞では，解糖系が活発となりグルコースを大量に消費することから，この性質を利用して，がんを診断するPET（Positron Emission Tomography：陽電子放出断層撮影）検査が，きわめて有効な方法として利用されている．

PET検査では，陽電子放出核種である ^{18}F で標識されたグルコース誘導体の ^{18}F-2-フルオロ-2-デオキシグルコース（^{18}F-FDG：図A）を，静脈から投与する検査薬として利用する．^{18}F-FDGが開発される以前から，2-デオキシグルコース（2-DG：図B）が，グルコースの代謝マーカーとして研究用に利用されていた．この理由は，2-DGが細胞内に取り込まれヘキソキナーゼの作用でグルコース 6-リン酸に変換されるものの2位にOHがないために，その後の解糖系の酵素反応が進まず細胞内にとどまるためである．PET用検査薬の ^{18}F-FDGは，2-DG の2位の炭素にHの代わりに ^{18}F が置き換わったもので，これもヘキソキナーゼの作用で6位の炭素がリン酸化されるが，その後の代謝反応は細胞内では進まない．

がん細胞の多くは，細胞膜のグルコーストランスポーター（多くはGLUT1）が増加して正常細胞に比べて3～8倍ものグルコースを取り込み，同時に解糖系の酵素活性が亢進している．^{18}F-FDGは，グルコーストランスポーターにより細胞内に取り込まれリン酸化されるものの，^{18}F-FDG 6－リン酸はグルコース 6－リン酸とは異なり，それ以上解糖系で代謝されず細胞膜も通過できないため，糖質代謝が盛んながん細胞では非常に多くの ^{18}F-FDG 6－リン酸が細胞内に蓄積する．通常，細胞内の解糖系とミトコンドリアマトリックスでのクエン酸回路，続く内膜での電子伝達系は一連の反応であり，解糖系だけが一方的に活発になることはない．ところが，がん細胞（組織）では血液の供給が不足して低酸素になりやすく，このような環境に適応するために嫌気的条件下でもエネルギーを産生できる解糖系が活性化すると考えられる．この考えを支持するものとして，虚血（梗塞）時に酸素とグルコースの供給が低下すると通常は酸素の方が先に不足状態となり，酸素がなくてもエネルギー（ATP）を生産できる解糖系が活発化し，一方でミトコンドリアの活性化は抑制される．したがって，血流の低下によって虚血状態にある部位の判定もPET検査に適した診断方法となる．

^{18}F-FDGは，基本的にエネルギー代謝が盛んな部位，特に脳の神経細胞，活動中の筋肉（心筋など），活性化された炎症性細胞（白血球，リンパ球，マクロファージ），悪性のがん細胞に多く蓄積する．このため，現在では脳梗塞やアルツハイマー病などの中枢神経系疾患，心筋梗塞などの心疾患，炎症性疾患の診断にも用いられている．

がん細胞では解糖系が活発化していることを述べてきたが，逆に酸化的リン酸化を促進させると細胞死（アポトーシス）が誘導できるとの報告がある．促進剤にはすでに医薬品として心臓や脳の虚血性心疾患に利用されるジクロロ酢酸ナトリウムがあり，抗がん剤などと併用すると治療効果が高まることが期待されている．

細胞の働きが詳しく理解できると，病気の原因がわかり治療方法を考えることができるよい例ではないだろうか．

図A

図B

文　献

1）「キャンベル・ファーレル 生化学（第6版）」（Campbell MK & Farrell SO / 著，川嵜敏祐，金田典雄 / 監訳），廣川書店，2010

2）「ストライヤー生化学（第6版）」（Berg JM，他 / 著，入村達郎，他 / 監訳），東京化学同人，2008

3）「イラストレイテッド ハーパー生化学（原書29版）」（Rodwell VW，他 / 著，清水孝雄 / 監訳），丸善出版，2013

チェック問題

問 題

□ □ **Q1** 解糖系では，グルコース1分子から何分子のATPが生成するか答えよ．

□ □ **Q2** グルコースからのグリコーゲン合成に関与する酵素の名前を5つあげなさい．

□ □ **Q3** 赤血球のエネルギー源は何か答えよ．

□ □ **Q4** 糖新生に必要な材料は何か，3つあげよ．

□ □ **Q5** ペントースリン酸回路の生理的意義を3つあげよ．

解答&解説

A1 2分子のATPが生成される．

A2 グルコキナーゼ，ホスホグルコムターゼ，グルコース-1-リン酸ウリジルトランスフェラーゼ，グリコーゲンシンターゼ，アミロ-1,4→1,6-トランスグルコシダーゼ（分枝酵素）．

A3 解糖系．赤血球はミトコンドリアをもたないために解糖系に依存している．

A4 筋肉タンパク質の分解によって生じたアミノ酸，乳酸およびグリセロールである．

A5 ①脂肪酸やステロイドの生合成に必要な還元型補酵素NADPHの供給，②核酸やヌクレオチドの生合成に必要なリボース 5-リン酸の供給，③食物中に含まれるペントースを解糖系に導入．

本書関連ノート「第9章　糖質の代謝」でさらに力試しをしてみましょう！

第10章 脂質の代謝

Point

1. 脂質の代謝では，輸送，脂肪酸やコレステロールの合成，分解，および食物エネルギーの体内への蓄積と利用について理解する
2. 脂質の代謝で鍵となる物質はアセチルCoAである．アセチルCoAはミトコンドリアのクエン酸回路（TCA回路）でエネルギー代謝に利用されるだけでなく，脂肪酸やケトン体，コレステロール合成の前駆物質であることを理解する

概略図 脂質の輸送と代謝

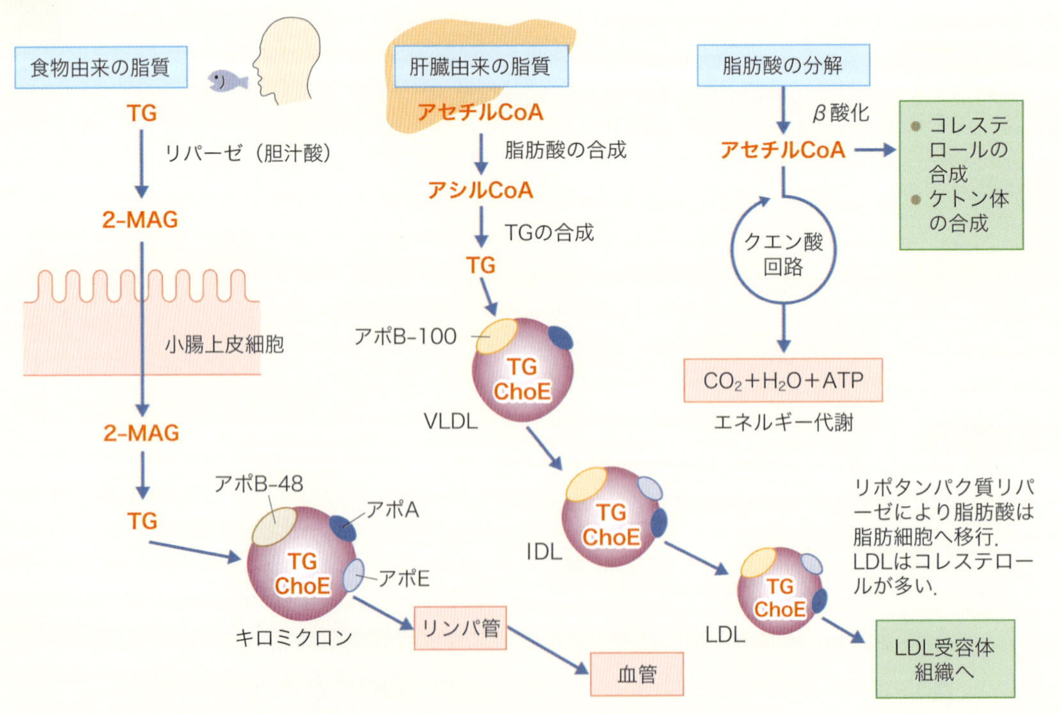

TG：トリアシルグリセロール，2-MAG：モノアシルグリセロール
ChoE：コレステロールエステル

水に溶けない脂質の輸送体は，リポタンパク質（キロミクロン，VLDL，IDL，LDL，HDL）である．食物に由来する脂質は，胃および小腸でリパーゼの作用を受け，グリセロールの2位に脂肪酸を結合した2-モノアシルグリセロール（2-MAG）として小腸上皮細胞に吸収される．食物に由来する脂質はキロミクロンで運ばれ，肝臓で合成した脂質はVLDLで血液中に運び出される．

3 食物エネルギーを脂肪組織に蓄えるしくみは，脂肪酸の生合成とトリアシルグリセロール（中性脂肪）の生成であることを理解する

4 脂肪酸の生合成は細胞質ゾルで行われ，アセチルCoAからパルミチン酸がつくられ，その他の脂肪酸は鎖長延長反応と不飽和化反応で生成することを理解する

5 リノール酸とα-リノレン酸，アラキドン酸は，食物から摂取しなければならない必須脂肪酸であることを理解する

6 脂肪酸の分解（β酸化）は細胞のミトコンドリアで行われ，アセチルCoAが生成することを理解する

7 水に溶けない脂質の主な輸送体は，リポタンパク質である．小腸で食物から吸収した脂質を運ぶキロミクロン，肝臓で合成した脂質を運ぶVLDL（およびIDL，LDL），そして主にコレステロールを末梢組織から肝臓に運ぶHDLがあることを理解する

8 コレステロールは食事で摂取するだけでなく，アセチルCoAから生合成される．ステロイドホルモンや胆汁酸の前駆体として，また生体膜の安定化や機能面でも必要な物質であることを理解する

脂質の代謝では，脂肪酸やコレステロールの合成や分解，輸送などについて学ぶ．脂質代謝の概要は図1にまとめた．

1 脂肪酸の生合成

脂肪酸の生合成は，主に血糖（グルコース）から生じる**アセチルCoA**を前駆体として，どの臓器，組織の細胞でも行われるが，特に肝臓，腎臓，脳，肺，脂肪組織などで活発である．細胞内における脂肪酸合成の場は細胞質ゾルである．アセチルCoAは，ピルビン酸からミトコンドリア内で生じるが，そのままではミトコンドリアの内膜を通過することができず，いったん，クエン酸に変換されて細胞質ゾルに移動し，再びアセチルCoAに変換されて脂肪酸合成に利用される．

脂肪酸合成の第1段階は，アセチルCoAカルボキシラーゼによるアセチルCoAからマロニルCoAへの変

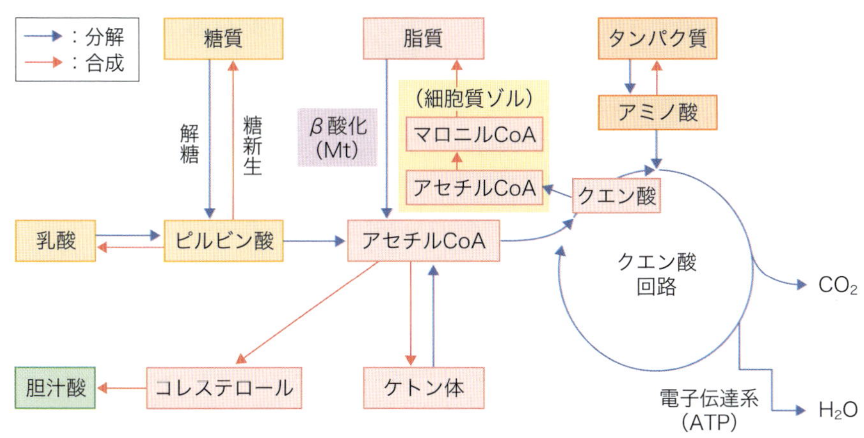

図1 脂質代謝の概要
Mt：ミトコンドリア

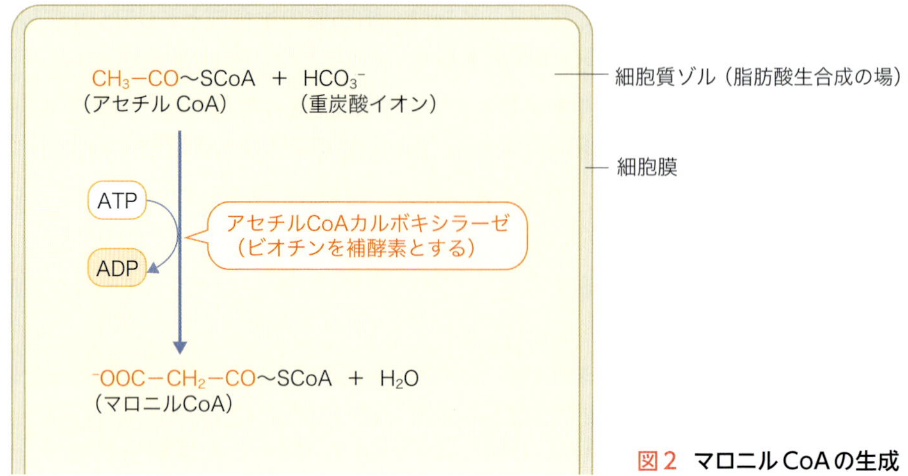

図2 マロニルCoAの生成

換である(図2). アセチルCoAカルボキシラーゼは脂肪酸合成の律速酵素※1であり, この反応にはビタミンの1つであるビオチンと炭素源としてのHCO_3^-(重炭酸イオン)が必要である.

マロニルCoAを第2段階の出発物質として, 脂肪酸の生合成は, 脂肪酸合成酵素複合体と呼ばれる7種類の酵素機能をもつ細胞質ゾルの多機能酵素で行われる. 脂肪酸合成酵素複合体での反応が一巡するとき, マロニルCoAにはアセチルCoAからアセチル基(CH_3-CO基)が結合して炭素鎖が2つ延長される. この反応でマロニルCoA(炭素鎖3)の炭素が1つ, CO_2として放出され, 脂肪酸合成酵素には炭素鎖4の化合物が残る. 2巡目はこの炭素鎖4の化合物(アシル基)とマロニルCoAの反応で, 1分子のCO_2を放出して炭素鎖6の化合物ができる. 脂肪酸合成酵素複合体での反応が一巡するたびに2つ炭素鎖が延長され, 7回転で炭素鎖16のパルミチン酸(C16:0)がつくられる. その後, パルミチン酸を前駆体として, 小胞体やミトコンドリアなどでは, 脂肪酸の**鎖長延長反応(炭素鎖が2つ延長する反応)**や**不飽和化反応(二重結合を導入する反応)**が生じ, パルミチン酸からパルミトオレイン酸が, ステアリン酸からオレイン酸(18:1 n-9※2)が生じる. これらは生体内で合成できるため, **非必須不飽和脂肪酸**(または可欠不飽和脂肪酸)である. 不飽和化反応は肝臓をはじめとするいくつかの組織で起こるが, Δ^9-デサチュラーゼ(desaturase)が触媒となり, 飽和脂肪酸のカルボキシ基の炭素から数えて, 9番目と10番目の炭素の間に二重結合が1つ導入される(図3).

一方, 動物細胞には, Δ^{12}-と, Δ^{15}-に二重結合を導入するデサチュラーゼが欠損しているため, **リノール酸(18:2 n-6※3)**と, **α-リノレン酸(18:3 n-3)**の生合成はできない. リノール酸, α-リノレン酸, アラキドン酸は, 食物から摂取しなければならない**必須脂肪酸**(または不可欠脂肪酸)である.

2 脂肪酸の酸化

貯蔵エネルギーの大半は脂肪組織に蓄えられた**トリアシルグリセロール(中性脂肪)**である. 脂肪組織でホルモン感受性リパーゼ(hormone-sensitive lipase)が活性化されると, トリアシルグリセロールから遊離

※1 **律速酵素**:ある代謝経路で反応全体の速度を支配する鍵となる酵素.

※2 18:1 n-9は[18の1 エヌ・マイナス・9]と読む. 18は脂肪酸の鎖長(炭素の数), 1は二重結合の数, n-9は二重結合の位置をあらわす. 二重結合の位置は, メチル基から表記する方法(n, またはω)と, カルボキシ基から表記する方法(Δ)がある. n(またはω)の表記は, メチル基の炭素をn(またはω)とし, 順次n-1, n-2, n-3…, (ω-1, ω-2, ω-3…)とあらわす. Δ(デルタ)表記では, カルボキシ基の炭素がΔ^1であり, 次いでΔ^2, Δ^3…とあらわす(図3).

※3 Δ^{12}とn-6の表記は, 同じ炭素であることを確認しておこう. リノール酸(18:2 n-6)は炭素数18の脂肪酸で, メチル基の炭素(n)はカルボキシ基(Δ^1)から18番目のΔ^{18}である. メチル基の隣(n-1)はΔ^{17}, n-2はΔ^{16}, n-6はΔ^{12}となる. Δ^{12}-デサチュラーゼは, リノール酸のΔ^{12}位(n-6の位置)に二重結合を導入する酵素. 脂肪酸の鎖長延長や不飽和化反応は, カルボキシ基側で起こるため, 鎖長が延びてもn-6の位置は変わらない. Δ表記では, アラキドン酸(20:4)はn=20(20-6=14)であり, n-6はΔ^{14}位となる. Δ^{15}-デサチュラーゼは, α-リノレン酸(18:3)のΔ^{15}位(n-3)に二重結合を導入する酵素.

脂肪酸が切り出され血液中に放出される．この遊離脂肪酸は水に溶けないので，アルブミンと結合して肝臓，筋肉，心筋，その他の組織に運ばれエネルギー代謝に利用される．脂肪酸の分解は，**β 酸化**（β-oxidation）と呼ばれ，脂肪酸からエネルギーを取り出す前駆体（アセチル CoA）をつくり出す過程である．

脂肪酸の分解は生合成の逆反応ではなく，**ミトコンドリアのマトリックス**で行われる（図4）．細胞内に取

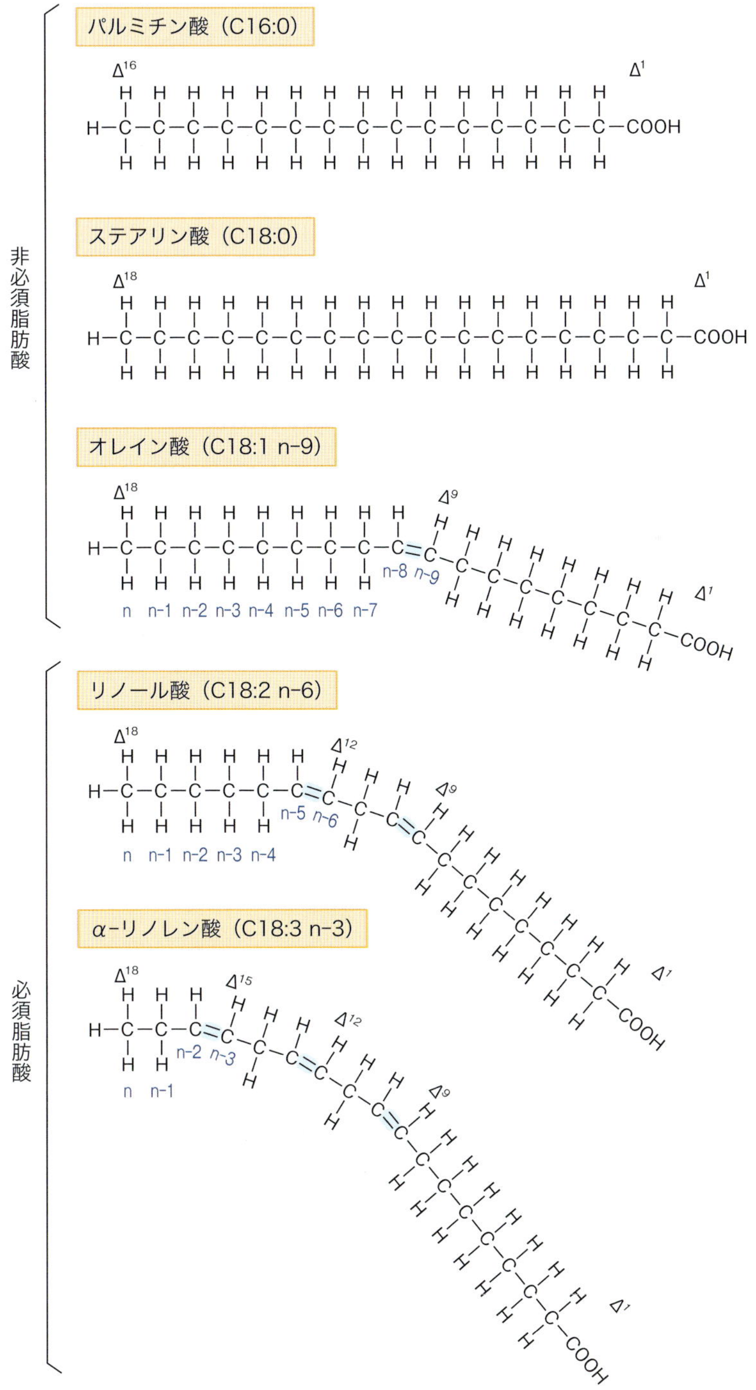

非必須脂肪酸

パルミチン酸（C16:0）

ステアリン酸（C18:0）

オレイン酸（C18:1 n-9）

必須脂肪酸

リノール酸（C18:2 n-6）

α-リノレン酸（C18:3 n-3）

図3 パルミチン酸と炭素数18の非必須脂肪酸，必須脂肪酸

り込まれた脂肪酸は，ミトコンドリア外膜に存在するアシルCoAシンテターゼによりアシルCoAに変換され活性化される．アシルCoAはβ酸化の場であるミトコンドリアのマトリックスに移動するが，そのためにはミトコンドリアの外膜と内膜を通過しなければならない．このときアシルCoAはミトコンドリアの外膜を通過できるが，内膜は通過できず，ミトコンドリアの外膜に存在するカルニチンアシルトランスフェラーゼⅠにより，カルニチンとCoAが交換されてアシルカルニチンに変換される．こうして内膜を通過したアシルカルニチンは，ミトコンドリアの内膜に存在するカルニチンアシルトランスフェラーゼⅡで，再びカルニチンとCoAが交換されてアシルCoAになる（図5）．

ここでつくられたアシルCoAは，グルコースの解糖で生じるピルビン酸からアセチルCoAがつくられるように，β酸化でアセチルCoAがつくられ，糖質代謝と同じクエン酸回路に入ってエネルギーになる．β酸化はアシルCoAのα位とβ位の炭素原子間が開裂する反応で，アシルCoAがβ酸化を受けると，1分子のアセチルCoAと炭素鎖が2つ短くなったアシルCoAが生じる（図6）．この反応はアシルCoAがすべてアセチルCoAに変わるまでくり返して進むことから，基質となる脂肪酸鎖長の半数のアセチルCoAが生じる．炭素鎖16のパルミチン酸では，β酸化が7回くり返され，8分子のアセチルCoAが生じる．脂肪組織でのホルモン感受性リパーゼの活性化にはじまる一連の分解反応は，貯蔵脂肪がエネルギー源として利用される重要な代謝過程である．

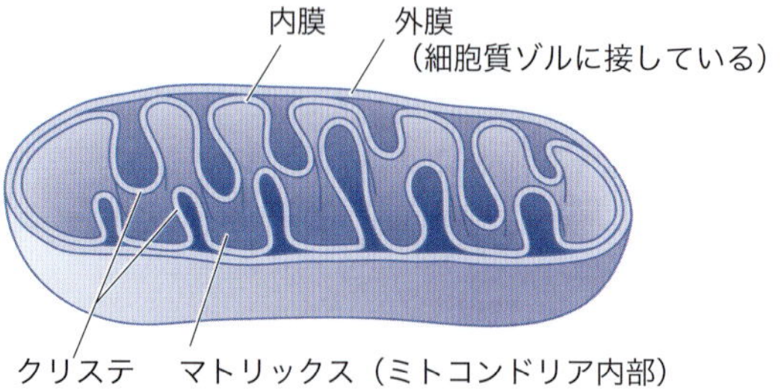

図4　ミトコンドリアの構造（略図）

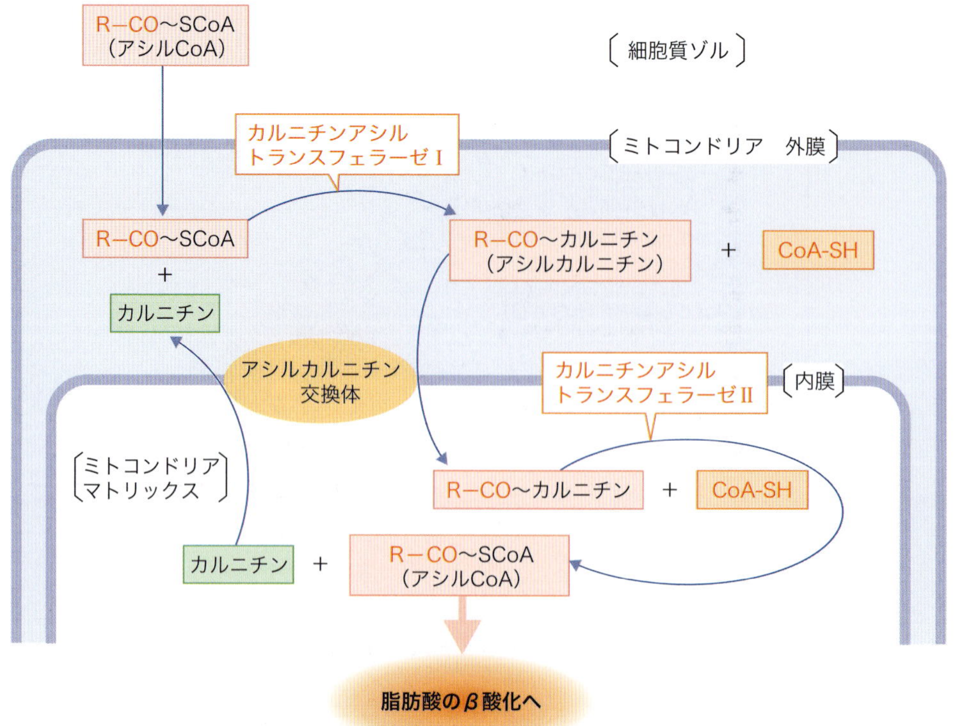

図5　ミトコンドリアマトリックスへのアシルCoAの輸送
脂肪酸のβ酸化はミトコンドリアのマトリックスで起こる

3 ケトン体の生成

脂肪酸のβ酸化や，グルコースの解糖経路で生じるアセチルCoAは，クエン酸回路に入る前にケトン体の生合成に進むことができる．2分子のアセチルCoAが縮合してアセトアセチルCoAとなり，これにもう1分子のアセチルCoAが結合して3-ヒドロキシ-3-メチルグルタリルCoA（HMG-CoA）ができる（図7）．このHMG-CoAから生じるアセト酢酸，β-ヒドロキシ

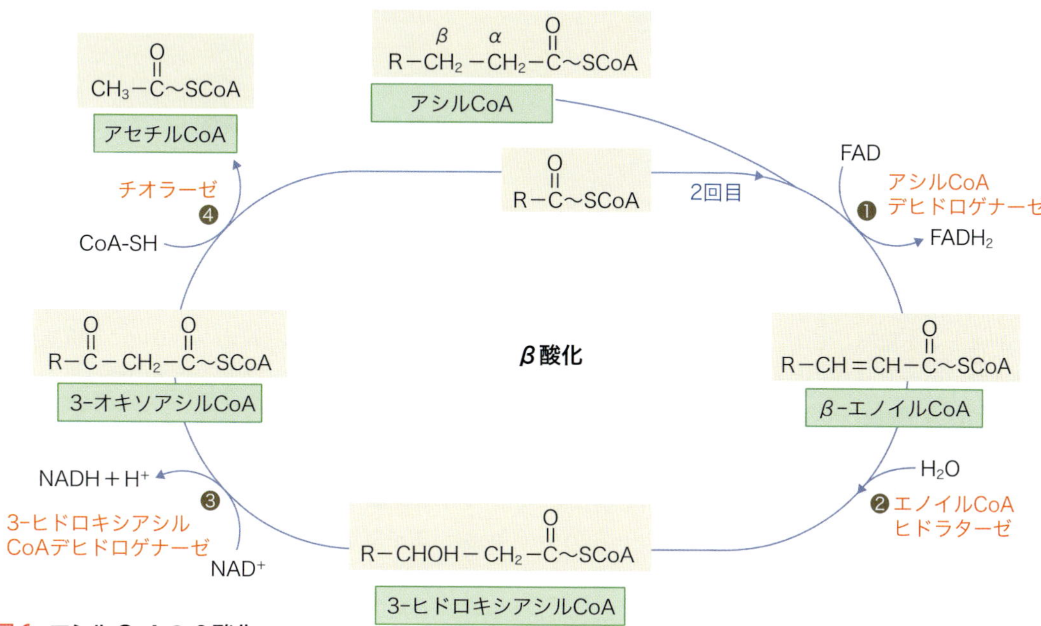

図6 アシルCoAのβ酸化

アシルCoAから4酵素の反応（❶〜❹）を経て，アセチルCoA 1分子と，炭素鎖が2つ短くなったアシルCoAに変わる．短くなったアシルCoAは，再びサイクル（2回目）に進み，アセチルCoA 1分子と炭素鎖が2つ短くなったアシルCoAとなる．この反応をくり返して，すべてがアセチルCoAになりクエン酸回路に進む

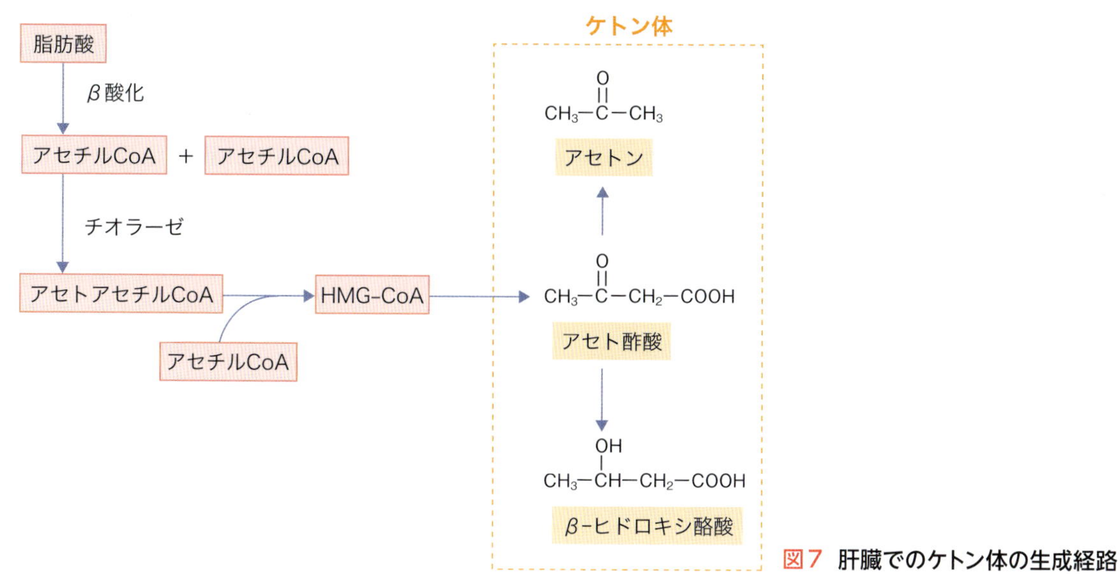

図7 肝臓でのケトン体の生成経路

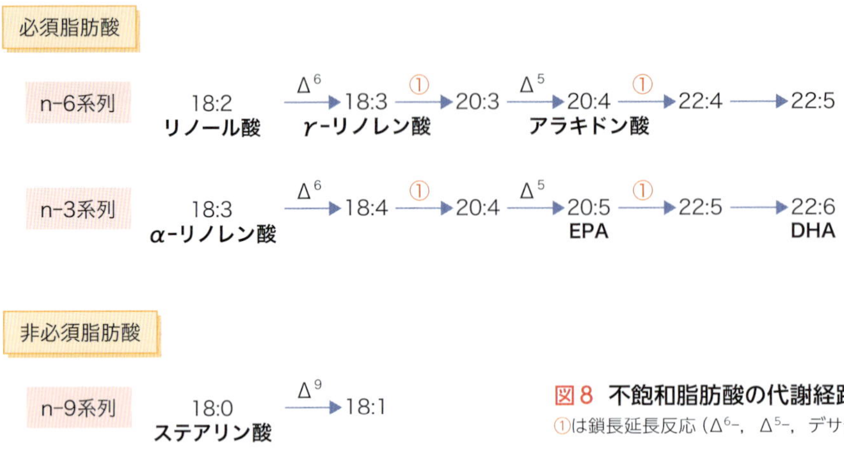

必須脂肪酸

n-6系列　18:2 リノール酸 —Δ6→ 18:3 γ-リノレン酸 —①→ 20:3 —Δ5→ 20:4 アラキドン酸 —①→ 22:4 → 22:5

n-3系列　18:3 α-リノレン酸 —Δ6→ 18:4 —①→ 20:4 —Δ5→ 20:5 EPA —①→ 22:5 → 22:6 DHA

非必須脂肪酸

n-9系列　18:0 ステアリン酸 —Δ9→ 18:1

図8　不飽和脂肪酸の代謝経路
①は鎖長延長反応（Δ^6-，Δ^5-，デサチュラーゼ）を示す

酪酸，アセトンを総称してケトン体という．ケトン体は重篤な糖尿病など β 酸化の亢進で生じるが，飢餓や絶食では重要なエネルギー源として利用される．

ケトン体は肝臓のミトコンドリアで生じるが，肝臓ではケトン体を処理する酵素（チオホラーゼ）活性が低いため血中に放出され，他の組織で再びアセチルCoAに戻されてエネルギー代謝に利用される．心臓や骨格筋，飢餓時には脳でもエネルギー源として利用される．

血中でのケトン体の増加はケトン血症，尿中に排泄される場合はケトン尿症である．ケトン体は酸性のため，血中のケトン体が増加すると血液が酸性に傾き，これをケトアシドーシス※4（またはケトーシス）という．アセトンは尿中の他にも，肺から呼気中に排泄され，その特有の臭いはアセトン臭と呼ばれる．

4　不飽和脂肪酸の代謝

不飽和脂肪酸※5の鎖長延長反応には，n-9系列，n-6系列，n-3系列の3つがある．オレイン酸（18:1 n-9）は脂肪酸の生合成でつくられたパルミチン酸（16:0）から，鎖長延長反応（C16からC18へ炭素が2つ延長）と，不飽和化反応（n-9位に二重結合が1つ導入される）で生成するが，生体内でつくられるため非必須脂肪酸である（図3）．主要な不飽和脂肪酸は，**オレイン酸**（18:1 n-9），**リノール酸**（18:2 n-6），**アラキドン酸**（20:4 n-6），**α-リノレン酸**（18:3 n-3），**エイコサペンタエン酸**（EPA，20:5 n-3），**ドコサヘキサエン酸**（DHA，22:6 n-3）などであり，このうちリノール酸（18:2 n-6）とα-リノレン酸（18:3 n-3）は，ヒトの体内では合成できない（p126参照）．

リノール酸（18:2 n-6）から，γ-リノレン酸（18:3 n-6）やアラキドン酸（20:4 n-6）が生成し，α-リノレン酸（18:3 n-3）からは，EPA（20:5 n-3）やDHA（22:6 n-3）が生成する（図8）．長鎖不飽和脂肪酸は，それぞれの代謝経路上で炭素鎖2つを導入する鎖長延長反応と，二重結合を1つ加える不飽和化反応をくり返して生成する．**不飽和化酵素（デサチュラーゼ）は，n-6系列にも，n-3系列にも働くが，一方の系列が基質として多く存在するとき，他方の系列の不飽和化反応は抑制される**．食事の偏りから，n-6系列の脂肪酸を多く摂取するとき，n-3系列の不飽和化反応が抑制される恐れがある．その意味でも，摂取目標としてn-6

※4　**ケトアシドーシス**：糖尿病ではインスリン不足から，細胞は十分にグルコース（血糖）を取り込むことができず，エネルギー源として脂肪酸を利用するようになる．脂肪酸のβ酸化が亢進して，アセチルCoAが増加すると，ケトン体が生じ，重篤な糖尿病では血液が酸性に傾きケトアシドーシスを起こす．

※5　**不飽和脂肪酸**：脂肪酸のうち二重結合を1〜6個含むものを不飽和脂肪酸という．不飽和脂肪酸の代謝で，炭素鎖長は18 → 20 → 22と延長するが，鎖長はカルボキシ基側で伸びるため，メチル基（CH_3−）側にある二重結合の位置は変わらない．この特性を利用して，不飽和脂肪酸の代謝を3つの系列に分類する．それが必須脂肪酸のn-6系列とn-3系列，非必須脂肪酸のn-9系列である．

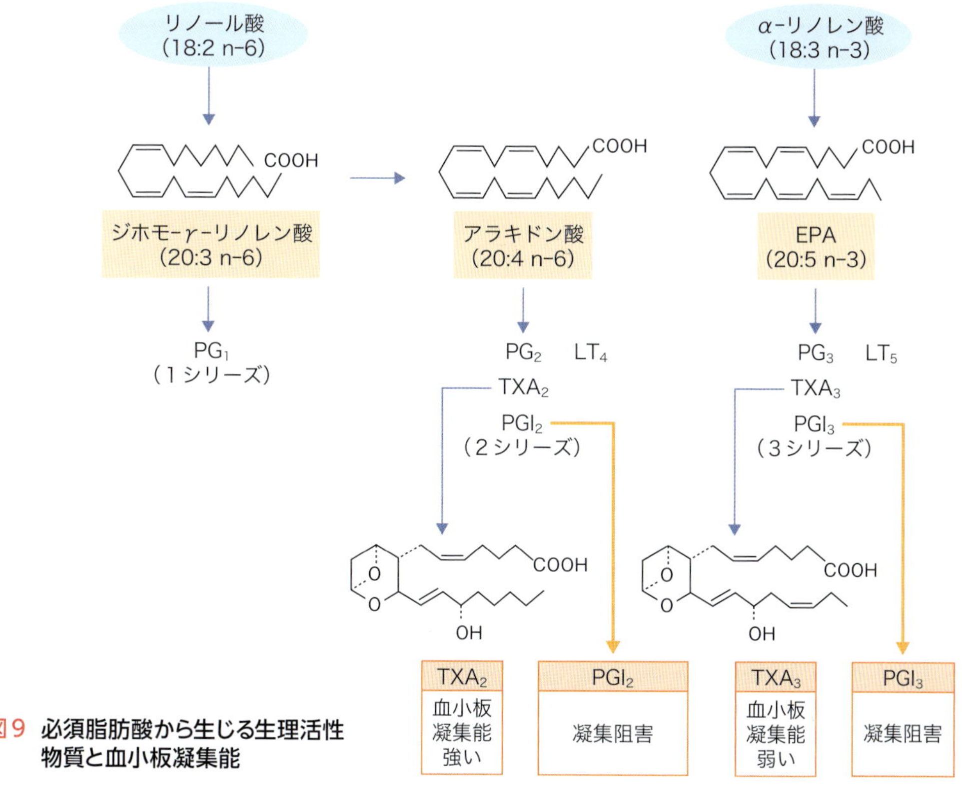

図9 必須脂肪酸から生じる生理活性物質と血小板凝集能

系脂肪酸とn-3系脂肪酸の摂取比率が極端に偏ることは好ましくない．またEPA（20:5 n-3）やDHA（22:6 n-3）は，代謝系路上，α-リノレン酸（18:3 n-3）から生じるが，実際にはどの程度の量がα-リノレン酸からつくられるのか明らかになっていない．栄養指導では，EPAやDHAを魚油や魚介類から，直接，摂取することが奨励されている．

5 エイコサノイドの代謝

アラキドン酸（20:4 n-6）やEPA（20:5 n-3）など，炭素数20の不飽和脂肪酸から誘導される生理活性物質は，ギリシャ語の20を意味するeikosiに由来して，**エイコサノイド**（イコサノイド）と総称される．**プロスタグランジン**（PG），**トロンボキサン**（TX），**ロイコトリエン**（LT）などは，炭素数20の不飽和脂肪酸から誘導されるエイコサノイドである．その多くはホルモンのような生理活性をもつが，寿命が数十秒から数分と短いため，生成した局所でのみ作用する（**第16章，p226参照**）．

エイコサノイドの主な生理活性は，血圧降下，子宮収縮，血管拡張，血小板凝集阻害，気管支拡張などであるが，エイコサノイドの化学構造が少し異なるだけで，血圧上昇，血管収縮，血小板凝集促進など逆の生理作用を示すこともある．生成するエイコサノイドの種類が多く，生理活性は多岐にわたる．

血小板凝集についてみると，アラキドン酸（n-6）から生成するトロンボキサンA_2（TXA_2）は血小板凝集能が非常に強く血栓をつくりやすいのに対し，EPA（n-3）から生成するトロンボキサンA_3（TXA_3）は血小板凝集能が弱く血栓をつくりにくい（図9）．このことはイヌイットや日本人のように，EPAを多く含む魚や魚油を日常的に摂取する国民で，脳梗塞や，心筋梗塞が少ない栄養学的な根拠の1つとされている．

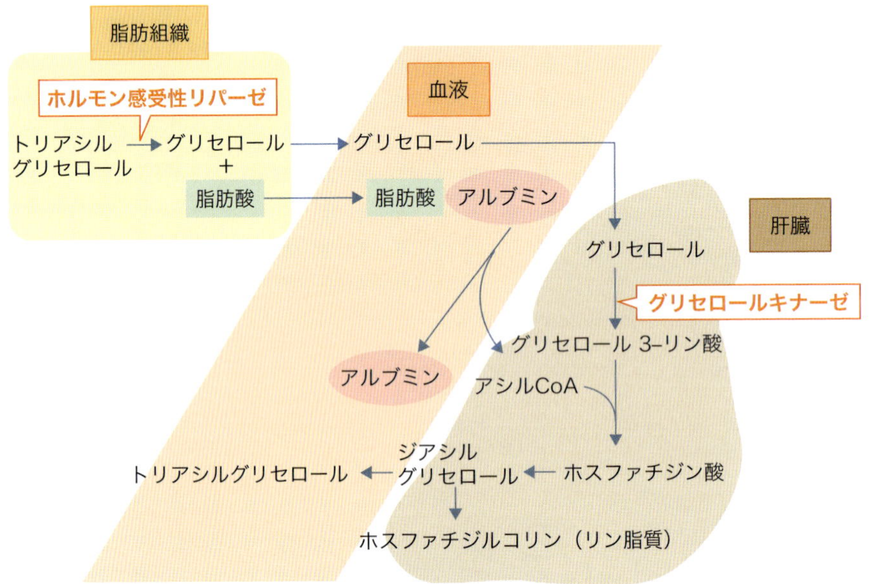

図10　トリアシルグリセロールとグリセロリン脂質の合成

6 トリアシルグリセロール・リン脂質の代謝

A. トリアシルグリセロールの生合成（図10）

糖質を過剰に摂取すると，グルコースの一部はグリコーゲンとして蓄えられるが，それを超えるとトリアシルグリセロールとして脂肪組織に蓄えられる．トリアシルグリセロールの生合成には，グリセロール 3-リン酸からはじまる一般的な合成経路と，食物として摂取した2-モノアシルグリセロールを前駆体とする合成経路がある（図11）．一般経路でのグリセロール 3-リン酸の生成は，グリセロールキナーゼにより肝臓，乳腺，褐色脂肪細胞などで行われ，1分子の高エネルギー結合（ATP）が消費される．グリセロールキナーゼがない筋肉や脂肪細胞では，解糖系の中間生成物であるジヒドロキシアセトンリン酸が前駆体となってグリセロール 3-リン酸が生じる．グリセロール 3-リン酸に1分子のアシルCoAが結合して1-アシルグリセロール 3-リン酸（リゾホスファチジン酸）が生じ，さらに1分子のアシルCoAが結合して1,2-ジアシルグリセロールリン酸（ホスファチジン酸）が生じる．ホスファチジン酸は，ホスファチジン酸ホスホヒドロラーゼで脱リン酸されて1,2-ジアシルグリセロールとなり，これに1分子のアシルCoAが結合し，トリアシルグリセロールが生成する．

小腸上皮細胞で行われる腸経路では，食物中のトリアシルグリセロールの消化で生じた2-モノアシルグリセロールと，遊離脂肪酸が前駆体となる．第1段階は2-モノアシルグリセロールに，モノアシルグリセロールアシルトランスフェラーゼの作用で1分子のアシルCoAが結合して1,2-ジアシルグリセロールを生じ，第2段階では1,2-ジアシルグリセロールアシルトランスフェラーゼの作用で，さらに1分子のアシルCoAが結合してトリアシルグリセロールを生じる．

B. リン脂質の生合成

グリセロリン脂質とトリアシルグリセロールは，生合成の第1段階が共通しており，いずれもグリセロール 3-リン酸に2分子のアシルCoAが結合して生じるホスファチジン酸である（第3章，p41，図2参照）．ホスファチジルコリン（レシチン）やホスファチジルエタノールアミン（ケファリン）の生合成は，ホスファチジン酸から1,2-ジアシルグリセロールを経て生じる

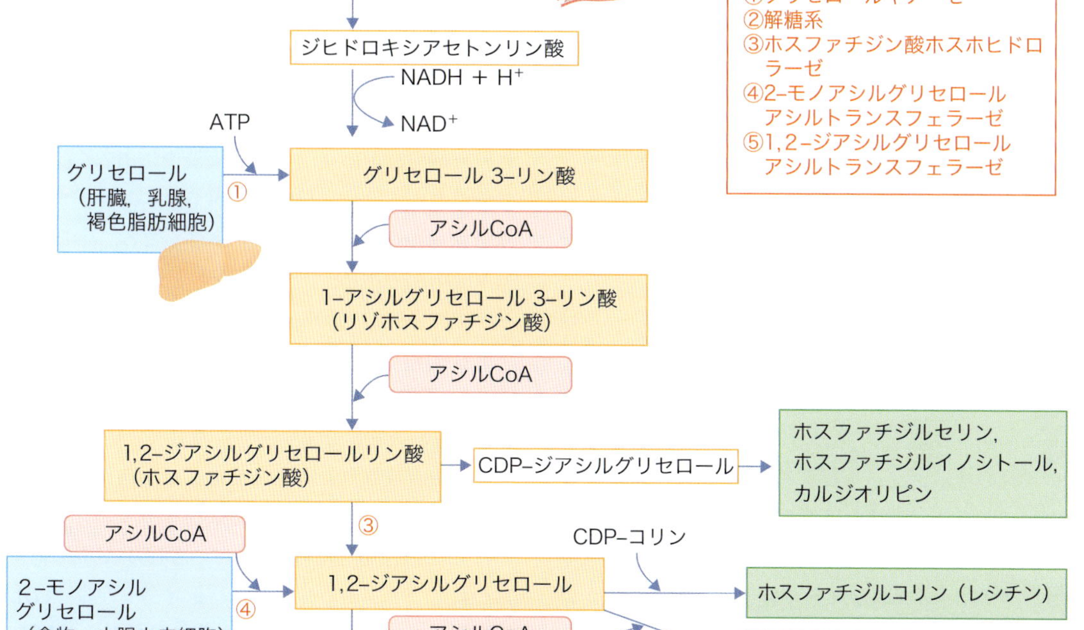

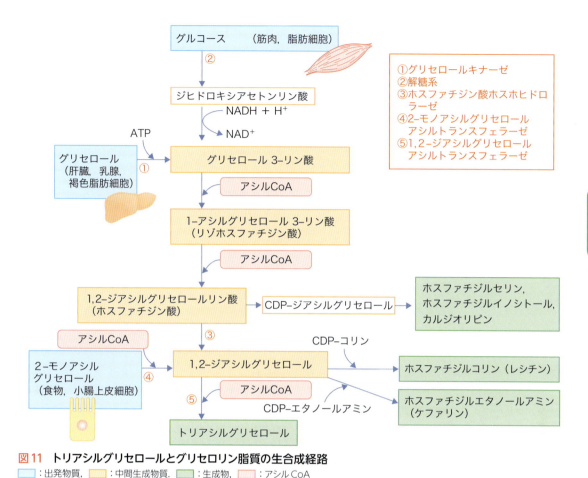

図11　トリアシルグリセロールとグリセロリン脂質の生合成経路
□：出発物質，□：中間生成物質，□：生成物，□：アシル CoA

経路で行われ，ホスファチジルセリンやホスファチジルイノシトールの生合成はCDP-ジアシルグリセロールを経て行われる（図11）．

7 脂質の輸送と蓄積

食物中の脂肪は，リパーゼの作用を受けて，2-モノアシルグリセロールと遊離脂肪酸となって，小腸粘膜上皮細胞にとりこまれる．2-モノアシルグリセロールは食事由来の脂肪酸や，細胞内に存在する脂肪酸とともに，アシルCoA（図11）として再びトリアシルグリセロールに合成される（腸経路）．水に溶けないトリアシルグリセロールはそのままでは血液中に移行できない．そこでトリアシルグリセロールは，小腸上皮細胞内で，キロミクロンという大型のリポタンパク質を形成するが，キロミクロンは腸管周辺に張り巡らされた毛細血管に入れないため，そばを通っているリンパ管に入り，胸管から鎖骨下静脈を経て血液大循環に移行する．コレステロールやリン脂質もキロミクロンで運ばれるが，短・中鎖脂肪酸は，糖質やアミノ酸と同様に門脈経由で肝臓に運ばれる．

A. リポタンパク質の基本構造

リポタンパク質には，比重の小さい（脂肪の量が多い）ものから順に，**キロミクロン**（カイロミクロン），**VLDL**（超低密度リポタンパク質），**IDL**（intermediate density lipoprotein，中間密度リポタンパク質），**LDL**（低密度リポタンパク質），**HDL**（高密度リポタンパク質）がある．

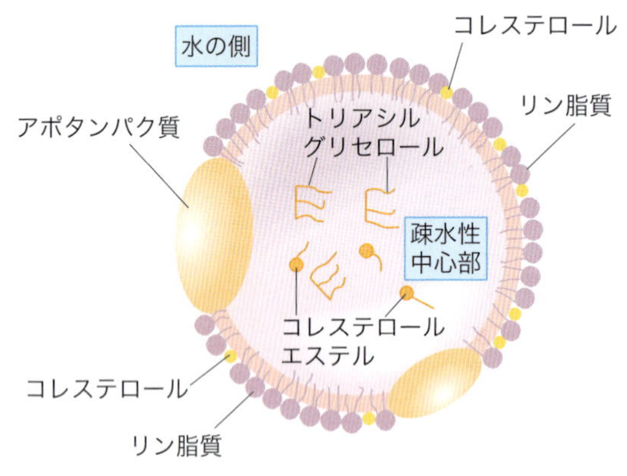

図12　リポタンパク質の基本構造

いずれのリポタンパク質もその基本構造は同じで，外側に一層のリン脂質が親水性基を外（水の側）に向けて並び，内側には疎水性のトリアシルグリセロールやコレステロールエステルが存在する（図12）．コレステロールはリン脂質の膜の中に存在する．また，リポタンパク質のタンパク質部分はアポタンパク質と呼ばれ，アポタンパク質A（アポA），アポタンパク質B（アポB），アポタンパク質C（アポC），アポタンパク質E（アポE）などがあり，それぞれが脂質の輸送にかかわる役目をもっている．

B. 脂質の体内輸送

血液中には，キロミクロン，VLDL，IDL，LDL，HDLのリポタンパク質が存在して脂質を輸送している．これらは3つのグループに分けて理解することができる．

1）キロミクロン

キロミクロンは，食事由来の脂質を運ぶ大型のリポタンパク質（外因性脂質の輸送系）である．小腸粘膜上皮細胞でつくられ，アポB-48を含むことが特徴．リンパ管から血液循環に移行して，血液中を流れている間に，脂肪組織，心臓，筋肉などの毛細血管壁に局在するLPL（lipoprotein lipase：リポタンパク質リパーゼ）の作用で，キロミクロン中のトリアシルグリセロールが遊離脂肪酸とグリセロールに加水分解される．遊離脂肪酸はそれぞれの組織に取り込まれてキロミクロンは脂質の輸送をおわることになる．この役割をおえたキロミクロンの残渣は，キロミクロンレムナントと呼ばれ，肝臓に取り込まれて消滅する（図13）．

2）VLDL，IDL，LDL

VLDL，IDL，LDLは，肝臓で合成した脂質を運ぶリポタンパク質のグループ（内因性脂質の輸送系）である．特徴としてアポB-100をもっている．肝臓で合成された脂質はVLDLとなって血液中に出るが，VLDLは流れている間に，LPLの作用で徐々にトリアシルグリセロールを失ってサイズが小さくなる．IDLとLDLはVLDLから生じ，IDLはVLDLとLDLの中間の粒子サイズである（VLDL→IDL→LDL）．LDLの特徴は，アポB-100を認識するLDL受容体（LDL-レセプター）を介して組織に取り込まれることで，LDLは細胞内に取り込まれた後，リソソームでの加水分解で消滅する．

肝臓で合成されたコレステロールはトリアシルグリセロールと同様にVLDLで運ばれるが，コレステロールはLPLの作用を受けないので，VLDLが小型化するにつれてコレステロールの含有量は高くなる．**LDLはコレステロールの含有量が最も高いリポタンパク質で，動脈硬化を促進する因子として，LDLコレステロールを悪玉コレステロールと呼ぶ**こともある．

3）HDL

HDLは，末梢組織からコレステロールを受け取り，肝臓に運ぶ役割をもっている（逆行性コレステロール輸送系）．HDLは肝臓と小腸で合成される．肝臓では，アポA，アポC，アポEが合成されるため，肝臓で合成されたHDLにはそれらのアポタンパク質が含まれている．一方，小腸で合成されたHDLは，アポAのみを含む未成熟なリポタンパク質で，血液中を循環しながらアポCとアポEを受け取って成熟したHDLになる．

HDLの働きは，末梢の細胞膜から拡散によりコレステロールを受け取り，それを肝臓に運ぶことであるが，その間にLCAT（lecithin-cholesterol acyltransferase，レシチン-コレステロール脂肪酸転移酵素）の作用でコレステロールをコレステロールエステルに変える．**コレステロールエステル**は，HDLだけでなくVLDLの疎水性中心部にもわたされる．この機構は細胞膜や，リポタンパク質で過剰となったコレステロールを除去する働きとして大切である．**HDLコレステロールは動脈硬化の抑制に働くことから，善玉コレステロールと呼ぶ**こともある．

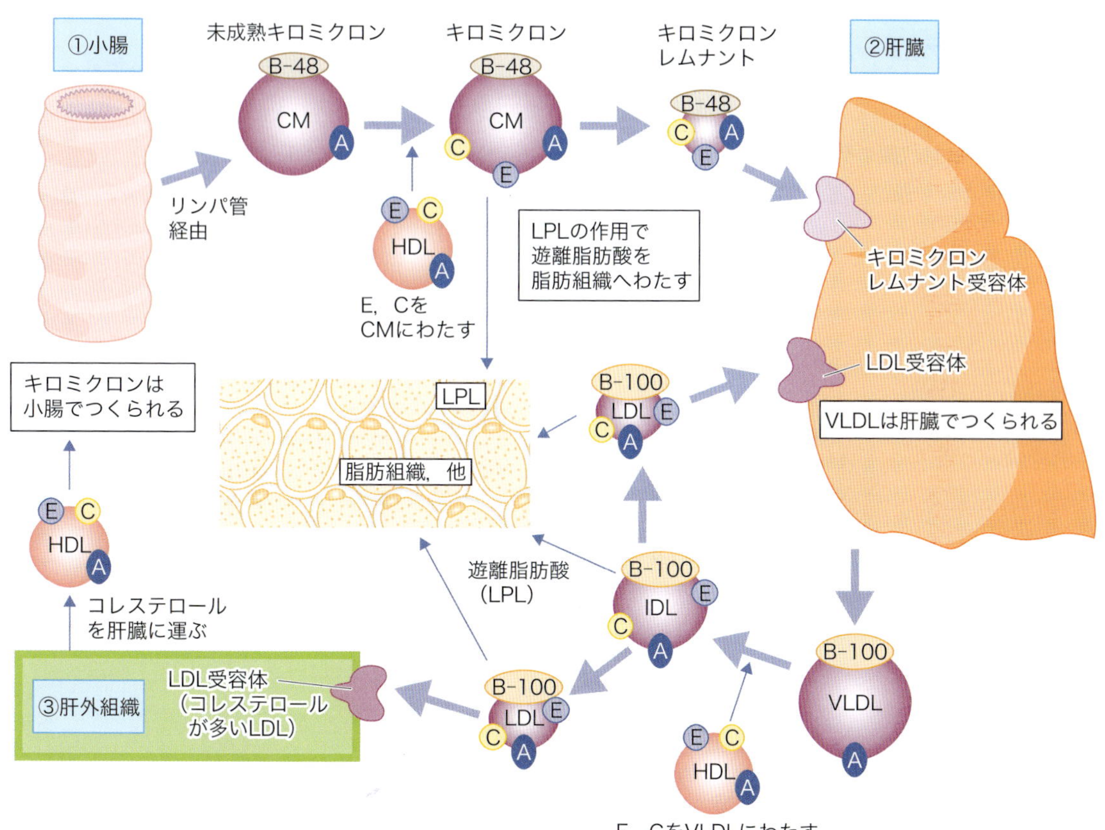

図13 リポタンパク質による脂質の輸送
A，B，C，Eはそれぞれアポ A，アポ B，アポ C，アポ Eを示す．CM：キロミクロン

C. 脂質の蓄積（脂肪組織）

脂肪組織の主な役割はエネルギー源となる**トリアシルグリセロール（中性脂肪）の貯蔵**である．食物として小腸で吸収されたトリアシルグリセロールはキロミクロンとして，肝臓で合成したトリアシルグリセロールはVLDLとして血液中を運ばれる（図13）．リポタンパク質中のトリアシルグリセロールは，リポタンパク質リパーゼ（LPL）により加水分解され，遊離脂肪酸となって脂肪組織に移行する．脂肪組織では獲得した遊離脂肪酸とインスリンで送り込まれた血糖（グルコース）を利用してトリアシルグリセロールを合成して貯蔵脂肪とする．

一方，**ホルモン感受性リパーゼ**が作用すると，脂肪組織に蓄えられていたトリアシルグリセロールは遊離脂肪酸とグリセロールに加水分解され，再び血液中に放出される．血液中の遊離脂肪酸は水に溶けないため，アルブミンと結合して各臓器，組織に運ばれ，エネルギー代謝に利用される．このように脂肪組織では中性脂肪の合成と分解が常に起こっており，その結果，血液中の遊離脂肪酸や血糖はほぼ一定の値に調節されている（図10）．

この調節作用はホルモンの支配を受け，インスリンはホルモン感受性リパーゼの働きを抑えてトリアシルグリセロールの分解を抑制し，血糖の取り込みや，貯蔵脂肪の合成を促進する（第15章，p208参照）．グルカゴン，アドレナリン（エピネフリン），ノルアドレナリン（ノルエピネフリン），グルココルチコイド，甲状腺ホルモンなどは，血糖の脂肪組織への取り込みを抑制し，トリアシルグリセロールの分解と遊離脂肪酸の血液中への放出を促進する．

8 コレステロールの生合成・輸送・蓄積

コレステロールの代謝の概要を図14にまとめた．次項よりその生合成・輸送・蓄積などについて詳細に解説する．

A. コレステロールの生合成

コレステロールの生合成は，糖質代謝や脂肪酸のβ酸化で生じるアセチルCoAが前駆体となって，細胞質ゾルで行われる．アセチルCoAとアセトアセチルCoAからHMG-CoA（3-ヒドロキシ-3-メチルグルタリルCoA）が生成した後，小胞体膜に局在するHMG-CoA還元酵素の作用でメバロン酸が合成される（図15）．

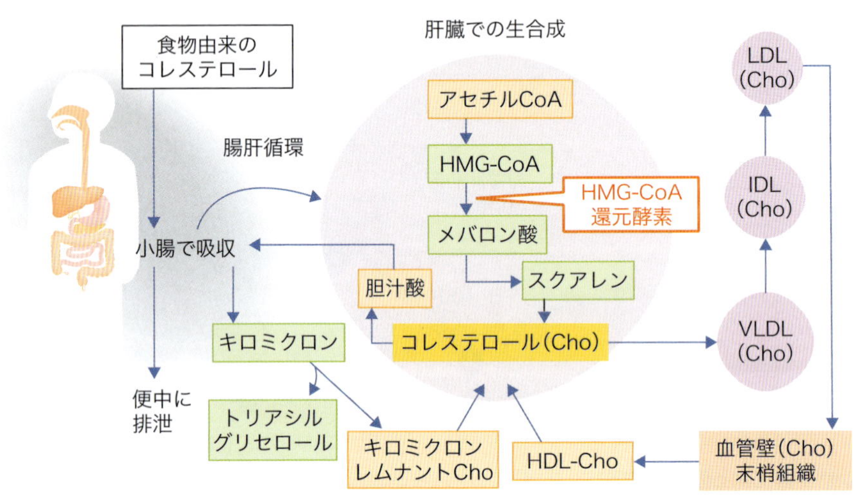

図14 コレステロールの代謝

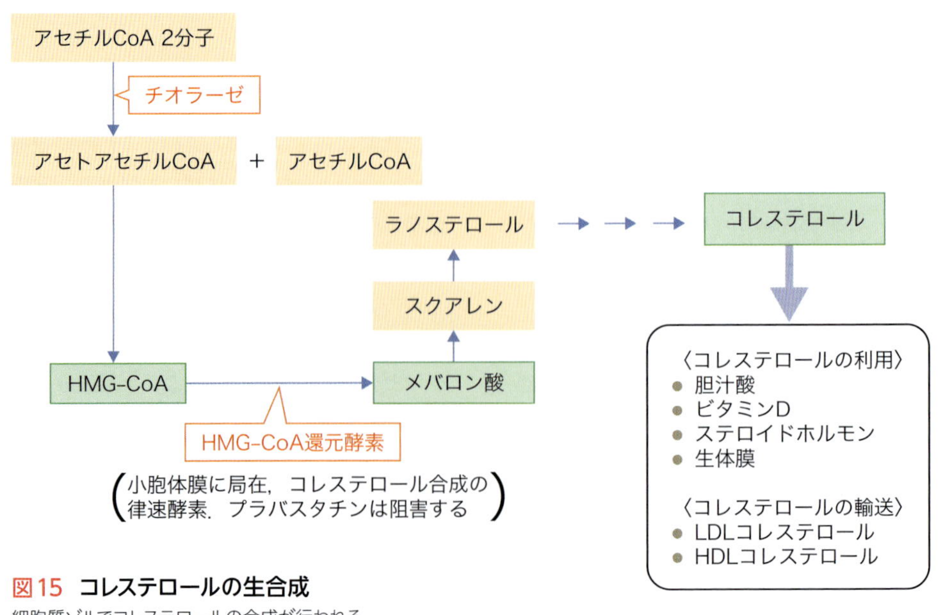

図15 コレステロールの生合成
細胞質ゾルでコレステロールの合成が行われる

メバロン酸からスクアレンやラノステロールなどいくつかの代謝中間体と，数段階の酵素反応を経て，コレステロールが合成される．

HMG-CoA還元酵素は，コレステロールの生合成経路における律速酵素であり，その代謝生成物であるメバロン酸やコレステロールによりフィードバック阻害※6を受ける．食事由来のコレステロールが細胞内に増加したときも，HMG-CoA還元酵素の活性は阻害され，コレステロールの生合成は抑制される．プラバスタチンなど，HMG-CoA還元酵素の阻害剤は，コレステロールの生合成を抑制するため高コレステロール血症の治療薬として利用されている．

B. コレステロールの輸送

食事由来のコレステロールの輸送はキロミクロンで行われ，肝臓で生成したコレステロールはVLDLで運ばれる．VLDLは血液循環の中で，リポタンパク質リパーゼ（LPL）の作用で徐々にトリアシルグリセロールを失って縮小し，IDLを経てLDLへと変化する．コレステロールはLPLの作用を受けないのでリポタンパク質の中に残り，相対的に**LDLはコレステロール濃度の最も高いリポタンパク質**となる．キロミクロンで運ばれるコレステロールは，キロミクロンレムナントとして肝臓に取り込まれ，LDLで運ばれるコレステロールは血管内皮細胞や，種々の細胞表面に存在するLDL受容体に結合して細胞の中に取り込まれる．

細胞内ではリソソームでアポタンパク質部分がアミノ酸にまで加水分解され，コレステロールエステルはコレステロールと脂肪酸に分解されて細胞内で再利用される．**LDL受容体**にLDLとの結合や，取り込みでの障害がある場合は，血液中のLDL濃度が上昇して脂質異常症となる．LDL受容体は，膜結合性のタンパク質であり遺伝子の支配を受ける．LDL受容体に遺伝的な機能障害をもつ**家族性高コレステロール血症**が知られている．

コレステロールの逆輸送にかかわるHDLの役割は，末梢やリポタンパク質中で，不要あるいは過剰となったコレステロールを肝臓に戻す機能である．

※6　**フィードバック阻害**：ある代謝系路上の生成物が，その代謝経路の上流にある酵素を阻害して生成物の量を調節するしくみ．

C. コレステロールの蓄積

コレステロールは生体膜の構成成分であり膜の流動性など機能を調節している．生体膜には常に一定量のコレステロールが存在しており，過剰になれば**ACAT**（アシルCoAコレステロールアシルトランスフェラーゼ）の作用で，脂肪酸と結合してコレステロールエステルに変換される．コレステロールエステルは生体膜に存在できないため，油滴として細胞質に貯蔵される．コレステロールの病的な蓄積は，家族性高コレステロール血症や動脈硬化症などでみられる．

9 コレステロールの代謝産物

A. 胆汁酸と腸肝循環

肝臓で生成する胆汁酸は一次胆汁酸と呼ばれ，コレステロールから，いくつかの中間段階を経てつくられる．主なものはコール酸とケノデオキシコール酸であるが，これらは細胞毒性をもつため，肝臓ではタウリンやグリシンと抱合して胆汁酸塩として存在する．コール酸とタウリンの抱合体はタウロコール酸，グリシンとの抱合体はグリココール酸である．また，ケノデオキシコール酸とタウリンの抱合体はタウロケノデオキシコール酸，グリシンとの抱合体はグリコケノデオキシコール酸と呼ばれる（図16）．

これらの一次胆汁酸は胆嚢に集められ，濃縮されて胆汁（一次胆汁酸，コレステロール，ビリルビンの混合物）として十二指腸に分泌され，小腸の腸内細菌でさらに変換されて二次胆汁酸に変わる．コール酸由来の二次胆汁酸はデオキシコール酸，ケノデオキシコール酸由来の二次胆汁酸はリトコール酸である．

胆汁として十二指腸に分泌された胆汁酸（抱合体）は，摂取された食餌中の脂肪とミセルを形成してリパーセの働きを助けるが，その多く（98％以上）は小腸で再び吸収されて，門脈を経て肝臓に運ばれ利用される．これを**腸肝循環**と呼ぶ．ごくわずかな胆汁酸は，食物繊維などとともに排泄される．

B. ステロイドホルモン

ステロイド骨格からなるホルモンは，コレステロー

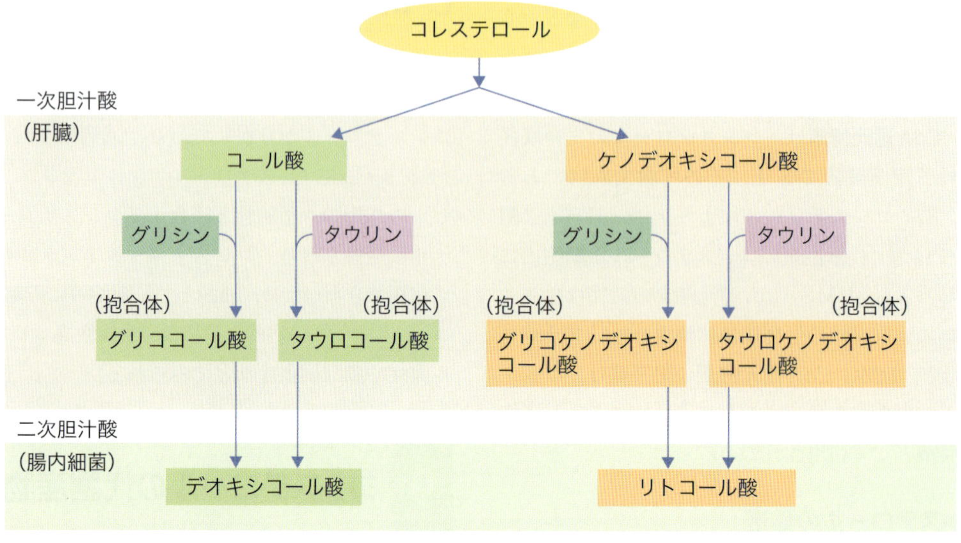

図16　一次胆汁酸の構造

ルからつくられたステロイドホルモンである．性ホルモンであるエストロゲン，プロゲステロン，テストステロン，副腎皮質ホルモンのコルチゾール，アルドステロン，プロビタミンDの7-デヒドロコレステロールなどがある．

10 脂質の代謝異常

A. 脂質異常症と動脈硬化

血清中のコレステロール，トリアシルグリセロール（中性脂肪）のどれかが正常範囲（基準値）を超えた場合は**脂質異常症**が疑われる．血清コレステロールの増加や中性脂肪の増加は，動脈硬化の発症原因にもなることから，基準値を超える場合は，食事や薬による適切な管理が必要である．また，脂質の代謝異常は，基準値よりも低くなる場合も含まれる．脂質異常症の判定基準（2017）は，いずれも空腹時採血で，LDLコレステロール140 mg/dl以上，HDLコレステロール40 mg/dl未満，トリアシルグリセロール（トリグリセイライド）150 mg/dl以上である．

動脈硬化症は脂質代謝の異常がその発症原因や促進要因になる．LDLは血管内皮細胞にLDL受容体を介して取り込まれるが，LDL受容体が十分に機能しない場合は，循環血液中に溜まることになり脂質異常症を呈する．血液中のLDLは，正常な状態でもわずかな量が血管内皮細胞の間隙から血管壁内へ浸潤するが，血液中のLDL濃度が高い場合や，糖尿病，高血圧，喫煙などで血管内皮細胞が傷害されている場合，間隙から多量のLDLが血管内皮下に浸潤する．マクロファージは，血管壁に沈着して酸化変性したLDL（酸化LDL）を貪食作用で取り込むが，やがて泡沫化してその機能を失い動脈硬化病巣部を形成する．血管の内皮から中膜にかけて，泡沫化細胞や増殖型中膜平滑筋細胞で形成された動脈硬化病巣部には多くのコレステロールやコレステロールエステルの蓄積がみられる．

B. リピドーシス

リピドーシス（**脂質蓄積症**）とは，神経組織など種々の組織に脂質が異常に蓄積する疾患の総称である．細胞のリソソームでは種々の栄養素や代謝産物が加水分解されるが，リソソームでの酵素活性など十分な機能が得られない場合にリピドーシスを発症する．リソソームにおけるスフィンゴ脂質の加水分解酵素の欠損では**糖脂質の蓄積**（**スフィンゴリピドーシス**）がみられる．

肥満症

肥満と肥満症は異なり，肥満は摂取エネルギーが消費エネルギーを上回った結果，脂肪組織に中性脂肪が標準よりも多く蓄積した状態をいう．一方，肥満症は肥満の他に，糖尿病，脂質異常症，高血圧症，あるいは異常な食行動など心身面での異常を伴う場合を指す．肥満症は医師による適切な治療が必要である．体脂肪量を厳密に測定することは容易でないが，肥満の判定として，現在ではBMI（body mass index）が国際的な判定基準として利用されている．計算式は，BMI＝体重(kg)÷身長(m)^{2}であり，BMI＝18.5未満：やせ，BMI＝18.5以上25未満：普通体重，BMI＝25以上：肥満と判定する．体脂肪率では，男子は25％以上，女子は30％以上が肥満の判定基準である．

なぜ肥満になるか，日本肥満学会は，肥満になりやすい5つの要因をあげている．①過食，②摂食パターンの異常，③遺伝（体質），④運動不足，⑤熱産生障害であるが，①の過食とは食事だけではない．ジュース，コーラ，コーヒーなど，飲料から摂取するエネルギーも大きい．コンビニで買うおにぎりは，1個130 kcal～230 kcal（中の具で異なる）であるが，砂糖やミルクの入ったコーヒー飲料1缶にも，おにぎり1個分の食物エネルギーが含まれる（ラベルの栄養成分表示で確認できる）．肥満は過食による食習慣や，運動不足，不規則な生活パターンなど，生活習慣によることが多い．しかし，過激な減量（ダイエット）も，絶対に行ってはいけない．食べないだけのダイエットでは，体脂肪よりも筋肉が減少する．なぜなら，食事を摂らないと血糖が低下する．絶食による血糖の低下は，肝臓や筋肉中のグリコーゲンから補えるが，体内に蓄積できるグリコーゲンは，約1日で使い切る量でしかない．血糖の低下は，昏睡や，死に至るほど危険である．そのため糖新生により血糖をつくるが，中性脂肪として蓄えた脂肪酸は，β酸化で生じるアセチルCoAを経て，エネルギー産生には貢献するが，アセチルCoAからピルビン酸を生じる代謝経路がないため糖新生経路へは進めない．脂肪酸から血糖はできない．血糖を維持するためには，糖原性アミノ酸から糖新生で血糖をつくる必要があり，遊離アミノ酸や筋肉タンパク質が消費される（グルコース-アラニン回路）．健全なダイエットは，生化学で学んだ知識を利用して，上手に食べ，しっかり運動をして消費エネルギーを増やすこと，また間食をしないことで実現できる．スポーツと勉強を上手に組み合わせて，心身ともに健康な学生生活を送ろう．

第10章 チェック問題

問題

□ □ Q1　細胞における脂肪酸合成の場はどこか答えよ.

□ □ Q2　脂肪酸の分解はβ酸化と呼ばれる過程で行われるが，β酸化で何が生成されるか答えよ.

□ □ Q3　脂肪酸の分解は細胞のどこで行われるか答えよ.

□ □ Q4　アシルCoAのミトコンドリア内膜と外膜における移動について説明せよ.

□ □ Q5　肝臓におけるケトン体の合成について，合成の場所と前駆体を答えよ.

□ □ Q6　アラキドン酸やエイコサペンタエン酸など，炭素数20の不飽和脂肪酸から誘導される生理活性物質の総称は何か答えよ.

□ □ Q7　食物中のトリアシルグリセロールの消化では，何の作用で何が生じるか答えよ.

□ □ Q8　小腸上皮細胞で合成されたトリアシルグリセロールの輸送について説明せよ.

□ □ Q9　肝臓でつくられた脂質の輸送はVLDLで行われるが，血液循環のなかでしだいにサイズが小さくなって何になるか答えよ.

□ □ Q10　コレステロールの合成は何が前駆体となり，どこで行われるか答えよ.

□ □ Q11　HMG-CoA還元酵素はどんな物質によりフィードバック阻害を受けるか答えよ.

□ □ Q12　一次胆汁酸を2つ答えよ.

解答＆解説

A1 細胞質ゾル（細胞質でもよい）.

A2 脂肪酸からエネルギーをとり出す前駆体（アセチルCoA）がつくり出される.

A3 β酸化はミトコンドリアのマトリックスで行われる.

A4 脂肪酸アシルCoAは，ミトコンドリアの外膜を通過できるが，内膜は通過できない．そのためミトコンドリアの外膜に存在するカルニチンアシルトランスフェラーゼⅠの作用でアシルカルニチンに変換されて内膜を通過する.

A5 ケトン体は肝臓のミトコンドリアでアセチルCoAから合成される．なお，分解については，肝臓のケトン体を処理する酵素活性は弱いため，肝臓で合成したケトン体は血中に放出され，他の組織で分解される.

A6 エイコサノイド.

A7 膵臓リパーゼの作用で，2-モノアシルグリセロールと脂肪酸が生じる.

A8 食物由来の脂質の輸送は，小腸上皮細胞からキロミクロンとなってリンパ管に出て運ばれる．門脈を経由するのはアミノ酸やグルコースなど水溶性成分である．ただし，短鎖および中鎖脂肪酸は門脈経由で運ばれる.

A9 VLDLは血液循環中に，リポタンパク質リパーゼ（LPL）の作用で，トリアシルグリセロールから脂肪酸が切り出され，脂肪組織に移されるため，リポタンパク質のサイズはしだいに小さくなる．VLDL→IDL→LDLである.

A10 コレステロールの合成は，アセチルCoAが前駆体となって細胞質ゾルで行われる.

A11 HMG-CoA還元酵素はコレステロール合成の律速酵素で，最終生成物のコレステロールによりフィードバック阻害を受ける.

A12 肝臓でつくられる胆汁酸を一次胆汁酸とよび，コール酸やケノデオキシコール酸がある.

本書関連ノート「第10章　脂質の代謝」でさらに力試しをしてみましょう！

第11章 タンパク質の分解とアミノ酸代謝

Point

1. 摂取したタンパク質がどのようにして血中に出現するのかを理解する
2. アミノ酸は体タンパク質の合成原料だけでなく，エネルギー源にもなることを理解する
3. アミノ酸はエネルギー源だけでなく，種々の生体成分の原料にもなることを理解する

概略図 タンパク質の分解とアミノ酸代謝

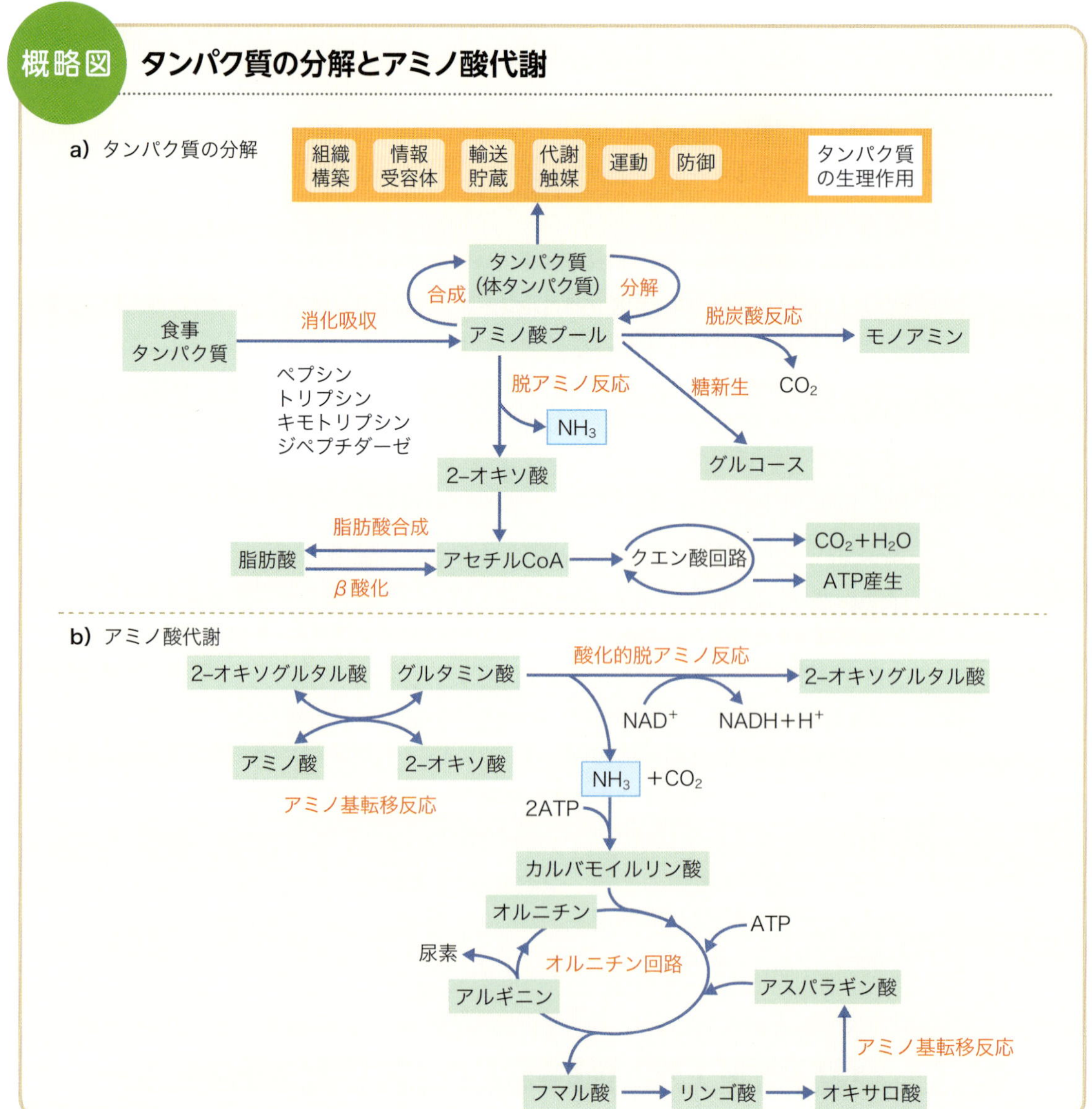

1 タンパク質の分解とアミノ酸プール

食事として摂取するタンパク質は高分子である．そのままでは体内（細胞）には入らない．タンパク質は低分子化合物のアミノ酸に加水分解されてから，血中を介してさまざまな細胞の中に取り込まれ，そして代謝されていく．タンパク質を構成するアミノ酸は，エネルギー源としても大切であるが，体内情報伝達物質を代表とするいろいろな生体成分の原料としても重要な有機化合物である．

A. タンパク質の消化

タンパク質は，多数のアミノ酸がペプチド結合で連なった高次構造を有する高分子化合物である（第4章，p48参照）．

ヒトの唾液はタンパク質を分解する消化酵素を含んでいない．摂取した食物は咀嚼（そしゃく）による機械的消化（物理的消化）を受ける．また，それらの多くは，加熱変性などを伴う調理がなされてはいるものの，含有される植物性・動物性タンパク質の消化分解は，口腔内ではいまだはじまらない．

タンパク質の化学的消化は，胃から開始される．嚥下（えんげ）により胃内に送られた食塊中のタンパク質は，胃酸による変性を受けるとともに，ペプシンの酵素作用で分解されて**ペプトン（ポリペプチド）**となる．つづく十二指腸において，このポリペプチドは，膵液由来のタンパク質分解酵素であるトリプシンやキモトリプシンなどの作用を受けて，より短いポリペプチドやオリゴペプチドとなる．その後，小腸粘膜上皮細胞における膜消化※1と連動して．タンパク質消化の最終産物である遊離アミノ酸やジペプチド，トリペプチドが特異的輸送体を介した二次性能動輸送で小腸粘膜上皮細胞内に取り込まれる．

アミノ酸の能動輸送はNa^+との共輸送に依存している．また，その輸送系はアミノ酸の電荷や構造により異なることから，複数の輸送体が存在することになる．ところで，ジペプチド，トリペプチドの取り込みはプロトン共輸送体で行われるが，同一組成のアミノ酸混合物よりも速い．

表1 プロテアーゼの基質特異性

種類	作用部位（基質特異性）
エンドペプチダーゼ	
ペプシン トリプシン キモトリプシン	酸性，芳香族アミノ酸 塩基性アミノ酸のカルボキシ基側 芳香族アミノ酸のカルボキシ基側
エキソペプチダーゼ	
カルボキシペプチダーゼ アミノペプチダーゼ ジペプチダーゼ	C末端アミノ酸 N末端アミノ酸 ジペプチド

各種**プロテアーゼ**（タンパク質加水分解酵素）は，それぞれ加水分解する部位がある程度決まっている．タンパク質はペプチド結合で高分子化しているので，プロテアーゼのことを，ペプチドを加水分解する酵素ということで**ペプチダーゼ**とも呼ぶ．表1にこれらの酵素が切断する作用部位をまとめた．

タンパク質の内部のペプチド結合に作用して断片化するペプチダーゼを**エンドペプチダーゼ**という．断片化された産物であるペプトンにおいて，そのペプチド鎖の外側，つまりN末端あるいはC末端からアミノ酸あるいはジペプチドが遊離する．この反応を触媒する酵素を**エキソペプチダーゼ**※2と呼び，N末端側から作用するアミノペプチダーゼやC末端側から作用するカルボキシペプチダーゼなどが知られている．

エンドペプチダーゼは，活性部位のアミノ酸残基から次のように分類される．

①セリンプロテアーゼ：トリプシン，キモトリプシンなど

②システインプロテアーゼ：パパインなど

③アスパラギン酸プロテアーゼ：ペプシンなど

④メタロプロテアーゼ：サーモリシンなど

なお，ジペプチドを加水分解する酵素を**ジペプチダーゼ**（エキソペプチダーゼ）と呼び，これは膜消化にかかわる重要な酵素である．

ところで，エンドペプチダーゼは消化器系組織で合成されるが，酵素活性を保持したまま消化酵素が合

※1 **膜消化**：糖質とタンパク質消化の最終段階であって，これらの栄養素が最小単位にまで分解されると同時に吸収される過程のこと．

※2 **エキソペプチダーゼ**：タンパク質の構造の末端は2つあり，N末端のアミノ酸を加水分解するものをアミノペプチダーゼ，C末端側に作用するものをカルボキシペプチダーゼという．

成・分泌されれば，その組織細胞を構成するタンパク質も加水分解されることになる．そこで，これら一連の酵素は“不活性な状態の酵素（酵素前駆体）”として合成・分泌されている．この酵素前駆体を**チモーゲン**（プロ酵素）というが，ペプシンであればペプシノーゲンがチモーゲンである．ペプシンは胃液の酸度によって胃内でペプシノーゲンから生成する．トリプシンは，小腸粘膜に存在する**エンテロペプチダーゼ**（エンテロキナーゼ）がトリプシノーゲンに選択的に作用することで生成する．さらに，生じたトリプシンがキモトリプシノーゲンを分解してキモトリプシンを，またプロカルボキシペプチダーゼをトリプシンが分解するとカルボキシペプチダーゼが産生される．

ところで，エンテロペプチダーゼは，セリンプロテアーゼに分類される．

B. 窒素出納（ちっそすいとう）（N-バランス）と窒素平衡

健康ということは栄養状態がよいということである．成人であれば，体重の増減がないのが健康であるともいえる．摂取したエネルギー量に見合った分を消費したということになる．

栄養状態を知る指標の1つとして窒素が採用されている．［摂取窒素量］から［排泄窒素量（尿と糞）］を差し引いた値が窒素出納（値）である．この値は体内保留窒素でもある（この場合は“見かけの値”）．

成人において，窒素出納値は体タンパク質の増減（分解と合成のバランス）を示していると考えられる．この値が「ゼロ」であれば窒素平衡状態にある．つまり，両者が等しい場合は，窒素平衡が維持された健康な状態にあり，このときのタンパク質摂取量を窒素平衡維持量という．

成長期や妊娠期，運動負荷による筋肉の増加期などにおいて，摂取窒素量が排泄窒素量より多くなり**正の窒素出納**と呼ぶ．逆に，栄養不良，絶食，手術直後などにおいては排泄窒素量の方が多くなるため**負の窒素出納**となる．この分析方法は，摂取タンパク質の栄養価評価法の1つでもある．

栄養状態の指標として，血清中のアルブミンのほか**トランスサイレチン（プレアルブミン）**などが測定されている．トランスサイレチンは，アルブミン（20日）よりも半減期が短く（3日），急速代謝回転タンパク質（rapid turnover protein：**RTP**）に分類される．アルブミンやRTPの血中濃度が低下していれば，それは合成原料が欠乏して体タンパク質合成が低下していることを意味する．

C. アミノ酸プール

生体を構成する体タンパク質は，たえず分解され，そして合成されている．体タンパク質が分解されればアミノ酸になるし，合成するにはアミノ酸が必要である．そのアミノ酸は，摂取したタンパク質が消化管で消化されて吸収されたアミノ酸もあれば，グルコースや脂肪酸からつくられたアミノ酸もある．このように，各組織で固有の体タンパク質を合成する原料としてもアミノ酸の蓄えが必要なので，たえず一定量のアミノ酸が血中を流れている．この蓄えられているアミノ酸のことを**アミノ酸プール**（概念的なもので特定の貯蔵場所はない）と呼んでいる．このプールの中の各アミノ酸含有量，特に必須アミノ酸のアミノ酸評点パターンに対する存在比が悪くなると，体タンパク質の合成率も悪くなる．また，組織を構成する体タンパク質もたえず分解・合成されているが，その分解は細胞内のリソソームに存在する**カテプシン**※3により行われ，アミノ酸にまで分解されて，それもアミノ酸プールに合流する．このアミノ酸は，さらに分解されて尿素になったり，別の物質になったりもする（**概略図a**）．

※3　**カテプシン**：リソソーム内に存在するプロテアーゼ（タンパク加水分解酵素）の総称．細胞内の異物処理に役立っている．

Column

パパイン

パパイヤの実には，パパインというエンドプロテアーゼが含まれている．タンパク質を内側から分解していく酵素である．これを応用して，コンタクトレンズの洗浄液や，肉を軟らかくする加工処理などに広く用いられている．

表2　糖原性およびケト原性アミノ酸

種類	特徴	
糖原性アミノ酸	Gly・Ser・Ala・Cys・Met・Val・His・Arg・Pro・Asp・Glu・Asn・Gln	糖代謝系に組み込まれる
ケト原性アミノ酸	Leu・Lys	脂質代謝系のみに組み込まれる
糖原性かつケト原性アミノ酸	Trp・Phe・Tyr・Ile・Thr	糖代謝系と脂質代謝系に組み込まれる

D. アミノ酸の分解

アミノ酸はアミノ基とカルボキシ基の両方をもった両性電解質である．そのアミノ酸が代謝されて，アミノ基がはずれれば，塩基性の性質がなくなるため，酸の性質をもった化合物となる．すなわち，**2-オキソ酸**[※4]になる．反対にカルボキシ基がはずれると，酸性の性質がなくなるため，塩基の性質をもった物質になる．すなわち，中性アミノ酸であれば**モノアミン**となる．詳しくは後の項で説明する．

2　アミノ酸の炭素骨格の代謝

三大エネルギー源（熱量素）は，「糖質」「脂質」「タンパク質」である．熱量素ということは，タンパク質も酸素を利用して燃焼（酸化）すれば，ATPを産生できる．しかし，タンパク質を構成するアミノ酸のままでは燃えない．結局は，クエン酸回路（TCA回路）に流入して，ATPを産生している．また，アミノ酸は脱アミノ後糖代謝に組み込まれたり，脂質代謝に組み込まれたりしている．糖代謝に入るアミノ酸を**糖原性アミノ酸**，脂質代謝に入るアミノ酸を**ケト原性アミノ酸**という（表2）．図1にアミノ酸がクエン酸回路などに組み込まれていく概略を示した．アミノ酸がその代謝系に入る入口は，ピルビン酸，アセチルCoA，そしてクエン酸回路の中間体である．別のいい方をすると，図1はアミノ酸の中の炭素の行方を示したものである．

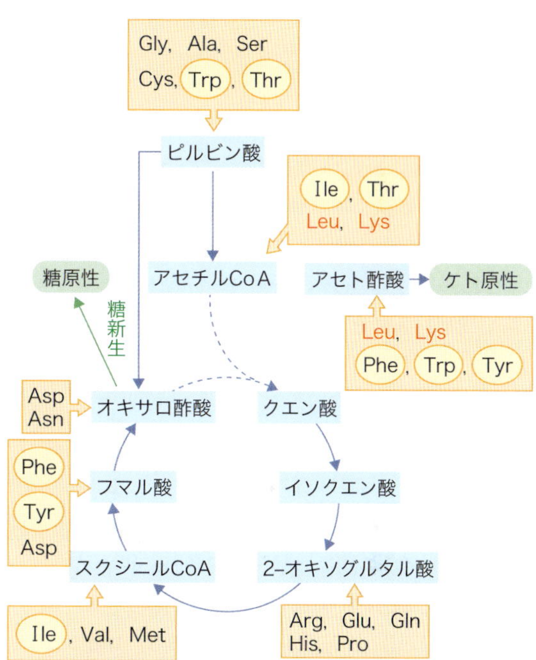

図1　糖原性アミノ酸とケト原性アミノ酸
赤字のアミノ酸は完全なケト原性アミノ酸．○は糖原性でもあり，ケト原性でもある．残りは糖原性アミノ酸である．
Gly：グリシン　Tyr：チロシン　Leu：ロイシン
Ser：セリン　Pro：プロリン　Asn：アスパラギン
Gln：グルタミン　His：ヒスチジン　Met：メチオニン
Phe：フェニルアラニン　Val：バリン　Asp：アスパラギン酸
Glu：グルタミン酸　Cys：システイン　Ala：アラニン
Ile：イソロイシン　Arg：アルギニン　Thr：スレオニン（トレオニン）
Trp：トリプトファン　Lys：リジン（リシン）

A. 糖原性アミノ酸

アミノ酸が分解されて生じるアミノ酸の炭素骨格は，その全部が，あるいは，少なくともその一部がクエン酸回路の中間体などに転換される．つづいて，炭素骨格は完全酸化されるか，あるいは，肝臓などでの糖新生経路やケトン体合成に向かうか，場合によっては，脂肪酸合成などの脂質代謝経路に組み込まれることになる．

糖原性アミノ酸は，その炭素骨格が分解されて，ピルビン酸，2-オキソグルタル酸，スクシニルCoA，フマル酸，オキサロ酢酸に変換されて糖新生経路に流入できるアミノ酸である．

※4　**2-オキソ酸**：以前はαケト酸と呼ばれていた物質で，炭素の位置の呼名を数字で統一するために，“2位の炭素にオキソ基（酸素）が結合した酸”となった（R・CO・COOH）．以前の呼名はα位の炭素がケト基になっている酸，が語源である．

グリシン（Gly），アラニン（Ala），セリン（Ser），システイン（Cys）は，分解されてピルビン酸（糖生成型）となる．スレオニン（Thr）※5からはピルビン酸とアセチルCoA（ケトン体生成型）が，またトリプトファン（Trp）からはアラニン（糖生成型）とアセト酢酸が生じる．アルギニン（Arg），グルタミン（Gln），ヒスチジン（His），プロリン（Pro）は，分解されてグルタミン酸（Glu）を生じ，グルタミン酸デヒドロゲナーゼにより2-オキソグルタル酸（糖生成型）に変換される．バリン（Val）とメチオニン（Met）は，プロピオニルCoAを経由してスクシニルCoA（糖生成型）となる．イソロイシン（Ile）はスクシニルCoAとアセチルCoAを生じる．また，フェニルアラニン（Phe）とチロシン（Tyr）は，分解されてフマル酸（糖生成型）とアセト酢酸（ケトン体）を産生する．アスパラギン（Asn）は，アスパラギナーゼによってアスパラギン酸（Asp）となり，アミノトランスフェラーゼでオキサロ酢酸（糖生成型）に転換される．

B. ケト原性アミノ酸

ケト原性アミノ酸は，脂質代謝経路に組み込まれるアミノ酸のことであって，完全なケト原性アミノ酸は，ロイシン（Leu）とリジン（Lys）である．ロイシンは，HMG-CoA（3-ヒドロキシ-3-メチルグルタリルCoA）を中間体としてアセチルCoA（ケトン体生成型）とアセト酢酸（ケトン体）に，リジン（リシン）は，**アセトアセチルCoA**※6とHMG-CoAを経由してアセト酢酸に変換される．

ケト原性アミノ酸は，アセトアセチルCoA（アセト酢酸）あるいはアセチルCoAに変換された後，脂質代謝経路に向かうほか，肝臓などでのケトン体合成にも寄与する．つまり，糖新生経路流入が可能な糖原性アミノ酸であっても，最終的にアセチルCoAに転換されるアミノ酸であるならば，それはケト原性をも有していることになる．

20種のアミノ酸のうち，イソロイシン，スレオニン，フェニルアラニン，トリプトファンおよびチロシンは，糖原性でもありケト原性でもある．

分枝（分岐鎖）アミノ酸（branched chain amino acid：BCAA）は毎日摂取する必須アミノ酸の50％も占め，類似したような代謝系によりスクシニルCoAに変換される．つまり，BCAAは筋組織や脂肪組織でエネルギー源としても重要なアミノ酸である．しかしながら，肝硬変などの重度肝障害では，末梢で十分なエネルギー源をつくり出せないことから，末梢ではBCAAを必要以上に消費して，血中BCAA量は減少する．また，肝臓で本来代謝される芳香族アミノ酸（aromatic amino acid：AAA）は代謝されないので，血中AAA量は増加する．この両者の比（BCAA/AAA）をとった値を**フィッシャー比**といい，通常の食事のフィッシャー比は約3.0でほぼ一定である．この値の変化をみることは，肝臓の代謝機能の指標にもなっている．

これと同様な肝機能の検査項目に，BCAA/チロシンモル比（**BTR**）がある．芳香族アミノ酸のすべてを測定するのではなく，その中のチロシンだけを測定するものである．

※5　スレオニンからピルビン酸への代謝には異なる見解もある（第13章，p178）．

※6　**アセトアセチルCoA**：アセチルCoAが2分子結合した物質でアセチルCoAからコレステロールを合成する中間物質にもなっている．CoA-SHが取れればアセト酢酸になり，これはケトン体の1つである．

Column

筋肉系アミノ酸

筋肉系アミノ酸という単語はないが，分岐鎖アミノ酸（BCAA）のことをいう．BCAAは小腸から吸収された後，肝臓を経由して主に筋組織に輸送される．筋タンパク質の原料として重要であるとともに，アセチルCoAを介してエネルギー源として大切である．

エネルギー産生のためにグルコースを多量消費すると，その最終代謝産物は疲労物質といわれる乳酸を生じるが，アセチルCoAを完全酸化すれば疲労物質は生じない．持続的な運動にBCAAは適している．

3 アミノ酸の窒素の代謝

熱量素である糖質，脂質は完全酸化されると，水と二酸化炭素になる．タンパク質（アミノ酸）中の炭素は，エネルギー源として酸化されて二酸化炭素になることは前項で説明した．この際に，アミノ酸の中のアミノ基は，有毒なアンモニア（NH_3）になってしまう．これを肝臓で無毒化するために，エネルギーを消費してまで尿素に変換している．

試験管の中でアミノ酸を燃焼させるとアンモニアが生成するが，体内でのアンモニアが処理されて尿素を生成するしくみは概略図bにも示した．

A. アミノ基転移反応

生体では全てのアミノ酸から直接，アンモニアが出てくるわけではない．各種アミノ酸は，まずは2-オキソグルタル酸にアミノ基をわたしてグルタミン酸にする．アミノ酸のアミノ基と2-オキソ酸のオキソ基の交換が，アミノ基転移反応である．代表的なアミノ基転移反応を図2に示した．アスパラギン酸，そして，アラニンのアミノ基の転移反応であって，アミノトランスフェラーゼ（アミノ基転移酵素）の酵素反応のもとに行われている．以前はトランスアミナーゼと呼ばれていた酵素である．肝機能検査として臨床診断にも使用されているアスパラギン酸アミノトランスフェラーゼ（AST），そして，アラニンアミノトランスフェラーゼ（ALT）はその代表的な酵素である．この反応を**アミノ基転移反応**と呼んでいる．その他のアミノトランスフェラーゼもその前にアミノ酸名を付けて酵素名になっている．

両方の官能基を交換するためには，まずはアミノ基を預かっておく場所が必要である．それが補酵素である．アミノトランスフェラーゼは補酵素として**ピリドキサールリン酸**が必要である．これはビタミンB_6（ピリドキシン）がリン酸化されたものである．この補酵素の存在のもとで，アミノ基が2-オキソグルタル酸のオキソ基と交換されて，グルタミン酸になる．すなわち，アミノ酸のアミノ基は，再利用されているともいえる．

B. 酸化的脱アミノ反応（アンモニア生成）

アミノ基転移反応で，アミノ酸のアミノ基は転送されてグルタミン酸が生じた．その後に起きる変化として，**酸化的脱アミノ反応**がある．図3にグルタミン酸デヒドロゲナーゼによる反応を示した．グルタミン酸はミトコンドリアに輸送され，水と反応してグルタミン酸から水素が取られる．よって「酸化的」なのである．そのときにはずれたアミノ基がアンモニア（NH_3）となる．アミノ基が取られた残りは2-オキソグルタル酸になるが，これはクエン酸回路の一員としてエネル

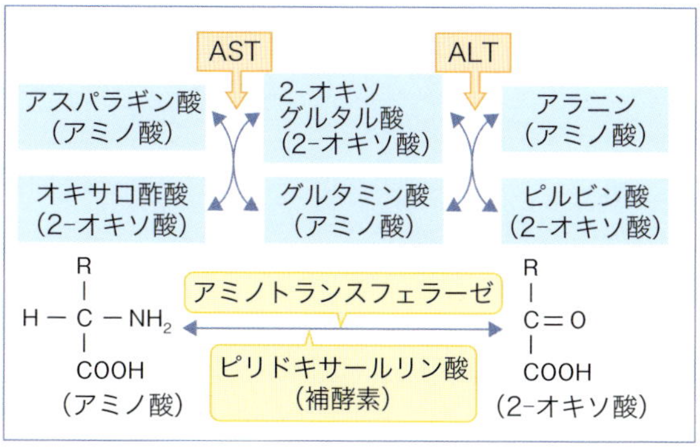

AST
ALT
アスパラギン酸（アミノ酸）
2-オキソグルタル酸（2-オキソ酸）
アラニン（アミノ酸）
オキサロ酢酸（2-オキソ酸）
グルタミン酸（アミノ酸）
ピルビン酸（2-オキソ酸）
$H-C(R)(COOH)-NH_2$（アミノ酸）
アミノトランスフェラーゼ
ピリドキサールリン酸（補酵素）
$R-C(=O)-COOH$（2-オキソ酸）

図2 アミノ基転移反応
AST：アスパラギン酸アミノトランスフェラーゼ
ALT：アラニンアミノトランスフェラーゼ

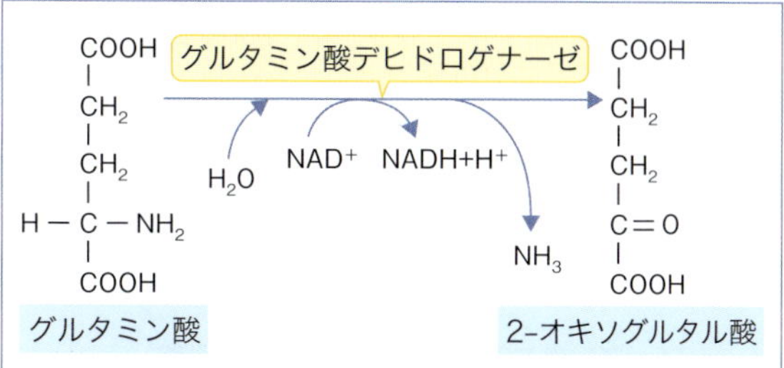

図3 グルタミン酸デヒドロゲナーゼによる酸化的脱アミノ反応

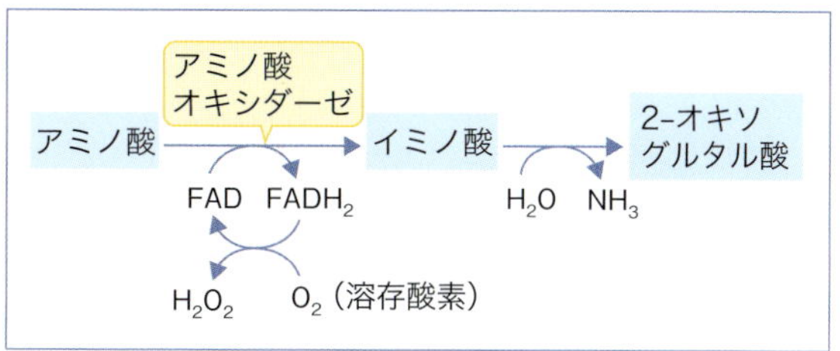

図4 アミノ酸オキシダーゼによる酸化的脱アミノ反応

ギー代謝の方へ供給されたり，あるいは前項に説明したアミノ基転移反応の基質として利用される．

また，肝臓や腎臓のペルオキシソーム中に，補酵素にFADを要求する**アミノ酸オキシダーゼ**（アミノ酸酸化酵素）が存在する．図4に示すように，この反応のもとに生じた$FADH_2$は酸素（溶存酸素）と反応して過酸化水素（H_2O_2）を生成する．この過酸化水素は生体にとって有毒なので，ペルオキシソーム内にあるカタラーゼにより分解されて水へと変化させている．そして，その反応で生じたイミノ酸は非酵素的に2-オキソグルタル酸になると同時にアンモニアを生成する．

このようにして，約20種のアミノ酸のアミノ基は，有毒なアンモニアへと変化する．この有毒なアンモニアを細胞内に溜めておくわけにはいかない．肝臓はエネルギーを消費してまで，アンモニアを尿素へと変換している．

C. オルニチン回路（尿素生成）

アミノ酸が酸化されて生じたアンモニアの処理は，ATPを産生するミトコンドリアの中で二酸化炭素と結合するところからはじまる．そこでまずエネルギーを消費してしまう．ミトコンドリアが産生するATPの10％以上をアンモニアの無毒化に消費している．もったいない話であるが，排泄物をつくるのにエネルギーを使わなければならないほど，アンモニアが有毒であるということである．図5に示したが，アンモニア（NH_3）はATPを2分子も消費して二酸化炭素（CO_2），実際にはHCO_3^-と反応してカルバモイルリン酸になる．この反応を触媒する酵素が，**カルバモイルリン酸シンターゼ**（カルバモイルリン酸合成酵素）でオルニチン回路の律速酵素になっている．生じたカルバモイルリン酸は，オルニチンカルバモイルトランスフェラーゼ（OCT）のもとにオルニチンと結合してシトルリン，そ

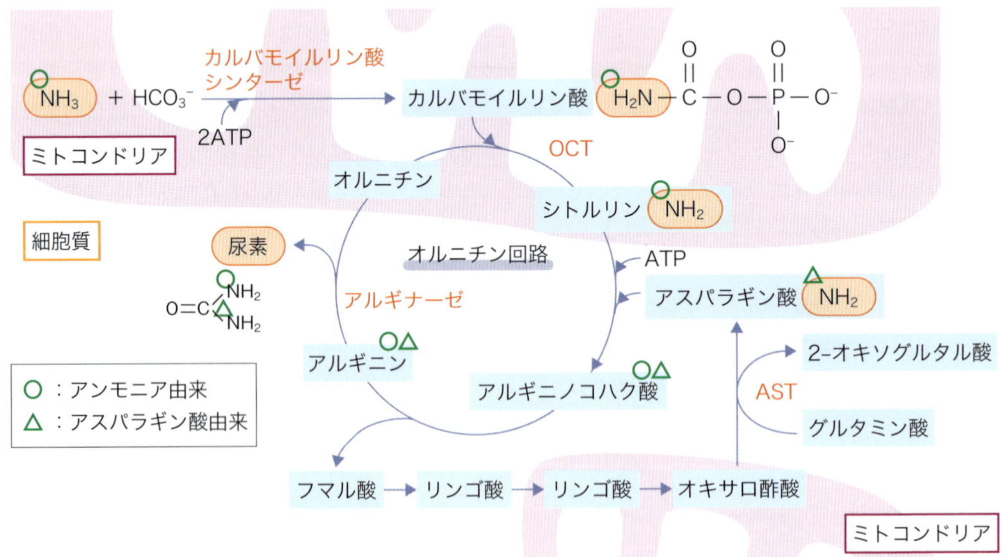

図5 アンモニアの処理（オルニチン回路）
AST：アスパラギン酸アミノトランスフェラーゼ
OCT：オルニチンカルバモイルトランスフェラーゼ

Column

肝性脳症

肝臓でアンモニアの無毒化が行われているが，肝機能がきわめて悪くなると，そのアンモニアの処理もできなくなって高アンモニア血症となり，高濃度のアンモニアが脳に作用して意識障害をはじめ，昏睡状態にまで陥ってしまう．そのようにならないのは，肝臓が健康だからである．

してミトコンドリアから細胞質に出てきて，あとは図5にあるように反応が進行する（回路が回転する）．このように２つの細胞小器官をまたいで行われる代謝系，これが**オルニチン回路**（尿素回路）である．

図5をみてわかるように，回路が回るためには，アスパラギン酸の供給が必要であるが，そのあとにフマル酸が抜け出す．ここでミトコンドリアの中でのクエン酸回路を思い出してほしい．フマル酸，リンゴ酸，そしてオキサロ酢酸という回路である．オキサロ酢酸は，前に説明したアミノ基転移反応により，アスパラギン酸に変化しているのだ．オルニチン回路を回すにはエネルギーがいる．そのエネルギーはクエン酸回路で産生される．その両方がクルクル回ることで，円滑に代謝が行われる．１つの代謝系だけで進むのではなく，いろいろな代謝系が歯車が噛み合うように進んでいるのである．

この回路が回ると，アルギニンに到達する．そこで，細胞質にある**アルギナーゼ**という加水分解酵素により，アルギニンの側鎖の先端が切り離される．切断される官能基をアミジノ基と呼ぶが，このアミジノ基が尿素になる．図6に示すように，アミジノ基の部位にアルギナーゼが作用する．

このようにして，アミノ酸が酸化されて生じた有毒なアンモニアは，尿素へと変換されて尿中に排泄されている．また，アンモニアはアミノ酸から生じるだけでなく，消化管内の腸内細菌がつくる老廃物としてのアンモニアも門脈経由で肝臓に入っていく．このアンモニアも肝臓で尿素に変換している．

4 アミノ酸から合成される生体物質

アミノ酸の生化学的に重要な反応は，前項で説明した脱アミノ反応だけではない．両性電解質であるアミノ酸からカルボキシ基がはずれたら，すなわち，脱炭酸反応が起きると，アミノ酸はモノアミンへと変換する．

A. アミノ酸の脱炭酸反応（モノアミン生成）

脱炭酸してカルボキシ基が取られると，アミノ酸は塩基の性質を示すことになる．中性アミノ酸であれば，アミノ基を１つもつ物質になるので，**モノアミン**（**生理活性アミン**）と呼ばれる物質になる．代表的なアミノ酸の脱炭酸反応を図7に示した．グルタミン酸は酸性アミノ酸なので，脱炭酸しても，カルボキシ基がまだ１つある．GABA[※7]はγ-アミノ酪酸（gamma-amino butyric acid）のことで，代表的なγ-アミノ酸の一種である．これらの反応は，**デカルボキシラー**

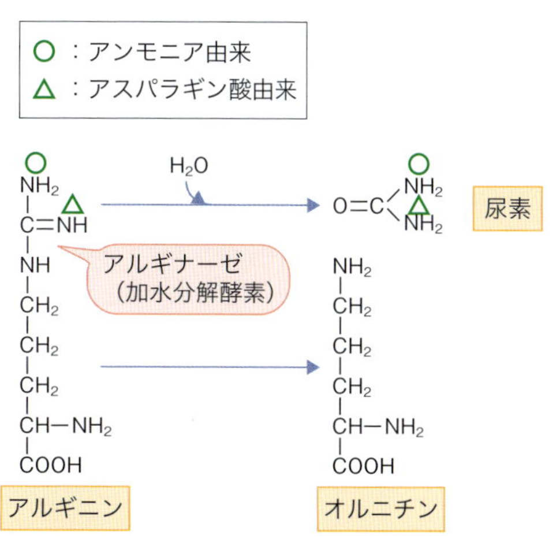

図6 アルギナーゼによる尿素生成

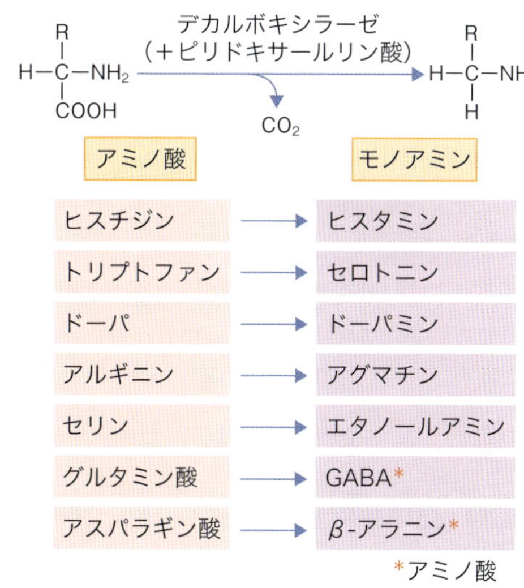

図7 アミノ酸の脱炭酸反応

※7 **GABA**：哺乳動物の脳や脊髄に存在する抑制性の神経伝達物質．GABAによる脳内情報伝達が促進されると穏やかな気分になるといわれる．最近は，サプリメントのほか，いろいろな食品に含まれていることが知られている．

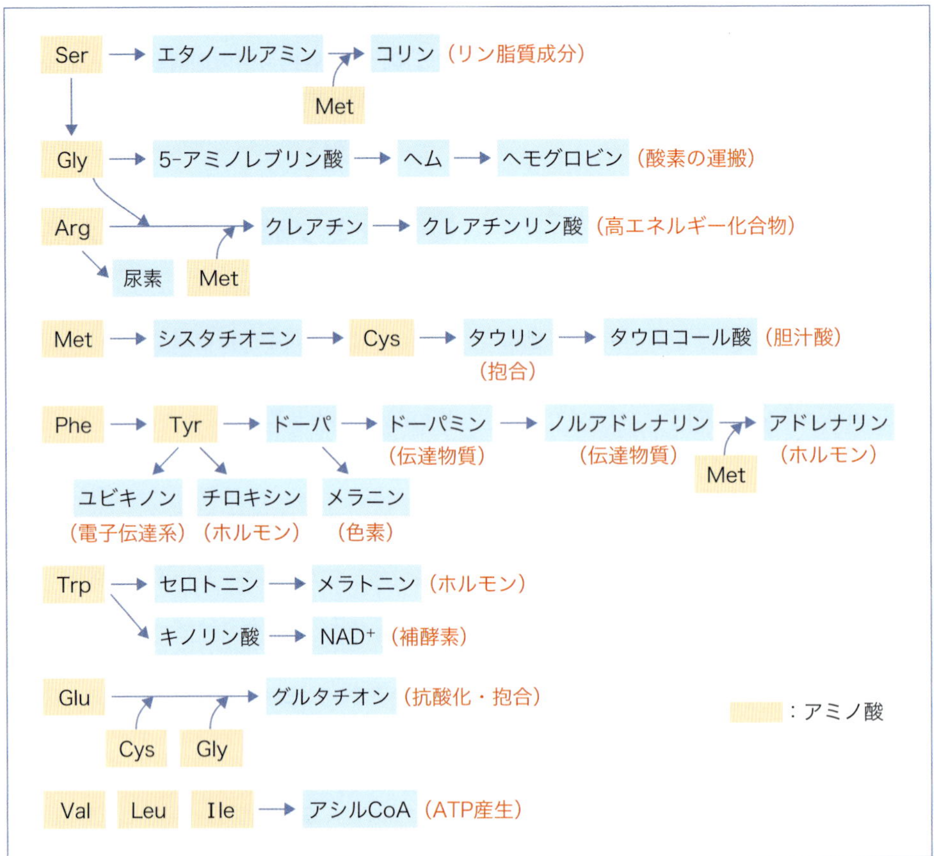

図8 各種アミノ酸の体内変化

ゼ(脱炭酸酵素)により行われるが，アミノトランスフェラーゼと同様に，補酵素に**ピリドキサールリン酸**が必要である．ピリドキサールリン酸はアミノ酸代謝に必要な補酵素なのである．

この反応で生じた多くのモノアミンは，体内情報伝達物質として重要なものばかりである．セロトニン，ドーパミン，GABAなどは脳神経細胞同士の情報伝達に不可欠な物質である．これらの物質が脳内で増えても減っても精神状態に異常が起こる．

B. その他のアミノ酸からの生体物質

20種あるアミノ酸のなかで代表的な体内変化をした物質を図8に示した．オレンジの四角（　　）で示したものがアミノ酸である．ほんの一例だが，図の中の物質名の近くに赤文字でかっこ書きしたように，体内でなくてはならないものばかりである．それは**体内**

Column

BUN (血中尿素窒素)

BUNは血中尿素窒素(blood urea nitrogen)のことで，腎機能検査項目として重要である．現在は，尿素そのものを測定できるが，はるか昔は，窒素は測定できても尿素を測定できなかったので，尿素の中の窒素の量として測定していた．そのために現在も尿素とはいわずに，尿素窒素という．本来，尿中に排泄されるものだが，腎障害でこの老廃物をろ過できなければ，血中で増加する．

情報伝達機構を担う伝達物質であったりする．体内情報伝達機構には3種あり，神経系ではモノアミンなど，内分泌系ではアドレナリンを代表とするホルモン，免疫系ではヒスタミンなどのオータコイド※8である．それらのほとんどはアミノ酸から合成されている．

さらに，アスパラギン酸やグリシンなどの窒素成分は，核酸の*de novo*合成の原料にもなっている．すなわち，アミノ酸は体内の窒素化合物の原料になっているといえる．

C. メチル基供与体としてのメチオニン

アミノ酸がさまざまな生体内物質に変換することは，前項で説明した．ここでは，具体例として，メチオニンがどのように生体物質の原料となるのかを解説する．メチオニンは構造の中に硫黄を介したメチル基をもっている．このメチル基を必要とする物質の合成にメチオニンは不可欠なのである．図9にクレアチン合成について示した．クレアチンは多量のATPを消費する組織，例えば筋組織で不可欠な物質である．そのような組織では，クレアチンはATPからリン酸をもらって**クレアチンリン酸**になる．ATPは保存が効かないが，この物質は保存可能な高エネルギー化合物で，同時にADPにリン酸をわたしてATPを産生し，そのエネルギーで筋運動を行っている．

このクレアチンリン酸をつくるために，クレアチンが必要である．クレアチンをつくるのにアミノ酸のアルギニン，グリシン，メチオニンが原料になっているが，メチオニンに関しては，その中のメチル基が必要なのである．まず，合成の出発はアルギニンのアミジノ基である．このアミジノ基にグリシンが結合してグアニド酢酸，そしてメチオニンの中のメチル基が結合

※8　**オータコイド**：体内情報伝達機構には，神経系，内分泌系，そして免疫系があるが，その免疫系での伝達物質をいう．以前は局所ホルモンとも呼ばれていた．

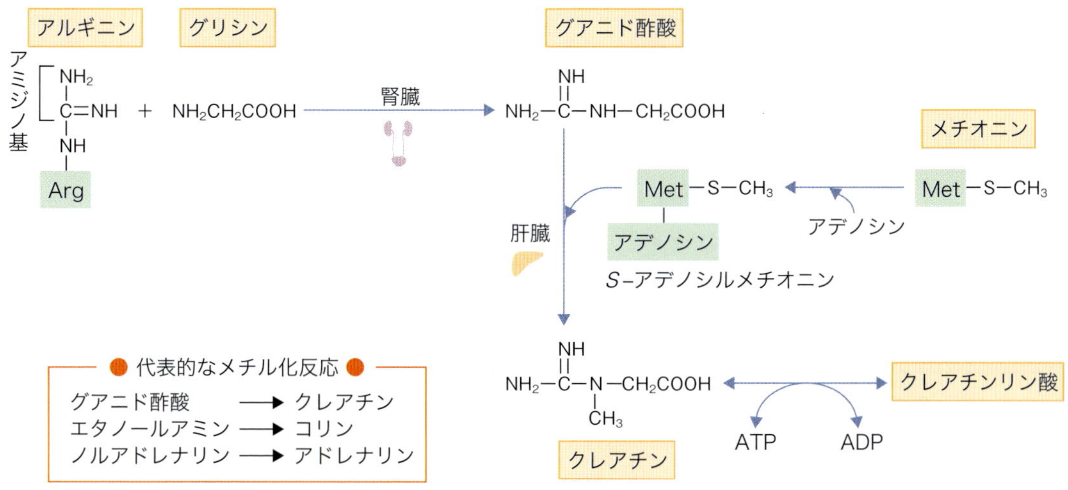

図9　メチオニンによるメチル化反応

Column

冬期うつ病

冬期に太陽の出ない北欧の人達は，冬の間だけうつ病になる人がいる．脳内伝達物質のセロトニンによる作用が減少すると，うつ病になることが知られている．視神経に太陽という光線刺激が加わることで，脳内（縫線核（ほうせんかく））でトリプトファンからセロトニンが合成されている（脱炭酸反応）．日照時間がきわめて短ければ，セロトニンは合成されず，うつ状態になるようである．

してクレアチンができあがる．ただ，メチオニンそのままではメチル基を切り離すことはできない．構造的に活性化された状態になってはじめてメチル基を離す．その活性化にはアデノシンというヌクレオシドが硫黄を介して結合することが必要である．その物質を***S*-アデノシルメチオニン**という．クレアチンは最終的には肝臓で合成されるが，血中を介してエネルギーを多量に消費する筋組織や脳に運ばれている．そして，余力のあるときにクレアチンはATPによりリン酸化されてクレアチンリン酸となり，そして同時に，クレアチンリン酸はADPをリン酸化してATPを産生させる高エネルギー化合物なのである．

このように，クレアチンは筋や脳でリン酸化されたり，脱リン酸化されたりしている．クレアチンとクレアチンリン酸は，筋肉において一定の速度で非酵素的脱水・リン酸除去により**クレアチニン**※9となる．このため，クレアチニンの尿中排泄量（正常尿：1 mg/dL以下）は，筋肉量に比例する．

D. 非必須アミノ酸の合成

アミノ酸はタンパク質合成の原料として不可欠である．必須アミノ酸（9種）は体内で合成できないか，あるいは合成量が不十分であることから，食事として摂取しなければならない．必須アミノ酸の1つでも欠けたら，それを利用するタンパク質の合成も止まってしまうからである．反対に考えると，必須アミノ酸以外のアミノ酸は，生体内で合成されるということである．図10にまとめたが，これらのアミノ酸も合成経路過程が長いものばかりで，つまり，合成するのに時間がかかるので，食事として摂取した方が，タンパク質合成には有意義である．そのために，タンパク質は1日に約1 g/体重kgを摂取するのが望ましいとされている．すなわち，1日に分解されて体外に排泄される体タンパク質が，体重1 kgあたり約1 g近くあるから，毎日それを補給しなければいけないということである．

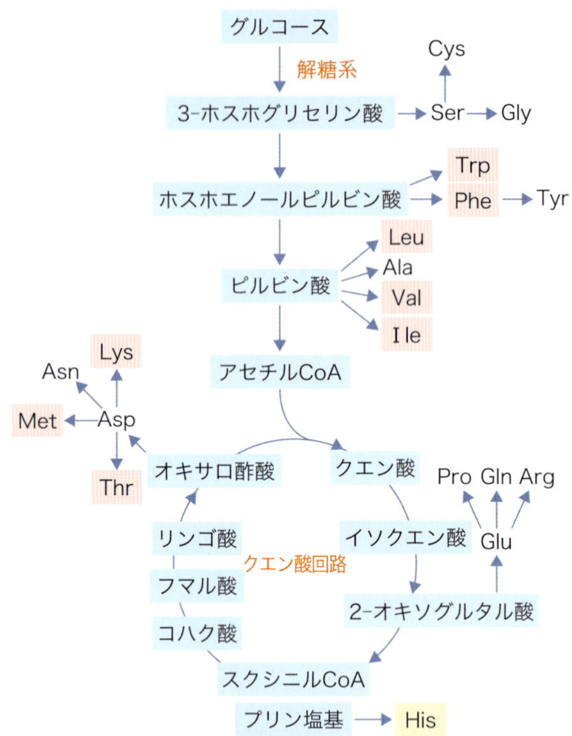

図10 非必須アミノ酸の合成

図には，合成量が不十分な必須アミノ酸も記載．赤色の四角の8種類（Hisを加えて9種）が必須アミノ酸である．図では，微生物や植物におけるそれらの経路も示す．

E. 特殊なアミノ酸の合成

一般的なタンパク質を構成するアミノ酸は20種である．しかし，これ以外に修飾されたアミノ酸を必要とするタンパク質もある．結合組織を構成する**コラーゲ**

※9 **クレアチニン**：クレアチンの代謝産物で腎臓の糸球体を通過し，尿細管で再吸収されないので，糸球体機能検査として測定される物質である．検査項目にクレアチニンクリアランスがある．

Column

老人性皮膚そう痒症

ヒスチジンはマグロ，サバ，イワシ，アジ，サンマなどの刺身や干物に比較的多く含まれている．ヒスチジンは体内で脱炭酸反応を受けて，痒みのもとのヒスタミンに代謝される．皮膚そう痒症の患者さんは，痒みを起こさせないためにも，そのような食品を多量に食べることは控えた方がよいだろう．

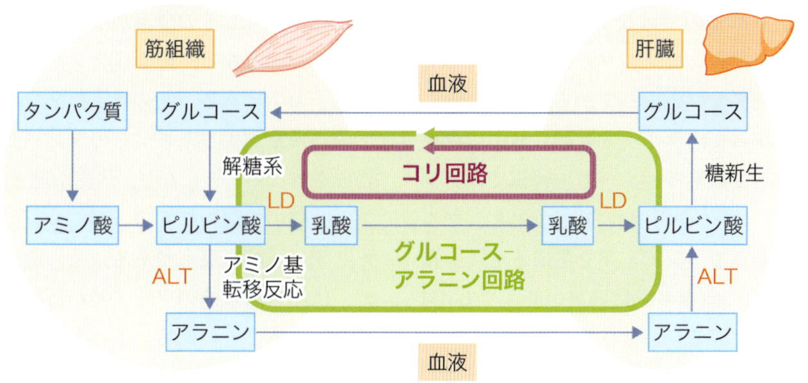

図11 グルコース-アラニン回路とコリ回路
ALT：アラニンアミノトランスフェラーゼ
LD：乳酸デヒドロゲナーゼ

ンがそれにあたる．コラーゲンの中には**ヒドロキシプロリン**や**ヒドロキシリジン**というアミノ酸が多量に含まれている．これらのアミノ酸はプロリンやリジンがともにヒドロキシル化，つまり翻訳後修飾されたアミノ酸である．酵素反応によって生成するが，その酵素であるプロリルヒドロキシラーゼやリジルヒドロキシラーゼは，ビタミンCを必要とする酵素である．ビタミンCが不足すると，これらの修飾されたアミノ酸合成が進まない．したがって，本来のコラーゲンが合成されず，不十分な結合組織になってしまう．血管を構成するのも結合組織である．未成熟な血管だと，ちょっとぶつけただけでも，すぐ壊れてしまい，アザになる．これがビタミンC欠乏症の**壊血病**である．

F. 異なる臓器間で血中を介したアミノ酸代謝

末梢，特に筋組織ではATPを多く消費するために，糖質，脂質，タンパク質をたくさん酸化してエネルギーを産生している．当然，それらの代謝産物が多量に産生される．解糖系が進むとピルビン酸濃度も高くなり，アミノ基転移反応でアラニンがつくられる．いってみればアラニンも代謝産物である．これが血中を介して肝臓に輸送されると，肝臓の細胞内アラニン濃度も高くなるので，アミノ基転移反応で可逆的にピルビン酸に変換される．そして，糖新生でグルコースに戻り，また筋組織に運ばれる，この回路を**グルコース-アラニン回路**という（第9章，p113参照）．末梢でつくられた廃物利用である．似たような回路もある．嫌気的条件下になると，解糖系は最終的に乳酸まで進む．これが血中を介して肝臓に輸送され，肝臓の細胞内乳酸濃度が高くなると，可逆的にピルビン酸，そして糖新生でグルコースに戻り，また筋組織に運ばれる，この回路を**コリ回路**という（第9章，p114参照）．この両方の回路を図11にまとめた．

また，末梢でつくられたアンモニアは，アンモニア

Column

最終代謝産物の再利用

テレビで「タウリン1000 mg！」は有名になった．このタウリンは必須アミノ酸のメチオニンからシステインを経て代謝される最終産物だが，生体はこれをそのまま排泄はしていない．

体内（細胞）から体外へ難溶性物質は排泄されづらい．難溶性物質にタウリンやグルクロン酸などの水溶性物質が結合すると難溶性物質も水溶性を増して排泄されやすくなる．これを抱合というが，疲労は難溶性物質の蓄積と考えれば，タウリンを補給することで，難溶性物質が体外に排泄され，疲労がとれることになる．

として血中に放出されるのではなく，図12に示すように，エネルギーを消費してグルタミン酸と結合してアミド，つまりグルタミンとなってから肝臓や腎臓に輸送される．したがって，グルタミンが，血中に存在するアミノ酸のなかで最も多い．一方，腎臓では**アシドーシス**※10のときに，生理的pHに戻すために，グルタミンを分解してあえてアンモニアを生成させて中和している．すなわち，血中の微量のアンモニアもpH維持のために役立っている．

5 アミノ酸の代謝異常

A. 先天性疾患

体内で行われる代謝はすべて化学反応である．化学反応を促進するには触媒が必要で，体内ではそれが酵素である．もしその酵素がなかったら，その代謝は進まないこととなる．酵素はタンパク質で，その情報は遺伝子の中にある．その特定のタンパク質に対する遺伝子に異常が生じたら，そのタンパク質である酵素が合成されないことになり，代謝が進まないこととなる．アミノ酸の代謝のほんの一部については，図8に示した．すべて酵素反応である．その遺伝子に異常があれば，代謝される前のアミノ酸が蓄積し，それが尿中に排泄されることになる．これを**アミノ酸代謝異常症**といい，多くは知能障害を伴う．常染色体劣性遺伝という形式で遺伝する疾患で，近親結婚で発症の危険度が高くなる（第15章，p205参照）．

表3に代表的なアミノ酸代謝異常症を示した．**フェニルケトン尿症**はその典型的な代謝異常症であるが，新生児に対して尿中に**フェニルケトン体**※11があるかどうかの**マス・スクリーニング**（スクリーニングテスト）が行われる．もし，これが尿中に含まれていたら，その新生児はフェニルアラニンを摂取できない．フェニルアラニン量を調整した特殊治療用ミルクを飲ませなければならない．マス・スクリーニングを行わなければならないアミノ酸代謝異常症としては，このフェニルケトン尿症の他に**メープルシロップ尿症**※12と**ホモシスチン尿症**※13の2つがある．ともに知能障害を起こす重篤な疾患である．ヒスチジン血症も以前はマス・スクリーニングの項目に入っていたが，重篤な知能障害はないということから，現在は除かれている．

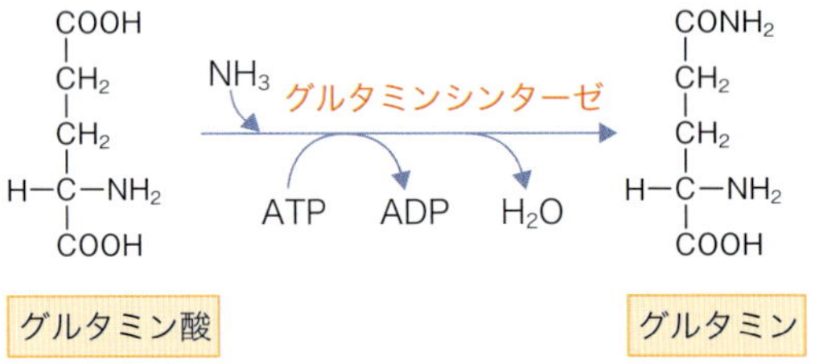

COOH–CH₂–CH₂–CH(NH₂)–COOH (グルタミン酸) + NH_3 —グルタミンシンターゼ (ATP → ADP, H_2O)→ CONH₂–CH₂–CH₂–CH(NH₂)–COOH (グルタミン)

図12 グルタミン酸からグルタミンの合成

表3 代表的なアミノ酸代謝異常症

病名	障害酵素	尿中排泄物質	症状
フェニルケトン尿症	フェニルアラニンヒドロキシラーゼ	フェニルケトン体	痙攣，知能障害
アルカプトン尿症	ホモゲンチジン酸オキシゲナーゼ	ホモゲンチジン酸	尿の黒変，関節炎
メープルシロップ尿症	分岐鎖オキソ酸デヒドロゲナーゼ	分岐鎖2–オキソ酸	痙攣，知能障害
ホモシスチン尿症	シスタチオニンシンターゼ	ホモシスチン	痙攣，知能障害
ヒスチジン血症	ヒスチダーゼ（ヒスチジンアンモニアリアーゼ）	ヒスチジン	発育障害
チロシン症	フマリルアセト酢酸ヒドラーゼ	フマリルアセト酢酸	肝・腎不全
白皮症（アルビノ）	チロシナーゼ	4–ヒドロキシフェニルピルビン酸	皮膚の色素異常

※10 **アシドーシス**：血液中の酸と塩基との平衡が乱れて，血液のpHが酸性側に傾いた状態．腎不全・糖尿病が原因で重炭酸（アルカリ）が失われたときなどにみられる．酸血症のこと．

※11 **フェニルケトン体**：酵素欠損によりフェニルアラニンからチロシンへの代謝ができず，フェニルアラニンの代謝物，フェニルピルビン酸，フェニル乳酸，フェニル酢酸が産生する．これらの物質を合わせてフェニルケトン体という．

※12 **メープルシロップ尿症**：尿がメープル（楓：かえで）様のにおいを放出することから楓糖尿症とも呼ばれる．ミトコンドリア局在の分岐鎖オキソ酸デヒドロゲナーゼ活性低下に起因する．

※13 **ホモシスチン尿症**：ホモシスチンが尿中に排泄される疾患で，シスタチオニンβ-シンターゼ欠損による（先天性含硫アミノ酸代謝異常症）．

B. 尿細管の異常

間接的なアミノ酸代謝異常として**ハルトナップ（Hartnup）病**がある．アミノ酸は小腸から吸収され，そして，腎臓の尿細管でもほぼ100％再吸収されている．その吸収方法はエネルギーを消費するアミノ酸の能動輸送である．トリプトファンを代表とした中性アミノ酸の再吸収障害がハルトナップ病である．尿中にトリプトファンを排泄してしまうので，トリプトファンから合成されるニコチン酸，さらにはNAD^+（ニコチンアミドアデニンジヌクレオチド）が合成できず，食事からの摂取が少ないと，**ペラグラ**※14を発症することになる．

シスチン尿症も尿細管での再吸収異常で生じる．その結果，シスチンだけでなく，リジン，アルギニン，オルニチンなども尿中排泄される．シスチンは難溶性物質なので，尿路結石や腎盂（じんう）腎炎を発症することがある．

※14　**ペラグラ**：ビタミンB群のニコチン酸が不足して起こる病気の総称である．顔や腕などに赤い湿疹が出たり皮がむけたりする．口内炎や唇の炎症もよくみられる．

臨床栄養への入門

肝不全と分枝アミノ酸製剤

劇症肝炎や肝硬変の非代償期においては血漿中の分枝（分岐鎖）アミノ酸（BCAA：バリン，ロイシン，イソロイシン）の濃度が低下し，芳香族アミノ酸（チロシン，フェニルアラニン，トリプトファン：トリプトファンとフェニルアラニンは必須アミノ酸）の濃度が増加する．BCAA/AAA比をフィッシャー比と呼ぶが，肝硬変などにおいてはこの比率が低下する．つまり，芳香族アミノ酸の血中濃度が上昇する．

必須アミノ酸であるBCAAは骨格筋で代謝され，骨格筋のタンパク質合成促進や骨格筋の維持に重要な役割を担うとともに，BCAAは優先的にエネルギー源として利用されるため筋タンパク質の分解を低減できるとされている．

BCAT（BCAAアミノトランスフェラーゼ）によりバリンのアミノ基がα-ケトグルタル酸に転移するとグルタミン酸が生成する．ロイシンやイソロイシンも異化の過程でグルタミン酸を生じる．グルタミン酸は，グルタミン合成酵素により，筋肉で生じるアンモニアを受容してグルタミンとなる．グルタミンは肝臓に運ばれてグルタミン酸となり，その結果，遊離するアンモニアは尿素回路で処理される．また，グルタミン酸のアミノ基がアラニンアミノトランスフェラーゼによりピルビン酸に転移して生じるアラニンは肝臓の糖新生系に入り血糖供給にかかわる．

一方，芳香族アミノ酸，特にチロシンとフェニルアラニンは肝臓で代謝される．肝硬変などにおいては，肝臓でのアミノ酸代謝が減少する一方で骨格筋のアミノ酸代謝は亢進する．したがって，血中のBCAA濃度は減少するがAAAのそれは上昇する．

肝硬変などにおいては，門脈を介さずに副血行経路でアンモニアなどが消化管より流入し，それが中枢神経系に移行すると肝性脳症などが誘発されるものと考えられている．

したがって，AAAの血中濃度が高まる場合には肝性脳症増悪を低減させるためにも，食事由来のタンパク質を制限したうえで分枝アミノ酸製剤を投与することとなる．

文　献

1）「分子生物学講義中継Part0」（井出利憲/著），羊土社，2005
2）「ヴォート生化学（第3版）」（Voet D，Voet JG/著，田宮信雄，他/訳），東京化学同人，2005

第11章 チェック問題

問題

□□ **Q1** タンパク質はどのようにして体内に吸収されるか述べよ.

□□ **Q2** アミノ酸の炭素成分と窒素成分は，各々どのように代謝されるか述べよ.

□□ **Q3** アミノ酸は脱アミノ化されると，どのような物質になるか.

□□ **Q4** アミノ酸は脱炭酸反応で，どのような物質になるか.

□□ **Q5** アミノ酸代謝異常症とはどのような疾患か.

解答&解説

A1 タンパク質は消化管においてエンドペプチダーゼによりおおまかに消化（加水分解）され，最終的にアミノ酸までに加水分解されて小腸粘膜より吸収される.

A2 アミノ酸の炭素成分は，糖代謝あるいは脂質代謝の方へ組み込まれていく．すなわち，ATP産生のエネルギー源として代謝されていく．一方，窒素成分はアミノ基転移反応や酸化的脱アミノ反応によってアンモニアに代謝されるが，アンモニアは有毒な物質なので，肝臓はエネルギーを消費してまでオルニチン回路により尿素に変換して尿中排泄している.

A3 2-オキソ酸．2位の炭素に結合したアミノ基がオキソ基に変換した物質で，糖代謝や脂質代謝に組み込まれ，エネルギー源にもなる.

A4 モノアミン．中性アミノ酸からカルボキシ基がはずれた物質で，神経化学伝達物質やホルモンなどの体内情報伝達物質になる.

A5 代謝（連鎖的化学反応）はすべて酵素によって制御されているが，酵素の作用がなくなれば，生成物ができない分，反応物である原料が蓄積する．アミノ酸代謝異常症は，アミノ酸代謝に関与する酵素を先天的に欠損していて，その原料であるアミノ酸やその異常代謝物が尿中排泄される疾患である.

本書関連ノート「第11章　タンパク質の分解とアミノ酸代謝」でさらに力試しをしてみましょう!

第12章 生体エネルギー学

Point

1. 生命活動の維持には，栄養素の摂取とその体内代謝の継続が不可欠であることを理解する
2. 生体が利用可能な主たるエネルギー分子はATPであることを理解する
3. 酸化還元酵素の種類と特徴を理解する
4. 酸化的リン酸化の機構を理解する

概略図 エネルギー産生とその利用

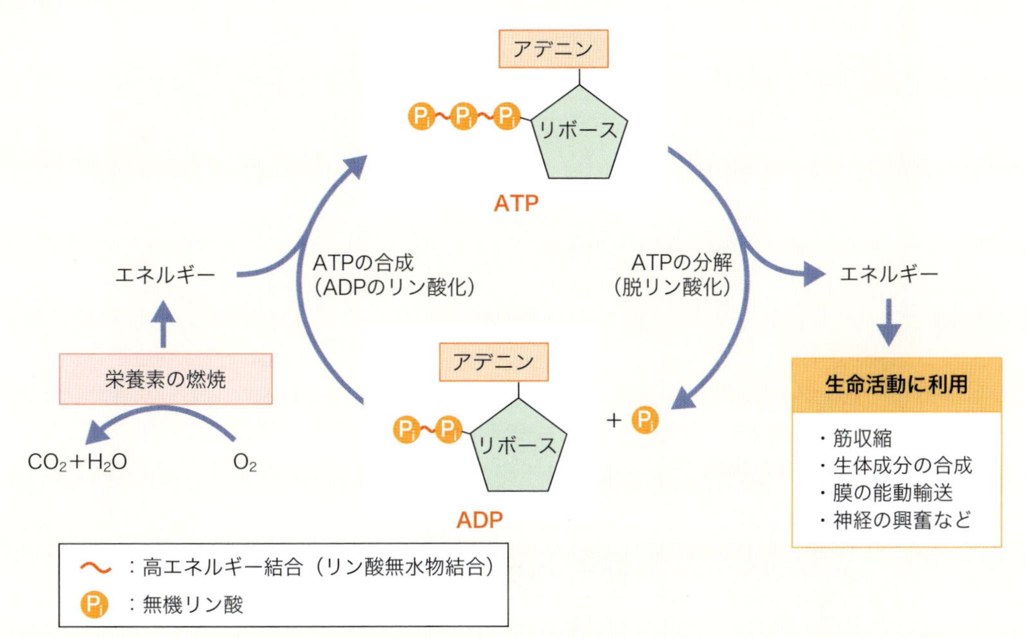

ATPの合成と分解は，常に連動して同時に進行する．生命活動においてはATPを分解して得られるエネルギーを利用する．一方，ATP合成に際しては栄養素が有する化学エネルギーをリン酸無水物結合に取り込む．つまりATPの分解と合成はサイクルを形成し（ATPサイクル），活動度の高い細胞ではATPサイクルが高速で回転することになる．

1 高エネルギーリン酸化合物

代表的な高エネルギーリン酸化合物はアデノシン三リン酸（ATP：アデノシン5′-三リン酸とも呼ぶ）である．前頁の概略図に示したように，生体はグルコースなどのエネルギー源となる栄養素を燃焼して栄養素がもっている化学エネルギー（結合エネルギー）を変換してATP分子内に蓄える．そして，ATP内のエネルギーを利用して，**生体成分の合成**（情報伝達タンパク質や低分子化合物のリン酸化）や**筋収縮**，**膜の能動輸送**，**神経の興奮**などを行っている．つまり，生体は，栄養素の燃焼で得られるエネルギーを直接利用するのではなく，ATP分子などの高エネルギー化合物を介して生命活動を維持していることになる．

ホスホエノールピルビン酸やATPなどのように，加水分解した際の標準自由エネルギー変化（$\Delta G^{0'}$）※1が−25 kJ/mol（≒ −6 kcal/mol）よりも負である結合を**高エネルギー結合**と呼び，概略図にあるような（～）の記号で表すことが多い．高エネルギー結合がリン酸無水物結合である場合には高エネルギーリン酸化合物というが，高エネルギー結合がチオエステル結合であるアセチルCoAなどの高エネルギー化合物もある．その他の高エネルギー化合物には，解糖系の1,3-ビスホスホグリセリン酸（1,3-ジホスホグリセリン酸）やホスホエノールピルビン酸，クエン酸回路のスクシニルCoA（チオエステル結合）のほか，CTP（シチジン三リン酸），UTP（ウリジン三リン酸），GTP（グアノシン三リン酸）などのヌクレオシド三リン酸，心筋や脳に多いクレアチンリン酸などがある（表1）．

A. アデノシン三リン酸（ATP）

ATPは，アデニン，リボースおよび3個のリン酸基を含むヌクレオチド（核酸）で，分子内に高エネルギー結合を2個含む（図1）．ATPの標準自由エネルギー変化（$\Delta G^{0'}$）は他の高エネルギー化合物と比べるとそれ

表1 高エネルギー化合物と加水分解による標準自由エネルギー変化（$\Delta G^{0'}$）

	化合物		加水分解産物	$\Delta G^{0'}$ (kJ/mol)	$\Delta G^{0'}$ (kcal/mol)
高エネルギー化合物	ホスホエノールピルビン酸	➡	ピルビン酸 + Ⓟ	−61.9	−14.8
	1,3-ビスホスホグリセリン酸	➡	3-ホスホグリセリン酸 + Ⓟ	−49.3	−11.8
	クレアチンリン酸	➡	クレアチン + Ⓟ	−43.0	−10.3
	ピロリン酸	➡	2Ⓟ	−33.5	−8.0
	ATP*	➡	AMP + ピロリン酸	−32.2	−7.7
	ATP*	➡	ADP + Ⓟ	−30.5	−7.3
				(−25)	(−6.0)
	グルコース 1-リン酸	➡	グルコース + Ⓟ	−20.9	−5.0
	AMP	➡	アデノシン + Ⓟ	−14.2	−3.4
	グルコース 6-リン酸	➡	グルコース + Ⓟ	−13.8	−3.3
	グリセロール 3-リン酸	➡	グリセロール + Ⓟ	−9.2	−2.2

* ATPが加水分解されて種々の反応に利用されるとき，リン酸無水物結合（図1：～）に内在する高エネルギーが使われる．①γP_iのみが離脱する場合と，②β，γの2つのP_iがピロリン酸（PP_i）として外れる場合とがある．PP_iは直ちにピロホスファターゼで$2P_i$に分解されるため，②と共役するグリコーゲン合成（UDPグルコースピロホスホリラーゼ）などの反応は，正方向に強く駆動されることになる．

※1 25℃，1気圧，反応物と生成物の活量※2 1（実効濃度）のもとでの自由エネルギー変化をΔG^{0}と表記するが，生化学分野では反応の場が希薄溶液であることとpH7を考慮して，水の活量を1とした$\Delta G^{0'}$（標準自由エネルギー変化）を採用している．

※2 **活量**：一般的な反応の自由エネルギー変化ΔG^{0}は，乱暴な表現だが，[（生成物）−（反応物）]である．単位は，kJ/mol（kcal/mol）であるから，標準状態のその物質1 molを生成させるときの自由エネルギー変化と解釈できる（mol当たりの化学ポテンシャル）．標準状態とは，25℃，1気圧，溶質の活量＝1の条件である．活量とは，理想溶液と実在溶液の熱力学的性質を関数で記述する際に生じる誤差を補正するための物理量である．

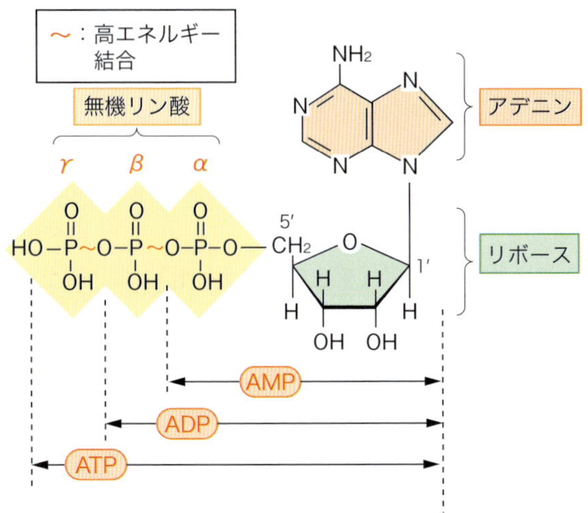

図1　ATP，ADP，AMPの構造
ATP，ADP分子内の高エネルギー結合

ほど高くはないので，ATPは容易に再生されることになる．つまり，ATPの分解と合成は連動して同時に進行するので（ATPサイクル），ATPは生体内で多くの反応に対してエネルギーを供給するのに便利な"生体のエネルギー共通通貨"といえる．

ATPのリン酸結合（βとγ）が高エネルギーとなるのは，ピロリン酸（二リン酸）結合の隣り合う求電子的原子が互いに反発し合うからである．ATPがADPとP_i（無機リン酸）に加水分解されるときには，ATP 1molあたり7.3 kcalの標準自由エネルギー変化が起きる．エネルギーを要求する生体内のさまざまな合成反応は，このATPのエネルギーを遊離する加水分解反応と共役することによりはじめて可能となるのである．

ところで，中性領域のpHではATPはかなり安定であって，ATP分解によるエネルギー遊離をもたらすためには酵素触媒の関与が不可欠である．

B. 基質レベルのリン酸化

リン酸化合物のうちで，ATPよりも標準自由エネルギー変化（$\Delta G^{0'}$）が大きい高エネルギー化合物は，酵素反応によりATPを合成することができ，このような反応を**基質レベルのリン酸化**（基質準位のリン酸化）という（第9章，p104，107参照）．以下に重要な基質レベルのリン酸化反応を示すが，酸化的リン酸化とはその機序が大きく異なる．矢印左側の化合物が高エネルギー化合物である．

① 解糖系：1,3-ビスホスホグリセリン酸 → 3-ホスホグリセリン酸の反応でATPが生じる．ホスホグリセリン酸キナーゼが触媒
② 解糖系：ホスホエノールピルビン酸 → ピルビン酸の反応でATPが生じる．ピルビン酸キナーゼが触媒
③ クエン酸回路：スクシニルCoA → コハク酸の反応でGTPが生じる．GTPはATPに変換される．触媒する酵素はスクシニルCoAシンテターゼ（キナーゼではない）

C. 異化と同化

生体内ではたえず物質の合成と分解がくり返されているのであるが，それは生命を維持するために不可欠である．合成反応を**同化**※3と呼び，分解反応を**異化**※3というが，両者は動的平衡状態に維持されている．同化はATPのエネルギーを利用して，多糖類やタンパク

Column

生体のATP貯蔵量は少ないが合成量は体重量を超える

細胞のATP合成能は高く，生体内で消費されたATP量に見合う分を素早く合成することができる．しかし，ATPを細胞内に大量に貯蔵して有事に備えることはできないので，生きている限りすべての細胞はATPを分解しつつATPを合成し続けている（ATPサイクル）．

つまり，生細胞のATP合成量と分解量は平衡状態にある．心筋や脳組織には高エネルギー化合物のクレアチンリン酸が多く含まれているが，たかだか10秒ほどで消費されてしまう．したがって，血管が梗塞状態になると血流停止（虚血）のためATPが合成されなくなり，梗塞部位の組織が傷害されることになる．

また，体重により異なるが，健常成人が1日に合成するATPの量はそのヒトの体重量を超えるほどにもなる．

質などの複雑な分子をその前駆体から酵素的に生合成する**吸エルゴン反応**※4である．一方，異化は，例えば外界から取り入れた熱量素などの複雑な分子をより簡単な分子に酵素触媒などにより分解する過程のことで，**発エルゴン反応**※4である．

2 生体酸化

地球表面の酸素濃度が上昇した後，その酸素を利用してより効率的なエネルギー獲得手段を身につけた好気的生物は同時に酸化ストレスに曝されることになった．しかし，現存の好気的生命体はその進化の過程で抗酸化系を装備するようになったと考えられている．生体酸化は，このような活性酸素やフリーラジカルによる酸化ストレスで種々の病態発症に至る場合と，エネルギー産生や生理活性物質の産生調節にかかわる酵素的な生理的酸化反応に分けられる．

A. 酸化還元酵素（オキシドレダクターゼ）

酸化還元は2つの物質間の電子の授受であり，**酸化されること（すなわち電子をわたすこと）と，還元されること（電子を受け取ること）**は相伴って起きる反応である．酸化反応とは酸素と結合する反応でもあり，水素が引き抜かれる脱水素反応でもある．一方，還元反応とは酸素が奪われる反応でもあり，水素と結合する反応でもある．

酸化還元酵素には，脱水素酵素（デヒドロゲナーゼ），還元酵素（レダクターゼ），酸化酵素（オキシダーゼ），酸素添加酵素（オキシゲナーゼ），ペルオキシダーゼなどがある（表2）．

1) **脱水素酵素（デヒドロゲナーゼ）**：脱水素反応を触媒し，NAD(NADH)やNADP($NADPH_2$)が補酵素として関与．乳酸デヒドロゲナーゼ，アルコールデヒドロゲナーゼなど．
2) **還元酵素（レダクターゼ）**：還元当量を2つの基質間で移動させる酵素でNADH-シトクロム b_5-レダクターゼなど．
3) **酸化酵素（オキシダーゼ）**：酸素を電子受容体として基質を酸化する酵素でキサンチンオキシダーゼなど．
4) **酸素添加酵素（オキシゲナーゼ）**：酸素分子を基質に直接取り込ませる反応を触媒する酵素でシトクロムP-450など．
5) **ペルオキシダーゼ**：カタラーゼやグルタチオンペルオキシダーゼなどであり，過酸化水素や脂質ヒドロペルオキシドを分解．

B. 活性酸素（図2）

活性酸素とは酸素原子からなるか，あるいは酸素原

表2　酸化還元反応の様式

種類	酵素の一般名称	代表的な酵素名	反応様式
脱水素反応	デヒドロゲナーゼ（脱水素酵素）	・乳酸デヒドロゲナーゼ ・アルコールデヒドロゲナーゼ など	$AH_2 + B \rightleftarrows A + BH_2$
還元反応	レダクターゼ（還元酵素）	・グルタチオンレダクターゼ ・NADH-シトクロム b_5-レダクターゼ など	$A + BH_2 \rightleftarrows AH_2 + B$
酸化反応	オキシダーゼ（酸化酵素）	・キサンチンオキシダーゼ ・シトクロム c オキシダーゼ など	$2AH_2 + O_2 \rightleftarrows 2A + 2H_2O$
酸素添加反応	オキシゲナーゼ（酸素添加酵素）	・シトクロムP-450 ・ホモゲンチジン酸オキシゲナーゼ など	$AH_2 + B + O_2 \rightleftarrows A + BO + H_2O$（モノオキシゲナーゼ） $A + O_2 \rightleftarrows AO_2$（ジオキシゲナーゼ）
過酸化物分解反応	ペルオキシダーゼ	・グルタチオンペルオキシダーゼ ・カタラーゼ など	$AH_2 + H_2O_2 \rightleftarrows A + 2H_2O$

※3　**同化，異化**：物質代謝における生合成の反応を同化作用あるいは単に同化と呼び，分解反応を異化作用または単に異化という．

※4　**吸エルゴン反応，発エルゴン反応**：反応が進行した際に，その反応系の自由エネルギーが増大する場合を吸エルゴン反応，逆に自由エネルギーが減少する場合を発エルゴン反応という．例えば，生体成分の合成反応（吸エルゴン反応）などにはATP加水分解反応（発エルゴン反応）が共役している場合が多い．

子を分子内に含む反応性の高い低分子化合物である．狭義にはスーパーオキシドアニオンラジカル（O_2^-・：スーパーオキシドやオーツーマイナスと呼ぶこともある），ヒドロキシラジカル（HO・：オーエイチラジカル），過酸化水素（H_2O_2：非ラジカル分子），一重項酸素（$^1O_2$：非ラジカル分子）の4種類である．また，広義にはヒドロペルオキシド（LOOH：過酸化脂質），ペルオキシラジカル（LOO・），アルコキシラジカル（LO・）なども含める．過酸化水素（H_2O_2）は，Fe^{2+}やCu^+により生体成分に対する反応性が非常に高いHO・を生じる．

活性酸素は，通常の安定な基底三重項酸素（$^3O_2$）などが還元されて，あるいはエネルギーを吸収した場合に誘導される．生体内でマクロファージなどによる貪食作用や情報伝達にもかかわる活性酸素であるが，その高い反応性から一般に細胞傷害性を示すとされている．そのため，進化の過程で生体には種々の防御系が備わっており，スーパーオキシドジスムターゼ（SOD）やカタラーゼ，グルタチオンペルオキシダーゼなどが機能するほか，食事由来のα-トコフェロールやβ-カロテンなども抗酸化作用にかかわると考えられている．

3 呼吸鎖と酸化的リン酸化

A. 呼吸鎖

電子伝達系とも呼ばれる**呼吸鎖**は，ミトコンドリア内膜に埋め込まれた電子伝達複合体Ⅰ（NADH-ユビキノンレダクターゼ），Ⅱ（コハク酸-ユビキノンレダクターゼ），Ⅲ（ユビキノール-シトクロム*c*レダクターゼ），Ⅳ（シトクローム*c*オキシダーゼ）のほかコエンザイムQ※5（CoQ：補酵素Q，ユビキノンともいう），シトクロム*c*およびATP合成酵素（複合体Ⅴ：

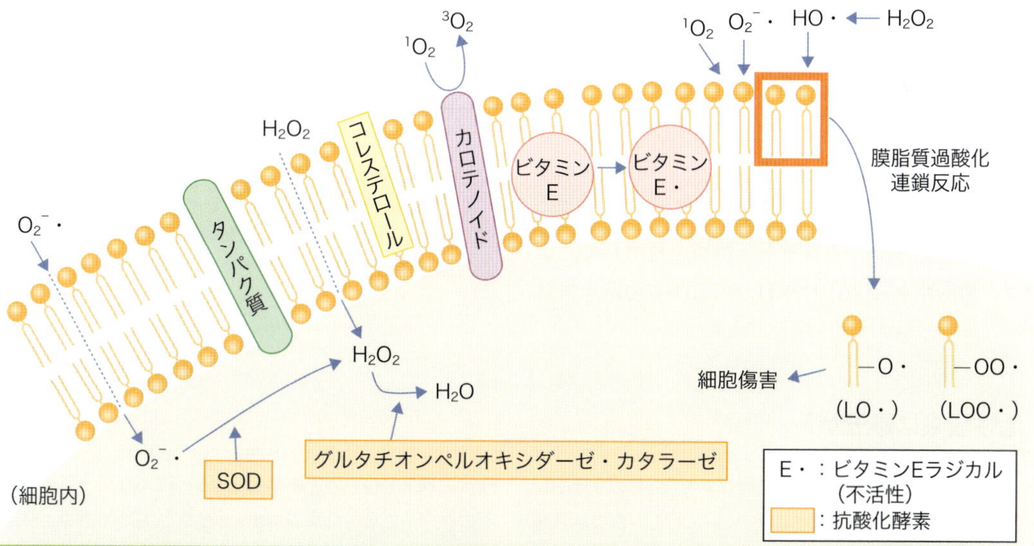

活性酸素	名称	特徴
$^3O_2$	三重項酸素	大気中に存在する基底状態の酸素分子
$^1O_2$	一重項酸素	高反応性：二重結合と速やかに反応
HO・	ヒドロキシラジカル	高反応性：水素引き抜き反応，二重結合への付加反応
O_2^-・	スーパーオキシドアニオンラジカル	低反応性
H_2O_2	過酸化水素	低反応性であるが鉄や銅などの金属イオンによりHO・を生じる
LO・	アルコキシラジカル	多価不飽和脂肪酸の過酸化反応により生じる
LOO・	ペルオキシラジカル	
LOOH	ヒドロペルオキシド	

図2 活性酸素とその生体酸化作用

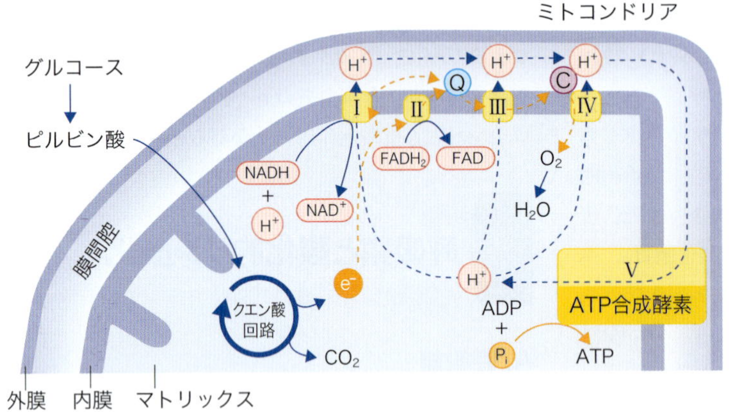

図3　ミトコンドリア呼吸鎖（電子伝達系）における電子とプロトンの流れとATP合成酵素

酸素分子は都合4電子還元されて水を生じる．一方，プロトンポンプにより膜間腔に汲み上げられたプロトンを利用してATP合成酵素が働く

F_oF_1ATPase）からなり，連続的な酸化還元反応によって電子の移動が生じて酸化的リン酸化が行われる経路のことである（図3）．ミトコンドリア内の脱水素反応で生じた水素（H^+とe^-）が呼吸鎖で処理されると電子伝達複合体の標準自由エネルギーが変化してATPが合成される．なお，解糖系で生じたNADH＋H^+はミトコンドリア膜を透過できないのでシャトル機構[※6]を利用する．

ところで，複合体Ⅰ，Ⅲ，Ⅳは**プロトンポンプ**でもあって，マトリックスから膜間腔にH^+（プロトン）を汲み上げる．

呼吸鎖は，解糖系からシャトル機構を利用して，またクエン酸回路からNADH＋H^+や$FADH_2$の還元当量を受け取ってATP産生を行うが，このことは，酸化型のNAD^+やFADを同時に再生してクエン酸回路に供給することになる．つまり，クエン酸回路は呼吸鎖を介して，酸素に依存しつつ回転している．

電子伝達系には次の2経路が存在し，酸化的リン酸化の最終段階である複合体Ⅳで酸素分子が還元されて水を生じる．

① NADH＋H^+ ➡ 複合体Ⅰ→ コエンザイムQ（ユビキノン）→ 複合体Ⅲ→ シトクロムc → 複合体Ⅳへと電子を伝達する経路
② $FADH_2$ ➡ 複合体Ⅱ→ コエンザイムQ（ユビキノン）→ 複合体Ⅲ → シトクロムc → 複合体Ⅳへと電子を伝達する経路

Column

活性酸素は悪玉か？

活性酸素は細胞膜成分などを酸化することにより細胞傷害性に働く悪玉といわれることが多い．しかし，白血球系細胞による貪食作用は生体にとって不可欠な防御機構で，O_2^-・（スーパーオキシドアニオンラジカル）を生成するNADPH-オキシダーゼが重要な役割を担っている．遺伝的にこの酵素を欠損した場合には，その多くは若年で死に至る．

最近，類縁酵素としてNAD（P）H-オキシダーゼが多くの組織細胞に備わっていることが明らかになり，血管内皮細胞などの培養細胞を用いた研究が活発である．たとえば，食後高血糖モデルで活性酸素産生が観察されるそうであるが，その機序や生理的な意義はよくわかっていない．また，細胞内の情報伝達にO_2^-・が関与する反応も知られている．

いまだ不明な部分は多いのであるが，比較的反応性の低いO_2^-・は生理的に重要な分子である可能性が高い．それが過剰に生産された際にはすべての細胞内に準備しているSOD（スーパーオキシドジスムターゼ）で容易にコントロールされることもその根底にある．

※5　**コエンザイムQ**：長い炭化水素鎖（イソプレン単位）をもったベンゾキノン誘導体である．

※6　リンゴ酸-アスパラギン酸シャトルとグリセロール 3-リン酸シャトルがある（第9章，p109／第13章，p174参照）．

B. ATP合成酵素

ATPの合成はATP合成酵素である複合体Vにより行われる．ATP合成酵素とは，プロトンの濃度勾配，つまり電気化学ポテンシャルの勾配を利用してATPを合成するミトコンドリア内膜結合酵素（複合体V）のことである．

ミトコンドリア内膜を貫通する複合体Ⅰ・Ⅲ・Ⅳの三者は，プロトンを電子伝達の過程でマトリックス側から外膜と内膜間の膜間腔に放出するプロトンポンプである．内膜を隔てた両側にプロトンの濃度差が生じると，相対的に高濃度となった膜間腔のプロトンがATP合成酵素（複合体V：F_0F_1ATPase）を介してマトリックス内に勢いよく流入する．この際のエネルギーを利用して，ADPとP_iからATPが合成される．

C. 化学浸透圧説と脱共役タンパク質

電子伝達系で遊離するエネルギーが膜間腔とマトリックスの間のプロトン濃度勾配，つまり電気化学ポテンシャルの差に変換され，この電位差によってATP合成酵素が駆動されてATPが合成されるという学説を**化学浸透圧説**と呼ぶ．

ところで，褐色脂肪細胞ではATPを合成することなく脂肪の燃焼が可能と考えられているが，新生児は別として，日本人にはこの褐色脂肪細胞がほとんど存在しないとされている．**脱共役タンパク質**（UCP：アンカップリングプロテイン）とは，褐色脂肪細胞のミトコンドリアに存在する脱共役[※7]作用をもつタンパク質のことで熱産生を伴うことからサーモゲニンともいう．UCPは，ミトコンドリア内膜に存在して膜間腔のプロトンをマトリックス内へリークさせるため，プロトン濃度勾配が解消されてしまう．つまり，電子伝達と水の生成だけが引き起こされることになる．赤ちゃんが裸でも比較的平気なのは，褐色脂肪細胞の脱共役作用に依存して熱産生を行っているからである．

※7　**脱共役**：電子伝達系が機能していても，共役してATPが産生されないことを脱共役という．

第12章 生体エネルギー学

Column

酸素消費量と寿命と抗酸化

動物の体重あたりの酸素消費量とその最大寿命を比較した研究によると，酸素消費量が多い，つまりエネルギー代謝率の高い動物は比較的短命であるという．2,3年の寿命でしかないラットにエネルギー制限をかけると寿命が延びるようである．

このような実験結果から，酸素呼吸を続けることにより体内に取り込んだ酸素の数%が活性酸素に転換され，老化や種々の疾患発症の引き金になると考えられているのであるが，生体内で産生される活性酸素と抗酸化酵素や抗酸化物質との相互作用の本当のところはよくわかっていない．また，どれほどの活性酸素産生量が生命維持に問題となるのかなども不明のままである．そのような状況ではあるが，抗酸化物質を多く含む野菜の摂取が推奨されている．

エネルギー不足とケトン体―ATPは貯蔵できない

生命維持のため絶対的に不可欠なものはエネルギー分子，ATPである．しかし，ATPの欠点は貯蔵できないことにあり，最も高濃度にATPを含有する脳組織であってもそのストックは十数秒で底をつく．したがって，酸素とエネルギー源を常に供給する必要があるのだが，グルコースを優先的に利用する脳や赤血球にとってエネルギー源の供給不足は死活問題である．代替エネルギー源であるケトン体や脂肪酸，アミノ酸の炭素骨格などの利用は臓器により異なるが，それは致し方ない．いずれにしても，60兆個の細胞はATPの必要量を休むことなく合成し続けなければならないのである．

食後・絶食後における血糖維持やエネルギー源の利用状況については他の章をお読みいただくことにして，ここではケトン体の裏側を覗いてみることにする．

飢餓のほか糖尿病時のインスリン作用不足などグルコースの利用能が低下した状態では，脳はケトン体を，筋肉は脂肪酸を優先的に使用するためグルコースの消費は抑制される．なお，肝臓はケトン体をアセチルCoAに転換できないため利用できないが（肝臓はスクシニルCoAトランスフェラーゼ活性が弱い）β酸化活性とケトン体合成の鍵酵素（HMG-CoAシンターゼ）の活性が高いためケトン体を増産する．ケトン体のうちアセトンは利用されずに呼気と尿から排泄される．もう2つのケトン体であるβ-ヒドロキシ酪酸とアセト酢酸も組織で代謝される以上の量になるとその血中濃度が増大する．β-ヒドロキシ酪酸とアセト酢酸は名前のとおり酸であるため代謝性アシドーシス（ケトアシドーシス）をきたす．

インスリン作用が正常に機能していれば，脂肪組織からの脂肪酸動員の抑制やHMG-CoA合成酵素活性の低下などを介してケトン体産生は低減される．一方，グルカゴンやアドレナリンはケトン体合成を促進する．したがって，これらのホルモンが関与する飢餓や発熱時あるいはインスリン感受性低下などによりケトン体合成は刺激されることになる．

第12章 チェック問題

問題

☐☐ **Q1** アデノシン三リン酸（ATP）は高エネルギー化合物である．その理由は何か．

☐☐ **Q2** 脱水素酵素は酸化還元酵素に分類される．具体的な脱水素酵素名は何か．

☐☐ **Q3** SODとは何か．

☐☐ **Q4** 電子伝達系の複合体Vとは何か．

☐☐ **Q5** 電子伝達系の複合体Ⅰ・Ⅲ・Ⅳの機能であるポンプとは何か．

第12章 生体エネルギー学

解答＆解説

A1 ATPのα-β間とβ-γ間のリン酸無水物結合が高エネルギーであるため．なお，ATPの標準自由エネルギー変化（$\Delta G^{0'}$）は，ホスホエノールピルビン酸など他の高エネルギー化合物と比べるとそれほど高くはない．このことは，ATPが容易に再生されることを示している．

A2 乳酸デヒドロゲナーゼ（乳酸脱水素酵素）やアルコールデヒドロゲナーゼなどがある．脱水素酵素（デヒドロゲナーゼ）は脱水素反応を触媒する．

A3 SODは，スーパーオキシドジスムターゼ（superoxide dismutase）の略である．酸素の一電子還元で生じるO_2^{-}・をH_2O_2に転換する抗酸化酵素である．過酸化水素も活性酸素であるが，カタラーゼやグルタチオンペルオキシダーゼによって酸素と水に変換される．

A4 ミトコンドリア内膜に埋め込まれている複合体であり，ATP合成酵素である．

A5 複合体Ⅰ・Ⅲ・Ⅳはプロトンポンプでもある．NADH＋H^+や$FADH_2$から電子伝達系に電子が流れる際にプロトンを膜間腔に汲み上げる役割も担っている．

本書関連ノート「第12章　生体エネルギー学」でさらに力試しをしてみましょう！

第13章 中間代謝の概要

Point

1. 糖質，脂質，そして窒素が取り除かれたアミノ酸は，すべて最終的に二酸化炭素と水に酸化される．つまり，糖質，脂質，アミノ酸は共通した異化経路をもつことを理解する
2. 糖質，脂質，アミノ酸は相互につながっているが，まったく同等に相互変換できるわけではない．このような相互変換の経路である同化経路を理解する
3. 同化経路と異化経路は全く別に存在するのではなく，同じ代謝系の一部が生体の欲求に応じて異化経路として働く場合もあれば，逆に同化経路として働く場合もあることを理解する
4. 同化経路や異化経路といった言葉・理屈にとらわれず，まずは具体的な個々の変化を確実に理解する

概略図 糖質，脂質，アミノ酸の代謝

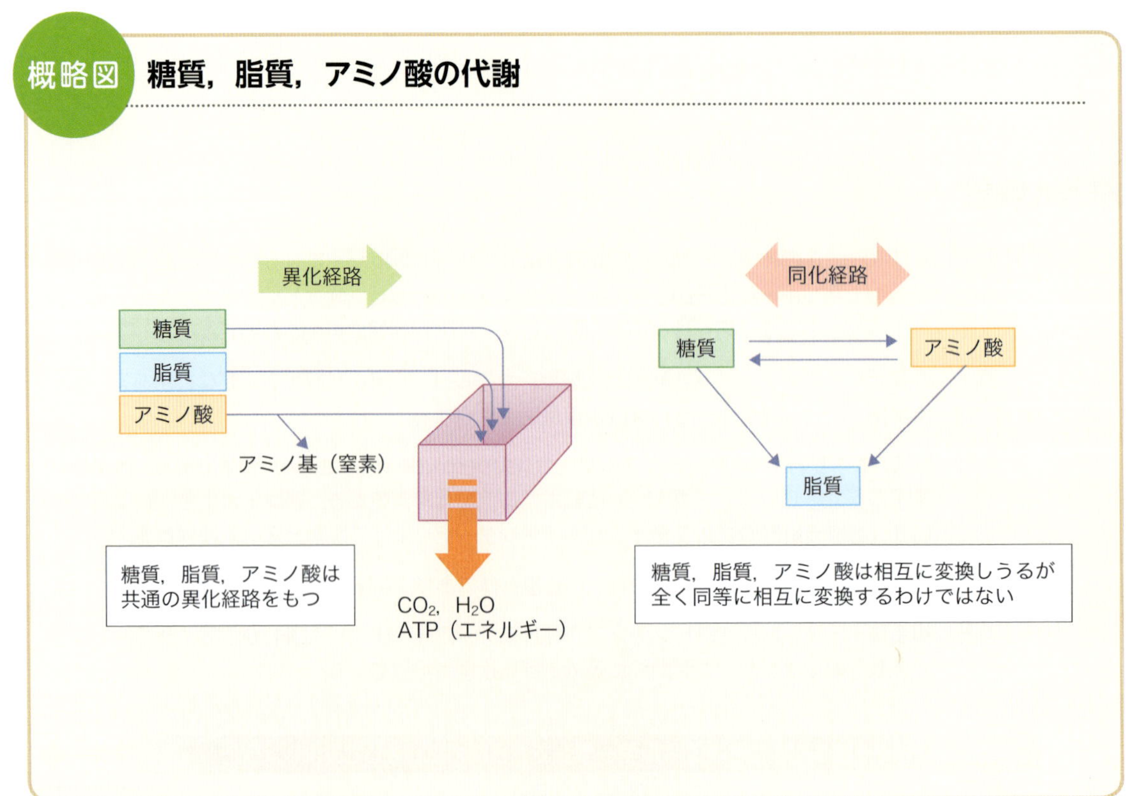

これまでに代謝について学んできたが，それらはどのようにつながっているのだろうか？ タンパク質・アミノ酸は血糖になるが，脂肪酸は血糖値の消耗を防ぐことはできても血糖にはならない．太っている酒飲みもいれば痩せている酒飲みもいるのはなぜか？ ヒトという個体として，栄養というものを総合的に考えてみよう．

1 糖質代謝と脂質代謝の相互関係

A. クエン酸回路（TCA回路）

クエン酸回路は，**異化経路**[※1]における最終的な代謝サイクルで，電子伝達系とも連動し，アセチルCoAから高エネルギー物質ATPを産生し，CO_2とH_2Oに酸化する．このサイクルは，糖質も脂質も脱アミノ化されたアミノ酸の炭素骨格もいずれも，最終的にCO_2とH_2Oに分解し，ATPという高エネルギー物質を産生するサイクルとみなされる．このことは，三大栄養素である糖質，脂質，アミノ酸1 gをそれぞれ4，9，4 kcalというエネルギーに換算して評価されることからも理解できる．

反応は，図1から明らかなように，アセチルCoAが，クエン酸回路中のオキサロ酢酸と反応しクエン酸が生じるところからはじまる．一回りするなかで，2分子のCO_2を生じ，連動した電子伝達系で酸素を消費しH_2Oを生じ，オキサロ酢酸に戻ってくる．炭素数2個のアセチルCoAが炭素数4個のオキサロ酢酸と反応し，炭素6個のクエン酸となるが，その後の反応で2分子のCO_2を失い，炭素4個のオキサロ酢酸に戻るサイクルである．つまり，アセチルCoAの炭素2個を$CO_2$2分子として失う反応なので，消費されるオキサロ酢酸はほとんど少ない．アセチルCoAは，グルコースの解

※1 **異化経路**：異化とは生体がエネルギーを獲得するために栄養素または生体成分を分解し，より小さな分子に変えていく反応．

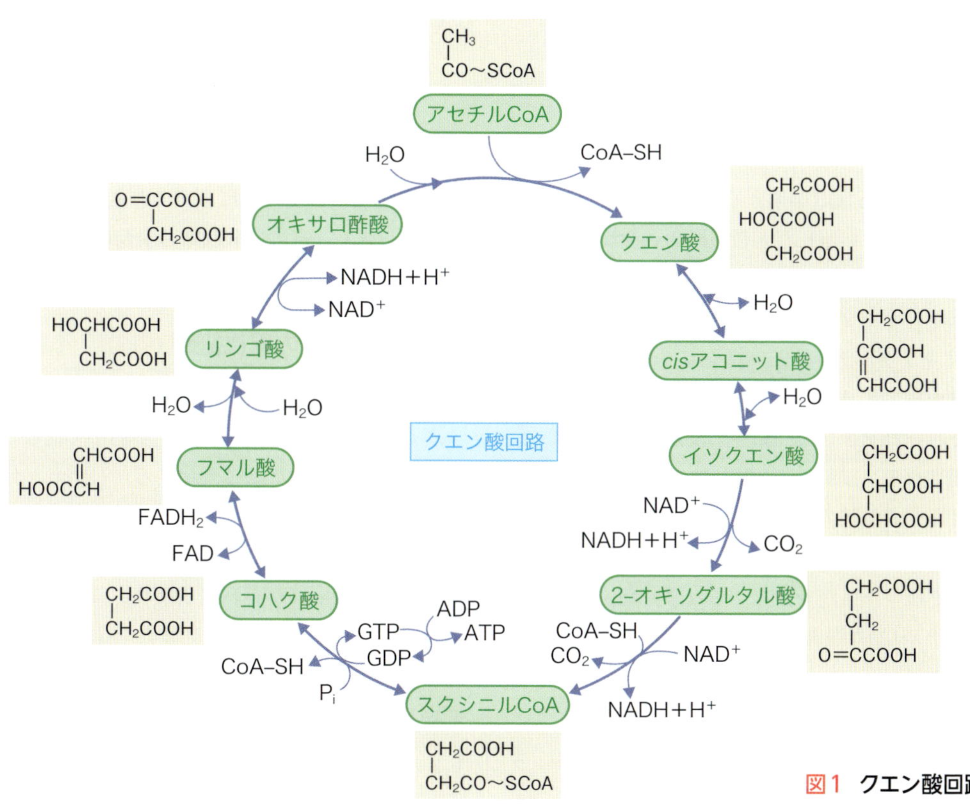

図1 クエン酸回路

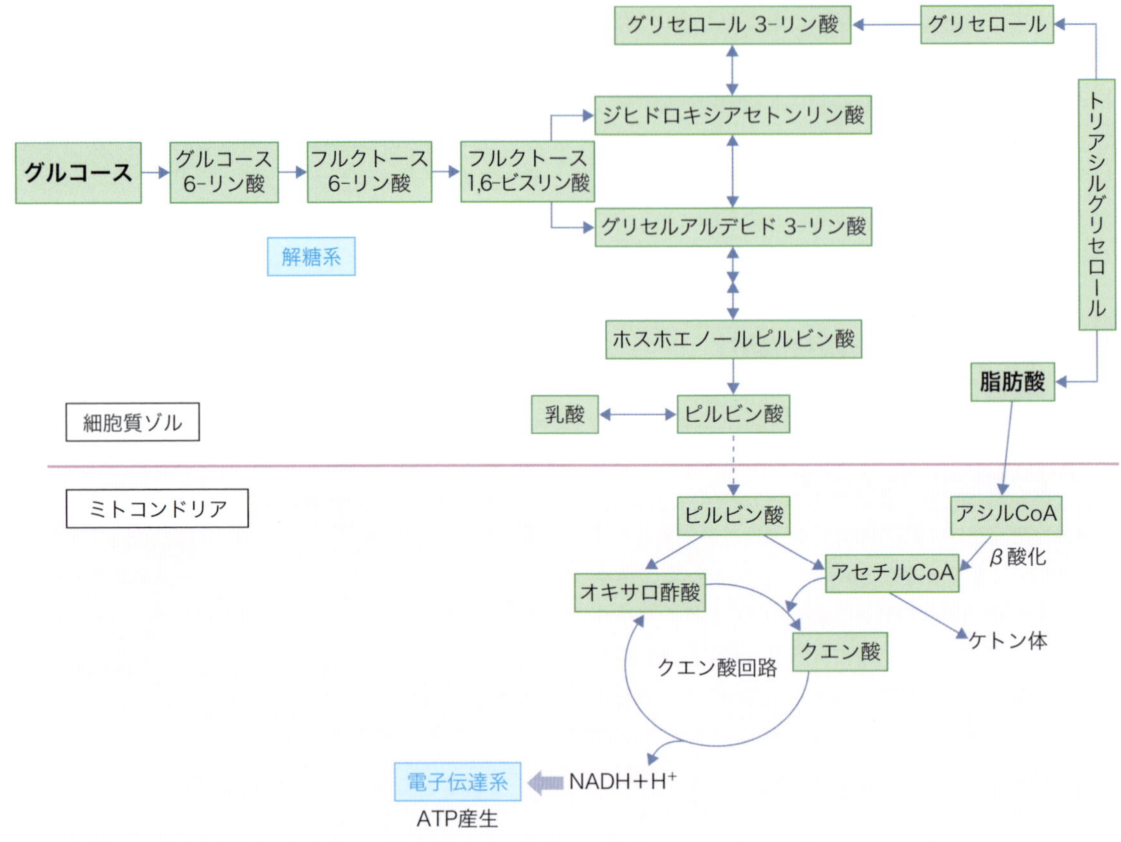

図2　糖質と脂質の異化経路

糖系（第9章，p106参照）や脂肪酸のβ酸化経路（第10章，p126参照）など数段階の代謝反応の結果生じる．また，ピルビン酸やアセチルCoAおよびクエン酸回路中のオキソ酸（ケト酸ともいう：オキサロ酢酸，2-オキソグルタル酸，スクシニルCoA）などは，アミノ酸が脱アミノ化されたオキソ酸の炭素骨格に該当し，それぞれクエン酸回路中の反応に取り込まれ酸化・利用される．しかし，過剰なアセチルCoAは，相対的にオキサロ酢酸の不足をまねくことになる．オキサロ酢酸はグルコースからピルビン酸を経てつくられるので，グルコースが十分なうちはよいが，少なくなるとアセチルCoA過剰となり，ケトン体生成へ向かう．

クエン酸回路の主要な機能は，糖質，脂質，アミノ酸に共通の最終的な酸化経路として働くことである．またクエン酸回路は，糖新生，アミノ基転移，脱アミノ反応，脂肪酸の生合成においても主要な役割を演じている．つまり，クエン酸回路の場合は，異化と同化※2の両性経路を連結する交差経路となっている．

B. 糖質と脂質の異化経路（図2）

1）糖質の異化経路

グルコースがリン酸化され，解糖系を進むと，2分子のピルビン酸か乳酸に変化する．しかし，ピルビン酸はトランスポーターを介しミトコンドリア膜を通過し，ミトコンドリア内に移行する．ミトコンドリア内にはクエン酸回路が存在するため，ミトコンドリア内に移動したピルビン酸は，アセチルCoAかオキサロ酢酸へと変化し，クエン酸回路へ入っていく．クエン酸回路は，最初の基質であるオキサロ酢酸とアセチル

※2　**同化**：栄養素または生体成分を他の物質へ変換する，または合成する反応をいう．

CoAが反応し，クエン酸が生じることからはじまるサイクルで，電子伝達系と連動した酸化的リン酸化反応によりATPを産生する．ピルビン酸（糖質またはグルコース）はこのアセチルCoAとオキサロ酢酸の両方の基質を産生するのである．

一方，脂肪酸の場合は，β酸化によりアセチルCoAが生成するので，オキサロ酢酸があればこれと反応することでクエン酸が生成しクエン酸回路を回転させ，電子伝達系と連動してATPを産生する．つまり，脂肪酸もβ酸化の後，クエン酸回路に入っていく．糖質も脂質も最終的にクエン酸回路において酸化燃焼し，CO_2とH_2Oとなり電子伝達系と連動した酸化的リン酸化反応によりATPを産生する．

2）脂質の異化経路

一方，トリアシルグリセロールが分解してできるグリセロールの方は，グリセロール3-リン酸から解糖系のグリセロリン酸に変化しうるのでグルコースの代謝と重なり結果的にピルビン酸になりえる．平面的に回路を結ぶとそうなるが，実際には，キロミクロン中のトリアシルグリセロールを分解するリポタンパク質リパーゼは，脂肪組織に対して働き，グリセロールは肝臓に移動して代謝される．脂肪組織では，グリセロールをリン酸化できず，利用できない（第10章，p134参照）．飢餓時においては，体内の脂質をエネルギー源とするしかないので，トリアシルグリセロールからのグリセロールがわずかだが利用される．脂肪酸のβ酸化でできるのはアセチルCoAだけで，その反応相手であるオキサロ酢酸が不足するとクエン酸回路を回転できなくなる．その他の組織においても，トリアシルグリセロールからできるグリセロールは1分子にすぎず，3分子の脂肪酸から生成するアセチルCoAの量の比ではない．グルコース（あるいはグリコーゲンの利用）の場合は，ピルビン酸経由で，クエン酸回路におけるオキサロ酢酸とアセチルCoAという2つの基質の生成に供されるので，クエン酸回路を回転させるエネルギー消費において必須である．総合的に糖質と脂質の異化経路を考えると，正常な脂質の燃焼（あるいはトリアシルグリセロールから生じる脂肪酸の燃焼）には，糖質からの解糖系のピルビン酸経由によるオキサロ酢酸の供給が必須なのである．糖質も脂質もクエン酸回路に入り，CO_2とH_2Oに酸化分解され，ATPを産生する同一の最終的な異化経路をもつが，平面的に全く同じ考えでとらえてはいけない．

なお，飢餓や糖尿病，過激な運動の継続などでは，糖質不足による脂質利用亢進に伴い，アセチルCoA過剰となり，アセチルCoAをケトン体に変換するケトン体合成がさかんになる．

C. 同化経路における糖質と脂質（図3）

異化経路においてグルコースはエネルギーとして消費され，解糖系，クエン酸回路で酸化燃焼される．消費されるエネルギー量を上回って摂取された糖質（グルコース）はどうなるかといえば，解糖系での中間体ジヒドロキシアセトンリン酸（第9章，p116，図9参照）からグリセロール3-リン酸を経由してトリアシルグリセロールやグリセロリン脂質の構成成分であるグリセリン骨格を供給する．つまり過剰のグルコースは，解糖系から外れて，脂質のグリセロール骨格を供給し脂質合成に寄与することになる．しかし，必要とするグリセロール骨格は，脂肪酸3分子に対して1つであり，脂肪酸合成に使われるアセチルCoAに比較するとはるかにわずかなもので，この箇所での脂質合成転換への寄与はそれほど大きくない．

一方，さらに解糖系を進んだ場合は，ピルビン酸となりミトコンドリアに入るが，ピルビン酸は，クエン酸回路を回転させるアセチルCoA，オキサロ酢酸の両方の基質に必要に応じて変換され，クエン酸となる．しかし，ATPが十分でエネルギー消費量を超えてクエン酸がつくられた場合，クエン酸回路はクエン酸でストップしてそこから先へは進まない．クエン酸はミトコンドリア膜を通過できる輸送体（トランスポーター）を有しているので，ミトコンドリア膜を通過し細胞質ゾルへ脱出させられるのである．ミトコンドリア内のピルビン酸から生じるオキサロ酢酸やアセチルCoAはミトコンドリア膜を通過できないので，クエン酸に変換してから，輸送体によりミトコンドリア膜を通過させ，外に出すのである．糖質からの脂肪酸合成という同化経路においても，先程の異化経路としてのクエン酸回路が利用されている．したがってクエン酸回路は両性経路である．

細胞質ゾルに出たクエン酸は，ATP-クエン酸リアーゼにより，オキサロ酢酸とアセチルCoAとなり，アセ

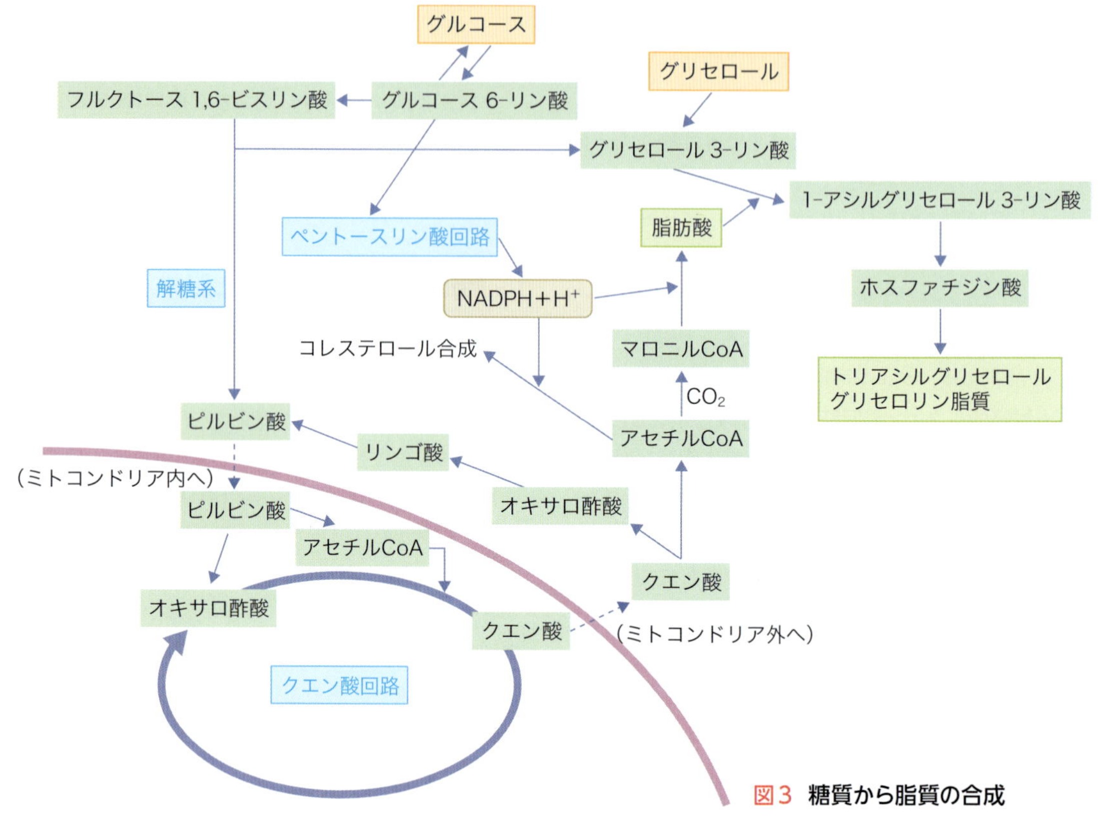

図3　糖質から脂質の合成

チルCoAは，脂肪酸合成やコレステロール合成に用いられる．この細胞質ゾルに出たクエン酸は，細胞質ゾルでの解糖系代謝のホスホフルクトキナーゼをアロステリックに阻害し（第5章，p67参照），エネルギー供給（ATP）への解糖系のオーバーペースも制御している．この酵素はATPそのものにもアロステリックに抑制されATP産生に至る異化経路を調節している．また，**ピルビン酸デヒドロゲナーゼ**によるピルビン酸からのアセチルCoAの生産は，ATPにより阻害され，逆に**ピルビン酸カルボキシラーゼ**は活性化され，ピルビン酸からのオキサロ酢酸への変換が促進され，オキサロ酢酸からの糖新生が活発になる．脂肪酸が合成されると，必要となるグリセロール骨格は，前述したように解糖系のジヒドロキシアセトンリン酸から供給される．

摂食後，消化吸収された糖質（グルコース）は，異化経路でATPを生じ，エネルギー消費に使われるか，グリコーゲンとして貯蔵されるかであるが，貯蔵されるグリコーゲン量は限定されるので，過剰となった糖質エネルギーはいくらでも体内貯蔵が可能な脂肪として変換され，体内に蓄積することになる．アセチルCoAは，ピルビン酸カルボキシラーゼ活性をアロステリックに活性化し，反応相手のオキサロ酢酸を増やそうとする作用もある．生成したクエン酸は，エネルギー消費を超えるとミトコンドリア膜の外へ出て解糖系の進行を抑制しながら脂肪酸合成へ転換していく．ヒトは他の動物種ほど，脂肪組織でのグルコースからの脂肪酸変換は容易ではないともみられている．

クエン酸回路へ進入したアセチルCoAは，サイクルを回転する間に2分子のCO_2を放出する．アセチルCoAの炭素2個はCO_2として失われるので，アセチルCoAは，糖新生とは換算されない．この点において，糖質は脂質に変換されるが，β酸化でアセチルCoAしか生成できない脂肪酸は，糖質には変換されないのである．脂肪酸から生じたアセチルCoAは，クエン酸回路によりATPを生じ，エネルギー消費されるが，オキサロ酢酸が不足する（エネルギー不足や糖質利用不調

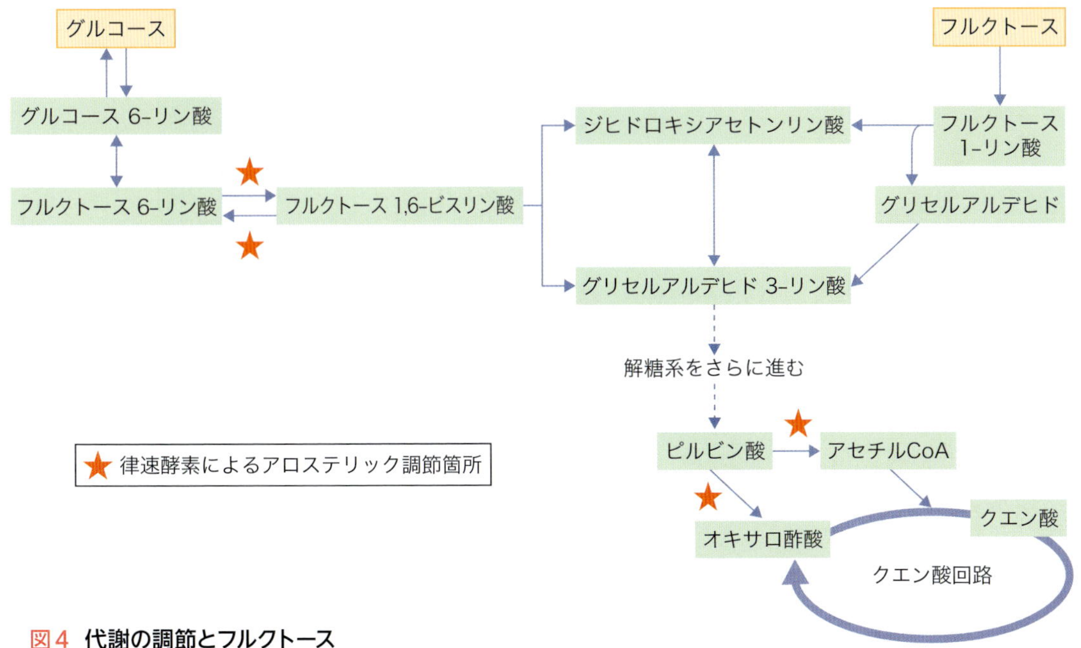

図4　代謝の調節とフルクトース

すなわち飢餓や糖尿病）とケトン体へ変換される．しかし，厳密にはこれは偶数個の脂肪酸の場合で，奇数個の場合は，β 酸化により最後にプロピオニルCoAが生成する．プロピオニルCoAは，スクシニルCoAとなり，クエン酸回路に入り，糖新生となる．奇数個の脂肪酸の場合はグルコースに転換しうるのである．

D. フルクトースの代謝（図4）

フルクトース（果糖）の場合は，どうであろうか．フルクトースは太りやすい（脂質に変わりやすい）ともいわれている．グルコースの場合は，ホスホフルクトキナーゼによる解糖系の調節が行われるが，フルクトースの代謝（異化）の場合は，このホスホフルクトキナーゼによるフルクトース 6-リン酸からフルクトース 1,6-ビスリン酸への変換段階を通らないために，調節を受けずに解糖系を進行し，ピルビン酸へ向かう．解糖系での調節なしにクエン酸回路へ向かうことになり，エネルギーを産生するので，運動時などのエネルギー消費には好都合である．しかし，エネルギー消費が下回る場合は，クエン酸に変化した後脂肪酸合成へ向かうので，脂肪蓄積しやすい糖とみなされる．一方，糖尿病のときは，グルコースよりも糖質エネルギーとしては利用しやすいことになる．フルクトースは，グルコースのように解糖系での調節を受けないことに注意が必要である．

E. ホルモンによる調節（図5）

インスリンは，脂肪細胞にグルコースを取り込むことを活発に促進する．脂肪細胞に取り込まれたグルコースは，当然，脂肪酸に変えられトリアシルグリセロールとなり貯蔵される．インスリンは，グルコースからの脂肪酸合成，トリアシルグリセロール生成への代謝を促すのである．

一方，脂肪細胞の**ホルモン感受性リパーゼ**は，トリアシルグリセロールを分解して脂肪酸を血中へ放出するが，放出された脂肪酸は脳と赤血球以外の組織で必要に応じて取り込まれエネルギー源として利用される．アドレナリン，ノルアドレナリン，グルカゴンなどのホルモンは，この脂肪細胞のホルモン感受性リパーゼを活性化して貯蔵脂肪の分解を促進するのに対し，インスリンはこの働きを抑制する．

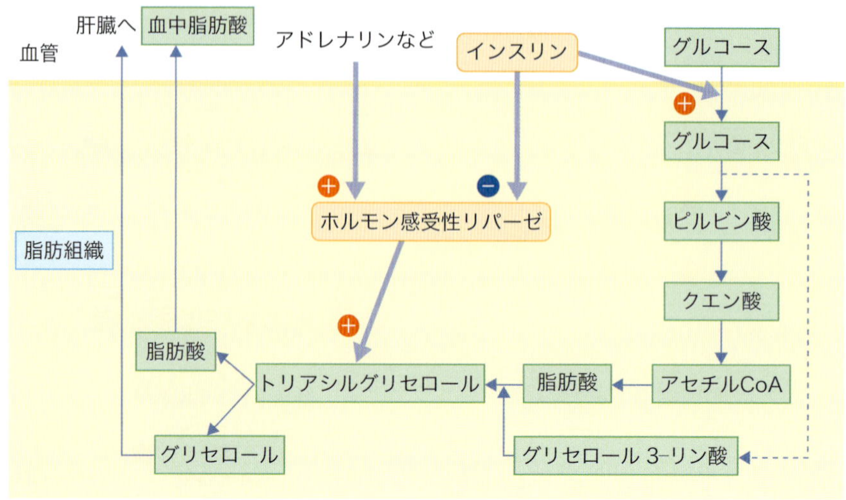

図5　糖質と脂質代謝へのホルモンの影響

2 糖質代謝とアミノ酸代謝

A. アミノ酸の異化経路と同化経路

アミノ酸の特徴はアミノ基をもつことで，アミノ酸の異化経路は，この窒素をはずすことからはじまり，窒素がはずれたオキソ酸（ケト酸）は，クエン酸回路により酸化され，ATPを産生する．アミノ酸から誘導されるオキソ酸は，ピルビン酸，オキサロ酢酸，2-オキソグルタル酸，スクシニルCoA，フマル酸そしてアセトアセチルCoA，アセチルCoAである．いずれも，電子伝達系と連動したクエン酸回路により，CO_2とH_2Oに酸化されるとともにATPを産生する（図6）．エネルギー利用がない場合には，糖質・脂質生合成への変換が可能となり，同化経路となるが，代謝系の一部は異化経路と重複・交差している．糖新生へ向かうことのできるアミノ酸は糖原性アミノ酸，アセチルCoAとなるアミノ酸はケト原性アミノ酸と呼ばれる（第11章，p146参照）．ピルビン酸デヒドロゲナーゼによるアセチルCoAの生産は，ATPにより阻害され，逆にピルビン酸カルボキシラーゼは活性化され，オキサロ酢酸からの糖新生が活発になる．糖新生により血糖値を適切に保つことは，グルコースを必須の燃料とする脳や赤血球にとってきわめて重要である（図7）．

アラニン，アスパラギン酸，グルタミン酸の相互変換を行う酵素**ALT**（アラニンアミノトランスフェラーゼ）と**AST**（アスパラギン酸アミノトランスフェラーゼ）（第11章，p147参照）は，いずれもミトコンドリア内にもミトコンドリア外の細胞質ゾルにも存在する．これらのアイソザイムは，異なる遺伝子にコードされている．アラニンから糖新生を行うときは，まずミトコンドリア型ALT（mALT）によりピルビン酸に変換され，さらにリンゴ酸へ変換され，ミトコンドリア外へ移送される（図8a）．リンゴ酸の代わりにアスパラギン酸としてミトコンドリア外へ運ばれることも可能であり，この場合はミトコンドリア内と細胞質ゾルの**ALT**と**AST**がすべて働く．どちらが優先するかは，細胞の酸化還元状態による．

ASTアイソザイムは，リンゴ酸-アスパラギン酸シャトルにおいても重要な役割を果たしている（図8b）．ミトコンドリア内のASTと細胞質ゾルのASTで逆反応を行っている．

ロイシンからは，HMG-CoA（3-ヒドロキシ-3-メチルグルタリルCoA）を生成するが，同様のものはコレステロール合成にもケトン体合成にも存在する．ロ

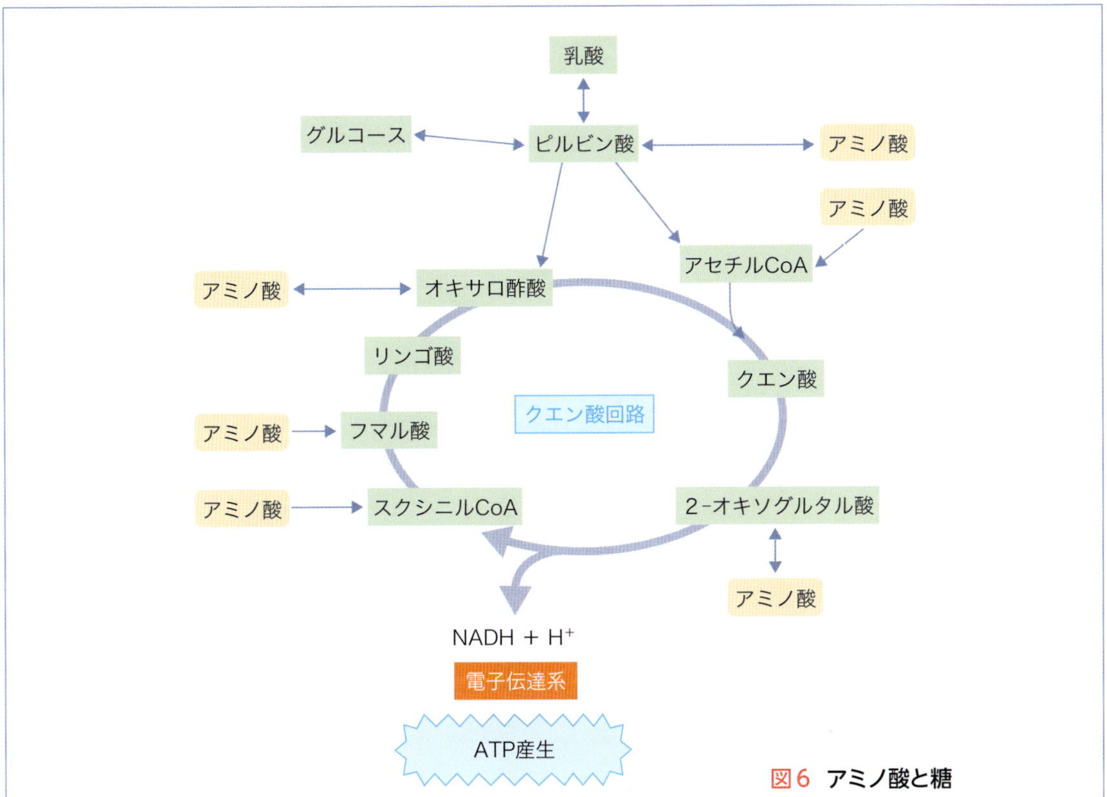

図6　アミノ酸と糖

イシンからのものは，ケトン体からのものと同じくミトコンドリア内に存在し，リアーゼによってアセチルCoAとアセト酢酸となる．ロイシンはケト原性アミノ酸である（図10参照）．

リジン（リシン）の分解はすべてミトコンドリア内で行われ，哺乳類では，リジンはアミノトランスフェラーゼ（トランスアミナーゼ）の作用を受けず，リジンの炭素骨格を完全なままで，サッカロピンを経由して，α-アミノアジピン酸とα-ケトアジピン酸に変換する．その後ヒトではグルタリルCoAからクロトニルCoAとなった後，最終的にアセチルCoAに変換されるので，ケト原性アミノ酸である．

直接アミノ酸に変換されるオキソ酸は，ピルビン酸からアラニン，オキサロ酢酸からはアスパラギン酸，2-オキソグルタル酸（α-ケトグルタル酸）からはグルタミン酸で，その後，別のアミノ酸にも変換する．例えば，プロリンはグルタミン酸からつくられる．

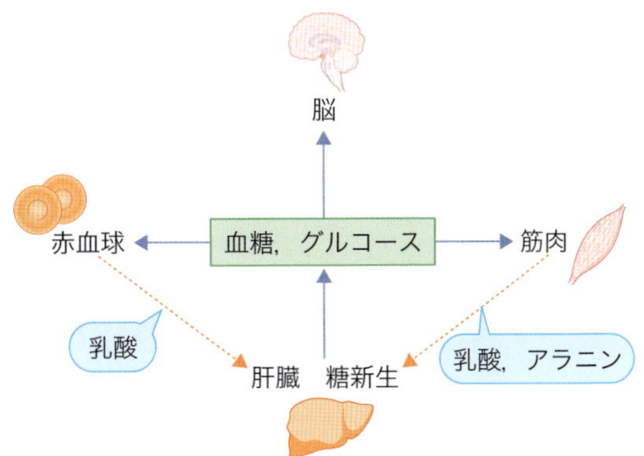

図7　グルコースの利用と生成に関与する臓器
赤血球からは乳酸の形で送られ，筋肉からは乳酸，アラニンの形で肝臓へ送られる

フマル酸とスクシニルCoAからもアセチルCoAからも，直接アミノ酸はできない．

セリンは解糖系の3-ホスホグリセリン酸から生じる．

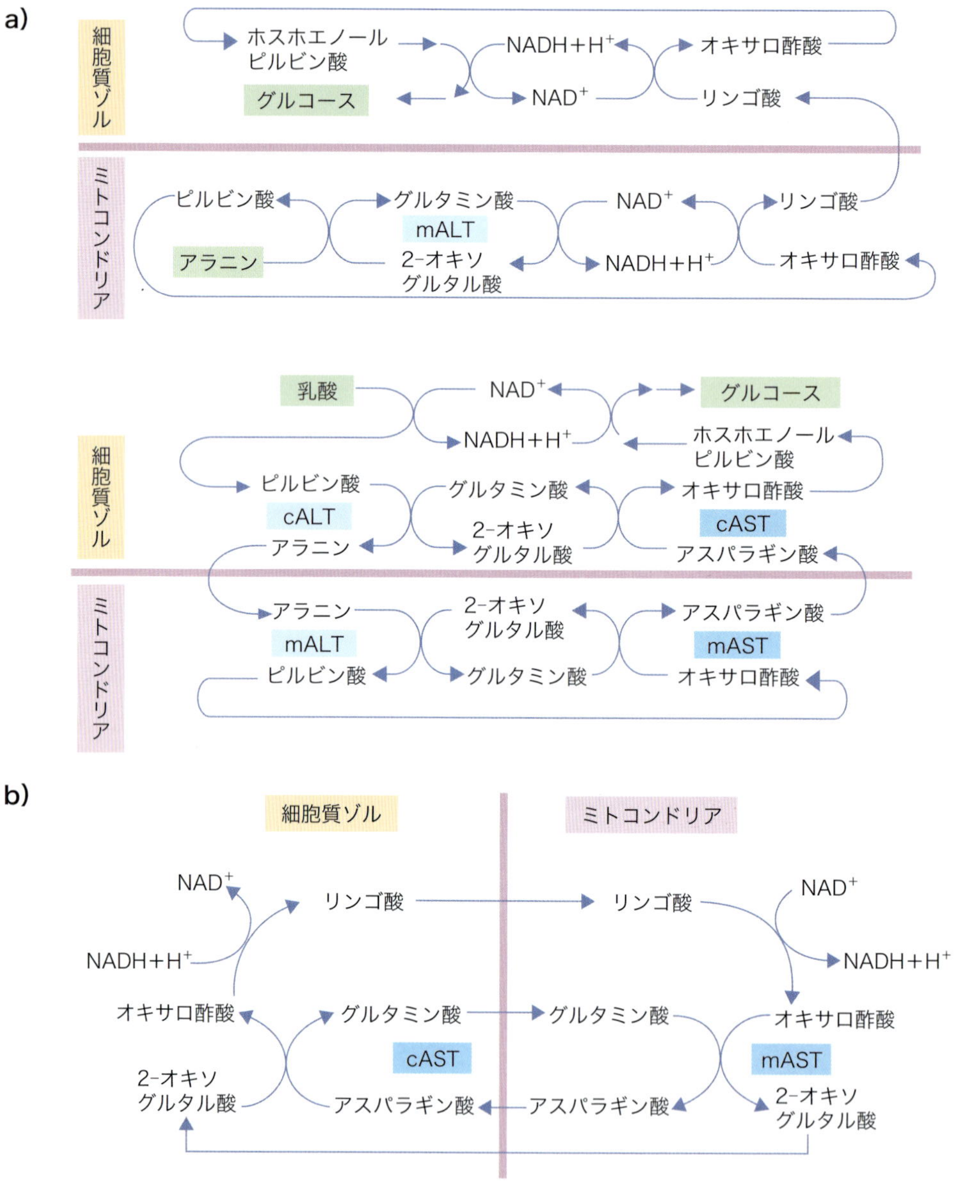

図8　ミトコンドリア内外におけるアミノトランスフェラーゼによる反応

ALT，ASTでcはサイトゾル型，mはミトコンドリア型を表す．→は物質の移動を表す．
a）アラニン，乳酸からの糖新生におけるALTとASTアイソザイムの役割，b）リンゴ酸–アスパラギン酸シャトル

B. 尿素回路とクエン酸回路（図9）

尿素回路（オルニチン回路ともいう，第11章，p148，図5も参照）のアルギニノコハク酸から生じたフマル酸は，クエン酸回路に入り，リンゴ酸，オキサロ酢酸を経て，アスパラギン酸となり，再び尿素回路のシトルリンと反応しアルギニノコハク酸となる．フマル酸より生じたリンゴ酸，オキサロ酢酸は，糖新生への素材ともなる．生体内の尿素合成はタンパク質摂取状況などによって変動する．アルギニノコハク酸の分解によって生じたフマル酸が尿素回路とクエン酸回路を結んでいる．**アルギニノコハク酸シンターゼ**は，ATPを必要とし，アスパラギン酸の窒素を取り込み，フマル酸を生成するアロステリック酵素である．ラットに高タンパク食を与えると，4〜8日間で5種の尿素

回路の活性が2〜3倍に上昇する．また，長時間の飢餓でも上昇する．これは**尿素回路が，フマル酸を介してクエン酸回路とつながっていることを示している．**尿素回路の4種の酵素（オルニチンカルバモイルトランスフェラーゼ以外）は，グルカゴンおよびグルココルチコイドによる誘導を受ける．この誘導は，エネルギー消費に役立っている．尿素回路の全酵素は，肝臓に高レベルに存在し，腎臓にも活性があり，わずかながら脳やその他の組織にも存在している．肝臓以外の組織ではもっぱら，アミノ酸としてのアルギニン合成に働いている．アルギンはタンパク質合成やクレアチン合成のほか，NO（一酸化窒素）合成の基質となる．

ミトコンドリア内
尿素回路
細胞質ゾル
アルギニノコハク酸
フマル酸
オキサロ酢酸
アスパラギン酸
リンゴ酸
ミトコンドリア膜
フマル酸
アスパラギン酸
リンゴ酸
オキサロ酢酸
クエン酸回路

図9 尿素回路とクエン酸回路

C. 分枝（分岐鎖）アミノ酸（図10）

高タンパク食摂取後，内臓組織はアミノ酸を放出し，末梢の筋肉はアミノ酸を取り込むが，このとき分枝（分岐鎖）アミノ酸を優先的に取り込む．分岐鎖アミノ酸は，絶食状態では脳にエネルギーを供給し，食物摂取後は肝臓から放出され筋肉に優先的に取り込まれる．

ロイシン，バリン，イソロイシンの分岐鎖アミノ酸

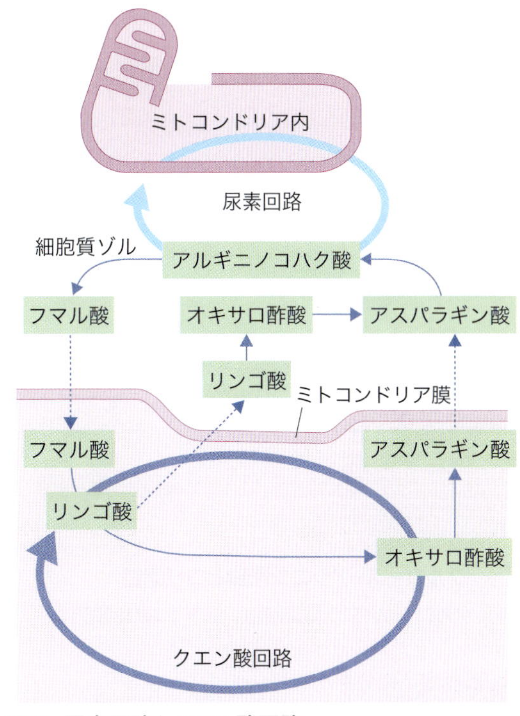

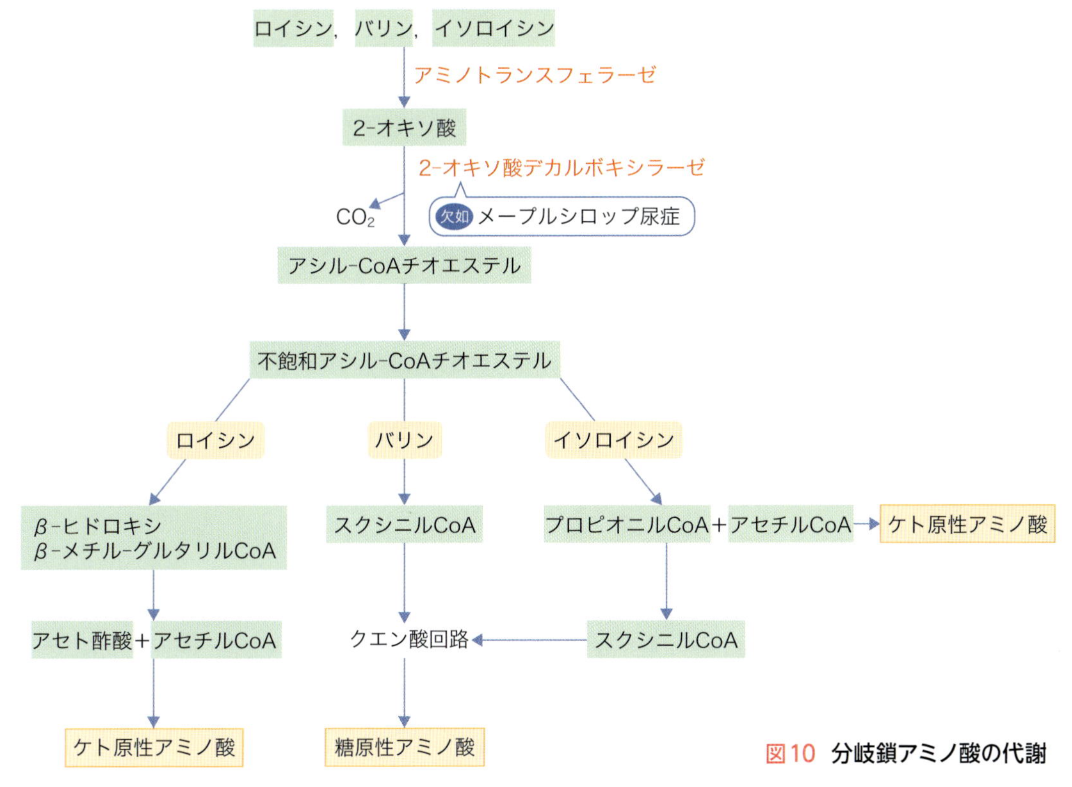

ロイシン，バリン，イソロイシン
アミノトランスフェラーゼ
2-オキソ酸
2-オキソ酸デカルボキシラーゼ
CO_2
欠如 メープルシロップ尿症
アシル-CoAチオエステル
不飽和アシル-CoAチオエステル
ロイシン
バリン
イソロイシン
β-ヒドロキシ
β-メチル-グルタリルCoA
スクシニルCoA
プロピオニルCoA＋アセチルCoA
ケト原性アミノ酸
アセト酢酸＋アセチルCoA
クエン酸回路
スクシニルCoA
ケト原性アミノ酸
糖原性アミノ酸

図10 分岐鎖アミノ酸の代謝

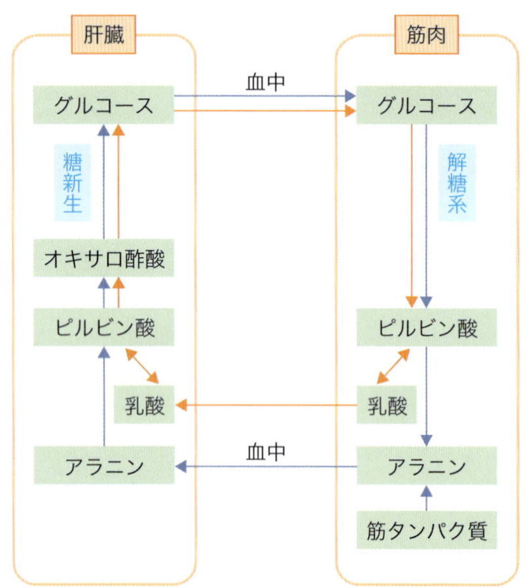

図11　グルコース-アラニン回路とコリ回路
→：グルコース-アラニン回路，　→：コリ回路

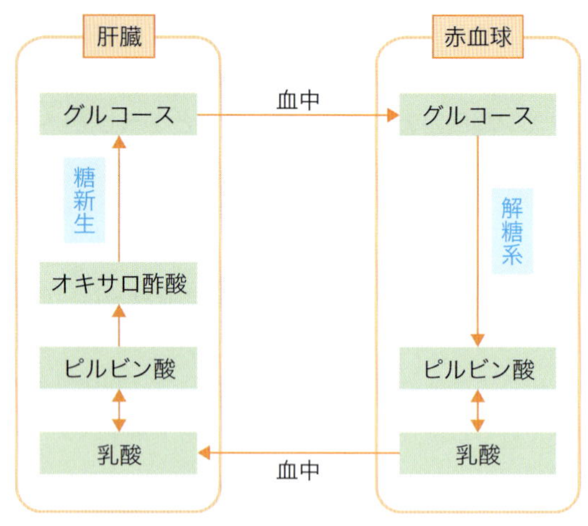

図12　肝臓と赤血球間のコリ回路

の異化は，肝臓，腎臓，筋肉，心臓および脂肪組織で起こり，細胞膜トランスポーターにより細胞内に取り込まれる．可逆的なアミノ基転移反応が起こり，生成した2-オキソ酸（α-ケト酸）がミトコンドリア内に入る．3種に対するアミノ基転移反応は同一のアミノトランスフェラーゼであるが，生じるオキソ酸（ケト酸）は3種である．その後，脱炭酸などを受け，ロイシンはHMG-CoAを生じ肝臓，腎臓および心臓のHMG-CoAリアーゼによってアセチルCoAとアセト酢酸を生じることより，ケト原性アミノ酸であることは先に述べた．

バリンからは，スクシニルCoAが生じる．イソロイシンからは，アセチルCoAとプロピオニルCoA（スクシニルCoAと変化する）を生成される．プロピオニルCoAはスクシニルCoAとなる．

遺伝性の常染色体劣性代謝異常である脱炭酸反応の2-オキソ酸デカルボキシラーゼの欠如または著しい活性低下により，**メープルシロップ尿症**（分岐鎖ケトン尿症）が発症する（第11章，p154参照）．尿がメープルシロップまたは焦げた砂糖のような臭いを呈する．血漿および尿中でロイシン，バリン，イソロイシンとこれらに由来する2-オキソ酸濃度が増加する．生後1週間までに現れ，哺乳困難，嘔吐が現れる．生後1週間以内の診断では酵素活性か遺伝子分析である．生存していれば脳障害が起こり，治療しなければ生後1年以内に死亡する．治療はミルクから分岐鎖アミノ酸を抜くことである．多数の突然変異がメープルシロップ尿症の原因となっている．

D. グルコース-アラニン回路（図11）

アミノ酸からの糖新生で，最も有名なのは**アラニンからの糖新生**である．筋肉ではグルコース-6-ホスファ

Column

マラソン

マラソンランナーの意識朦朧（もうろう）は，筋肉は動き続ける一方，脳が意識混濁となる状態である．脳に送られていた肝臓のグルコーゲンからのグルコースが枯渇すると，ケトン体をエネルギー源としつつも脂肪酸をエネルギーとできない脳はエネルギー不足に陥る．

一方筋肉は，アラニンを肝臓へ送り，糖新生から間接的に血糖値維持に寄与するが，筋肉自体は，グリコーゲンを消耗しても，脂肪酸やケトン体をエネルギーとし，最後は筋肉タンパク質を分解しアミノ酸をも異化してエネルギーとする能力が続く．

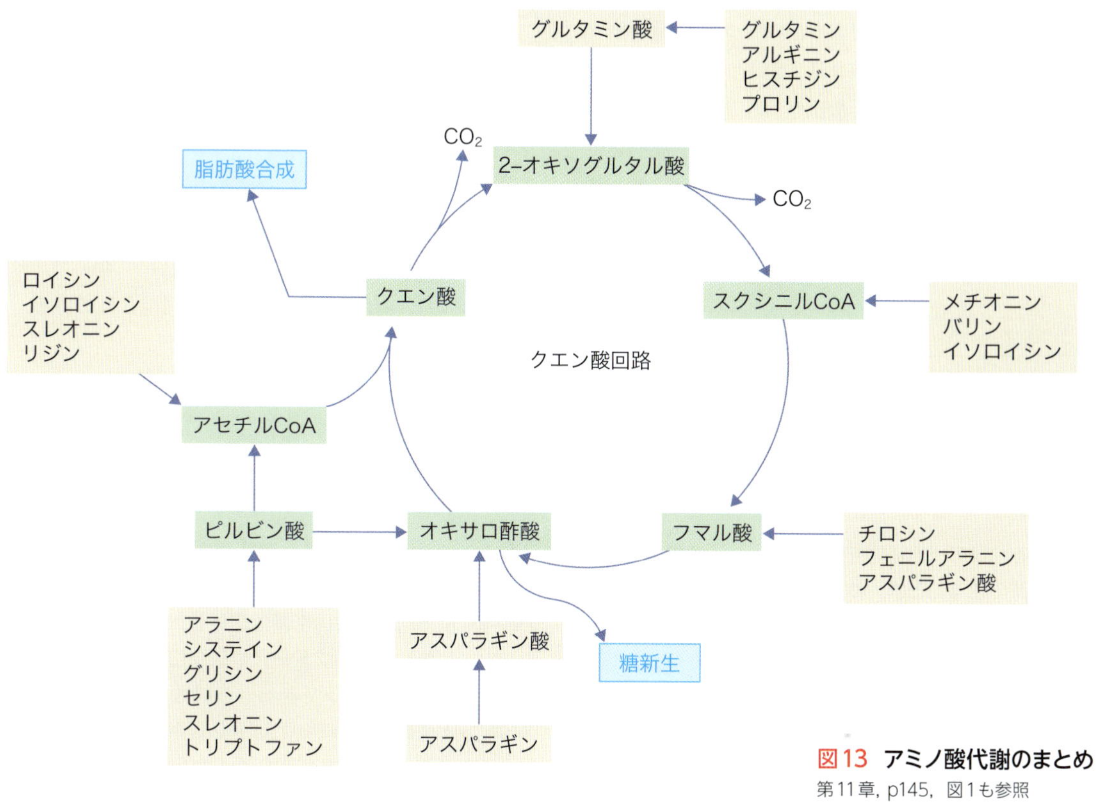

図13 アミノ酸代謝のまとめ
第11章，p145，図1も参照

ターゼが存在しないので，グルコースを生成できない．解糖系で生じたピルビン酸は（乳酸からも），アミノトランスフェラーゼ（ALT）により，アミノ基転移を受けアラニンとなる．アラニンは血液中に分泌され，肝臓に移動し，肝臓でアミノ基転移反応を行い，ピルビン酸に戻され，オキサロ酢酸を経て，糖新生に向かいグルコースに変換される．そして血糖となり筋肉に送り返されエネルギーとして利用される．これをグルコース－アラニン回路といい，血漿中にはアラニン濃度が高い（第9章，p113参照）．

E. コリ回路（図12）

コリ回路とは，筋肉や赤血球での解糖系によって発生した乳酸を肝臓でグルコースに変換する回路のことである．赤血球にはミトコンドリアがないので，解糖系で生じた乳酸が肝臓へ送られ，肝臓でピルビン酸に戻され，同様にオキサロ酢酸を経て糖新生へ向かい，グルコースとなり赤血球に戻される．発見者コリ夫妻の名前にちなんでコリ回路と呼ばれている．筋肉と肝臓の間でもコリ回路が存在する（図11および第9章，p114も参照）．

F. 臓器間の代謝

解糖系の産物である乳酸を輸送するコリ回路やアミノ基転移反応が加わったグルコース－アラニン回路は，明瞭な臓器間の相互協調作用である．筋肉は体内の遊離アミノ酸プール全体の半分以上を産出している．一方，肝臓は，過剰の窒素を処理する尿素回路が存在し，循環血中アミノ酸濃度の維持に寄与している．アラニン，グルタミンは筋肉から循環血中に放出され，特にアラニンは血漿中の窒素輸送の担体のようであり，主として肝臓に取り込まれ，糖新生の材料となる．肝臓のアラニン濃度が20～30倍に達するまで糖新生は飽和しない．肝臓でも，ホスホエノールピルビン酸をピルビン酸に変えるピルビン酸キナーゼの活性は高いが，アラニンは，ATPとともにピルビン酸キナーゼをアロステリックに阻害する．

グルタミンは，腸管および腎臓に取り込まれるが，その大部分はそこでアラニンに変換される．グルタミンは腎臓によるアンモニア排出の原料でもある．腎臓はセリンの主要な供給源であり，セリンは肝臓と筋肉を含む末梢組織によって取り込まれる．分岐鎖アミノ酸，特にバリンは筋肉から放出され主として脳に取り込まれる．分岐鎖アミノ酸は脂肪組織では，脂肪として蓄えられる．分岐鎖アミノ酸の分解能力は，飢餓や糖尿病で3～5倍に上昇する．糖質に変わるエネルギー源として活発に利用される．

G. アミノ酸代謝のまとめ

多くのアミノ酸は糖新生可能な糖原性アミノ酸であり，一部はケト原性アミノ酸ともなる両方の代謝経路をもつ．ケト原性アミノ酸のみとなるのは，ロイシンとリジンであり，図13にまとめた．スレオニンについては，ヒトではピルビン酸への代謝を行う酵素がヒト遺伝子にコードされていないとの報告[1,2]があり，スレオニンのピルビン酸への代謝を疑問視されている．

より深く理解すること

ある物質の代謝経路をよく理解し，その物質の変化を追跡できることは，われわれが何を食べればよいかを教えてくれる．一方で，身体の不調・疾病においてその原因を推察できる．しかし，それらを個別に理解しているだけでは，実際にヒトという個体を通してみると，何が，どこで，どんな変化を起こしているのかわからなくなることがある．栄養士の場合は食物が素材であり，そのもともとの動植物個体としての知識が不可欠である．臨床栄養の知識があれば生化学は不要であるという意見もある．しかしながら，一昔前，栄養学の常識，生化学の非常識と揶揄されていた時期もあった．今では，栄養学に生化学の視点が導入され，逆に生化学では気付かなかったヒトという個体と食物摂取の新たな関連が発見されてきている．生化学の知識を実際の臨床には当てはめて解釈できることが，栄養士の資質の維持と向上のために必須と考えられる．

われわれは糖質を消化して吸収する．その時，糖質は消化酵素により分解され，より小さな単位となって（糖質としての最小単位，単糖類）小腸微絨毛から吸収され，肝臓などに送られ代謝経路（地図，メタボリックマップ）で習った通りに代謝されるはずである．ヒトという個体を通しての見方として血糖値の増加を比べる血糖指数グリセミックインデックスというのがある．グルコースを100とすると，ガラクトースも100で，加水分解される乳糖もマルトースもイソマルトースも同様に100である．物質と消化酵素の種類による加水分解の影響は個体レベルでは観察されない．しかし，フルクトースやスクロースは，吸収も遅く指数は100以下である．これは，フルクトースの吸収と代謝を知っていれば少し理解できる．しかし，デンプンの指数は，100近くからゼロ近くまで変わる．これは，ふつうの化学的知識のアミロースとアミロペクチンからなるデンプンという理解では解決できない．ご飯，パン，パスタ，芋，トウモロコシの種類などによって存在するデンプンは違うのである．一律にデンプンの含量だけではすまない．指数の違いは加水分解速度の違いと推定され，なぜ加水分解速度が変わるのか，それは素材によってデンプンの種類，形，存在形態が違うために起こるというところまで来てようやく納得できる．さらに，糖尿病患者には，血糖値からだけのフルクトースの使用は微妙である．臨床検査値を実際に即して正確に読めるようになるにはメタボリックマップを，広く深くカバーしていなければ迷子になる．「臨床検査結果→診断→治療」となり，治療の段階で，薬物療法や栄養療法が登場し臨床栄養となる．臨床検査結果と診断との生理生化学的関連を理解していると，食物の知識が発揮されるその後の栄養療法が有効で，患者の生命力が蘇る．

文　献

1) Edgar AJ : Mice have a transcribed Lthreonine aldolase/GLY1 gene, but the human GLY1 gene is a non-processed pseudogene. BMC Genomics, 6 : 32, 2005

2) Edgar AJ : The human L-threonine 3-dehydrogenase gene is an expressed pseudogene. BMC Genet, 3 : 18, 2002

第13章 チェック問題

問　題

□□**Q1** 脂肪酸の合成と分解において，アセチルCoAの生成する過程とアセチルCoAからの変化について説明せよ．

□□**Q2** 解糖系，クエン酸回路，脂肪酸のβ酸化系，脂肪酸合成系，ケトン体合成系，コレステロール合成系，ペントースリン酸回路，尿素回路，電子伝達系は，細胞中のどこに存在するか答えよ．

□□**Q3** ピルビン酸，乳酸，アセチルCoA，オキサロ酢酸，クエン酸，リンゴ酸，NADHなどのうち，ミトコンドリア膜を通過できるものはどれか答えよ．

□□**Q4** アミノ基転移反応により，ピルビン酸，オキサロ酢酸，2-オキソグルタル酸（αケトグルタル酸）とそれぞれ相互変換するアミノ酸は何か．

□□**Q5** グルコース-アラニン回路とコリ回路についてそれぞれ説明せよ．

解答＆解説

A1 脂肪酸は，ミトコンドリア内でβ酸化を受けてアセチルCoAとなり，アセチルCoAはオキサロ酢酸と反応し，クエン酸回路へ入るかケトン体となる．必要なエネルギーが十分となり，クエン酸回路を回す必要がなくなったとき，クエン酸回路中のクエン酸はミトコンドリア外へ輸送され，細胞質ゾル中でアセチルCoAとオキサロ酢酸に分岐され，アセチルCoAは，脂肪酸合成の基質であるマロニルCoAの材料となる．

A2 解糖系，脂肪酸合成系，ペントースリン酸回路，コレステロール合成系は，細胞質ゾル中に存在する．クエン酸回路，脂肪酸のβ酸化，ケトン体合成系，電子伝達系はミトコンドリア内に存在する．尿素回路は，ミトコンドリア内外に存在する．

A3 ピルビン酸，クエン酸，リンゴ酸が輸送体を有し，通過できる．

A4 ピルビン酸はアラニンへ，オキサロ酢酸はアスパラギン酸へ，2-オキソグルタル酸はグルタミン酸へ変換される．

A5 臓器，細胞間の連携を示している．赤血球中の解糖系で生じた乳酸は肝臓へ運ばれ，肝臓で糖新生によりグルコースとなり赤血球に供給される（コリ回路）．筋肉では，解糖系で生じたピルビン酸は，ALTによりアラニンに変換され，肝臓に運ばれる．そこでALTによりピルビン酸に戻され，糖新生によりグルコースとなり，筋肉へ供給される（グルコース-アラニン回路）．筋肉では，コリ回路も働き，乳酸を輸送する場合もある．

本書関連ノート「第13章　中間代謝の概要」でさらに力試しをしてみましょう！

第14章 ヌクレオチドの代謝

Point

1. プリンヌクレオチド合成では，まずイノシン一リン酸（IMP）が合成された後，さまざまな核酸が生合成されることを理解する
2. ピリミジンヌクレオチド合成では，まずウリジン一リン酸（UMP）が合成された後，さまざまな核酸が生合成されることを理解する
3. 核酸の分解では，プリンヌクレオチドの塩基は尿酸に，ピリミジンヌクレオチドの塩基はβ-アラニンを経てマロニルCoAやアセチルCoAに代謝されることを理解する

概略図 核酸の代謝の概要

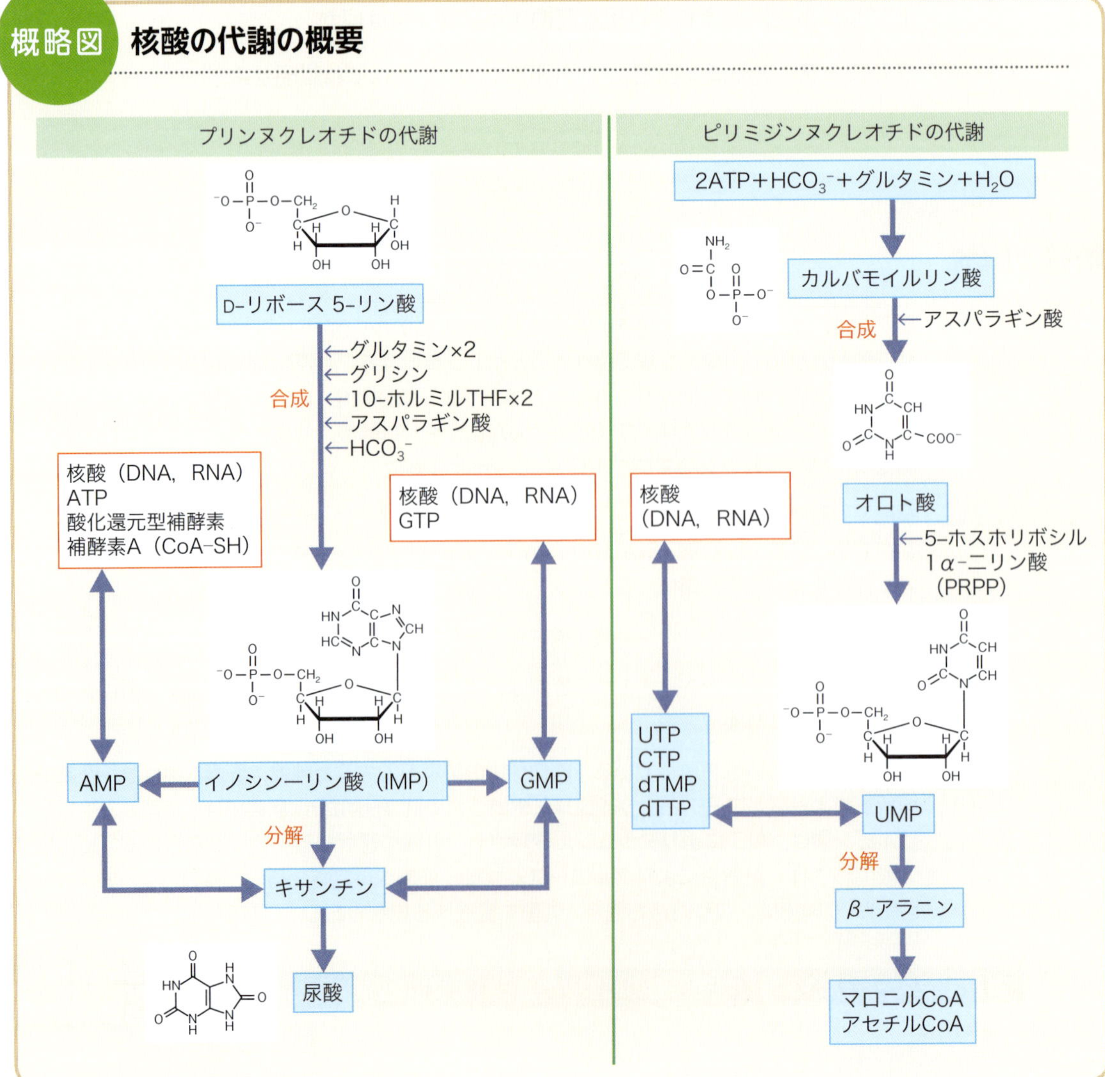

1 プリンヌクレオチドの生合成

プリンヌクレオチド※1の生合成経路は，ジョン・ブキャナンらにより明らかにされた．彼らは，プリンヌクレオチドの最終産物である**尿酸**に着目し，ハトにさまざまな同位体ラベル※2物質を投与し，排泄される尿酸がどのようにラベルされているか検討した．その結果，尿酸の炭素，窒素は図1に示したグリシン，アスパラギン酸，グルタミン，炭酸，ギ酸（アルデヒド基＝ホルミル基）に由来することが明らかになり，プリンヌクレオチド生合成経路解明の糸口になった．

プリンヌクレオチド生合成の出発物質は，**ペントースリン酸回路（五炭糖リン酸回路）**（第9章，p115参照）から供給される**D-リボース 5-リン酸**であり，11段階の反応を経て**イノシン一リン酸（IMP）**が合成される．次にAMPとGMPが，それぞれ別経路で生合成され，さらにリン酸化され，ATPとGTPになる．

A. イノシン一リン酸（IMP）の生合成

図2に，**D-リボース 5-リン酸**からIMPの生合成経路，図3に生合成に関与する主な分子の構造式を示した．以下，個々の反応について簡単に解説する．

［反応1］ ペントースリン酸回路から供給されたD-リボース 5-リン酸がATPと反応して**5-ホスホリボシル 1α-二リン酸（PRPP）**が生成する．PRPPは後述のサルベージ回路（図5参照），ピリミジンヌクレオチド生合成（図6参照）でも，**D-リボース 5-リン酸**の供与体となる．

［反応2］ PRPPの二リン酸基が**グルタミン**のアミド基（$-CONH_2$）のアミノ基（$-NH_2$）で置換され，5-ホスホ-β-リボシルアミンを生成する．この際，立体配置が反転し，**α型**から**β型**になる（糖の立体化学については第2章，p30参照）．

［反応3］ グリシンのカルボン酸が**［反応2］**で導入されたアミノ基とアミド結合し，グリシンアミドリボチド（GAR）を生成する．

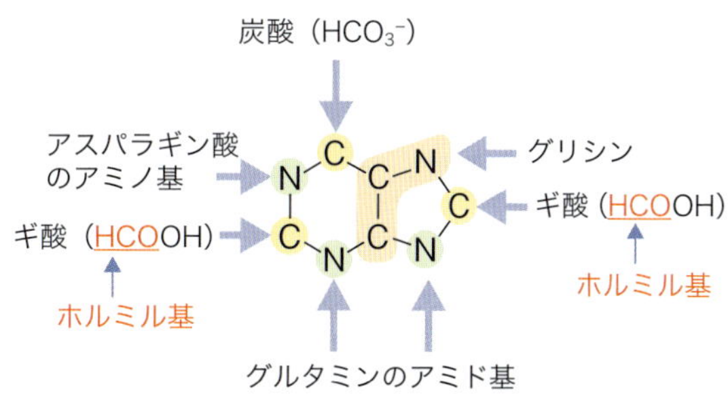

図1 プリン環の炭素，窒素原子の由来

［反応4］ GARのアミノ基を**ホルミル化**※3し，ホルミルグリシンアミドリボチド（FGAR）を生成する．水溶性ビタミンである**10-ホルミルテトラヒドロ葉酸**（10-ホルミルTHF：葉酸の一種）がホルミル供与体となる（葉酸については第7章，p87参照）．

［反応5］ 再び**グルタミン**のアミド基が転移し，ホルミルグリシンアミジンリボチド（FGAM）が生成する．

［反応6］ 分子内縮合で，5-アミノイミダゾールリボチド（AIR）に閉環する．

［反応7］ **炭酸（HCO_3^-）**が導入され，4-カルボキシ-5-アミノイミダゾールリボチド（CAIR）が生成する．

［反応8］ CAIRに**アスパラギン酸**が縮合し，5-アミノイミダゾール-4-（*N*-スクシノカルボキサミド）リボチド（SACAIR）になる．

［反応9］ **フマル酸**が脱離し，5-アミノイミダゾール-4-カルボキサミドリボチド（AICAR）が生じる．フマル酸が脱離する反応は，IMPからAMPを生成する際にもみられる（図4参照）．

［反応10］ 10-ホルミルTHFから再びホルミル基が供与され，5-ホルムアミノイミダゾール-4-カルボキサミドリボチド（FAICAR）が生成する．

［反応11］ FAICARから脱水閉環し，**イノシン一リン酸（IMP）**が生成する．

以上の11段階の反応によりプリンヌクレオチドの生合成の鍵物質である**IMP**が合成された．

※1 2種類のプリン塩基（アデニン，グアニン）をもつヌクレオチド．

※2 **同位体ラベル**：原子番号が等しく，質量数が異なる核種を同位体という．不安定な放射性同位体と安定な安定同位体に分けられる．化合物の生合成経路を調べるときに，同位体ラベルされたアミノ酸，酢酸，ギ酸，炭酸などがよく用いられる．

※3 **ホルミル化**：ホルミルはアルデヒド基．有機化合物にアルデヒド基を導入することをホルミル化という．

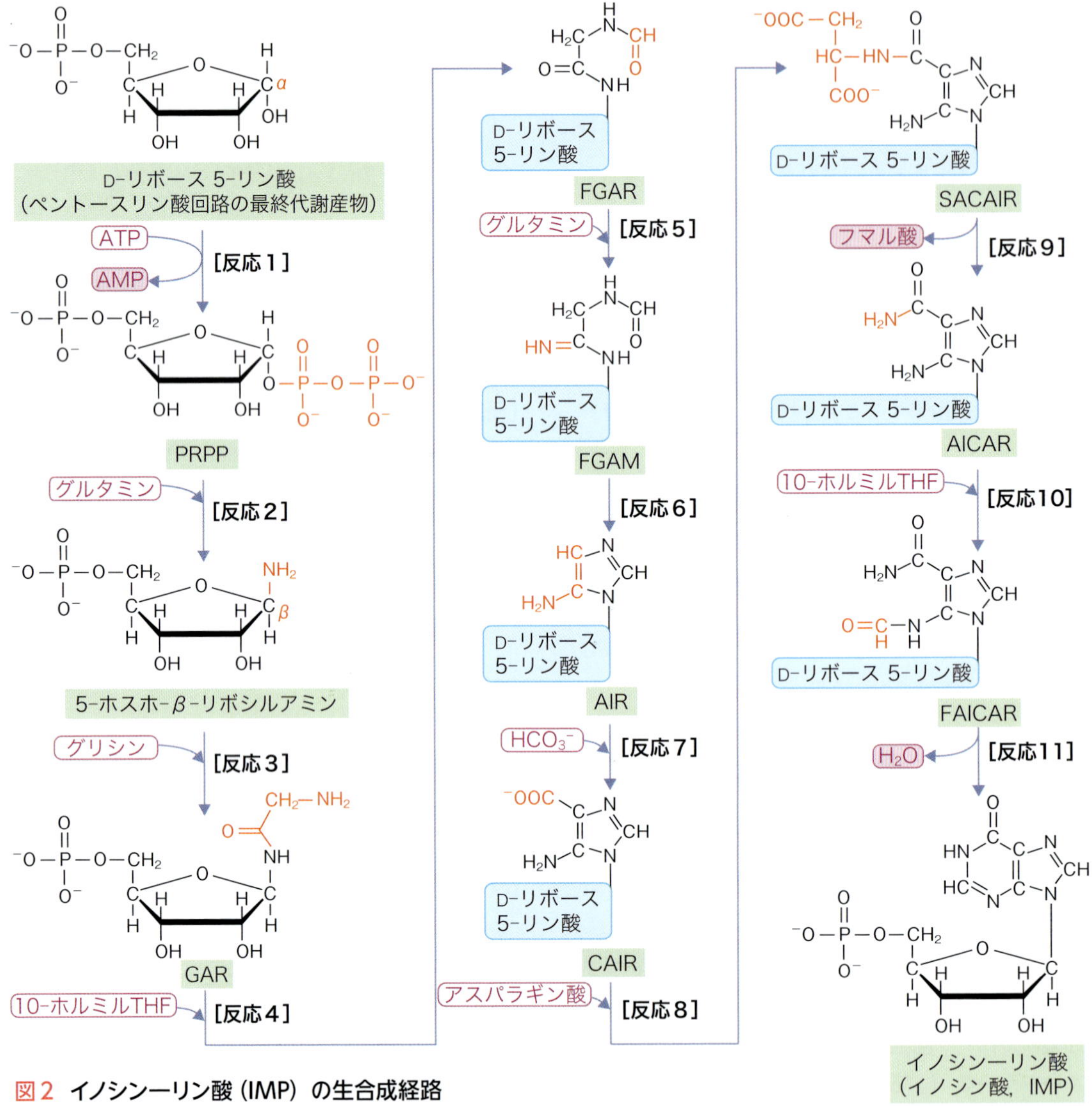

図2　イノシン一リン酸（IMP）の生合成経路

B. イノシン一リン酸（IMP）からATP，GTPの生合成

まず，IMPから2段階の反応で，一リン酸ヌクレオチドであるAMP，GMPがそれぞれ合成される（図4）．この際，IMPは細胞に蓄積せず直ちにAMP，GMPに変換される．

AMPは，IMPに**アスパラギン酸**が付加し，次に**フマル酸**が脱離し合成される．この反応と同様な反応は，イノシン一リン酸合成経路の**[反応8]**，**[反応9]**にもみられる（図2）．

GMPは，IMPの塩基がキサントシン一リン酸に酸化されたのち，グルタミンのアミド基が付加され，GMPが生成する．

生成したAMP，GMPは**ヌクレオシド一リン酸キナーゼ**※4，**ヌクレオシド二リン酸キナーゼ**によりATP，GTPに変換され核酸合成の原料となる．

※4　**キナーゼ**：リン酸化酵素を総称してキナーゼという．脱リン酸する酵素を総称してホスファターゼと呼ぶ．

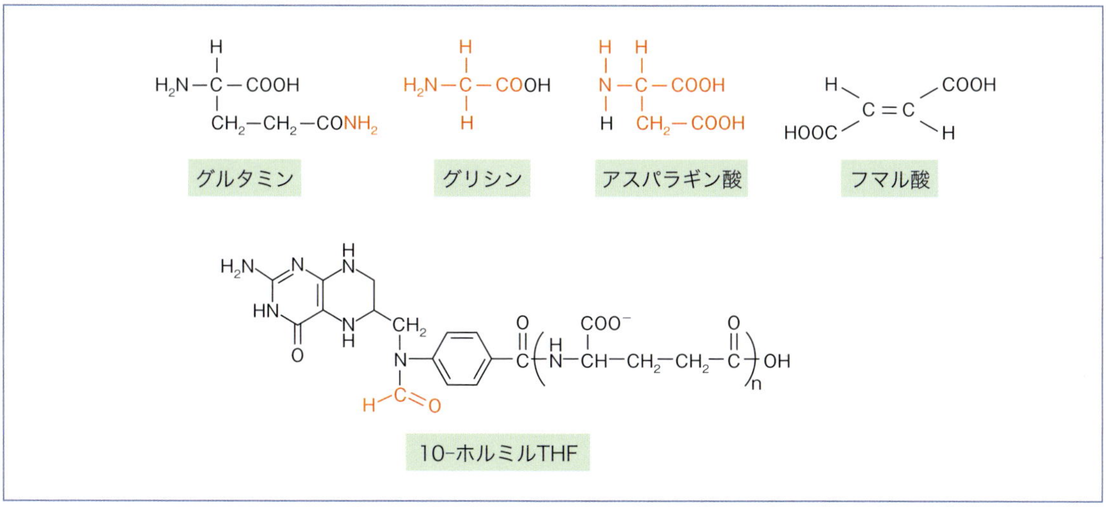

グルタミン　グリシン　アスパラギン酸　フマル酸

10-ホルミルTHF

図3　イノシン一リン酸（IMP）の生合成に関与する分子の構造
赤字はIMPの生合成に導入される部分を示している

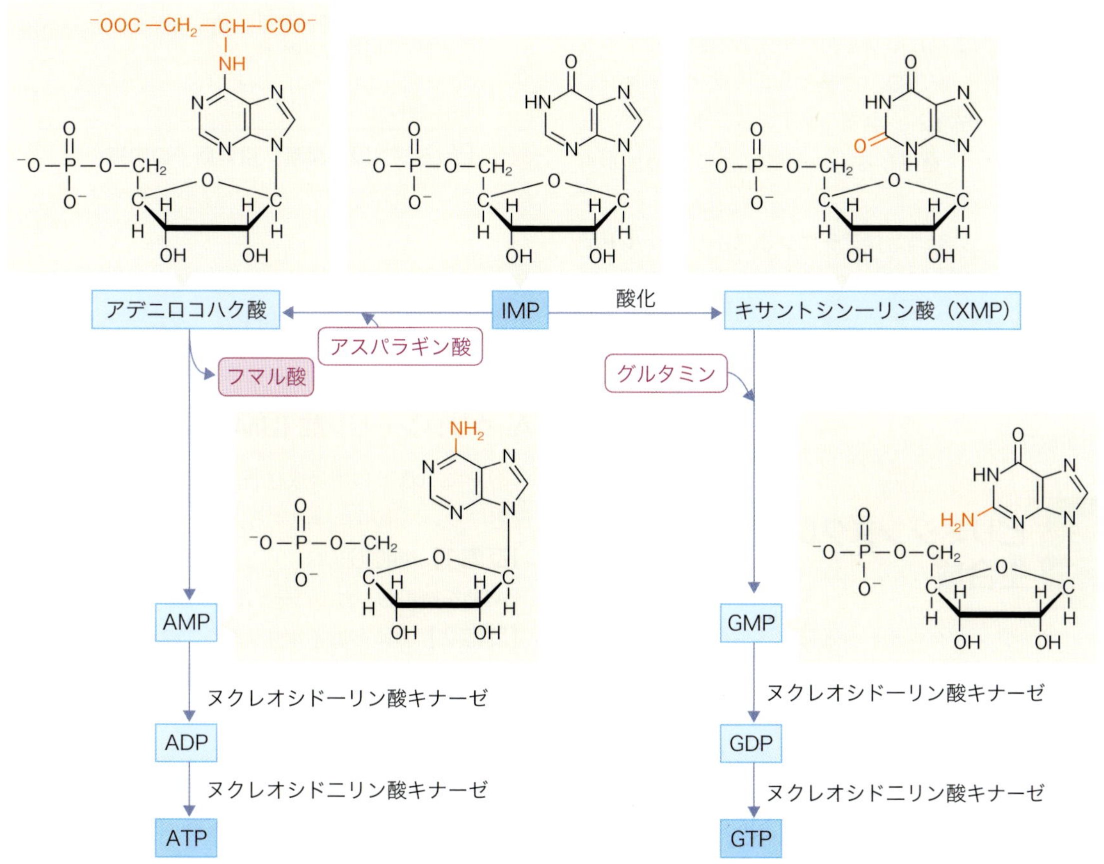

図4　IMPからATP，GTPの生合成経路

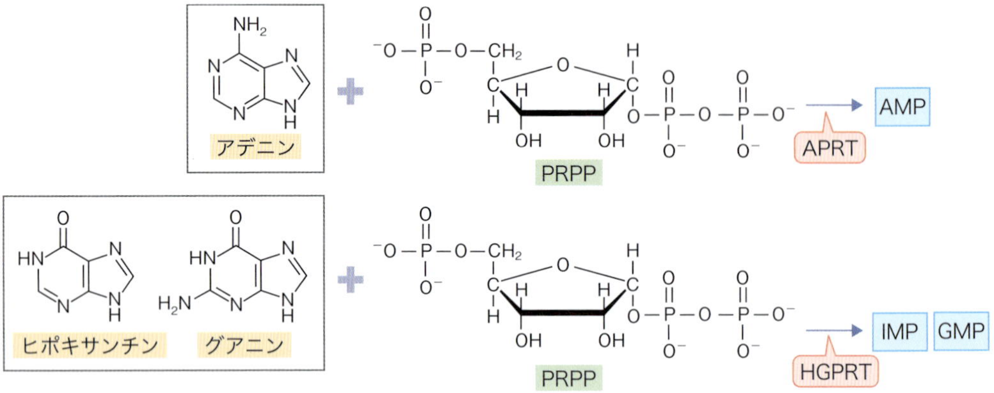

図5　サルベージ回路

APRT：アデニンホスホリボシルトランスフェラーゼ
HGPRT：ヒポキサンチン-グアニンホスホリボシルトランスフェラーゼ

C. サルベージ回路（プリン塩基の再利用）

プリンヌクレオチド合成経路には新規合成される以外に異化代謝された塩基を再利用する回路（サルベージ回路，図5）がある．後述するようにプリンヌクレオチドは，分解され，塩基のアデニン，グアニン，ヒポキサンチン[※5]を生じる．ヒトでは塩基の90％が再利用されている．

すなわち，アデニンは**アデニンホスホリボシルトランスフェラーゼ（APRT）**によりPRPPと反応し，AMPを生じる．同じように，ヒポキサンチン，グアニンからは**ヒポキサンチン-グアニンホスホリボシルトランスフェラーゼ（HGPRT）**の作用でそれぞれIMP，GMPを生成する．

2 ピリミジンヌクレオチドの生合成

ピリミジンヌクレオチドとは，3種類のピリミジン塩基（シトシン，チミン，ウラシル）をもつヌクレオチドである．同位体ラベルの実験から，ピリミジン環の炭素，窒素はアスパラギン酸，グルタミン，炭酸に由来することが判明した（図6）．**ウリジン一リン酸（UMP）**は6段階の反応を経て合成されるが，プリンリボヌクレオチドの生合成と異なり，塩基のピリミジン環が合成されてから，PRPPより**リボース5-リン酸**が供給される．

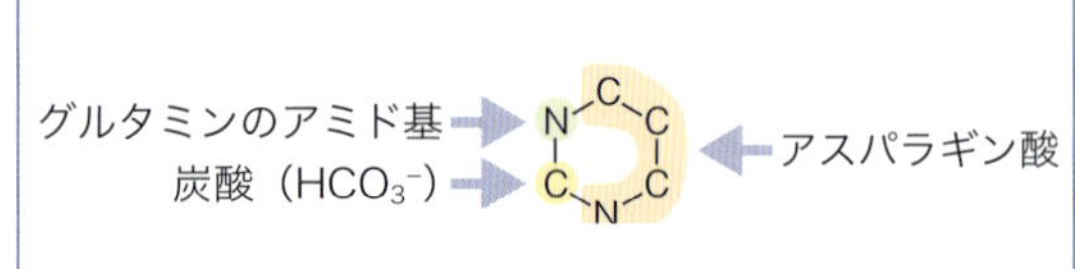

図6　ピリミジン環の炭素，窒素原子の由来

A. ウリジン一リン酸（UMP）の生合成経路

図7に，UMPの生合成経路を示した．以下，個々の反応について簡単に解説する．

［反応1］ 炭酸（HCO_3^-）とグルタミンから2分子のATPを使用して**カルバモイルリン酸**[※6]が合成される．

［反応2］ カルバモイルリン酸と**アスパラギン酸**が縮合し，カルバモイルアスパラギン酸が生成する．

［反応3］ カルバモイルアスパラギン酸が分子内縮合，閉環し，ジヒドロオロト酸を生成する．

［反応4］ ジヒドロオロト酸が**オロト酸**に酸化される．

※5　アデニンが脱アミノされた化合物（塩基）．

※6　**カルバモイルリン酸**：尿素サイクルでもカルバモイルリン酸は登場するが，アンモニアを窒素源として合成される点が異なる．

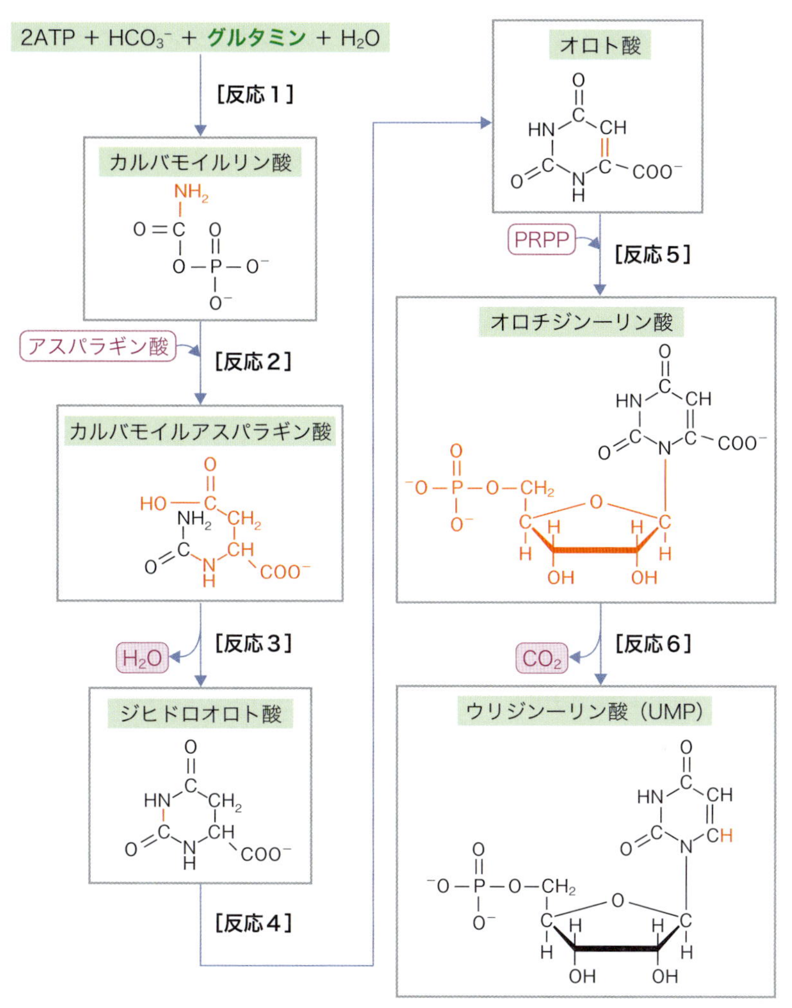

図7　ウリジン一リン酸（UMP）の生合成経路

Column

うま味成分

国試の「食べ物と健康」の分野では，“かつお節のうま味成分は?，しいたけのうま味成分は?，こんぶのうま味成分は?”といったうま味に関する問題が頻出する．さて，国試には，まず出題されないと思うが，海苔のうま味成分は？と問われて答えられる人が居るだろうか．海苔には，植物としては珍しくIMP（イノシン酸）が多く含まれ，グルタミン酸との相乗効果によりうま味が発現すると考えられている．しかし，乾海苔を分析してみるとAMPが多く存在し，IMPは痕跡程度である．この乾海苔を水に浸してから分析すると，IMP含量が急激に増加する．すなわち，水に浸すことによりAMPデアミナーゼが賦活化され，AMPが脱アミノされて，IMPが生成し（図10参照），IMP含量が急激に増加するのである．おにぎりや海苔巻きでは，白米の水分が海苔に移行して，酵素が活性化され，IMPが増加すると考えられている．さらに不思議なことに，乾海苔は，火で炙（あぶ）ってから食べるのに（多くの市販品はすでに焙焼してある），火で炙ってもAMPデアミナーゼが失活しない．AMPデアミナーゼが，熱耐性の酵素であるというのではなく，乾海苔中では，“乾す”という操作により酵素が熱に対して安定になるらしい．乾海苔をおにぎりや海苔巻きに使った先人の味覚は素晴らしい．海苔は，ゆっくりと噛んで食べて欲しい．うま味をより一層強く感じられるはずである．

[反応5] オロト酸とPRPPが縮合し，オロチジン一リン酸が生成する．

[反応6] オロチジン一リン酸が脱炭酸され，UMPが生成する．

このようにして生合成された，UMPからピリジンヌクレオチドが合成される．

B. ウリジン一リン酸（UMP）からUTP，CTPの生合成

UTPは，UMPから**ヌクレオシド一リン酸キナーゼ**，**ヌクレオシド二リン酸キナーゼ**により生合成される．CTPはUTPにグルタミンからアミノ基が供与され生合成される（同様な反応は図2の**[反応2]**と**[反応5]**，図4でもみられる）．

3 デオキシリボヌクレオチドの生合成

デオキシリボースを構成要素にもつ**デオキシリボヌクレオチド**は，相当する**リボヌクレオチド**が**リボヌク**

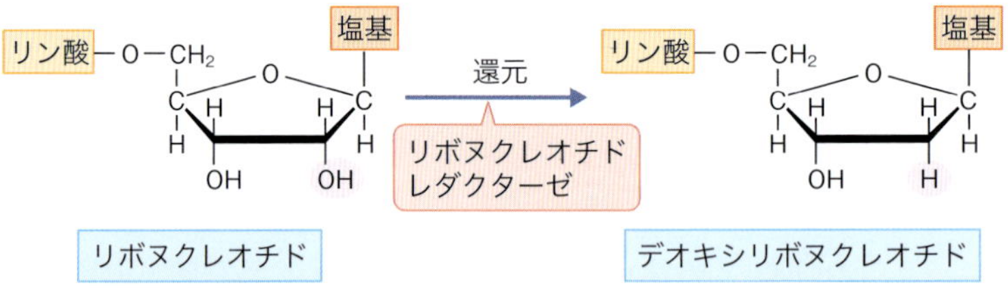

図8 デオキシリボヌクレオチドの生合成

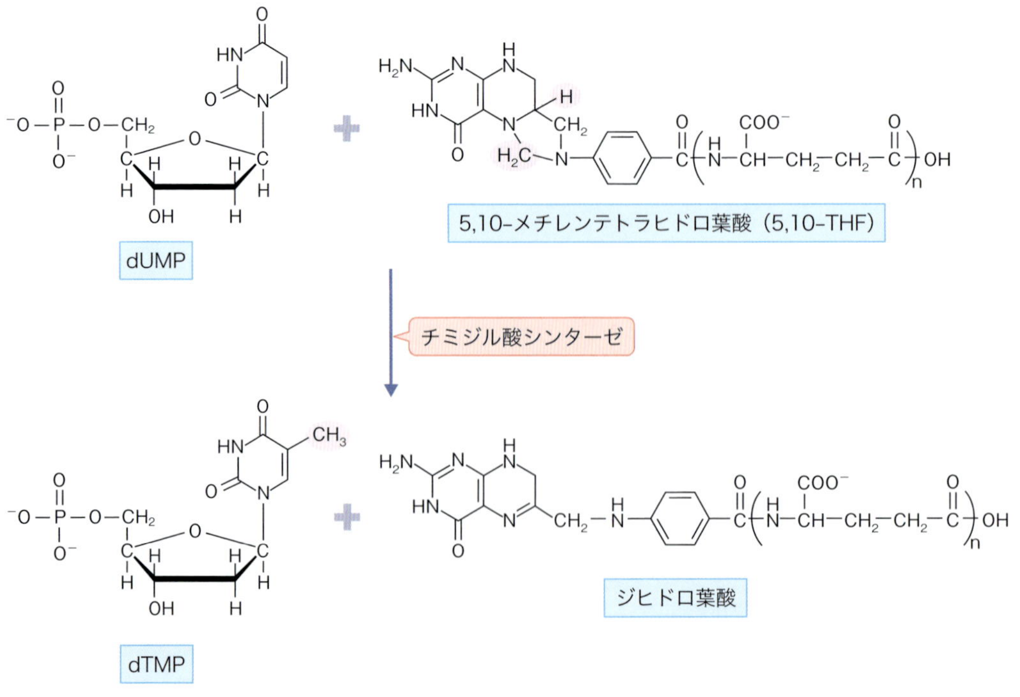

図9 デオキシリボチミジン一リン酸（dTMP）の生合成

レオチドレダクターゼにより還元されてつくられる（図8）．

また，**デオキシリボチミジン一リン酸**（dTMP）は，**デオキシウリジン一リン酸**（dUMP）から**5,10-メチレンテトラヒドロ葉酸**（5,10-THF）をメチル供与体※7とするメチル化で合成される（図9）．

※7 **メチル供与体**：メチル基を他の物質に転移する化合物．アミノ酸のメチオニンもメチル供与体．

4 核酸の分解

リボヌクレオチド，デオキシリボヌクレオチドは，脱リン酸化され，生じたヌクレオシドが塩基と（デオキシ）リボース 1-リン酸に分解される．生じた塩基は，核酸合成に再利用されるものが大部分であるが（サルベージ回路，図5），一部の塩基と食品中の塩基はさらに分解を受ける．ヒトのプリン塩基は尿酸に分解され排泄される．

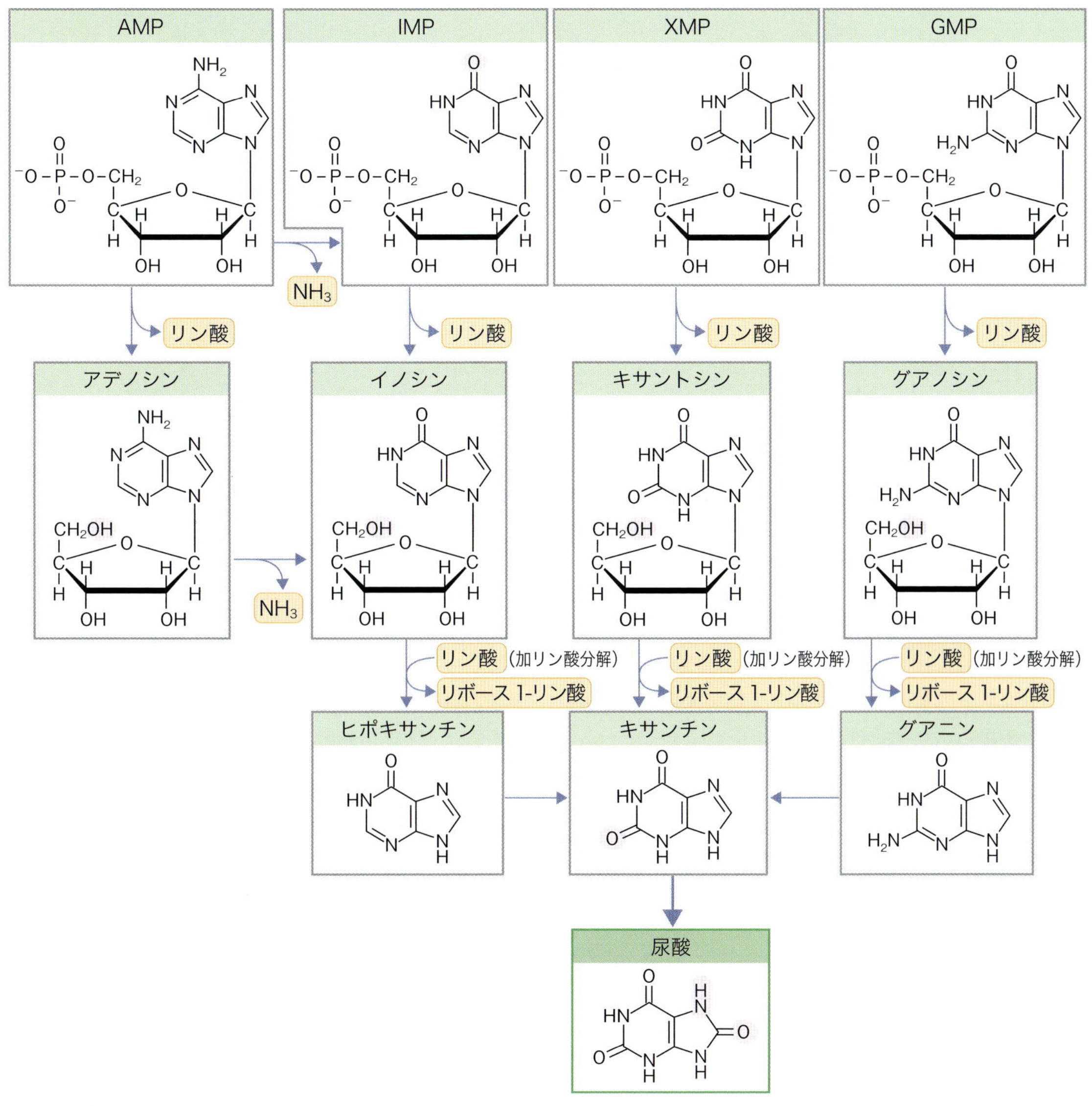

図10 プリンヌクレオチドの分解経路

第14章 ヌクレオチドの代謝

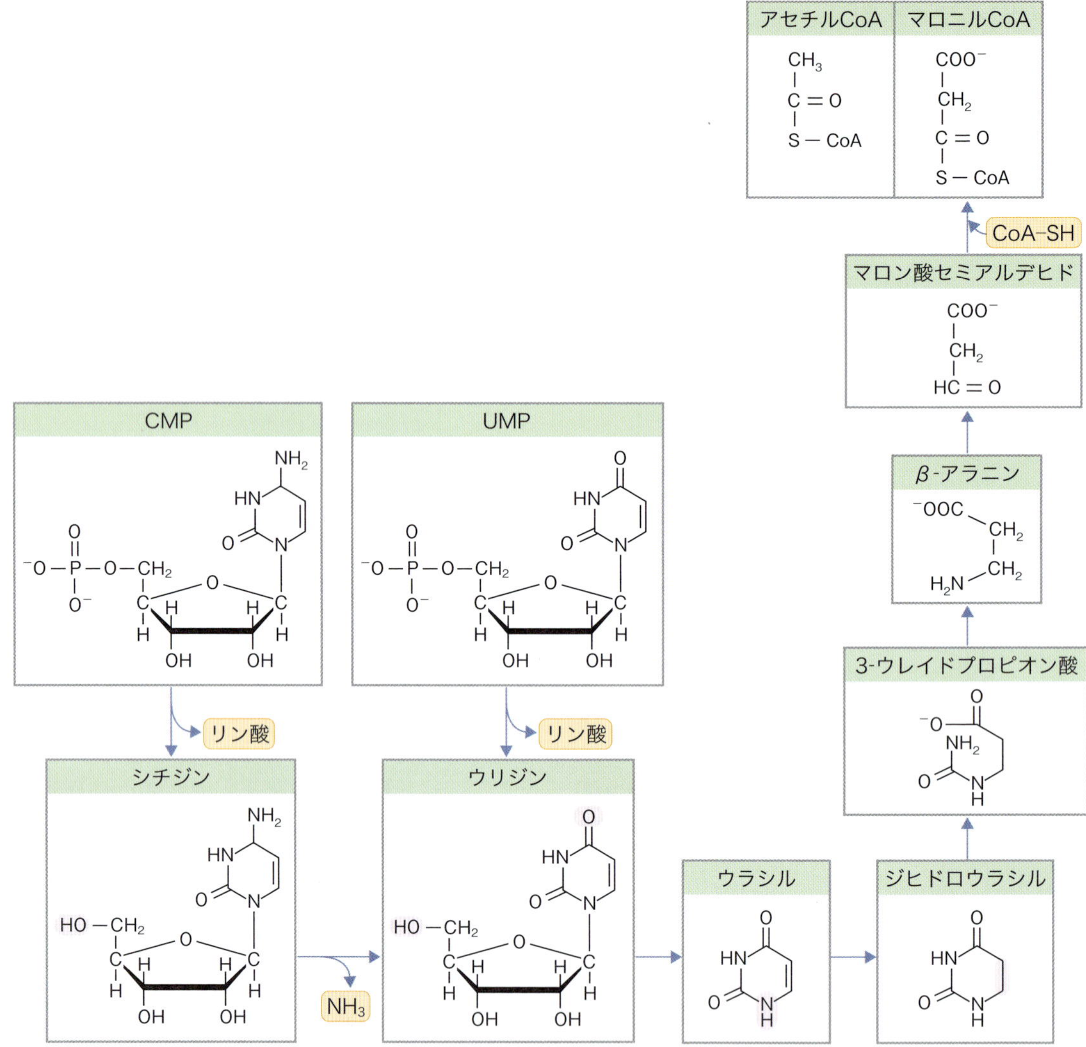

図11 ピリミジンヌクレオチドの分解経路

ピリミジン塩基は**β-アラニン**を経て**マロニルCoA**や**アセチルCoA**に異化代謝される.

A. プリンヌクレオチドの分解

プリンヌクレオチドの尿酸までの分解過程を図10に示した. 各種ヌクレオチダーゼにより脱リン酸化されたのちヌクレオシドに異化代謝される.

ヌクレオシドは, 塩基とリボース 1-リン酸に分解される.

アデノシン一リン酸(AMP)がイノシンに異化代謝される経路は2つある. すなわちAMPが**AMPデアミナーゼ**によりイノシン一リン酸(IMP)に変換されてからイノシンに異化される経路と**アデノシン**に異化されたのち, アデノシンデアミナーゼによりイノシンに異化される経路である. アデノシンから**アデニン**を生じる経路はあるが, その**アデニン**が直接代謝されることはない.

イノシン, **キサントシン**, **グアノシン**は, **ヒポキサンチン**, **キサンチン**, **グアニン**にそれぞれ変換される. ヒポキサンチン, グアニンはさらに**キサンチン**に代謝され, 尿酸に変換される. デオキシリボヌクレオチドも同様に異化代謝される.

霊長類, 鳥類, 爬虫類, 昆虫以外の生物では, 尿酸はさらに異化代謝されるがここでは述べない.

B. ピリミジンヌクレオチドの分解

図11にピリミジンヌクレオチドの分解経路を示した．ピリミジンヌクレオチドもプリンヌクレオチドと同様，脱リン酸化された後，糖と塩基に分解される．**シチジン**は脱アミノされ，**ウリジン**に変換したのち，ウラシルに異化される．ウラシルは**β-アラニン**を経て**マロニルCoA**や**アセチルCoA**に代謝され，脂肪酸合成に使われる．

dTMPの塩基**チミン**は，ウラシルと同様に異化代謝され，**3-アミノイソ酪酸**を経て**メチルマロニルCoA**を生じる．

臨床栄養への入門

ATP（エネルギー）とIMP（うま味成分）と尿酸（痛風）

痛風は「風が吹いても痛い」ということから名前がついた激しい痛みを伴う病気である．我慢できない痛みが，関節，特に足の親指の付け根を襲う．血清尿酸値が，7.0 mg/dLを超える状態を高尿酸血症という．尿酸は，血清中で7.0 mg/dLで飽和するため，この濃度を超えると尿酸のナトリウム塩（針状結晶）が析出しやすくなる．この結晶が，沈着する部位により痛風関節炎，痛風結節が惹起される．また，尿中で尿酸が析出，沈着すると腎障害や尿路結石を発症する．さらに，痛風，高尿酸血症は，脂質異常症，高血圧，肥満などを合併することが多い．わが国においては，第二次世界大戦直後までは，稀な病気であり，食生活の欧米化やアルコール摂取量の増加に伴う生活習慣病と捉えられている．しかしながら，その要因は明確ではない．HGPRT発現不足によりPRPPが蓄積し（図5），痛風に至る場合もある．HGPRTの極端な活性低下では，レッシュ・ナイハン症候群が発症する．この病気は，精神障害とともに極端な自傷行為（自分を傷つける）をとることで知られ，男性のみが発症する．痛風の発症例が，明らかに男性の方が多いこととも一致する．

プリンヌクレオチドの分解で学んだように，ヒトでは尿酸は，プリン塩基の最終異化代謝産物である．ATPもIMPを経て最終的に尿酸に代謝される．周知のように，ATPはヒトが生きている間，エネルギー源としてなくてはならないプリンリボヌクレオチドである．牛や豚や魚も同じである．牛や豚や魚が死ぬと，ATPは，IMPを経て尿酸に分解される．前述したようにIMPは，かつお出汁に代表されるうま味成分である．牛や豚や魚の肉は，ある程度熟成が進み，IMP含量が高いときに美味しいとされている．しかし，美味しいからといって過食に走ると痛風が待ちかまえている．痛風の予防，治療には，食事療法が重要であり，管理栄養士の出番となる．きわめて非科学的ではあるが，地球上のあらゆる生物に必要なATPが，われわれに食のあり方を教えていてくれるのかもしれない．ぜひともATPの囁きに耳を傾けて，痛風の患者さん達を“食の力”で，痛みから解放して欲しい．

チェック問題

問 題

□ □ **Q1** 右のヌクレオチドについて以下の問いに答えよ.
a) 構成する3つの要素の名称を述べよ.
b) ヌクレオシド部分の構造式を示せ. また, 名称を述べよ.
c) この分子の名称と略称を述べよ.

□ □ **Q2** プリンリボヌクレオチドのリボースが供給される回路を何というか.

□ □ **Q3** プリンヌクレオチド合成の鍵化合物となる物質の名称と略称は何か. この物質は, D-リボース 5-リン酸から11段階の反応で生合成される.

□ □ **Q4** ピリミジンヌクレオチド合成の鍵化合物となる物質の名称と略称は何か. この物質は, カルバモイルリン酸から5段階の反応で生合成される.

□ □ **Q5** ヒトにおけるプリンヌクレオチド分解の最終産物は何か.

□ □ **Q6** ヒトにおけるピリミジンヌクレオチド分解の最終産物は何か.

解答＆解説

A1 a) リン酸, リボース, アデニン. b) 右の構造式, アデノシン. c) アデノシン一リン酸, AMP.

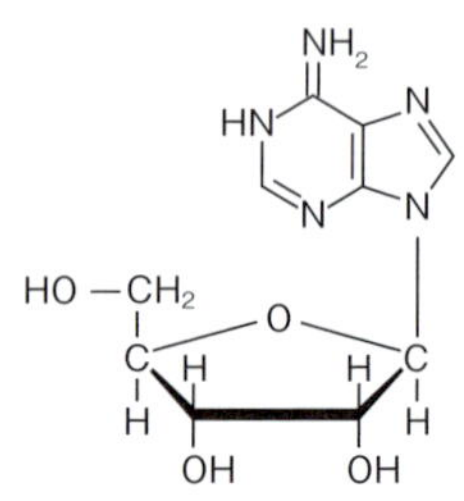

A2 ペントースリン酸回路（五炭糖リン酸回路）

A3 イノシン一リン酸, IMP

A4 ウリジン一リン酸, UMP

A5 尿酸

A6 マロニルCoA, アセチルCoA

本書関連ノート「第14章　ヌクレオチドの代謝」でさらに力試しをしてみましょう!

第15章 遺伝子発現とその制御

Point

1. 遺伝子が発現するとはどのようなことなのか，セントラルドグマとはどのようなことなのかを，遺伝情報の流れを利用して理解する
2. 遺伝情報を維持する過程（複製，修復）と遺伝子が発現する過程（転写，翻訳）を理解する
3. 遺伝情報に基づいた疾病予防や治療に関する原理および技術について理解する

概略図 遺伝情報の流れ

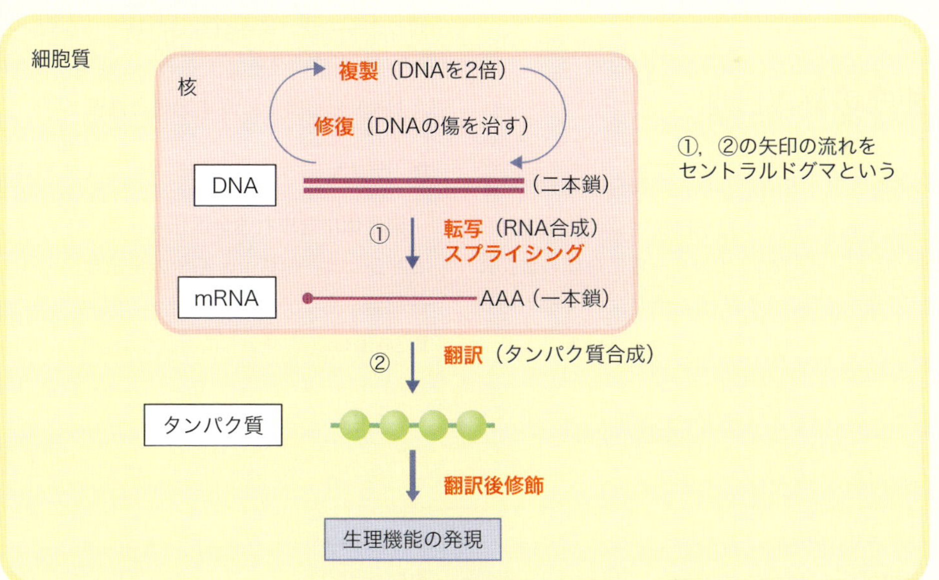

- 遺伝情報は，通常DNAとして存在する．この情報は，細胞が2つになれば全く同じDNAをもう1つつくる必要がある．この過程を"複製"と呼ぶ．また，傷ついたDNAを元通りにする反応を"修復"という．
- 遺伝子発現の第1ステップは，DNAの塩基配列情報を写しとる"転写"とこれに続く"スプライシング"によって成熟したmRNAを合成する過程である．これらの反応は，真核細胞ではすべて核で進行する．
- 第2ステップは，細胞質に出たmRNAが塩基配列の情報に基づいて適切なアミノ酸を順序よくペプチド結合でつなげたタンパク質を合成する過程で，"翻訳"と呼ぶ．
- 最終ステップで，翻訳後修飾を受けて機能をもつタンパク質になる．これが一連の遺伝子発現の流れである．

ヒトを構成する細胞のうち，生殖細胞を除く体細胞には，父親と母親から受け継いだ遺伝情報がそれぞれ1セット含まれ，合わせて2セットある．この1セットの遺伝情報のことをゲノムと呼び，通常各細胞に含まれるゲノムの量と質は基本的に同じである．ヒトは2万～2万5千種類の遺伝子をもち，どの細胞にも常に発現する**ハウスキーピング遺伝子**群のほかに，臓器（細胞）特異的に発現する遺伝子が存在する．これらの遺伝子が読み取られタンパク質を合成するタイミングや量が巧妙に調節されることは，生命を維持するうえで重要なことである．

また，栄養素が遺伝子の発現に関与することも明らかとなっており，個人の遺伝的要因によってその応答は異なっている．食事だけでなく運動などの生活習慣に起因する生活習慣病も，遺伝子多型に起因する遺伝的要因が発症に関与していることが明らかになってきた．

1 生命の基本原理

生命の機能を担う表現型としての物質はタンパク質であるが，生命体の根幹を担う物質は遺伝物質と呼ばれるDNAである．生物は，DNAから生命体の維持に必要な遺伝子を必要に応じて読み出し，いくつもの過程を経て機能タンパク質をつくり出している．

A. セントラルドグマ

遺伝情報に基づいてタンパク質が合成されることを**遺伝子発現**と呼ぶ．**遺伝情報**とは塩基の配列情報のことであり，この情報はDNAに書き込まれている．タンパク質の合成は，DNAの塩基配列情報に基づいて直接行われるのではなく，この情報をいったんRNAに写しとった後（**転写**），RNAの塩基配列情報をアミノ酸の配列に直してタンパク質を合成する（**翻訳**）．つまり，塩基配列としての遺伝情報がDNAからRNAへと伝達された後，RNAの塩基配列情報をアミノ酸の一次構造としてタンパク質に置き換えるもので，この発現の流れと方向性を分子生物学の**セントラルドグマ**（概略図）と呼ぶ．実際のところ，転写直後の未熟なRNAを加工する過程（**スプライシング**）により成熟mRNAとした後，この情報に基づいてタンパク質を合成する．

遺伝情報を担うDNAは，正確に親から子に，また同一個体では細胞分裂により量的にそして質的に全く同じように受け継がれなければならない．そのために，DNAを正確に2倍にする過程を**複製**，細胞内で損傷したDNAを元通りに直す過程を**修復**と呼んでいる．

B. ゲノム

染色体に含まれる全遺伝子1セットのDNAをゲノムと呼び，ヒトの精子と卵子の生殖細胞には1セットが，体細胞には2セットのゲノムがある．ヒトゲノムは，**約30億**の塩基対からなり，体細胞には60億の塩基対

Column

ゲノムとは？

DNAの本体が明らかになる前から，遺伝学者は生命の本体を操る物質のことを遺伝子（gene）と呼んできた．geneの語源はラテン語のgen-（根源なるもの）にあり，ゲノム（genome）とは，geneに“すべて”を意味する-omeを接尾語として付加したもので,「すべての遺伝子」を表す言葉として使われている．

ヒトゲノムをはじめとしてすでに200種類を超える生物種のゲノムが解読されているが，解読の必要性は一体何だろう．2，3例をあげると，結核菌などの病原菌のゲノム解読では，人類に多大な脅威を与えてきた生命体の設計図をすべて解読することで，細菌の弱点をみつけ出して抗生物質などが効かない耐性菌への対策を講じることができると考えている．イネゲノムの解読では，コムギやトウモロコシなど同類の穀物の品種改良に有効であり，寒さに強く倒れにくく収穫量が多いなどの性質をもつ品種を遺伝子を組換えてつくれるようにと考えている．

さて，ヒトの場合はどうだろう．親子鑑定，病気の診断や予防，薬の開発などがあるが，究極はすべての細胞の遺伝子を正常にする遺伝子治療だろうか．遠からず実現する治療方法と考えられている．生物のゲノムの解読によって，医療や食糧関連の産業構造，ひいては社会構造が大きく変わろうとしている．

からなるDNAが核内に存在する．また，**ミトコンドリア**にも独自のDNA（約17,000塩基対，環状二本鎖）が存在する．ゲノムには遺伝情報のすべてが含まれるが，アミノ酸に対応する遺伝子部分は数%程度であり，それ以外は非遺伝子領域である．

2 核酸の合成

核酸には**デオキシリボ核酸（DNA）**と**リボ核酸（RNA）**があり，**DNAが遺伝情報の保存に関与**するのに対して，**RNAは遺伝情報の発現に利用**される．

DNAは，細胞の核とミトコンドリアに存在し，核DNAは両親に由来し，ミトコンドリアDNAは母親に由来する．DNAの合成は**複製**と呼ばれ，細胞分裂に先立つ秩序立った過程である．すなわち，DNAの塩基配列情報が正確に2倍になることであり，このために情報は一度しか合成されない．さらに，数十μmの核内で60億塩基対（約3 m）を2倍にすることから，糸状のDNAが絡まることなく合成されなければならない．

主なRNAには，**メッセンジャーRNA（mRNA）**，**リボソームRNA（rRNA）**，**トランスファーRNA（tRNA）**の3種類があり，すべてDNAを鋳型としてつくられる．

A. 半保存的複製

DNAは**二重らせん構造**をもつために，DNAの合成は，二本の鎖の塩基対を形成する水素結合を**ヘリカーゼ**によって切り，一本鎖としたうえでそれぞれの鎖を鋳型にして新しい鎖がつくられる．**DNAポリメラーゼ**（DNA合成酵素）は，鋳型となるDNAの塩基と相補的な塩基を取り込んで，すでに合成がすんだDNAの末端に付加して鎖を延長する．こうしてできた二本鎖DNAは，すでにあったDNAを鋳型としてもう1本が新たに合成されたDNA鎖であり，このような複製の機構を**半保存的複製**と呼ぶ（図1）．

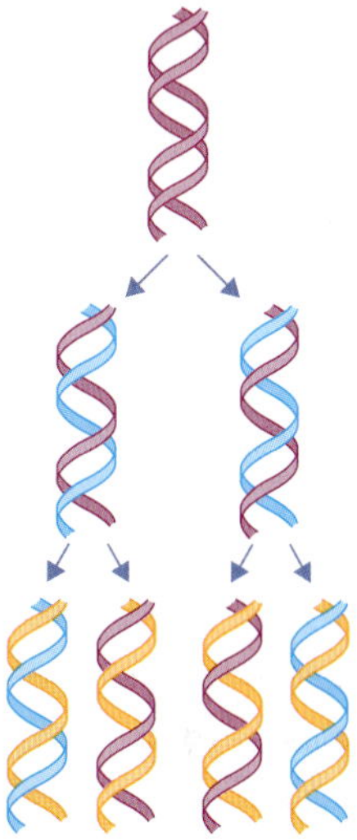

DNAの複製には①～③の規則がある．①DNAポリメラーゼによる合成反応は，DNAの特定の塩基配列をもった**複製開始点からはじまり**，両方向に進行するために二本鎖のいずれも複製のための鋳型となる．②鎖の合成は，**必ず5′末端から3′末端に向かって合成**される．③DNA合成では，**プライマーが必要**となる．

図1 **DNAの半保存的複製**

DNA合成の基質は，**デオキシリボヌクレオシド三リン酸**（dATP，dGTP，dCTP，dTTPの4種類であり，これらをまとめてdNTPsと記述する）であり，DNAポリメラーゼはdNTPからピロリン酸を遊離し，デオキシリボヌクレオシド一リン酸（dNMP）を，すでに合成がおわっているデオキシリボースの3′-OH基に付加する．DNA合成を開始するためには鋳型だけでなく，数塩基から10数塩基程度のRNAからなる**プライマー**が用いられる．このRNAを**RNAプライマー**という．

DNA鎖の延長は，3′末端にデオキシリボヌクレオチド※1が付加されるために，DNAポリメラーゼは5′→3′方向にしか合成しない．二重らせんを形成する2本のDNA鎖は**互いに逆向き**である．このためにDNA合成は鋳型となるDNAの二本鎖が完全にほどかれて進行するのではなく，**ヘリカーゼ**により合成が必要なところを部分的にほどいて一本鎖になった部分で2本のDNA鎖の複製が同時に，両方向に進行していく．複製される2本のDNA鎖のうち1本は，ほぐされた部分に近い場所（**複製フォーク**と呼ばれるY字構造近傍）から5′→3′方向に短いDNA鎖を合成する**不連続複製**を行って，DNA鎖を最終的に**DNAリガーゼ**（DNA結合酵素）でつなぐ．このように不連続に合成されるDNA鎖を**ラギング鎖**，連続的に合成されるDNA鎖を**リー**

※1 ヌクレオチドは，その構造中にリン酸基を含むが，ヌクレオシドには含まれない．

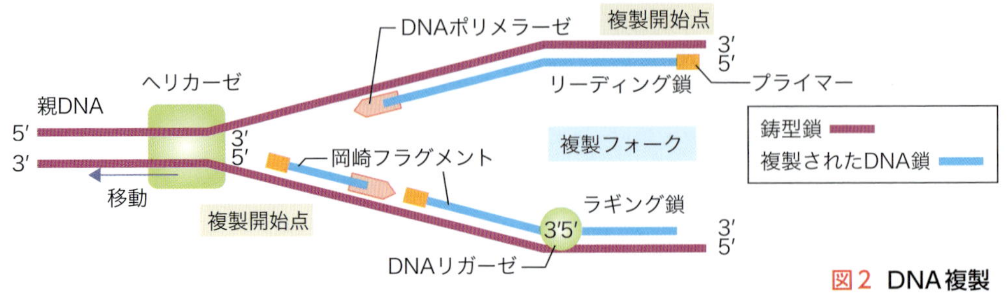

図2 DNA複製

ディング鎖という．ラギング鎖で複製フォーク近傍において合成される短いDNA鎖を，別名**岡崎フラグメント**と呼んでいる．リーディング鎖およびラギング鎖ともにRNAプライマーのところまでDNA合成が進むと，RNAを分解しながらさらにDNAを合成し，最後はDNA同士をDNAリガーゼで連結する（図2）．

B. 転写

RNA合成はDNAを鋳型として行われ，この過程を**転写**という．RNA合成の基質は，**リボヌクレオシド三リン酸**（ATP，GTP，CTP，UTPの4種であり，これらをまとめてNTPsと記述する）で，**RNAポリメラーゼ**（RNA合成酵素）によって触媒される．RNAには，rRNA，mRNA（前駆体はhnRNA※2），tRNAなどがあるが，それぞれに固有のRNAポリメラーゼが合成に関与する．

転写の規則は，①**鋳型となるDNAは二本鎖**であり，いずれかの鎖が鋳型となる．②鎖の合成は，**必ず5′末端から3′末端に向かって合成**される．③**プライマーは必要としない**．

二本鎖のDNAのうち遺伝子ごとに遺伝情報をもつ（アミノ酸の配列に相当）のは一方のみで，RNA合成では意味のある鎖だけを鋳型にする必要がある．DNAがアミノ酸の配列を指定する遺伝子の場合，アミノ酸を指定できる塩基配列を含むDNA鎖を**コード鎖**，あるいは**センス鎖**という．したがって，RNA合成時は非コード鎖（アンチセンス鎖）を鋳型として相補的な塩基を取り込む反応が進行する．

※2 **hnRNA**：heterogenous (heterogeneous) nuclear RNA.

C. 転写単位

RNAポリメラーゼは，1度の転写過程で一定範囲のDNAを転写する．このDNA領域を**転写単位**と呼び，ほぼ遺伝子そのものの範囲と一致する．また，真核生物の場合は，転写単位には1つの遺伝子（**シストロン**）しか含まれない（**モノシストロニック転写**）．転写の開始と終結は，DNAの構造によって決められるが，転写の開始にかかわる部分を**プロモーター**，終結にかかわる部分を**ターミネーター**という．転写反応を触媒する酵素はRNAポリメラーゼが担い，合成するRNAの種類によって3種類の酵素（Ⅰ，Ⅱ，Ⅲ）を使い分けている．**RNAポリメラーゼⅠ**は核小体に存在して，1種類であるが多コピー存在するDNAからrRNA前駆体を合成する．**RNAポリメラーゼⅡ**は，タンパク質をコードするmRNA前駆体のhnRNAやsnRNA（small nuclear RNA）を，**RNAポリメラーゼⅢ**はtRNA前駆体など低分子RNAを合成する．

D. RNAのプロセシング

いずれのRNAも転写直後は実際に利用されるものと比べて大きな分子として合成され，切断，消化，塩基の修飾などによって完成形となる．この過程全体をRNAの**プロセシング**と呼ぶ．rRNAは，1つの大きな45S RNAとして**核小体**で合成され，その後切断を受けて5.8S RNA，18S RNA，28S RNAとなりリボソームタンパク質と会合する．tRNAは，長い前駆体RNAとして合成され，複数回の切断さらには特定の塩基が酵素によって修飾されて完成形となる．タンパク質をコードする遺伝子（構造遺伝子）は，RNAポリメラーゼⅡによってhnRNAとして合成され，さまざまなプロセシングを経た後に成熟したmRNAとなる．

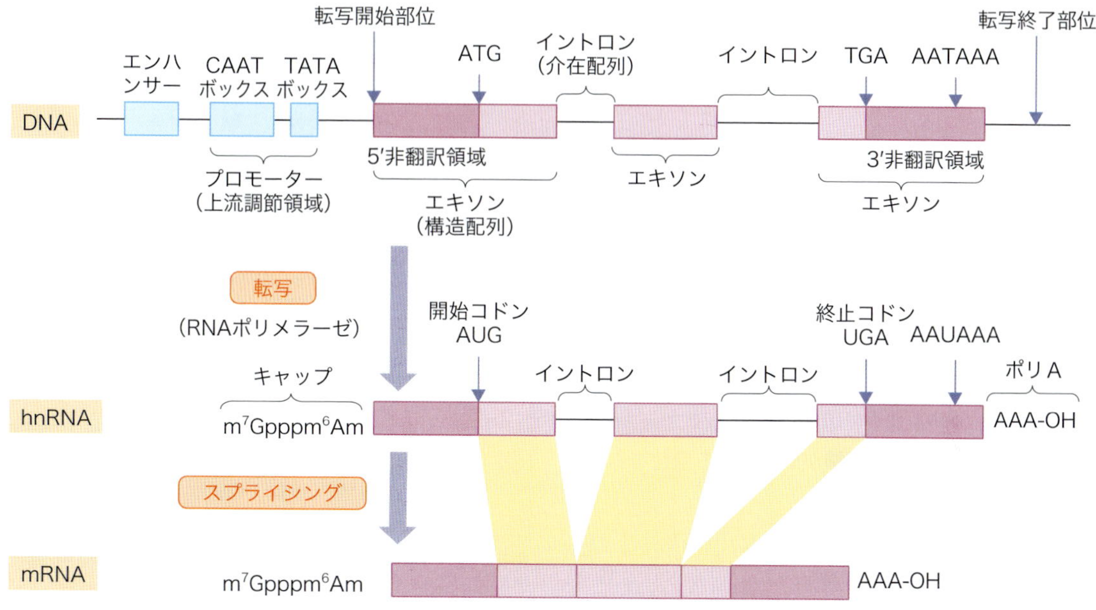

図3 転写と成熟mRNAの形成
エンハンサー*やプロモーター（CAATボックスやTATAボックス）は，転写制御に関連する因子が結合する部位であり，これら因子の作用によって転写効率（RNA合成量）が変化する（p201参照）．スプライシングは，イントロンを切り取り，隣り合うエキソン同士をつなぐ核内で行われる反応である
* 遺伝子の活性化因子と相互作用して転写効率を高めるDNA領域のことをいう（p202参照）

真核生物の構造遺伝子は，タンパク質をコードする領域が何カ所にも分散しており，アミノ酸の配列情報とはならない領域が介在した構造をとっている．主にアミノ酸配列を含む領域を**エキソン**，それ以外の領域を**イントロン**（もしくは**介在配列**）と呼ぶ（図3）．

この構造遺伝子から転写されたhnRNAのプロセシングには，以下のような過程がある．

hnRNAは，5′末端に**キャッピング**と呼ばれる酵素反応による修飾を受ける．転写直後のhnRNAは5′末端に三リン酸がついた状態であり，特殊な酵素でグアノシン（GTPから）の5′位と5′末端のリン酸基が結合して，特異な5′-5′三リン酸結合が生じる．さらに，結合したグアノシンのグアニン塩基の7位がメチル化修飾され，同時にRNAの5′末端にあった塩基と糖の2′もメチル化される．この構造全体を**キャップ構造**といい，キャップ構造ができる過程を**キャッピング**と呼ぶ．キャップ構造は，mRNAがタンパク質合成に使われる際に必須なものである．一方，hnRNAの3′末端に近い領域では，**ポリA合成酵素**とATPによって数十から数千ものアデノシンが付加する．このアデノシンが付加する配列を**ポリAシグナル**という．キャップ構造やポリAシグナルは，**RNA分解酵素**（エキソヌクレアーゼなど）によるmRNAの分解を防ぐ役割がある．このようなhnRNAの末端修飾がなされた後，イントロン部分は**スプライシング**によって除かれ成熟したmRNAが完成する（図3）．

スプライシングでは，hnRNAと核内低分子RNAのsnRNA，それに10種類を超えるタンパク質からなる複合体**スプライソソーム**が反応の場となり，イントロンの切り出しとエキソンの再結合が行われる．この2段階の反応は触媒活性をもつRNAにより行われるもので，これらは**リボザイム**と呼ばれている．

以上の過程によりhnRNAの5′末端にキャップ構造が，3′末端側にはポリA付加がなされ，続いてイントロンが除かれて成熟したmRNAが完成し，これが核から**核膜孔**[※3]を経て細胞質に移動して，タンパク質合成の鋳型として利用される．

※3 **核膜孔**：核膜に埋め込まれた構造物で，核の外側には線維状の構造が，内側にはバスケット状の構造体があり，核と細胞質を往来するすべての分子が通過する．

3 タンパク質合成

タンパク質の合成は，ゲノム上の構造遺伝子を転写した塩基配列からなるhnRNAがさまざまなプロセシングを受け成熟したmRNAとなり，これを鋳型としてアミノ酸配列という異なった情報言語に変換することから，**翻訳**と呼ばれる．翻訳は，核より**核膜孔**を通って細胞質に出た**mRNA**にアミノ酸の連結装置である**リボソーム**が付着し，そこに塩基配列に相当する**tRNA**が特定のアミノ酸を運び，リボソーム上でアミノ酸が順につながり**ポリペプチド鎖**が形成される過程である．タンパク質合成は，

①アミノ酸の活性化
②ポリペプチド鎖の合成開始
③ポリペプチド鎖の伸長
④ポリペプチド鎖の合成終結

の4ステップからなる．

A. 遺伝暗号

翻訳過程は，**mRNAの塩基配列をアミノ酸配列に置き換える反応**である．タンパク質の一次構造は，遺伝子上の3つの塩基配列を1組としてこれに1個のアミノ酸が対応したものである．つまり，アミノ酸は，mRNAの**コドン**と呼ばれる**三連塩基**に対応している．このようなアミノ酸に対応するDNAやmRNA中の塩基配列を**遺伝暗号**と呼ぶ（表1）．

4種類の塩基が3つ連続する組み合わせは4×4×4＝64となり，64個すべての遺伝暗号は主に大腸菌を使って明らかにされ，その後，動植物やウイルスもすべて同じ暗号を使っていることから，**普遍暗号**とも呼ばれている．64種類のコドンのうち，アミノ酸を指定しているのは61種類で，残り3個はアミノ酸に対応することなく，タンパク質合成を停止させるための**終止コドン**である．一方，翻訳の**開始コドン**は**AUG**のみで，同時に**メチオニン**を指定する．このために，タンパク質は必ずメチオニンから合成されるが，その後の過程でメチオニンが取り除かれることが多い．コドンの種類が明らかにアミノ酸の数より多く，1つのアミノ酸に1つのコドンが対応しているのは，メチオニン（AUG）とトリプトファン（UGG）だけであって，その他の18種類のアミノ酸は，複数の異なるコドンをもつ．1つのアミノ酸が指定する複数のコドンを，**同義語コドン**という．

表1 遺伝暗号表

5′側塩基（第1）	中央塩基（第2） U	C	A	G	3′側塩基（第3）
U	Phe	Ser	Tyr	Cys	U
	Phe	Ser	Tyr	Cys	C
	Leu	Ser	終止	終止	A
	Leu	Ser	終止	Trp	G
C	Leu	Pro	His	Arg	U
	Leu	Pro	His	Arg	C
	Leu	Pro	Gln	Arg	A
	Leu	Pro	Gln	Arg	G
A	Ile	Thr	Asn	Ser	U
	Ile	Thr	Asn	Ser	C
	Ile	Thr	Lys	Arg	A
	Met*	Thr	Lys	Arg	G
G	Val	Ala	Asp	Gly	U
	Val	Ala	Asp	Gly	C
	Val	Ala	Glu	Gly	A
	Val	Ala	Glu	Gly	G

表中のアミノ酸は塩基が第1→第2→第3の順で並んだときのアミノ酸を示している
＊ AUGはMet（メチオニン）のコドンであると同時に，タンパク質合成の開始コドンでもある

B. アミノアシルtRNA

遺伝暗号を翻訳する過程で，mRNAのコドンを認識し同時にコドンと対応するアミノ酸をリボソームに運搬する役割を**tRNA**が果たしている．tRNAは約70のヌクレオチドからなる一本鎖RNAで，分子内で部分的に塩基対を形成して二本鎖構造をとるクローバーの葉の形をしている．つまり，分子内で塩基対を形成しているステム領域と塩基対を形成しないループ領域からなる複雑な構造からなる（図4）．

tRNAには2つの重要な部位が存在する．1つは，5′側から2番目のループ中央に，コドンと相補的塩基対を形成することができる塩基が3つ並ぶ**アンチコドン**である．アンチコドンは，**mRNAの1つのアミノ酸を指定するコドンを認識する**点で重要な部分である．もう1つは，3′末端にある**CCA－OHにコドンと対応するアミノ酸が結合できる部分**である．つまり，tRNAのアンチコドンが三連塩基のコドンとしての遺伝暗号を読み取りアミノ酸に翻訳していくために，アンチコドンをもつtRNAはそれに対応するアミノ酸とだけ結

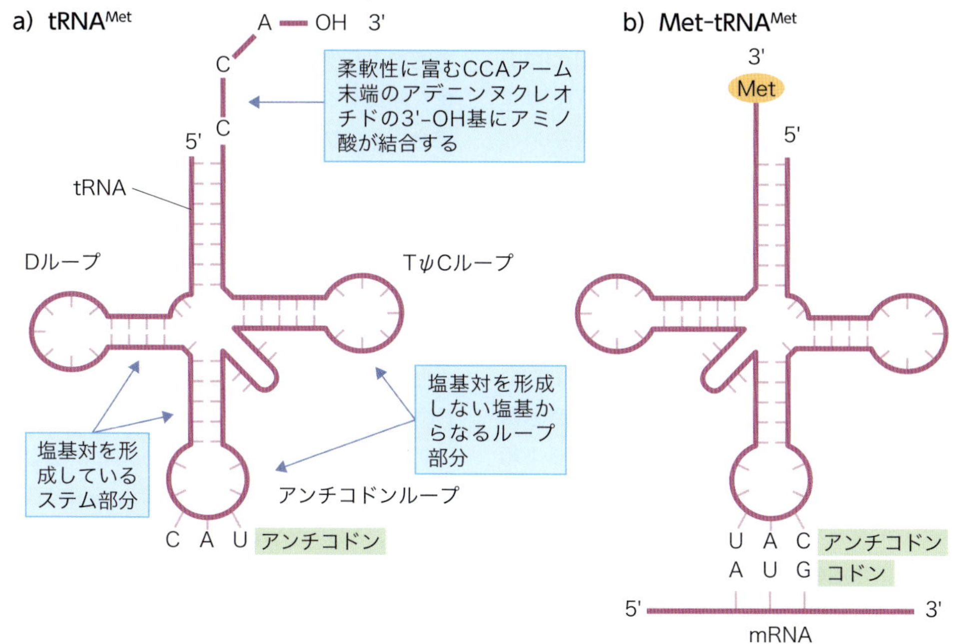

図4 tRNAの構造

(a) はメチオニン特異的tRNA (tRNA^{Met}) を示し, (b) はメチオニンを結合したtRNA (Met-tRNA^{Met}) が分子内の相補的なアンチコドンを介してmRNAのコドンと結合していることを表している. 5′→3′方向へ読み取りを伸長するうえで (a) を反転させている.

合した**アミノアシルtRNA**が合成されなければならない. tRNAにアミノ酸が結合した分子を, 総称してアミノアシルtRNAという. 例えば, メチオニンに特異的なtRNAをtRNA^{Met}と表記して, 実際にメチオニンが結合したtRNAをMet-tRNA^{Met}と書く. 他のアミノ酸の場合もまったく同様である.

tRNAにアミノ酸を結合させる反応は, **アミノアシルtRNAシンテターゼ**（アミノアシルtRNA合成酵素）によって触媒される. **活性化酵素**とも呼ばれるこの酵素は, アミノ酸に対する特異性がきわめて高く, アミノ酸20種類に相当する数の酵素が細胞内に存在する.

> アミノ酸 + tRNA + ATP →
> アミノアシル tRNA + PPi + AMP

アミノアシルtRNAシンテターゼが触媒する上記反応は, ピロリン酸（PP_i）がすぐに加水分解されて2分子のリン酸となるために, 限りなく右への反応に傾いている. また, この合成酵素には誤ったアミノ酸の結合を自分自身でみつけ出し, アミノ酸を加水分解によってtRNAから除去する**校正作用**※4がある. この作用のおかげで, tRNAが不適切なアミノ酸と結合して誤ったアミノ酸をペプチド鎖に取り込む頻度を1万〜10万回に1回の程度にまで低くしている.

すべてのtRNA分子の3′末端側はCCAの配列からなり, アデニンヌクレオチドのリボースの2′と3′の両ヒドロキシ基は遊離している. アミノ酸のカルボキシ基は, 2′または3′ヒドロキシ基にエステル結合を形成して, アミノ酸が活性化されるが, 3′位でのエステル交換反応により, 3′位にアミノ酸が結合したものがタンパク質合成の基質となる. アミノアシル基は, 遊離のアミノ酸と比較して活性化された状態にあり, **アミノアシルエステル結合はペプチド結合とほぼ同じエネルギーをもっている**ため, そのエステル結合のエネルギーを使って, ペプチド鎖の末端アミノ酸のカルボキシ基とアミノアシルtRNAのアミノ基との間でペプチド結合が形成される.

※4 **校正作用**：誤りを修正する作用のことで, DNA合成酵素の校正作用と考え方は類似している. 本章5-Bも参照.

C. ポリペプチド鎖合成反応（真核生物）

ポリペプチド鎖合成反応は，細胞小器官の１つであるリボソームで行われる（第１章，p20参照）．リボソームはRNAとタンパク質からなり，乾燥重量の60％がRNAであることからその名がつけられた※5．ポリペプチド合成の開始反応では，リボソーム（60Sおよび40Sの大小２つのサブユニットがある），mRNA，およびアミノアシルtRNAを機能単位に組み立て，伸長反応ではリボソームがmRNAに沿って5′末端から3′末端方向へ移動し，コドンの配列にしたがって新しいアミノ酸が順次付加されて**ペプチド鎖がN末端からはじまりC末端に向かって形成される**．ポリペプチド鎖の合成終結段階では，mRNA上の停止信号（終止コドン）を認識してタンパク質遊離因子により，ペプチド鎖が遊離する．体内のほとんどのエネルギー反応にはATPの分解エネルギーが用いられるが，タンパク質合成では**GTP**が使われている．

1）ポリペプチド鎖合成開始

ポリペプチド鎖の合成は，遺伝情報としての**mRNAを5′（上流）→3′（下流）に読む**ことで，N末端からはじまりC末端に向かって進められる．mRNAの構造は，両端に非翻訳領域があり，その間に翻訳領域があるため，リボソームが翻訳領域の正しい位置（開始コドン：AUG）から翻訳を開始するためには，開始複合体の形成が必要となる．翻訳の開始には10種類以上の**開始因子**（eukaryotic initiation factor：**eIF**）がかかわっており，最初にMet-tRNAi^{Met}※6とGTPおよびeIF2の複合体がリボソームの40Sサブユニットと結合する．続いてこの40S開始複合体がmRNAの上流側に結合し，下流側に移動して翻訳開始コドン(AUG）を探し出す．続いて開始複合体に60Sサブユニットが取り込まれ，**80S開始複合体**が形成される（図5）．

2）ポリペプチド鎖伸長反応

ポリペプチド鎖の合成が開始されると，２番目以降のアミノ酸を次々とペプチド結合でつなげていく．この反応は伸長反応と呼ばれ，２種類の**伸長因子（eEF1AとeEF2）**によって進められる（図6）．両因子とも**Gタンパク質**（分子内にGTP結合部位がある）で，GTPの分解により生じたエネルギーを利用してポリペプチド鎖を伸長する．伸長反応は，**①アミノアシルtRNAの結合，②ペプチド結合の形成，③トランスロケーション（転移）**の３つのステップから成り立っている．

伸長反応は，リボソームの60Sサブユニット上に存在するtRNAに対する３種類の結合部位を利用して行われる．３種類のtRNA結合部位は**P（ペプチジル）部位，A（アミノアシル）部位，E（tRNAの脱出）部位**と呼ばれ，P部位には伸長中のペプチド鎖を結合したtRNAが結合し，A部位には新たに取り込まれるアミノアシルtRNAが結合する．翻訳開始時には，P部位にはMet-RNAi^{Met}が結合しており，２番目のアミノアシルtRNAはmRNAのコドンを認識してA部位に結合する．この過程にはeEF1Aが関与し，その後GTPが加水分解されてeEF1Aが遊離する．P部位にあるアミノアシルtRNAのカルボキシ基が**ペプチジルトランスフェラーゼ**（ペプチジル転移酵素）によってA部位にあるアミノアシルtRNAに結合したアミノ基を介してペプチド結合が形成される．最後のステップでは，アミノ酸１つ分伸長したペプチジルtRNAは，eEF2によってmRNAがリボソームに対して相対的にA部位からP部位に移動する．この際，GTPを加水分解して得られるエネルギーを利用する．P部位のアミノ酸を放出したtRNAは脱出部位（E部位）に移動する．E部位のtRNAがリボソームから離れ次のサイクルに入る．このくり返しによって，ポリペプチド鎖が合成されていく．したがって，**ポリペプチド鎖を１つ伸長するのに２分子のGTPが使われる**ことになる（図6）．

3）ポリペプチド鎖終結反応

タンパク質合成の終了には停止信号が必要となる．**UAA，UAG，UGA**の３つのコドンが停止信号となり，どのtRNAによっても認識されることなく遊離因子と呼ばれるタンパク質が認識する．終結反応には，ペプチド鎖遊離因子（release factor）であるeRF1，GTPを結合したeRF3，ATPを結合したABCE1（ATP-binding cassette protein E1）が利用される．eRF3と結合したeRF1がリボソームに結合し，eRF1が終止コドンと結合すると，eRF3がGTPを加水分解してリボソームから遊離する．その後ABCE1が結合すると，eRF1がペプチドのカルボキシ末端とtRNAの間の結合

※5　リボとは「リボ核酸（RNA）」，ソーム（some）とは「小体」の意味．すなわちリボソームとは「RNAを含む小体」という意味．
※6　合成開始の場合tRNAi^{Met}と呼ばれる特別な開始tRNAが用いられ，ペプチド鎖伸長反応で使われるtRNA^{Met}とは区別される．

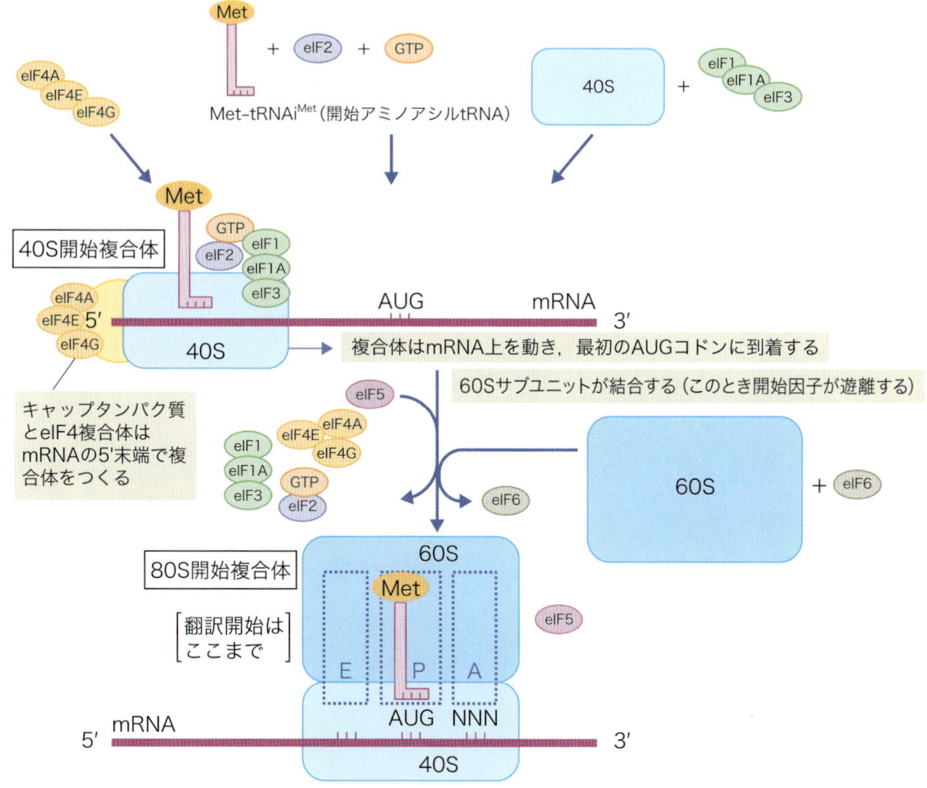

図5　ポリペプチド鎖合成開始反応（真核生物）
最初にキャップ構造に翻訳開始因子eIF4複合体が結合する．次にMet-tRNAi^Met とeIF2およびGTPの複合体がリボソームの40Sサブユニットと結合して開始複合体を形成する．続いてこの開始複合体がmRNAの翻訳開始コドンより上流側に結合し，その後に下流側の最初のAUGコドンに移動する．さらに開始複合体に60Sサブユニットが取り込まれ，80S開始複合体が形成され，翻訳が開始される．P部位には伸長中のペプチド鎖を結合したtRNAが結合し，A部位には新たに取り込まれるアミノアシルtRNAが結合する．翻訳開始時には，P部位にはMet-RNAi^Met が結合しており，2番目のアミノアシルtRNAはmRNAのコドンを認識してA部位に結合する．

を加水分解する．最終的には，ABCE1がATPを加水分解すると，翻訳を行っていた複合体全体が遊離して，遊離因子，tRNA，mRNA，リボソームなどの構成要素はすべて新しいタンパク質合成に利用される．

D. ポリペプチド鎖から機能タンパク質への変換

リボソーム上で合成されたばかりのタンパク質は，適切な三次構造形成を補助する**分子シャペロン**の助けを借りたり，プロセシングや糖鎖，脂質，リン酸の共有結合などによる**翻訳後修飾**を受ける．また，個々のタンパク質はそれぞれ細胞外や細胞内の適切な場所に配置される．こうした修飾や輸送は，タンパク質の機能や活性の制御に重要な役割を果たしている．

1）分子シャペロン

タンパク質の機能は，リボソーム上で一次構造が形成されただけでは発揮できず，特定のアミノ酸配列で規定された三次構造の形成が必要となる．タンパク質の三次構造の形成は折りたたみ（**フォールディング**）と呼ばれ，真核生物では主に**小胞体**で行われる．タンパク質の折りたたみは多種類のタンパク質が関与しており，それらは**分子シャペロン**と呼ばれる．分子シャペロンの1つで熱ショックで発現する**ヒートショックタンパク質**は，折りたたみが不十分なタンパク質に結合して，成熟前に凝集するのを防ぐ働きがある．また，成熟過程のタンパク質に結合して，折りたたみだけでなく糖鎖付加などの修飾や**サブユニット構造**が形成されるまで小胞体にとどめておく働きをするものがある．さらに，最近では凝集してしまったタンパク質を解離させて元に戻す分子シャペロンも見出されている．

2）翻訳後修飾

タンパク質の翻訳後修飾には，タンパク質の分子内を切断するプロセシングや他の分子が共有結合する分

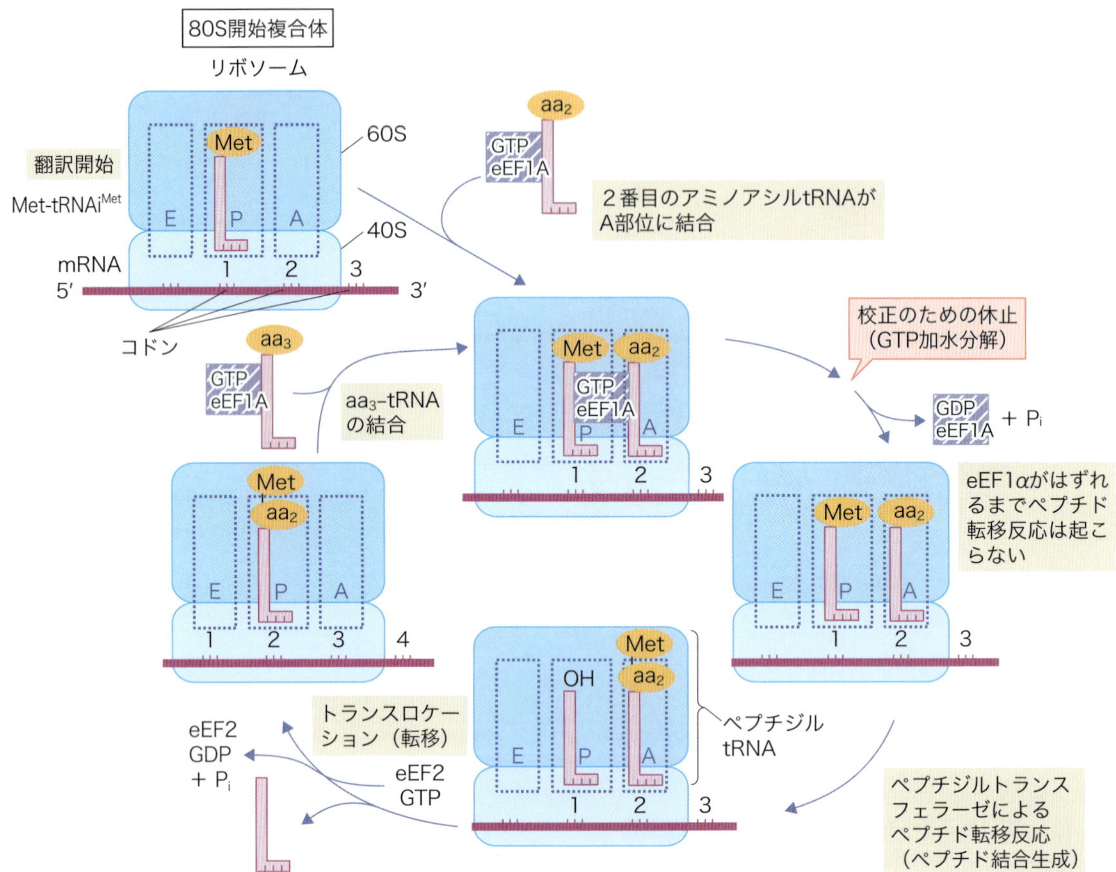

図6 ポリペプチド鎖合成延長反応

mRNA上の数字はコドンを示している．アミノアシルtRNAのaa_2あるいはaa_3は，2番目あるいは3番目のコドンに対応するアミノ酸（amino acid）が結合していることを表す

子内修飾がある．プロセシングは，酵素やペプチドホルモンの活性化などにしばしばみられる．この場合，前駆体（不活性型）として合成されたタンパク質の一部がプロセシング酵素によって除去されて成熟型（活性型）となる．例えば，**インスリン遺伝子**は110個のアミノ酸をコードしており，転写 → スプライシング → 翻訳の過程を経て産生されたプレプロインスリン前駆体は，3カ所でジスルフィド結合が形成されて**プレプロインスリン**に変換される．特異的切断によってN末端の23アミノ酸残基が除かれ，さらに分子内で2カ所の特異的切断によって中央部分が除去されることで最終産物である活性型インスリンが得られる（図7）．

トリプシノーゲンの前駆体の活性化によって得られるトリプシンは，自らを産生する**トリプシノーゲン**に加えて，**キモトリプシノーゲン**，**プロエラスターゼ**，**プロカルボキシラーゼ**，さらには脂質分解酵素の**プロリパーゼ**といったすべての**膵臓チモーゲン**に共通の活性化因子として作用して，分解酵素活性を統合して調節している．翻訳後修飾の重要性を示す現象である．

共有結合による修飾の代表は糖鎖修飾である．タンパク質の糖鎖修飾は，**小胞体**と**ゴルジ体**で行われる．タンパク質中のアスパラギン残基のアミノ基に糖鎖が結合するタイプは***N*-結合型**，セリンやスレオニン残基の側鎖のヒドロキシ基に糖鎖が結合する***O*-結合型**があり，これらの修飾はタンパク質の折りたたみや輸送，安定化に重要な役割を果たしている．さらに，タンパク質に脂質が共有結合する修飾があり，タンパク質は脂質二重膜との親和性を獲得する．**リン酸化**は非常に多くのタンパク質でみられる翻訳後修飾の1つである．タンパク質中のアミノ酸であるチロシン，セリン，ス

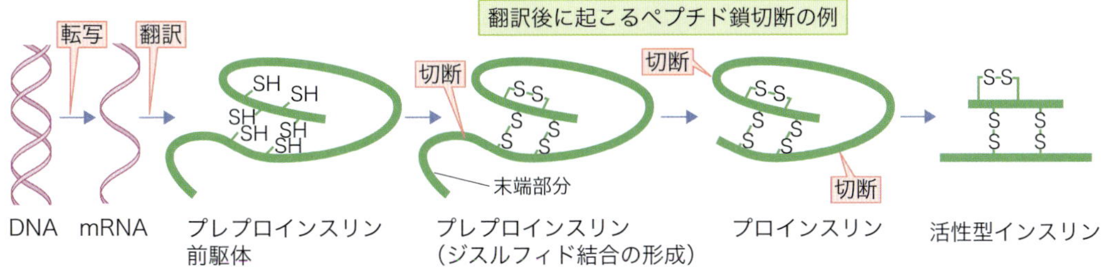

図7 タンパク質の翻訳後修飾（インスリンの場合）

レオニン側鎖のヒドロキシ基とリン酸の間にエステル結合が形成される．これは迅速な可逆的修飾であり，リン酸化は**プロテインキナーゼ**によって，脱リン酸化は**プロテインホスファターゼ**によって触媒される．増殖因子など多くの細胞外刺激による細胞内への信号の伝達などで重要な機能を果たしている．

3）タンパク質のトラフィック

合成されたタンパク質が機能するためには，それらが適切な場所に運ばれる（トラフィック）必要があるが，多様な行き先を決定する信号は，タンパク質分子内のアミノ酸配列の中に書き込まれている．

細胞外，細胞膜，そして小胞体，ゴルジ体，分泌小胞，リソソーム，液胞，エンドソームへのタンパク質の配置は，小胞体をスタートとする**膜輸送**によって行われる．一方，核，ミトコンドリア，ペルオキシソームへの輸送の場合，遊離リボソームで合成されたタンパク質は，膜輸送を介することなく，直接タンパク質中に書き込まれた**核移行（局在化）シグナル**※7が目印となって他のタンパク質の力を借りて運搬される．

4）タンパク質の分解系

細胞内のタンパク質は常に動的な状態にあり，頻繁に置き換わっている．また，転写や翻訳のエラーで生じる異常なタンパク質は速やかに分解されている．このようなタンパク質を分解する経路には，**ユビキチン-プロテアソーム系**※8があるが，これは，ユビキチンで標識されたタンパク質を分解の標的とするための特異的選択的分解である．

さらに，細胞内のタンパク質を分解するオートファジー-リソソーム系が知られている．これは，細胞内の異常なタンパク質の蓄積を防いだり，栄養状態が悪化したときにタンパク質を分解してリサイクルするなどして，生体の恒常性維持に関与している．

4 遺伝子発現の調節

遺伝情報に基づいてタンパク質が合成されるまでには，いろいろなステップがあることをこれまでにみてきた．目的遺伝子の転写効率は，hnRNAの合成に続いてキャッピングやスプライシングなどの多くのプロセシング反応を経て得られるmRNA合成量に等しい．その後mRNAは，核膜孔を通過して核から細胞質に運搬されてはじめてタンパク質合成に利用される．続くタンパク質合成は，mRNA合成と同様にプロセシング，輸送，分解などの翻訳後修飾が大きな割合を占めているが，転写と翻訳レベルでの合成量は必ずしも一致しない．

一方で，真核細胞のDNA分子は極度に折りたたまれ，**クロマチン**（第6章，p77，図8参照）と呼ばれるタンパク質・DNA複合体となっているために，その構成単位のヌクレオソーム構造は，遺伝子調節機構の重要な調節因子でもある．このように，遺伝子発現は複雑で巧妙に調節されている．

A. 転写レベルでの調節

遺伝子の上流にはRNAポリメラーゼが結合する**プロモーター領域**や，転写制御因子（転写調節タンパク質）が結合する**発現調節領域**がある．これらの領域を，遺

※7 **核移行（局在化）シグナル**：PKKKRKV（アミノ酸の一文字表記）など生理的条件下で正の荷電を帯びているアミノ酸が複数並んでいる特徴をもつ．
※8 **ユビキチン-プロテアソーム系**：ユビキチン化されたタンパク質を，プロテアソームと呼ばれる巨大な酵素複合体によって分解する仕組み．

伝子発現調節の**シスエレメント**と呼ぶ．シスエレメントの塩基配列や構造を認識して，さまざまな転写制御因子が結合するが，これらを**トランスエレメント**といい，転写制御因子が結合するDNAの配列は**応答配列**あるいは**認識配列**と呼ばれ，数塩基程度の長さからなる．シスエレメントには，プロモーターのほかに，遺伝子の発現を上昇させる働きをもつ**エンハンサー**や，逆に抑制的に働く**サイレンサー**があり，転写単位には含まれない遺伝子の上流や下流，さらにはイントロンに存在する．これらの配列を認識して結合する転写制御因子は，転写の効率を増減させるだけでなく，転写のタイミング（**時期特異性**）や働く細胞（**細胞・臓器特異性**）を決定しており，これまでに総遺伝子数の5％以上を占める1,000種類以上存在することが明らかとなっている．

例えば，細胞膜を通過して情報伝達物質として作用する代表に脂溶性の**ステロイドホルモン**がある．細胞内にはステロイドに結合するタンパク質が存在して**ステロイド受容体**と呼んでいる．ステロイド受容体の多くは転写制御因子であり，ステロイドと結合した状態ではじめて機能を発揮する．通常ステロイドがない場合は，受容体は細胞質に存在するか，核にあってもDNAと結合できない状況でいる．ひとたび脂溶性のステロイドが細胞膜を通過して細胞質あるいは核に存在する受容体と結合すると，ステロイド-受容体複合体を形成し，核に移動して転写の制御に関するDNAの応答配列に結合して機能を発揮する転写因子に生まれ変わる．その結果，応答配列下流の遺伝子が発現することになる（図8）．これら受容体の構造は，ステロイドホルモンだけでなく甲状腺ホルモン，ビタミンA（レチノイン酸）や活性型ビタミンDと共通の部分をもっており，いわゆる**核内受容体スーパーファミリー**として存在している．

B. 翻訳レベルでの調節

タンパク質の合成量は，転写直後のmRNAの量と必ずしも正比例しているわけではない．核内で合成されたmRNAは，タンパク質合成が行われる細胞質にまで運搬される必要があり，mRNAの安定性はタンパク質合成量に大きく依存している．ヒトの細胞内では，常に数千種類のmRNAが複数コピー存在しているが，これらmRNAの安定性はその種類によって大きく異なることが知られており，それぞれの半減期は数分程度から数日までと幅広い．**ヒト遺伝子の発現調節は，主に転写レベルで行われている**と考えてよいが，いくつかのヒト遺伝子では発現の調節が主として翻訳レベルで行われているものがある．

例えば，体内に吸収される鉄の量が上昇すると，鉄結合性タンパク質の**フェリチン**の合成が促進するが，フェリチンmRNAは増加しない．逆に，鉄量が減少すると細胞内への鉄の運搬に関与する**トランスフェリン受容体**の産生を促進するが，トランスフェリン受容体mRNA量には変化がない．この理由は，フェリチンH鎖mRNAとL鎖mRNAの両者の5′非翻訳領域にそれぞれ1カ所ある**鉄応答配列**（iron responsive elements：IRE），また，トランスフェリン受容体mRNAの3′非翻訳領域に5カ所ある同様の特殊な配列に由来する．細胞内には，低い鉄イオン量で活性化する特異的な**鉄応答配列結合タンパク質**（**IRP1**）が存在して，鉄イオン量が少ない場合は，IRP1がIREに結合してmRNAを安定化させて受容体タンパク質量を増加させ，細胞内の鉄イオン濃度を高める．一方，鉄イオンの濃度が高くなると，鉄とIRP1とが結合し複合体を生じてIRP1がIREへ結合するのを妨げるため，トランスフェリン受容体mRNAがRNA分解酵素の作用を受けやすくなる（図9）．

C. クロマチンレベルでの調節

クロマチン構造は遺伝子の発現に大きく影響を与えている．ヒストンとDNAの複合体からなる**ヌクレオソーム**は，転写制御因子が特異的DNA領域に結合するためには障壁となっている．ヌクレオソーム構造の形成と分解の動態は，真核細胞の遺伝子調節の重要な課題である．現在，ヌクレオソームの構成成分である**ヒストン**のアセチル化や脱アセチル化，あるいはDNA内の**デオキシシチジン残基**のメチル化などがクロマチン構造に大きな変化を及ぼすことから，これらが転写の調節に関与していると考えられている．この考え方は，**エピジェネティクス**※9の概念としてがん治療にも応用されはじめている．

※9　**エピジェネティクス**：DNAの塩基配列の変化によることなく遺伝子発現を制御するシステムのこと．

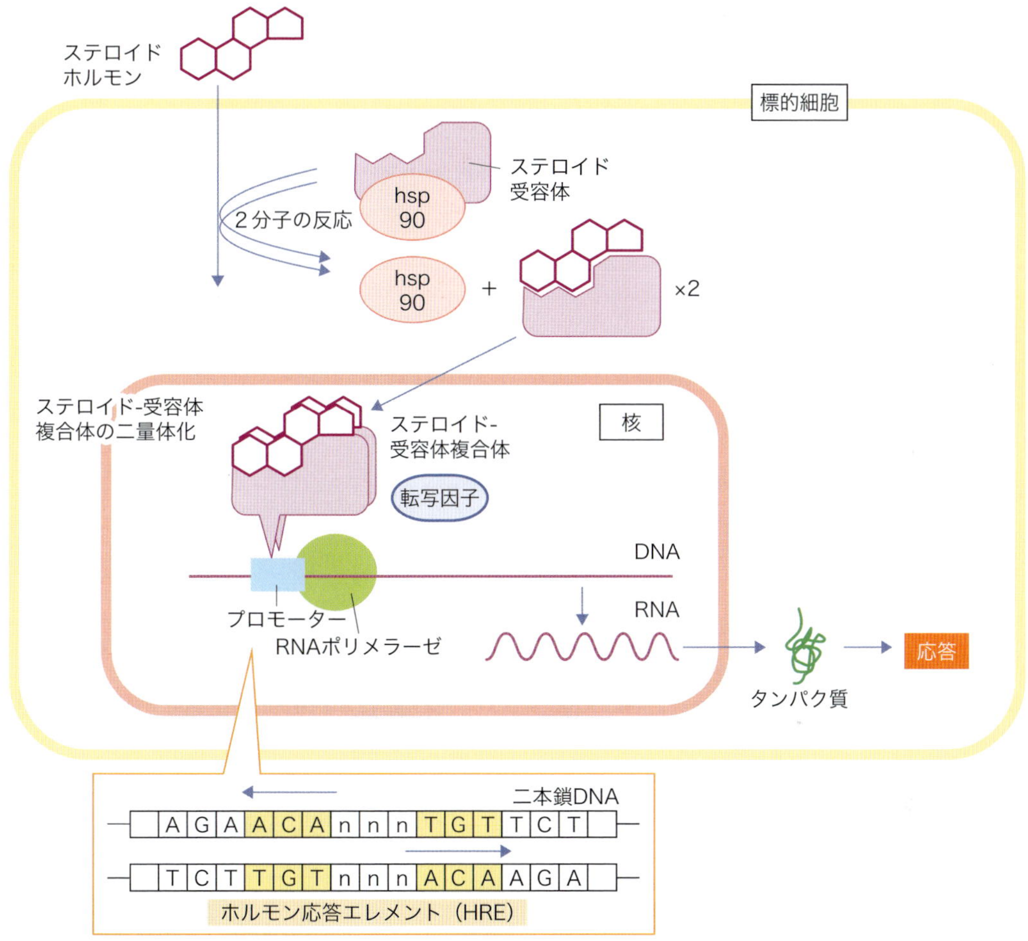

図8　ステロイドホルモンによる転写レベルでの調節

脂溶性のステロイドホルモンは，細胞膜のリン脂質二重層を通過して細胞質（あるいは核内）に存在するステロイドホルモン受容体と結合する．この受容体は通常分子シャペロンの1つであるヒートショックタンパク質（hsp90）と結合しており，ステロイドホルモンが細胞質受容体に結合するとhsp90がはずれて，ステロイド-受容体複合体は核内へ移動する（すでに核内に存在する受容体も同様の働きをする）．ステロイド-受容体複合体は核内で二量体化して，これらが回文配列の二本鎖DNAのホルモン応答エレメントを認識して結合する（nはどの塩基でもよい）．この複合体は転写因子として作用することで目的の遺伝子が発現する

5　DNAの損傷と修復

遺伝情報を担うDNAは，さまざまな内的，外的要因によってたえず損傷を受けている．DNAの損傷は，DNA複製や転写などの機能を直接阻害することによって細胞の機能に重大な影響を与える．さらにこの損傷は，DNA複製時にDNAポリメラーゼ自身が引き起こすエラーとともに遺伝情報を質的に変化させる突然変異の要因となる．突然変異の蓄積は，細胞の**がん化**や**老化**と密接に関連していると考えられており，生物はこれらの有害なDNA損傷を取り除くために種々の**DNA修復機構**を備えており，遺伝情報を維持しようとしている．

A. 変異原と突然変異

突然変異とは，DNA本来の塩基配列が何らかの原因で変化することであり，その誘引物質を**変異原**と呼ぶ．突然変異によって遺伝情報が変化すると，その後に合成される機能分子のRNAやタンパク質の構造や機能に変化が生じる．突然変異を誘導する原因は，変異原に

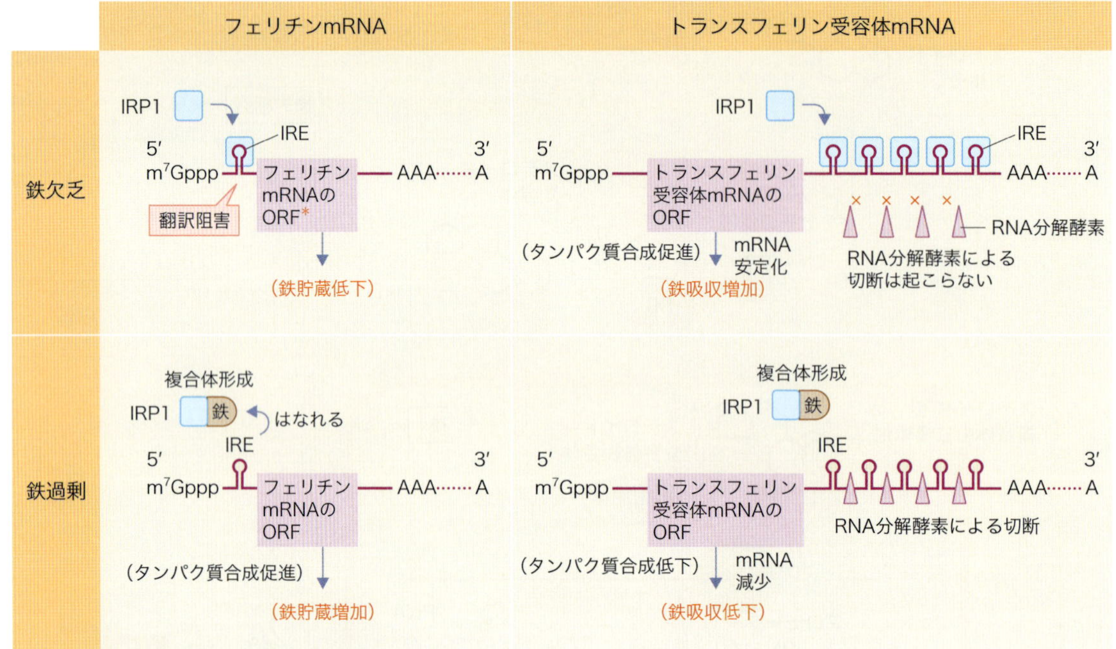

図9　細胞内鉄濃度の制御（転写後の調節）

＊　ORF（open reading frame）は，DNA またはRNAの塩基配列からアミノ酸の配列にする（翻訳）場合，終止コドンを含まない読み取り枠内の塩基配列のことをいう．

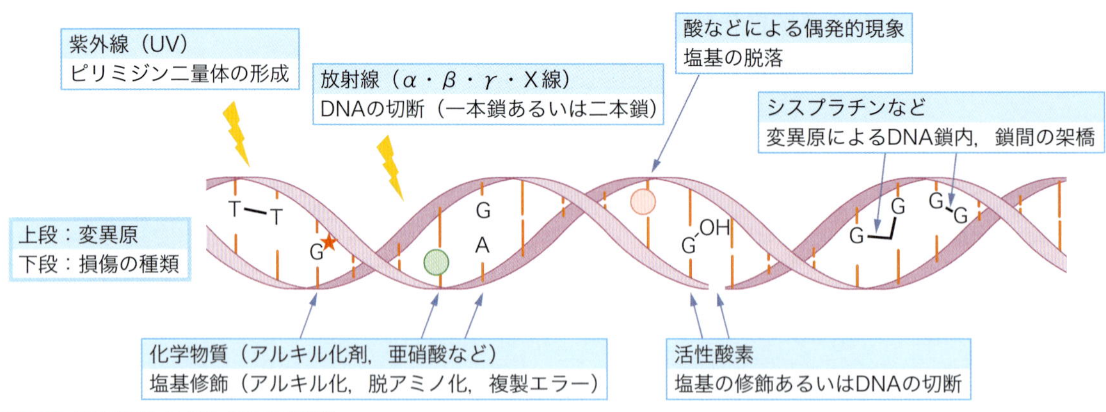

図10　変異原とDNA損傷の種類

よるDNAの損傷に起因するものと，DNA複製時にDNAポリメラーゼが誤った塩基を取り込むステップとがある（図10）．

B. DNA損傷の種類と修復機構

DNA複製に関与するDNAポリメラーゼには，誤ったヌクレオチドを取り込んでも速やかに除去することができる**校正機能**があり，DNA複製時における変異の発生を低く抑えている．ただし，その変異を全くなくすことはできず，およそ1億回に1個の割合で誤った塩基が取り込まれる．変異原には，①塩基部分の脱アミノ化などによる**本来の塩基からの変換**や塩基－糖鎖の**グリコシド結合の開裂**，②細胞内で発生する活性酸素による塩基修飾を伴う**内的要因**，③環境から受ける放射線や種々の化合物などの**外的要因**がある．これらのDNA損傷によって突然変異を誘起するメカニズムは次のようである．1ある塩基が損傷を受けたことによって，本来とは異なる塩基対が生じる．そのためにDNA複製時に誤った塩基が取り込まれる（**点突然変異**）．2DNA鎖切断が起こった場合，生じた末端からDNAが削られて欠失変異が誘起され，さらに損傷したDNA末端が染色体上の別の部位に再結合する（**挿入，欠失，倍化，反転，転位など**）．これらのDNA損傷によって誘起される急性の細胞機能異常や突然変異の発生を防ぐために，生物はDNA修復機構を備えている．

1）塩基除去修復

損傷の程度が比較的小さい塩基の構造変化，塩基の欠落，塩基の不対合，DNAの一本鎖切断などの修復に利用される．

2）ヌクレオチド除去修復

紫外線照射で起こる**シクロブタン型ピリミジン二量体**や**（6-4）光産物**，シスプラチン※10などで生じるDNA鎖内架橋，さらには大きい物質がDNAに付加された場合である．

3）組換え修復

DNAに電離放射線などが照射されると，二本鎖切断が生じる．このような損傷は相補的DNA組換え反応で修復される．

6 遺伝子病

DNAが損傷すると，多くの場合DNA修復機構によって塩基配列情報が元通りにつくり替えられる．しかし，点突然変異や欠失などのさまざまな変異がひとたび導入されると，正常なRNAやタンパク質の合成が妨げられる．このような遺伝子構造の変化を原因として発症する疾病を**遺伝子病**と呼び，この突然変異が生殖細胞に生じると，子孫に伝えられることになる．

A. 先天性代謝異常症

酵素の欠損を伴う疾患は患者のDNAに原因があり，遺伝子病のなかでも物質代謝の異常が顕著な場合を**先天性代謝異常症**と呼ぶ．興味深いことに，酵素活性に影響を与える突然変異の他に，活性そのものには影響を与えず酵素濃度を下げる変異もある．

アミノ酸代謝に関与する酵素の異常は，多くの場合重度の精神発達障害を引き起こす（第11章，p154参照）．

フェニルケトン尿症は，アミノ酸代謝異常症のなかで最も知られている常染色体劣性遺伝病で，その発生率は日本では新生児10万人に1人の割合である．フェニルケトン尿症は，**フェニルアラニンヒドロキシラーゼ（フェニルアラニン水酸化酵素）**の欠失または欠損が主な原因で，フェニルアラニンをチロシンに代謝することができないために，フェニルアラニンが体液中に蓄積する．正常では，フェニルアラニンの75％が**チロシン**に変換され，残りの25％が直接タンパク質合成に利用される．フェニルケトン尿症では，フェニルアラニンからチロシンに変換される主経路が遮断されるためにフェニルアラニンの血中濃度は健常者の約20倍にまで上昇する．

一方で，フェニルアラニンからフェニルピルビン酸の合成が亢進し，脳では**フェニルピルビン酸**がピルビン酸カルボキシラーゼやピルビン酸キナーゼを阻害することが原因で知的障害を引き起こすと考えられる．回復不能な脳障害を防ぐためには，フェニルケトン尿症の早期診断が必要である．その後のフェニルケトン尿症の治療法は，フェニルアラニンを制限した食事療法が可能で，摂取するフェニルアラニンは，タンパク質の合成に必要な最低限に抑え，外から**チロシン**を補給することで行われる．その他の先天性代謝異常症を表2に示した（第9章，p120参照）．

B. その他の遺伝子病

単一遺伝子病といわれる疾患は，ある1つの遺伝子の異常が発症の決定因子となっている．この責任遺伝子を**疾患責任遺伝子**（または**疾患原因遺伝子**）と呼び，現在5,000以上の遺伝子疾患が知られているものの，その機能異常が遺伝子病と対応しているものは約1,000個にとどまっている．遺伝子に変異が導入され，本来つくられるタンパク質のアミノ酸と異なるアミノ酸となればタンパク質の構造に重大な変化が生じ，その結果としてタンパク質の機能が変化することになる．

※10 **シスプラチン**：数多くのがんに有効性を示すプラチナ製剤であり，DNAに結合して細胞の増殖を抑制する．

表2 先天性代謝異常症と食事療法

病名	代謝異常経路	原因酵素	症状など	食事療法	
				制限物質	補充物質
フェニルケトン尿症	フェニルアラニン→チロシン	フェニルアラニンヒドロキシラーゼ	知能障害，痙攣	フェニルアラニン	チロシン
ヒスチジン血症	ヒスチジン→葉酸	ヒスチダーゼ	軽い知能障害，言語発達遅延	ヒスチジン（現在では必ずしも行われていない）	
ホモシスチン尿症	メチオニン（ホモシスチン）→（シスタチオニン）（システイン）シスチン	シスタチオニンβ-シンターゼ	精神発達遅延，痙攣，水晶体偏位	メチオニン	シスチン
メープルシロップ尿症	分岐鎖アミノ酸→2-オキソ酸	分岐鎖-2-オキソ酸デヒドロゲナーゼ	脳障害，痙攣，メープルシロップ様の臭気	ロイシン，バリン，イソロイシン	左記3種アミノ酸を除くアミノ酸混合物，炭水化物や脂肪によるエネルギー
ガラクトース血症	ガラクトース1-リン酸→グルコース1-リン酸	ガラクトース-1-リン酸ウリジリルトランスフェラーゼ	知能障害，肝硬変，白内障	乳糖（母乳，牛乳），ガラクトース	デンプン，グルコース
フルクトース不耐症	フルクトース→フルクトース1-リン酸	フルクトース-1-リン酸アルドラーゼB	発育障害，肝不全	果糖，砂糖，ソルビトール	ビタミンC

例えば，**鎌形赤血球貧血症**（sickle-cell anemia）では，**グロビンβ鎖**の6番目のアミノ酸が**グルタミン酸**から**バリン**に一残基だけ置換されている．これは，コドン内の塩基がGAAからGUA（GAGからGUG）に変化したことによる．このため，グロビンβ鎖の一次構造の変異が原因となり鎌形赤血球貧血症患者のヘモグロビンは互いに会合して，長い線維状のヘモグロビンとなる．赤血球は鎌状に変形して柔軟性を失い，細胞膜が損傷を受け細胞が破壊されると酸素の運搬が不十分となり貧血を起こす．

一方，**スプライシングの異常**によりタンパク質の合成が正常に行われない疾患がある．エキソンとイントロンの境界部分には一定の配列があり，hnRNAのスプライシングにおいてこの部分が認識されて切断，続いて結合される．しかし，この配列に変異が生じたり，イントロンなど通常の部分以外にその配列が何らかの原因で生じると，スプライシングの異常が生じて正しいmRNAが合成できない．重篤なヘモグロビン異常の一種の**β-サラセミア**はこの例であり，これまでに複数の変異が報告されている．

7 栄養素と遺伝子

糖質，脂質，タンパク質などの栄養素の代謝は，生体がもつ巧妙な機構により調節されている．一方で，これらの栄養素自体が直接または間接的に遺伝子の発現を調節するものがあり，栄養素そのものが遺伝子に作用して自らの代謝過程に大きく関与していることが明らかになっている．

A. 代謝調節と遺伝子発現

糖質を摂取することで，細胞内では多数の遺伝子の転写活性が上昇することが知られている．その1つにグルコース代謝の最初のステップにかかわる**グルコキナーゼ**がある．通常，空腹時で血糖値が低い状態では，グルコキナーゼはグルコキナーゼ調節タンパク質と結合して，活性が低い状態で肝細胞の核内に存在する．しかし，血糖の上昇に伴ってグルコキナーゼは**グルコキナーゼ調節タンパク質**と解離して活性型となり，核から細胞質に移動してグルコースの代謝に関与するようになる．一方で膵臓ランゲルハンス島β細胞内のグルコース濃度が上昇すると，細胞からインスリンが分泌される．分泌インスリンは分泌した膵臓ランゲルハ

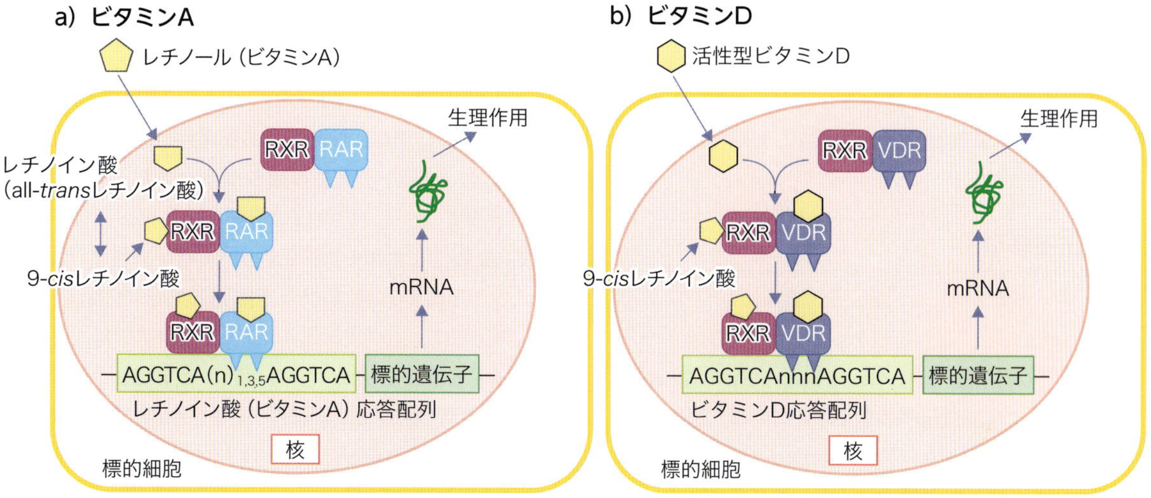

図11 脂溶性ビタミンA，Dの作用メカニズム

a）レチノール（ビタミンA）は，細胞内に取り込まれた後，細胞内の酵素によってレチノイン酸に構造変換される．核内においてレチノイン酸受容体（RAR）に結合し，RXR（レチノイドX受容体）とともにレチノイン酸応答配列に結合して標的遺伝子の発現誘導に関与する．

b）ビタミンDでは，活性型ビタミンDが結合したビタミンD受容体（vitamin D recepter：VDR）がRXRと結合し，これがビタミンD受容体応答配列に結合して標的遺伝子の発現誘導に関与する．

ンス島 β 細胞自身のインスリン受容体にも結合して，細胞内でのシグナル伝達に関与して，**PDX1**（pancreatic duodenum homeobox protein）をリン酸化する．このリン酸化PDX1は核内に移行することでインスリン遺伝子のプロモーター領域に結合して，インスリン遺伝子の転写を活性化するようになる．

B. 栄養素による遺伝子発現

ビタミンの生理機能や欠乏症あるいは過剰症についてはよく知られており，ビタミンA（レチノイン酸）や活性型ビタミンDがステロイドホルモンと類似した機序で標的遺伝子に作用することが明らかになっている（図11）．

ビタミンAは，脂肪酸エステルの形で小腸上皮細胞から吸収されて，リンパ系を介して肝臓非実質細胞に蓄積される．その後必要に応じて，ビタミンAは，**レチノール結合タンパク質**（retinol binding protein：RBP）と複合体をつくって血中に放出される．血液を介して標的組織の細胞膜上に到達した複合体は，特異的膜受容体を介してビタミンAを離し，これが細胞内に取り込まれる．ビタミンAは，細胞内の酵素によって構造変換されてレチノイン酸となった後，**レチノイン酸結合タンパク質**を介して核内の**レチノイン酸受容体**（retinoic acid receptor：RAR，retinoid X receptor：RXR）に転送され結合する（図11）．これら受容体の遺伝子発現は**レチノイン酸**によって誘導される．また，受容体の構造はステロイドホルモン，甲状腺ホルモン，ビタミンD受容体などに類似しており，**核内受容体スーパーファミリー**に含まれる．レチノイン酸受容体によって調節される標的遺伝子の上流には，**リガンド応答配列（ホルモン応答配列）**と呼ばれる塩基配列が存在し，この配列を受容体が認識して結合し，標的遺伝子の転写を促進するかまたは抑制する．つまり，**核内受容体はリガンド依存性の転写制御因子**であり，種々のステロイドホルモン，胆汁酸，脂肪酸などをリガンドとして転写活性を調節する．

8 遺伝子と多型

ヒトゲノム解析による貢献の1つは，タンパク質の機能の差に基づいた体質を，遺伝子の配列，特にわずかな塩基配列の違いによりそれを評価し，さらには生活習慣に根ざした疾病の発症を予測することが可能となったことで，現在その技術開発が進められている．遺伝子の個人差を多型として分類して適切に評価すると，疾患の原因や発症予測とともに個人に対応した薬物の投与計画や栄養指導を実践することが可能であることがわかってきた．

A. 遺伝子多型

ヒトゲノム解析から，ヒト遺伝子の数は2万～2万5千と推定されている．この情報をもとにして，個体間で多くの遺伝子の塩基配列がわずかに異なっていることが明らかとなり，これを**遺伝子多型**と呼んでいる．遺伝子多型を調べるためのマーカーがいくつか知られているが，この方法により1個の塩基置換による**一塩基多型**（single nucleotide polymorphisms：**SNPs**）を調べ出し，特定の病気などで同じようなSNPsが複数みられる場合，そのSNPsは病気と関連があると判断する材料となる．ヒトゲノムの塩基数は約30億であり，通常1塩基の置換は300～1,000塩基に1個の割合で存在すると考えられていることから，ヒトゲノムには300万～1,000万個あることになる．1塩基の置換が遺伝子のプロモーター領域に存在すると，遺伝子の表現型を変化させる可能性があることから，例えば，SNPsは薬物代謝効率などのタンパク質機能の差に基づいた体質を評価したり，疾患そのものの原因となることが予想されており，今後ますますこの技術が医療に利用されていくであろう．

B. 遺伝子多型と栄養

食習慣，運動習慣などの習慣が病気の発症や進行に深く関与している疾病を**生活習慣病**と呼んでいる．その発症の原因は，個人のもつ**遺伝的要因**に加えて，生活習慣やストレスなど**環境要因**とが相互に絡み合った結果と考えられている．単一遺伝子の変異が遺伝子疾患を発症する遺伝子病とは異なり，複数の遺伝子が関与するものである．

1）アドレナリン受容体の多型

肥満に関連する遺伝子の変化として，アドレナリン受容体の多型がある．アドレナリンは，交感神経の興奮によって分泌が促進されるホルモンであり，2種類の受容体（α，β）が血管系（α）と心臓や気管支系（β）の活動を司っている．αには2種類，βには3種類が知られており，**α1受容体**にアドレナリンが結合すると肝臓細胞でのグリコーゲンの分解が促進される．一方，肥満との関係で注目されているのは，熱産生に関与する**アドレナリンβ3受容体**（408個のアミノ酸からなる）である．アドレナリンの作用は，細胞膜にあるβ3アドレナリン受容体に結合すると，**アデニル酸シクラーゼ系**を介してcAMP濃度が上昇し，細胞内の情報伝達経路が活性化されて，最終的に**ホルモン感受性リパーゼ**が活性化される．この作用により中性脂肪は遊離脂肪酸とグリセロールに分解されて，血中に放出されるために脂肪組織での脂肪の蓄積を抑えることができる（第10章，p135参照）．さらに，cAMP濃度の上昇は，ミトコンドリア内膜の脱共役タンパク質の発現を促進し，これによって熱産生を生じるしくみとなっている．

遺伝子多型で注目されているのは，β3アドレナリン受容体の64番目のアミノ酸が**トリプトファン**から**アルギニン**に変化した変異が，受容体の機能を低下させることである．そのため，多型をもつ人は，1日に消費するエネルギーが200～220 kcal少なく，その分だけ体脂肪として蓄積されやすく，肥満や糖尿病になりやすいと考えられている．逆にいえば，エネルギーを効率よく貯蔵できるため，**飢餓時に有利な遺伝子変異**であるともいえる．

2）倹約遺伝子

最近では，肥満症や糖尿病などいわゆる生活習慣病に関して，その原因の多くが**倹約遺伝子**という概念で定義される遺伝子の異常に基づくものであると理解されている．食糧不足の状況下では，倹約遺伝子の獲得は，摂取したエネルギーを有効に体脂肪として蓄積し，飢餓に対する抵抗性を身につけることが可能となる．ただし，飽食の時代を迎えた現代では，倹約遺伝子が生体にとって不利に働き，インスリン抵抗性，肥満，体脂肪蓄積などを招き，**肥満や糖尿病をもたらしやすい遺伝子として作用する**ことになる．

9 遺伝子工学

遺伝子工学は，細胞や組織から得られた核酸やタンパク質を用いてその構造や機能を解析し，生命現象を理解するための一連の実験操作を扱う．生命現象に基づいて，生命そのものを操作するこの技術は，医療においては**遺伝子診断**や**遺伝子治療**に利用されるようになり，さらに**バイオテクノロジー**と呼ばれる新たな産業分野が創生して，遺伝子組換え動植物などのかたちでわれわれの日常生活と密接につながっている．遺伝子工学の具体的操作には，切断したDNAを連結して自然界に存在しないDNAを作製し，それを細胞の中に入れていろいろな用途に利用しようとするもので，これを**遺伝子組換え技術**と呼ぶ．この技術を利用して特定の遺伝子を単離して大量に増やす操作を**遺伝子クローニング**という．

A. 遺伝子組換え技術

遺伝子組換え技術には，大きく分けて，①**核酸の抽出と増幅**，②**DNAの切断**，③**DNAの結合**，④**形質転換と増殖**の4つの段階がある（図12）．

1）核酸の抽出と増幅

組換えDNA実験の最初のステップは，細胞内にある核酸を傷つけることなく単離することである．核酸は細胞内に存在するために，細胞を破壊するところからはじめなければならず，また，高分子化合物の核酸は分解を受けやすいので，種々の注意が必要である．現在では，細胞内で多くを占めるタンパク質を除去しながら，DNAとRNAが分解されることなく単離するためにそれぞれ**RNA分解酵素**や**DNA分解酵素**を使い分けて両者を単離する技術が確立している．

ヒトの有核細胞には基本的に同一のゲノムが含まれているが，細胞ごとに発現している遺伝子は大きく異なっている．そこで，細胞からmRNAだけを単離して，このRNAを鋳型として一本鎖DNAを合成する反応（**逆転写反応**）を行い，最終的に二本鎖DNAを含む集団を作製することができる．この集団のことを**cDNA**（complementary DNA）**ライブラリー**と呼ぶ．cDNAは，mRNAの配列をDNAに置き換えた二本鎖DNAであり，ゲノムDNAの配列からイントロン部分が除かれたものである．したがって，cDNAは人工的なもので通常細胞内には存在しないが，その細胞で発現する遺伝子のセットがDNAの形で得られることから，遺伝子のクローニングなどに有益な材料となる．

一方，細胞外で単一のDNAを用いて増幅する技術に，**ポリメラーゼ連鎖反応**（polymerase chain reaction：PCR）がある．この方法の原理は，**熱耐性DNAポリメラーゼ**と**プライマー**の1セットさらに**4種類のヌクレオチド**（4×dNTP）を基質として，一定のDNA領域を短時間のうちに数百万倍に増幅することができる．現在では法医学，遺伝子診断などにも利用されており，無細胞系でDNAを増幅することができる画期的な方法である．

2）DNAの切断

DNAを特定の塩基配列部分で切断することができる酵素を**制限酵素**と呼び，遺伝子組換え技術には必須な道具である．制限酵素は細菌から単離されたDNA分解酵素であり，これまでに約2,500種類にのぼる酵素が報告されている．例えば，*Eco*RIは，大腸菌RI株から得られたもので，二本鎖DNA塩基配列5′-GAATTC-3′の**回文配列**※11を認識して，GとAの間で2本の鎖を切断する．得られた末端は，5′末端が突出した構造をもつ．DNAを制限酵素で切断する目的の1つは，組換え操作に適した末端構造をもつDNA断片を得ることである．この末端は，DNAリガーゼにより容易に結合できる点で非常に有益なものである．制限酵素以外にDNAを分解する酵素のなかで，一本鎖のみを切断するS1ヌクレアーゼがあり，これも組換え実験にはよく用いられる．

3）DNAの結合

制限酵素によって切断されたDNAの末端は，一般に5′末端はリン酸基，3′末端はヒドロキシ基で，このような末端同士をつなげるのにATPのエネルギーを利用する**DNAリガーゼ**が用いられる．したがって，末端がDNA同士をつなげるにふさわしい構造であれば，DNAリガーゼはどのようなものも結合させることができる．特に，同一の制限酵素で一方の鎖が突出した末端構造となるDNAであれば，異なるDNA同士でも容易に結合させることができる．

4）形質転換と増殖

遺伝子組換え技術では，異種のDNAを自己複製できる**ベクター**に組み込んで**宿主内**で増幅させ，さらにその遺伝子からタンパク質を多量に得ることができる系が確立されている（図12）．異種のDNAを組み込んだベクターに対応した宿主に導入することを**形質転換**と呼ぶ．ベクターの基本条件は，形質転換した宿主

※11　前から読んでも後ろから読んでも同じであることを意味するもので，5′-GAATTC-3′の相補鎖は，同じ塩基配列であることを意味している．

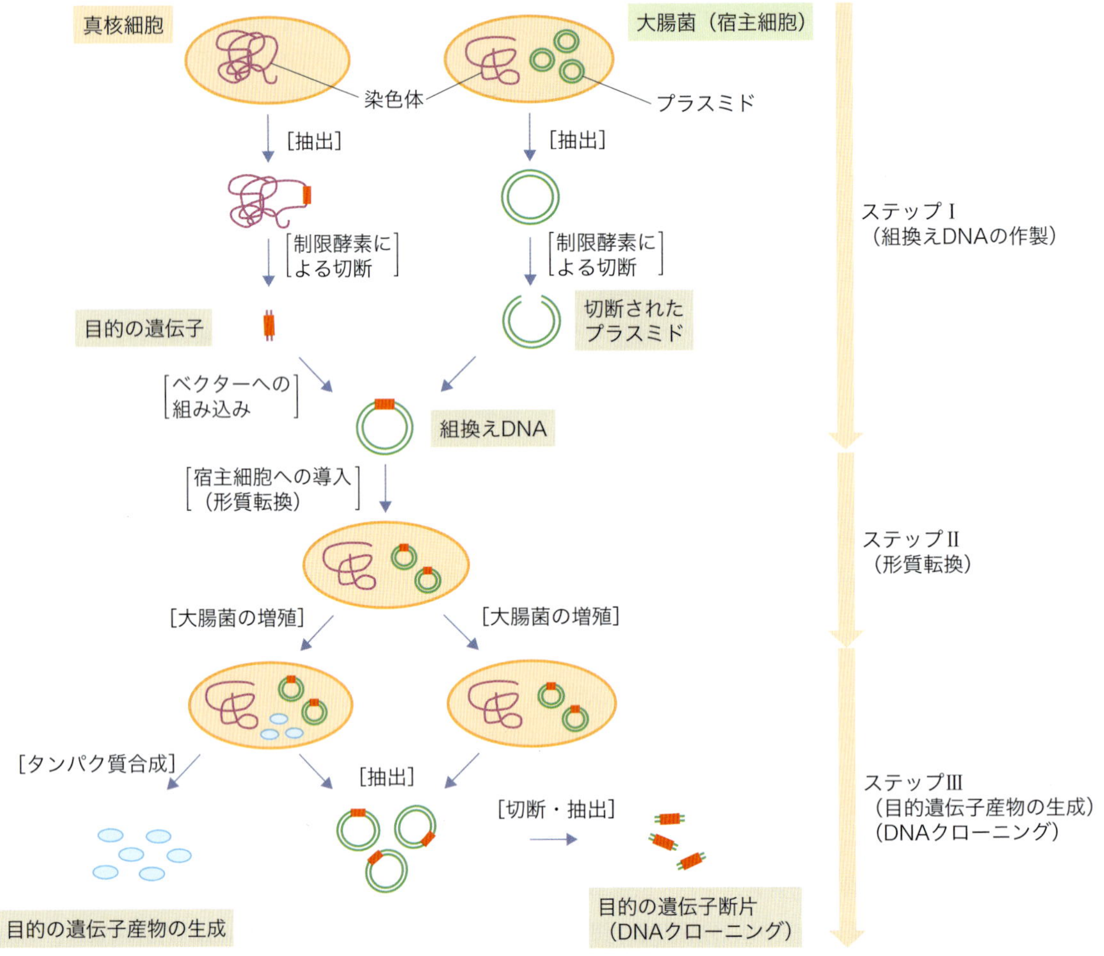

図12　遺伝子組換え実験の流れ

真核細胞の目的遺伝子をベクター（この場合は，プラスミド）に組み込んで組換えDNAを作製する［ステップⅠ］．組換えDNAを宿主細胞（この図では大腸菌だが，目的に応じて種々の細胞を使う）に導入する（形質転換）［ステップⅡ］．細胞内で遺伝子産物を生成させたり，目的遺伝子断片を得る（クローニング）［ステップⅢ］．

を選択的に増殖させるための**選択マーカー**を遺伝子として含んでいること，さらに異種遺伝子を組み込むための適切な制限酵素部位をもつことである．

B. バイオテクノロジー

遺伝子組換え技術によって，遺伝子を制御するDNA領域を調べることで，遺伝子発現のしくみが明らかにされている．また，遺伝子を変異させた生物個体の表現型を解析する**逆遺伝学**と呼ばれる分野も発展しつつある．例えば，特定遺伝子が破壊された**ノックアウト動物**は**遺伝子ターゲティング**[※12]**技術**を基盤として作製され，破壊遺伝子の働きを個体レベルで知ることができる．また，**体細胞クローン**動物の作製は，畜産分野では食料問題を解決する切り札とも考えられている．1997年に哺乳動物の体細胞クローンの作製をヒツジで成功しており[※13]，この技術は均一個体を多数作製することが可能であり，主要な家畜や多種類の動物に応用されている．**遺伝子治療**は，遺伝子の異常をもつ患者に正常な遺伝子を外部から導入してその遺伝子から正常なタンパク質をつくらせ病態を改善させるもので，

※12　**遺伝子ターゲティング**：染色体上の目的とする遺伝子を破壊したり改変する方法のこと．

※13　乳腺細胞の核を取り出し，受精卵の核と置き換えたもので，精子と卵子を合体させることなく哺乳動物のクローンを作製することができるようになった．

すでに**アデノシンデアミナーゼ欠損症**の患者や，がん治療に用いられている．一方，遺伝子改変植物の作製では，穀物や野菜でさかんに行われており，生産性，抵抗性，保存性，さらには栄養価に優れた**遺伝子組換え食品**がつくられている．

タンパク質工学と呼ばれる分野では，成長ホルモン，インスリン，インターフェロン，エリスロポエチンなど，さらにはヒトの抗体に近い構造の抗体を医薬品（抗体医薬）として利用する薬剤が遺伝子組換え技術で製造が可能である．さらに遺伝子を変異させてより機能を向上させたタンパク質をつくり出すこともできるようになった．このように，生物や生物材料を加工して有効利用するための技術を**バイオテクノロジー**と呼び，この技術がわれわれの生活に溶け込んでいる．

タンパク質医薬と抗体医薬

医薬品といえば，大部分が比較的低分子の有機化合物との認識がある．ところが，1980年代の遺伝子組換え技術の発展が契機となり，生体内で重要な生体機能を担うタンパク質分子を人工的に大量生産できる「タンパク質医薬」を医薬品として利用することが可能となり，その認識は変化した．タンパク質医薬は分子量が大きく，安定性の面などから経口投与でなく，通常は注射剤として適用される．代表的なものには，糖尿病治療薬のインスリン，貧血治療薬のエリスロポエチン，ウイルス性肝炎治療薬のインターフェロンなどがあり，現在でも個々の疾患で中心的な治療薬として使用されている．

1990年代になると，ヒトの免疫機能を利用した「抗体医薬」が開発され，“医薬品は低分子化合物”との認識はますます薄らいだ．抗体は，B細胞が産生する免疫グロブリンとして特異的な抗原と結合してその活性を阻害（中和），あるいは免疫担当細胞が除去するための目印となる役割を担っている．さらに，単一の抗体からなるモノクローナル抗体は，特異性が高く，目的とする薬効が得やすい，予想外の副作用が少ないなどの利点があり，その後も不活性化されにくく除去されにくいキメラ抗体やヒト化抗体，ヒト抗体などが作製されるようになった．

いずれにしても，タンパク質医薬と抗体医薬は，すべて遺伝子組換え技術を利用している．現在，生産コストを低減するために，大腸菌などの細菌，酵母，昆虫，植物，ニワトリなどの生物内で生産することが検討されており，高分子化合物の医薬品としての地位がますます高まっている．

ゲノムの個人差を問う

ゲノム情報が注目される以前は，個人差といえば酵素型や血液型のようなタンパク質の型のことを意味していた．このような個人差が，ある集団の1％以上に認められ，明らかな機能異常と関係せずメンデルの遺伝形式によって遺伝する場合を多型（polymorphism）と呼ぶことになった．ゲノム解析が進むにつれて，ゲノムDNAの塩基配列にも個人差があることがわかり，ゲノム（DNA）多型が注目されるようになった．現在では，単一塩基多型（SNPs）の解析が進み，ヒトゲノムには1,000万カ所程度（平均して300塩基対ごとに1カ所）あることがわかった．

遺伝子多型の例を紹介しよう．アルコールの分解にかかわるアルデヒド脱水素酵素遺伝子（*ALDH2*）では，487番目のグルタミン酸がリジン（G→A）に置き換わると酵素活性が格段に低下する．このため，このような多型をもつ人では飲酒への適切なアドバイスが必要となる．研究段階だが，たばこを吸うとがんになりやすい遺伝子多型（*CYP1A1*と*GSTM1*の多型の組み合わせ）や，たばこ依存に関連する多型（ドーパミンの合成・分解・吸収や受容体関連遺伝子，セロトニンを移送する酵素遺伝子，*CYP2A6*遺伝子など）も報告されている．この情報は，喫煙者に対して生活習慣の改善指導に利用可能である．

体力にかかわる遺伝的要因となる遺伝子多型を同定しようとする研究も多い．現在までにアンジオテンシン変換酵素遺伝子やα-アクチニン3遺伝子の多型と運動能力との関係が見出されている．しかし，ヒトの身体能力は遺伝的要因にのみ決定されるわけではないことも十分認識しておかなければならない．

文　献

1）「KEY CONCEPT 分子生物学」（田村隆明，他/著），南山堂，2005
2）「分子生物学イラストレイテッド（第2版）」（田村隆明，山本　雅/編），羊土社，2003
3）「ゲノム2」（Brown TA/著，村松正實/監訳），メディカル・サイエンス・インターナショナル，2003
4）「医歯薬系学生のためのビジュアルゲノム科学入門」（安孫子宜光/著），日本医事新報社，2007
5）「医薬品の開発と生産」（永井恒司，園部　尚/編），じほう，2010
6）「エリオット生化学・分子生物学（第5版）」（Papachristodoulou D，他/著，村上　誠，他/訳），東京化学同人，2016

チェック問題

問 題

□□ **Q1** セントラルドグマとは何か，説明せよ．

□□ **Q2** 半保存的複製について説明せよ．

□□ **Q3** コドンとは何か，簡単に説明せよ．

□□ **Q4** 突然変異を引き起こす物質を変異原というが，変異原にはどんな種類のものがあるか答えよ．

□□ **Q5** 遺伝子組換え技術には大きく分けて４つの段階があるが，それは何か答えよ．

解答＆解説

A1 塩基配列としての遺伝情報が「DNA→（転写）→RNA→（翻訳）→タンパク質」の順に伝達されること，すなわち発現の流れと方向性を分子生物学のセントラルドグマという．

A2 DNAの複製において，一方の鎖が鋳型となって保存され，片方の鎖がDNAポリメラーゼによって複製される機構を半保存的複製と呼ぶ．

A3 mRNA のアミノ酸に対応する三連塩基の配列をコドンと呼ぶ．

A4 紫外線（UV），放射線（α・β・γ・X線），酸，化学物質，活性酸素，シスプラチンなど．

A5 ①核酸の抽出と増幅，②DNAの切断，③DNAの結合，④形質転換と増幅．

本書関連ノート「第15章　遺伝子発現とその制御」でさらに力試しをしてみましょう！

第16章 個体の調節機構とホメオスタシス

Point

1. 生体の内部環境を一定に保つことをホメオスタシスということを理解する
2. ホメオスタシスを維持するための情報を，生体内の必要な部位に伝達するための機構として，神経系と内分泌系（ホルモン）が密接に関与していることを理解する
3. 細胞内への情報伝達は受容体を介して行われ，細胞内ではセカンドメッセンジャーなど情報伝達系により伝達され生理応答を示すことを理解する

概略図 受容体と細胞内情報伝達系

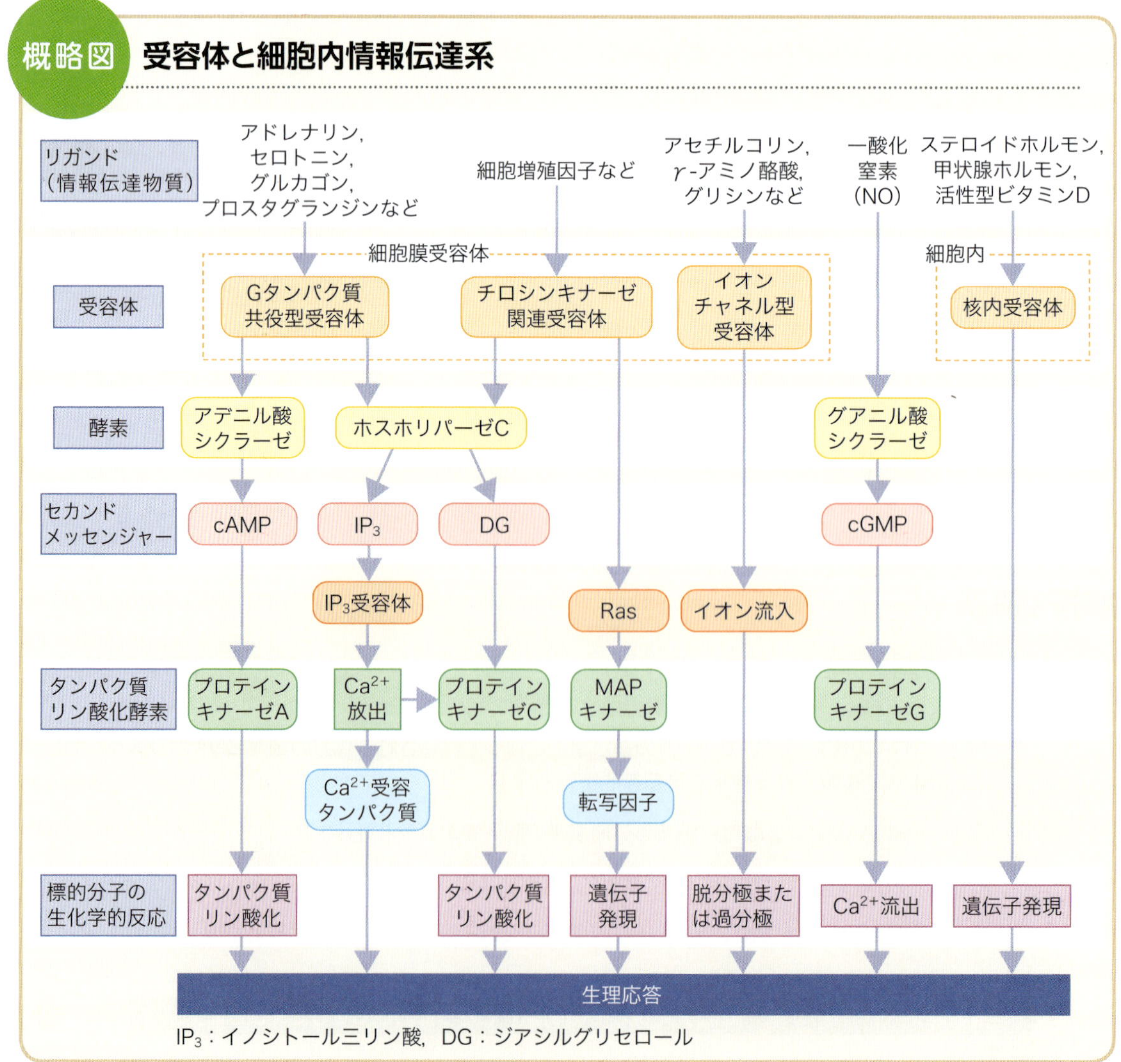

IP_3：イノシトール三リン酸，DG：ジアシルグリセロール

ヒトの体は成人で約60兆個（第1章，p19参照）の細胞の集合体からなっている．この細胞のなかで外界と直接接しているのは皮膚や粘膜の細胞だけであり，他の細胞は外界から皮膚や粘膜により遮断されている．つまり体の外部と内部では，それらがおかれた状態（環境）が大きく異なる．このとき体の外部の環境を外部環境，体の内部の環境を内部環境という．われわれの体を構成している細胞は，内部環境の変化，すなわち細胞がおかれている環境の血糖値やイオン組成，pH，温度などの変化に敏感に反応するので，常に最適な状態に保たなければならない．この体の内部環境を一定に保つことを**ホメオスタシス**（恒常性）という．ホメオスタシスを保つためには，外部環境および内部環境からの刺激や環境変化を感知したうえで，それらの情報を生体内の必要な部位に伝達することが必要になる．この役割は，**神経細胞を中心とした神経系**と**ホルモンを中心とした内分泌系**のシステムが担っており，両者が親密な共同作業を行っている．

1 情報伝達の機序と役割

情報伝達とは，外部からの刺激を受け取り，それを内部へ向かって伝達することにより，生理的な応答が引き起こされる過程のことをいう．生体はホメオスタシスを維持するために，刺激を認識した後，神経系や内分泌系を介して刺激を伝搬し適応した反応を示す．

A. 神経系の情報伝達

神経系の情報伝達は，電気的かつ化学的に行われる．神経を構成する単位は**ニューロン**であり，ニューロンが集合して神経系を構成する．ニューロンは，神経細胞とその突起である樹状突起と軸索という神経線維からなる．樹状突起から神経細胞へと伝えられた刺激は，神経線維の軸索を経てその末端へと伝えられる．この神経線維上の情報の伝搬は，**活動電位**により電気信号として神経終末まで伝達される（図1a）．しかし，神経線維と次の神経線維の接合部，あるいは神経線維とそれによって支配される効果器（標的器官）との間には間隙（すきま）がある．この接合部を**シナプス**と呼び，すきまをシナプス間隙と呼ぶ．神経線維上を伝搬する活動電位は，通常このシナプス間隙を直接伝わることはできない．そこで神経終末には固有の化学物質が蓄えられており，神経終末まで情報（活動電位）が達すると，神経終末の小胞に蓄えられている化学物質が放出される（図1a）．

放出された化学物質は，シナプス間隙を拡散して神経細胞膜，あるいは効果器の細胞膜上にある**受容体（レセプター）**と結合し，情報は細胞内へと伝えられる．このとき，神経線維を伝わる活動電位による情報

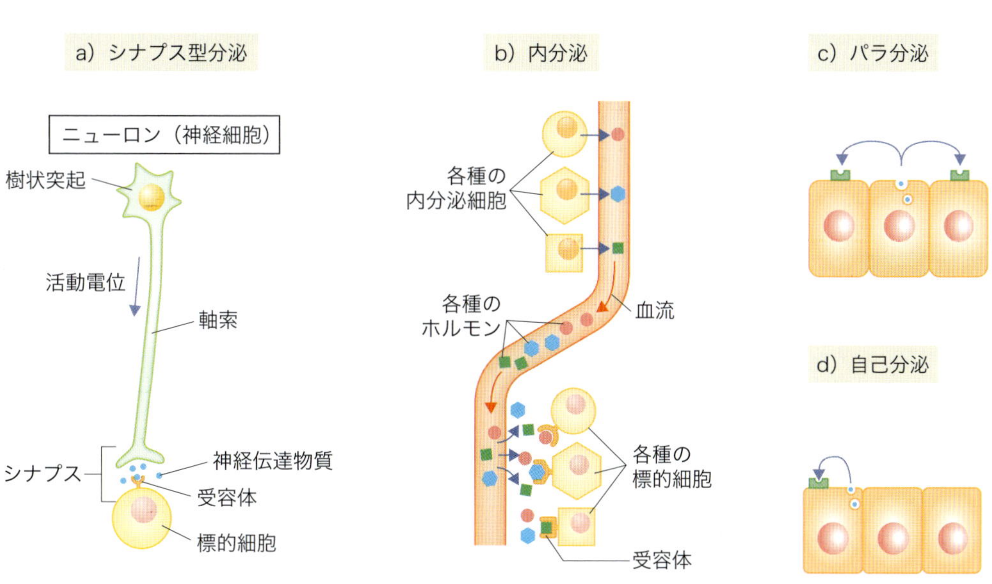

図1 情報伝達経路

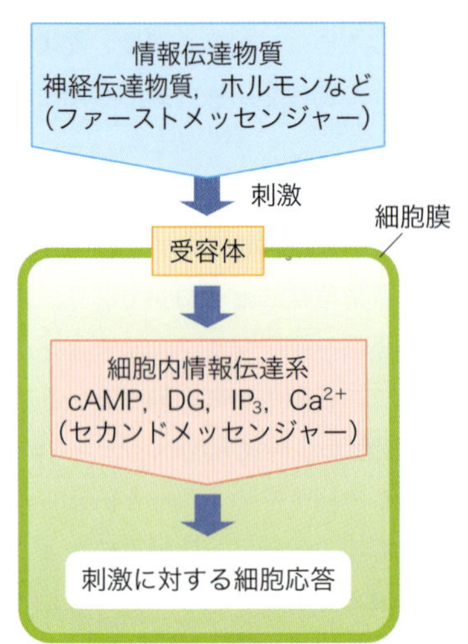

図2　細胞における刺激の受容と応答

の伝搬を**伝導**と呼び，シナプス間隙における化学物質による情報の伝搬を**伝達**という．そして神経終末から放出される化学物質を**神経伝達物質**と呼ぶ．

B. 内分泌系の情報伝達

内分泌系による情報伝達は，血液を介して化学的に行われ**液性調節**とも呼ばれる．内分泌腺では**ホルモン**と呼ばれる化学物質が産生され，血液中に放出される．これを内分泌（エンドクリン）という（本章3にて後述）．ホルモンは血液によって運搬され，内分泌腺から離れたところに存在する標的細胞あるいは標的器官に作用する．ホルモンの標的細胞や標的器官は，支配を受けるホルモンに対する受容体を有する．この受容体にホルモンが結合すると遺伝子発現が誘導され，あるいは酵素の活性化による化学物質の産生を介して生理応答を示す（図1b）．

C. 情報伝達物質

これまで述べてきた神経伝達物質やホルモンのように細胞から細胞へ，あるいは細胞内において情報を伝える化学物質を**情報伝達物質**と呼ぶ．このとき，細胞から細胞へ情報を伝達する物質を**ファーストメッセンジャー**といい，ファーストメッセンジャーの刺激を受け，細胞内で産生される情報伝達物質を**セカンドメッセンジャー**という（図2）．生体内における情報伝達物質としては他にも，サイトカインやエイコサノイド，生理活性ペプチド，一酸化窒素（nitric oxide：NO）などが知られている．これらは多種類の細胞から産生され，エンドクリンのほか，パラ分泌[※1]（パラクリン）や自己分泌[※2]（オートクリン）などの方法で局所的に生理活性作用を示すことが特徴である（図1c，d）．神経細胞や内分泌腺以外に多くの細胞がさまざまな情報伝達物質を産生し，生体機能の調節に役立っている．

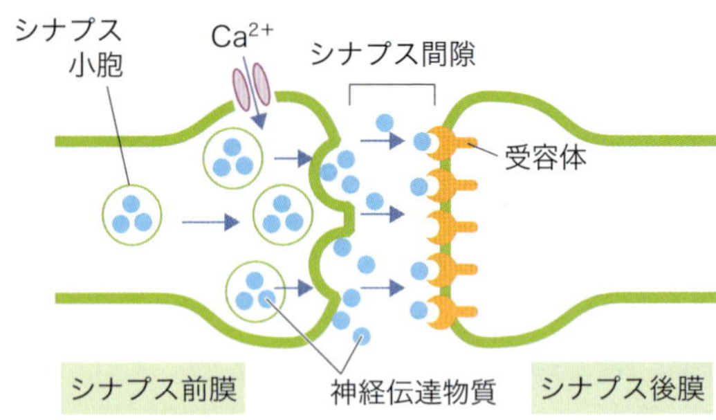

図3　シナプスにおける情報伝達

2　情報伝達物質と細胞応答

A. シナプスにおける情報伝達

神経線維上を伝わる情報の伝導は，活動電位により電気的に行われるが，シナプス間隙の情報の伝達は神経伝達物質により行われる（図3）．神経線維の終末に活動電位が到達するとシナプス前膜が脱分極[※3]を起こし，Ca^{2+}の細胞内への流入が起こる．細胞内Ca^{2+}濃度の上昇を受け，シナプス小胞が移動しシナプス前膜と接合することにより，小胞内に蓄積されている神経伝達物質がシナプス間隙へ放出される．放出された神経伝達物質はシナプス間隙を拡散し，神経線維シナプス後膜上あるいは効果器官の膜上にある受容体に結合することにより情報を伝達する．

神経伝達物質としては，自律神経系におけるアセチ

※1　**パラ分泌**：細胞から放出された化学物質が隣接細胞に直接作用すること．
※2　**自己分泌**：細胞が放出した化学物質を同一細胞上にある受容体を介して自ら作用を受けること．
※3　**脱分極**：膜の分極の程度が減少すること．

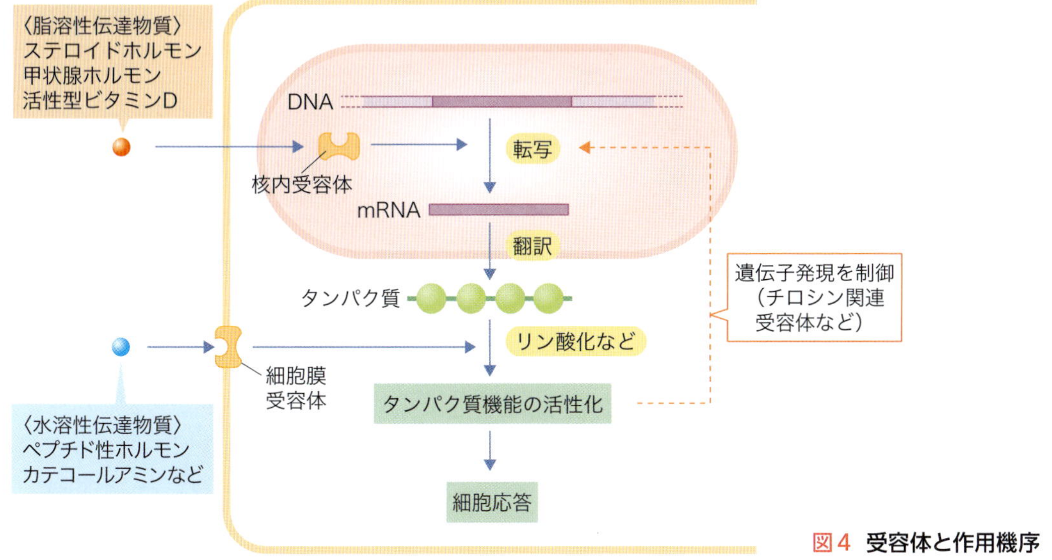

図4 受容体と作用機序

ルコリン，ノルアドレナリン（ノルエピネフリン）をはじめ，ドーパミン，γ-アミノ酪酸（GABA），グルタミン酸，グリシン，セロトニンなどがある．シナプスにおける情報伝達には，放出される伝達物質の違いにより興奮を伝える興奮性伝達と，抑制を伝える抑制性伝達がある．

B. 受容体と細胞内情報伝達系

内分泌腺より分泌されたホルモンなどのファーストメッセンジャーは，標的細胞に存在する受容体に結合することにより情報を伝達する．この受容体に結合できる化学物質を**リガンド**といい，特に受容体に結合し細胞内情報伝達系を作動できる物質を**アゴニスト**という．これに対しアゴニストと構造が類似しているため受容体と結合することはできるが，細胞内に情報を送ることができない物質を**アンタゴニスト**という．アンタゴニストはアゴニストによる情報伝達を阻害する．

情報伝達物質はその化学構造から脂溶性と水溶性に分類され，脂溶性物質は細胞膜を通過できるが水溶性物質は通過できない．このことが細胞における受容体の存在部位に大きな違いを与えている．受容体にはさまざまなタイプがあるが，細胞内の細胞質や核内に存在するもの（**核内受容体**）と，細胞膜上に存在するもの（**細胞膜受容体**）に二分される．

1）核内受容体

ステロイドホルモンや甲状腺ホルモン，カルシトリオール（活性型ビタミンD）など脂溶性の伝達物質は，細胞膜を通過して直接細胞内へと移行し，核内あるいは細胞質内に存在する**核内受容体**と結合してその情報を伝達する（図4）．情報伝達物質と結合した核内受容体は，**ホルモン応答配列**と呼ばれるDNAの特定の部位を認識して結合し，DNA鎖の転写を活性化または抑制する働きを行う．つまり，核内受容体は一種の転写因子であると考えられる．この核内受容体と結合する情報伝達物質は，**遺伝子発現**に伴う転写と翻訳によるタンパク質の新生を介して細胞の機能を調節している．したがって，その作用発現には比較的長い時間を要する．

2）細胞膜受容体

ペプチド性ホルモンやカテコールアミン※4など水溶性の情報伝達物質は，細胞膜を直接通過することができないため，細胞膜上に存在する受容体（**細胞膜受容体**）に結合する．細胞膜受容体への刺激は，セカンドメッセンジャーの産生など細胞内情報伝達系を介して生理応答を発揮する．細胞膜受容体はその構造と細胞内情報伝達機構の違いから3つのグループ（**Gタンパク質共役型受容体**，**イオンチャネル型受容体**，**チロシ**

※4 **カテコールアミン**：カテコール核という構造をもつ生体アミンのこと．アドレナリン（エピネフリン），ノルアドレナリン，ドーパミンの3種類．

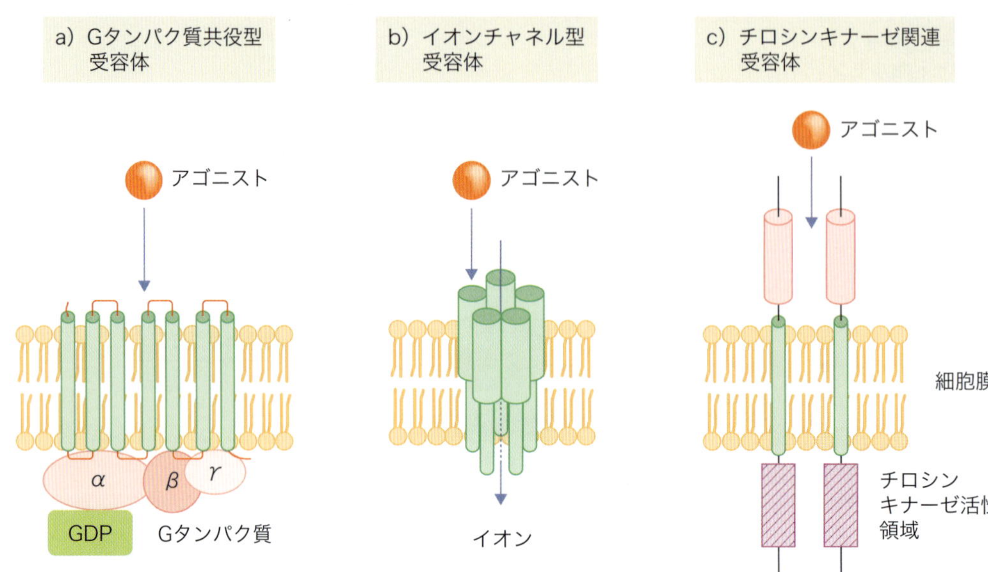

図5　細胞膜受容体の分類

ンキナーゼ関連受容体）に大別できる（図5）．いずれも疎水性アミノ酸からなるαヘリックス構造をもった細胞膜貫通部位をもち，N末端を細胞膜の外側に，一方のC末端を細胞の内側に向けて細胞膜に埋め込まれている．

① Gタンパク質共役型受容体

Gタンパク質共役型受容体は，神経伝達物質やペプチド性ホルモン，プロスタグランジンなど多くの情報伝達物質の受容体としてみつかっている．構造は，細胞膜を7回貫通する一本鎖ペプチドからなり，Gタンパク質（GTP[※5]結合タンパク質）が共役している．Gタンパク質は下流の分子（効果器）へと情報を伝える伝達器として働き，α，β，γの3つのサブユニットから構成されることから**三量体Gタンパク質**と呼ばれる（図5a）．このGタンパク質は，標的とする効果器の違いからGs，Gi，Gqなどのタイプに分類される．GsおよびGiタンパク質は効果器であるアデニル酸シクラーゼ（adenylate cyclase：AC）に情報を伝達し，Gqタンパク質はホスホリパーゼC（phospholipase C：PLC）に情報を伝達する．

受容体がアゴニストと結合できる状態にあるときは，α，β，γの3つのサブユニットが会合した状態にあり，αサブユニットにはGDP（guanosine diphosphate）が結合している．アゴニストが受容体に結合すると受容体の構造が変化し，Gタンパク質が受容体から離れるとともにGDPが遊離し，変わって細胞内に存在するGTPが結合する（GDP-GTP交換反応）．この交換反応によって三量体Gタンパク質は活性化され，GTPと結合したαサブユニットとβγサブユニット複合体とに解離し，効果器に情報を伝える．

効果器の1つである**アデニル酸シクラーゼ**は，Gsタンパク質により活性化され，Giタンパク質により活性が抑制される．Gsタンパク質共役型受容体にアゴニストが作用すると共役していたGsタンパク質が活性化され，続いてその効果器であるアデニル酸シクラーゼが活性化される（図6）．活性化されたアデニル酸シクラーゼは，細胞内に存在するATPからセカンドメッセンジャーである**サイクリックAMP**（adenosine 3′,5′-cyclic monophosphate：cAMP）を産生する．産生したcAMPは，細胞内でcAMP依存性のタンパク質リン酸化酵素であるプロテインキナーゼA（Aキナーゼ）を活性化してタンパク質をリン酸化し，生理応答を発現する．

Gqタンパク質共役型受容体は，**ホスホリパーゼC**を活性化することにより情報を伝達する．Gqタンパク質受容体にアゴニストが作用すると効果器であるホスホ

※5　**GTP**：guanosine triphosphate

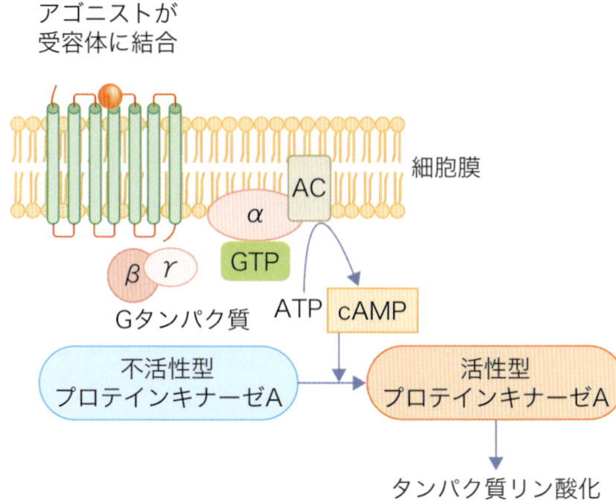

図6 アデニル酸シクラーゼの活性化
AC：アデニル酸シクラーゼ

リパーゼCが活性化され，細胞膜に存在する**ホスファチジルイノシトール 4,5-二リン酸**（phosphatidylinositol 4,5-diphosphate：PIP_2）を加水分解して，**イノシトール 1,4,5-三リン酸**（inositol 1,4,5-trisphosphate：IP_3）と**ジアシルグリセロール**（diacylglycerol：DG）という2つのセカンドメッセンジャーを生成する．IP_3は細胞質内を拡散し，小胞体に存在するIP_3感受性Ca^{2+}チャネル（IP_3受容体）に結合してCa^{2+}を放出させ，細胞内Ca^{2+}濃度を上昇させることによりCa^{2+}受容タンパク質を介して生理応答を示す．また，このCa^{2+}濃度の上昇とDGの作用により**プロテインキナーゼC**（Cキナーゼ）が活性化され，タンパク質をリン酸化することからも生理応答を発揮する．

② イオンチャネル型受容体

イオンチャネル型受容体は，受容体がイオンチャネルを形成している（図5b）．情報伝達物質が受容体に結合するとチャネル部分が開き，イオンの移動が起こる．例えばアセチルコリンが，自律神経節や骨格筋細胞膜上などに存在するニコチン性アセチルコリン受容体に結合するとNa^+チャネルが開き，Na^+の細胞内への流入により脱分極が起こる．これが閾値[※6]に達すると活動電位が発生し，節後線維に電気的情報を伝えたり，骨格筋を収縮したりする．一方，γ-アミノ酪酸やグリシンが結合する受容体では，Cl^-の透過性を高めて膜を過分極[※7]させ活動電位の発生を抑制することにより抑制性の作用を示す．

③ チロシンキナーゼ関連受容体

チロシンキナーゼ関連受容体は，細胞増殖因子などをリガンドとする受容体で，細胞膜を貫通する一本鎖ポリペプチドが組み合わさった二量体の構造もつ（図5c）[※8]．受容体タンパク質自身が細胞質内にチロシンキナーゼ活性領域をもつか，あるいは受容体がチロシンキナーゼを会合させることからチロシンキナーゼ関連受容体という．受容体にアゴニストが作用すると，受容体細胞質部分のチロシンがチロシンキナーゼによりリン酸化される．この受容体のリン酸化されたチロシン周囲に，特定のタンパク質が集まってきて結合し，次いで低分子量Gタンパク質であるRasが活性化される．これによりMAPキナーゼカスケードが働き，核内で転写因子が活性化され，遺伝子発現を制御することにより生理応答を示す．

3 ホルモンと生体調節

ホルモンとは，生体の内部または外部環境からの情報に応じて特定の細胞や組織で産生し，血液中に直接分泌され，血流によって体内の他の場所へ運ばれ，微量で特定の組織の働きを調節する生理活性物質のことである．このような分泌の仕方を**内分泌**といい，ホルモンを分泌する組織を**内分泌腺**という．ホルモンの**分泌調節は階層的に行われ**，内分泌の中枢は間脳の**視床下部**に存在する（図7）．視床下部では，神経系と内分泌系が機能的に結びつけられており，内部環境の情報を神経系から受け取って，ホルモンにより恒常性の維持を行うための中心的役割を担っている．視床下部から分泌される視床下部ホルモンは**放出ホルモン**[※9]であり，**下垂体前葉**[※10]に作用して下垂体前葉ホルモンを放出させる．下垂体前葉ホルモンは**刺激ホルモン**[※11]であり，各分泌腺に作用してホルモンを放出させる．

※6　**閾値**：脱分極レベルが臨界に達する値のこと．
※7　**過分極**：膜の分極の程度が増大すること．

※8　インスリン受容体もチロシンキナーゼ関連受容体であるが，構造と伝達経路は異なる．
※9　**放出ホルモン**：他のホルモンの分泌を促進するホルモンのこと．視床下部から分泌され，下垂体前葉に作用する．
※10　**下垂体前葉**：多数の分泌顆粒をもつ腺細胞から構成され，下垂体前葉ホルモンを産生・分泌する．
※11　**刺激ホルモン**：特定の器官や細胞の機能を活性化するホルモンのこと．

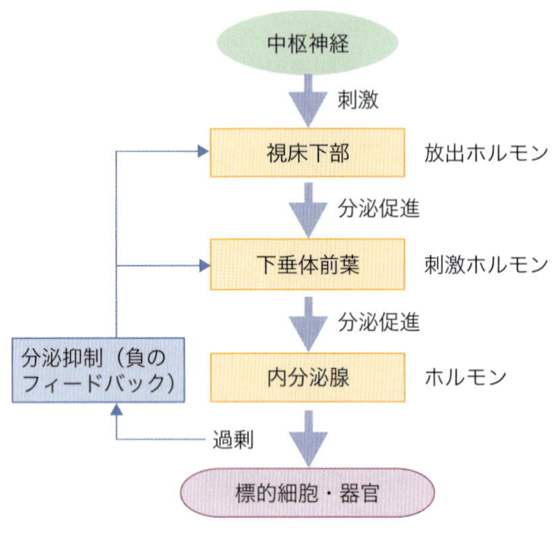

図7 内分泌の階層的調節

この作用により放出されたホルモンは，それぞれの標的器官に作用して生理応答を発揮する．また反対に，放出を抑制するホルモンもある．

逆に，ホルモン分泌が過剰になると，そのホルモンが視床下部あるいは下垂体前葉に直接作用し，放出ホルモンあるいは刺激ホルモンの分泌が抑制される．このような分泌調節を**フィードバック機構**といい，甲状腺ホルモンや副腎皮質ホルモン，性ホルモンなどで行われる．この階層的分泌調節とフィードバック機構により血中のホルモン濃度はほぼ一定に保たれている．ホルモンは化学構造の特徴から，**ペプチド性ホルモン**，**アミノ酸誘導体ホルモン**，**ステロイドホルモン**の3種類に分類される（表1）．

A. 下垂体後葉ホルモンによる代謝調節

下垂体後葉からは2種類のペプチド性ホルモンが分

表1 ホルモンと内分泌器官

名称	内分泌器官	主な機能
ペプチド性ホルモン		
副腎皮質刺激ホルモン放出ホルモン（CRH）	視床下部	ACTHの分泌促進
甲状腺刺激ホルモン放出ホルモン（TRH）	視床下部	TSHの分泌促進
性腺刺激ホルモン放出ホルモン（GnRH）	視床下部	LH，FSHの分泌促進
成長ホルモン放出ホルモン（GRH）	視床下部	成長ホルモンの分泌促進
プロラクチン放出ホルモン（PRH）	視床下部	プロラクチンの分泌促進
副腎皮質刺激ホルモン（ACTH）	下垂体前葉	副腎皮質ホルモンの分泌促進
甲状腺刺激ホルモン（TSH）	下垂体前葉	甲状腺ホルモンの分泌促進
卵胞刺激ホルモン（FSH）	下垂体前葉	卵胞の発育促進，精子の形成促進
黄体形成ホルモン（LH）	下垂体前葉	卵胞の黄体化促進
乳汁分泌ホルモン（プロラクチン）	下垂体前葉	乳汁産生促進
オキシトシン	下垂体後葉	子宮筋収縮，乳汁射出作用
バソプレシン	下垂体後葉	抗利尿作用，血圧上昇作用
グルカゴン	膵臓ランゲルハンス島α細胞	血糖上昇，グリコーゲン分解促進，糖新生促進
インスリン	膵臓ランゲルハンス島β細胞	血糖低下，グルコーゲンの合成促進
ソマトスタチン	膵臓ランゲルハンス島δ細胞	成長ホルモン，グルカゴン，インスリンの分泌抑制
カルシトニン	甲状腺	血中Ca^{2+}濃度低下作用
副甲状腺ホルモン	副甲状腺	血中Ca^{2+}濃度上昇作用，骨吸収促進
ガストリン	胃（G細胞）	胃酸分泌促進
セクレチン	十二指腸（S細胞）	膵液分泌促進，胃酸分泌抑制，膵臓からの炭酸水素イオン分泌促進
コレシストキニン	十二指腸（I細胞）	胆嚢収縮，膵酵素分泌促進
レプチン	脂肪組織	食欲抑制
アミノ酸誘導体ホルモン		
甲状腺ホルモン	甲状腺	成長・成熟作用，基礎代謝亢進
副腎髄質ホルモン	副腎髄質	血糖上昇，糖新生促進，心機能亢進作用
メラトニン	松果体	催眠作用
ステロイドホルモン		
グルココルチコイド（糖質コルチコイド）	副腎皮質	糖新生促進，脂肪分解促進
ミネラルコルチコイド（鉱質コルチコイド）	副腎皮質	腎臓でNa^+と水の再吸収促進
アンドロゲン	精巣，副腎皮質	男子二次性徴発現，精子形成，タンパク質同化作用
卵胞ホルモン（エストロゲン）	卵巣	女子二次性徴発現，骨吸収の抑制
黄体ホルモン（プロゲステロン）	卵巣，胎盤	受精卵の着床，妊娠の維持

泌される．**バソプレシン**は抗利尿ホルモンとも呼ばれ，腎臓の遠位尿細管および集合管において**水分の再吸収を亢進させる**ことにより尿量を減少させる．バソプレシンの分泌が低下すると大量の希釈された尿が排泄されるようになり，この疾患を尿崩症という．またバソプレシンは血管や平滑筋に直接作用し，血圧上昇作用を示す．**オキシトシン**は，分娩時の**子宮収縮作用**ならびに授乳時の**乳汁射出作用**がある．乳汁射出作用は乳児が乳首を吸引する刺激（吸啜反射）により亢進する．

B. 甲状腺ホルモンによる代謝調節

甲状腺は，**チロキシン**（T_4）と**トリヨードチロニン**（T_3）というヨウ素を含んだアミノ酸誘導体ホルモンを分泌する（図8）．甲状腺ホルモンは，甲状腺濾胞腔に含まれるチログロブリン分子中のチロシン残基をヨード化（ヨウ素化）することにより合成される．甲状腺ホルモン受容体は**核内受容体**であり，遺伝子発現を介して生理作用を発現する．体内の大部分の組織で**基礎代謝を亢進**させ，酸素消費を高め，熱産生を促進し体温を上昇させる．これらのホルモン分泌が過剰になると，負のフィードバック機構が働き甲状腺刺激ホルモン（thyroid stimulating hormone：TSH）の分泌を抑制する．自己免疫疾患により，甲状腺ホルモンの合成・分泌が亢進する甲状腺機能亢進症をバセドウ病と呼び，甲状腺種，頻脈，振戦，体重減少，眼球突出などがみられる．

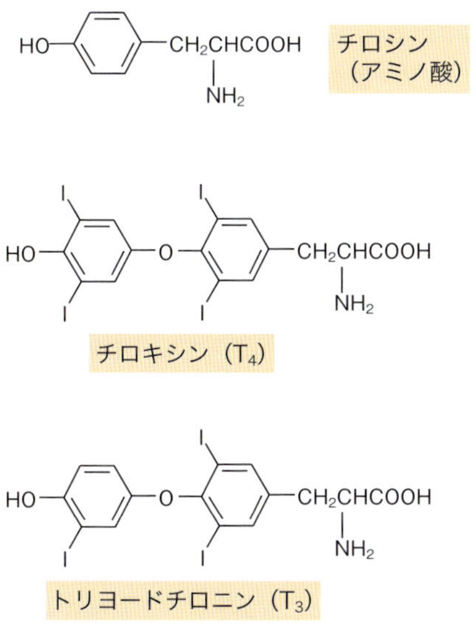

チロシン（アミノ酸）

チロキシン（T_4）

トリヨードチロニン（T_3）

図8　甲状腺ホルモンの構造

C. ホルモンによるカルシウム代謝調節

カルシウムは，生体にとって構造の維持に必須である骨の主要な構成成分であるとともに，筋肉の収縮，神経細胞の興奮やホルモン分泌，酵素活性の変化など各種細胞機能の調節因子として，生体機能の維持および調節に重要な役割を果たしている．生体内に存在するカルシウムのうち約99％は，骨にヒドロキシアパタイトの形で存在しており，残りが細胞内ならびに血中に存在している．血中に存在するカルシウムは，血清アルブミンなどと結合しており，その濃度は約10 mg/dLに一定に保たれている．この血中カルシウム濃度の調節は，副甲状腺（上皮小体）から分泌される**副甲状腺ホルモン**（parathyroid hormone：PTH，パラトルモン）とその作用により産生される**活性型ビタミンD**（カルシトリオール），甲状腺傍濾胞細胞（C細胞）から分泌される**カルシトニン**によって調節される（表2）．

副甲状腺ホルモンはペプチド性ホルモンで，**血中カルシウム濃度低下時に分泌され**，骨から血液中へのカルシウムとリン酸の遊離を促進することにより**血中カ**

表2　ホルモンによるカルシウム代謝調節

ホルモン	骨に対する作用	腎臓に対する作用	小腸に対する作用	血中Ca^{2+}濃度の調節
副甲状腺ホルモン（パラトルモン）	Ca^{2+}溶解↑ PO_4^{3-}溶解↑ （骨吸収）	Ca^{2+}再吸収↑ PO_4^{3-}再吸収↑ 活性型ビタミンD産生↑	—	上昇
カルシトニン	Ca^{2+}溶解↓ PO_4^{3-}溶解↓	Ca^{2+}再吸収↓ PO_4^{3-}再吸収↓	—	低下
活性型ビタミンD	—	Ca^{2+}再吸収↑	Ca^{2+}吸収↑ PO_4^{3-}吸収↑	上昇

↑：促進，↓：抑制

ルシウム濃度を上昇させる（骨吸収※12の促進）．また，腎臓では尿細管におけるカルシウムの再吸収を促進するとともに，ビタミンDから活性型ビタミンDへの変換を促進し，腸管からのカルシウム吸収を高めることにより血中カルシウム濃度を上昇させる．このビタミンDが不足すると，子どもではくる病，成人では骨軟化症が発生する．また，閉経後の女性や高齢者では，骨粗鬆症が起こりやすくなる．

カルシトニンはペプチド性ホルモンで，**血中カルシウム濃度が上昇した時に分泌され**，骨から血中へのカルシウムとリン酸の遊離を抑制するとともに，尿細管でのカルシウムとリン酸の再吸収を抑制し，**血中カルシウム濃度を低下させる**．血中カルシウム濃度が高いとカルシトニンの分泌が促進し，低下すると副甲状腺ホルモンの分泌が促進されることから，カルシウム濃度が一定に保たれる．カルシウム濃度が低下すると，手足の筋肉が強く痙攣し，手足を曲げた姿勢で硬直する症状（テタニー）を起こす．

D. 消化管ホルモンによる消化管機能の調節

消化管ホルモンは，消化管粘膜の上皮細胞内に散在する基底顆粒細胞から血液中に直接分泌されるペプチド性ホルモンで，消化管の機能を促進または抑制する作用をもつ．**ガストリン**は胃幽門前庭部の粘膜上皮のG細胞から分泌され，胃体部壁細胞に作用して**胃酸分泌促進**がある．ガストリンの分泌は胃に食物があるときに促進され，胃液やセクレチンにより抑制される．**セクレチン**は，胃内容物が十二指腸に流入することにより十二指腸粘膜のS細胞から分泌される．**膵液分泌促進作用**があり，膵液中に含まれる炭酸水素イオン（弱アルカリ性）により胃からもちこまれた酸を中和するとともに，**胃酸分泌を抑制する**．**コレシストキニン**は，パンクレオザイミンとも呼ばれ，胃内容物中の脂肪や脂肪酸の刺激によって十二指腸粘膜中のI細胞から分泌される．**胆嚢を収縮**させることによる胆汁の分泌と，膵臓からの消化酵素の分泌を促進させる．

※12　**骨吸収**：bone resorptionの和訳．骨からのCa^{2+}の溶解のこと．Ca^{2+}が骨に吸収されることではないので注意．

E. 膵臓ホルモンによる血糖調節

膵臓は，外分泌腺として消化酵素液などを十二指腸へ分泌するだけでなく，内分泌腺の集まりであるランゲルハンス島を含んでいる．ランゲルハンス島には，α（A）細胞，β（B）細胞，δ（D）細胞が存在しており，**α細胞からはグルカゴン，β細胞からはインスリン，δ細胞からはソマトスタチンが分泌される**．これらはペプチド性ホルモンで，グルカゴンやインスリンは血糖調節において重要な役割を果たしている．

グルカゴンは，肝臓で**グリコーゲンを分解**することにより**血糖値を上昇させる**．この機序はグルカゴンがGタンパク質共役型受容体であるグルカゴン受容体に作用することによりアデニル酸シクラーゼを活性化し，産生されたcAMPによりプロテインキナーゼAが活性化され，これがホスホリラーゼをリン酸化して活性化型とすることによる（図9）．この活性型ホスホリラーゼによりグリコーゲンがグルコース1-リン酸へ加リン酸分解される．生じたグルコース1-リン酸は，グルコース6-リン酸を経てグルコースへと変換された後，血中へと放出され，血糖値を上昇させる．また，糖新生の促進による血糖値上昇作用と脂肪の分解促進作用がある．

インスリンは，**血糖値を低下させる作用**がある唯一のホルモンである．ランゲルハンス島β細胞内で一本鎖のポリペプチドであるインスリン前駆体（プロインスリン）が合成された後，中央部で切断されて二本鎖構造のインスリンが生成する（図10）（第15章，p201，図7参照）．このとき**Cペプチド**が同時に切り離され，完成したインスリンとともに血中へ放出される．そのため血中Cペプチド濃度は，体内でのインスリン合成量を反映する指標として利用される．インスリンは，肝臓，筋肉，脂肪組織などでグルコースの細胞内への取り込みを亢進させる．これは，細胞膜にチロシンキナーゼ関連受容体の一種であるインスリン受容体が存在し，この受容体にインスリンが結合すると，細胞内のタンパク質のリン酸化反応が連鎖的に起こり，グルコース輸送体が細胞膜上に移動することにより細胞内にグルコースが取り込まれることによる．インスリンは肝臓や筋肉でグリコーゲン合成を促進させ，取り込んだグルコースをグリコーゲンとして貯蔵する．脂肪組織ではトリアシルグリセロールの合成を促進し，

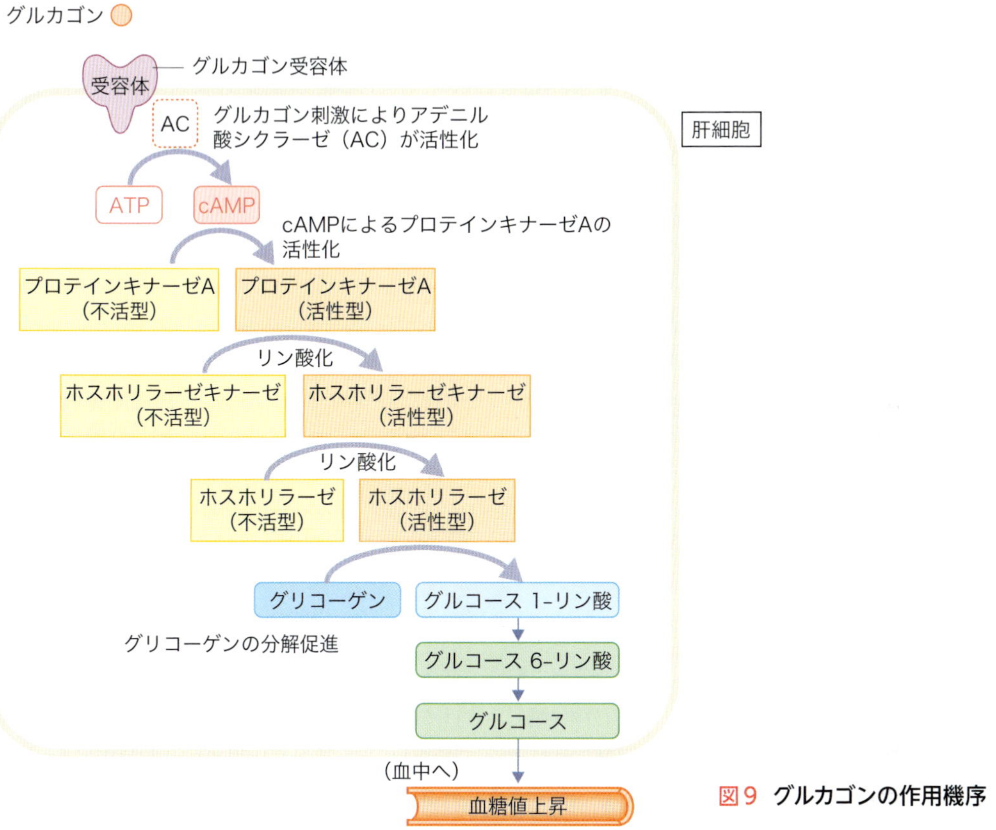

グルカゴン
受容体
グルカゴン受容体
AC
グルカゴン刺激によりアデニル酸シクラーゼ（AC）が活性化
肝細胞
ATP
cAMP
cAMPによるプロテインキナーゼAの活性化
プロテインキナーゼA（不活型）
プロテインキナーゼA（活性型）
リン酸化
ホスホリラーゼキナーゼ（不活型）
ホスホリラーゼキナーゼ（活性型）
リン酸化
ホスホリラーゼ（不活型）
ホスホリラーゼ（活性型）
グリコーゲン
グルコース 1-リン酸
グリコーゲンの分解促進
グルコース 6-リン酸
グルコース
（血中へ）
血糖値上昇

図9　グルカゴンの作用機序

過剰の糖を脂肪として貯蔵する（表3）．

インスリンの分泌不足や感受性の低下が続くと慢性的な高血糖となり糖尿病となる．糖尿病になると血管が障害され，さまざまな合併症を起こしやすくなる．特に網膜症，腎障害，末梢神経障害を糖尿病の三大合併症という．糖尿病には1型と2型がある．**1型糖尿病**は，ランゲルハンス島 β 細胞の障害によりインスリンの分泌不全によって発症する．**2型糖尿病**は，インスリンの分泌低下と末梢組織でのインスリン感受性の低下に起因するもので，糖尿病患者の90％以上を占める．

切断位置
切断位置
Cペプチド
インスリン前駆体
A鎖
S–S
C末端
N末端
S
S
S
S
B鎖
インスリン

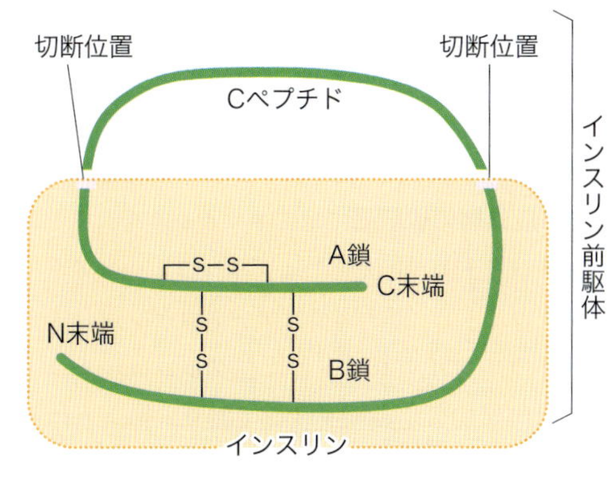

図10　インスリンの構造とCペプチド

表3　ホルモンによる血糖調節

	インスリン	グルカゴン	アドレナリン	コルチゾール
血糖値	低下	上昇	上昇	上昇
組織における血糖消費	促進	抑制	促進	抑制
解糖反応	促進	抑制	促進	抑制
糖新生	抑制	促進	促進	促進
グリコーゲン	合成	分解	分解	合成
脂肪	合成	分解	分解	分解

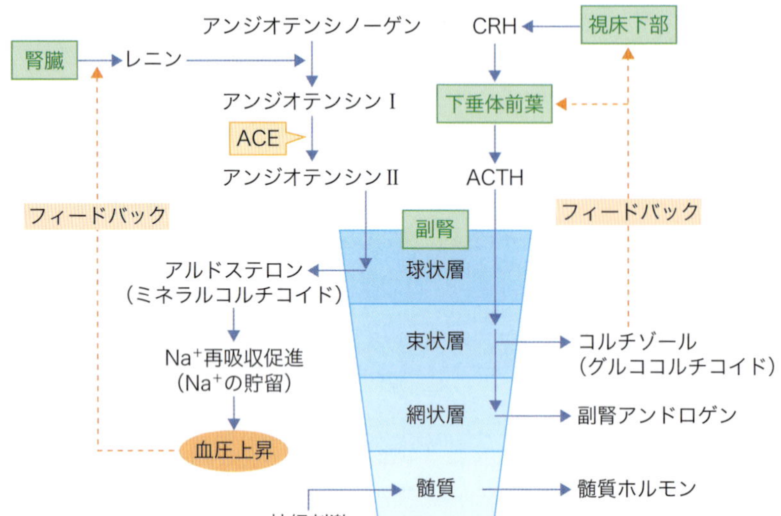

図11　副腎皮質ホルモンの分泌調節機構
ACE：アンジオテンシン変換酵素
ACTH：副腎皮質刺激ホルモン
CRH：副腎皮質ホルモン放出ホルモン

ソマトスタチンは成長ホルモン放出抑制ホルモンとも呼ばれ，下垂体前葉からの成長ホルモンの分泌を抑制する．このほかグルカゴンやインスリンの分泌抑制，消化管ホルモンの分泌抑制作用があり，膵臓以外に視床下部からも分泌される．

F. 副腎皮質ホルモンによる生体調節

副腎皮質ホルモンは，生命維持に不可欠なホルモンであり，生体をストレスから守る作用をもつステロイドホルモンである．副腎は中心部の髄質とその外側の皮質からなり，皮質の組織はさらに三層構造からなっている．最外層の球状層ではミネラルコルチコイド（鉱質コルチコイド），束状層ではグルココルチコイド（糖質コルチコイド），網状層ではアンドロゲンが合成される．ミネラルコルチコイドおよびグルココルチコイドの分泌は階層的分泌調節を受けており，脳下垂体から分泌される副腎皮質刺激ホルモン（adrenocorticotropic hormone：ACTH）により亢進され，ACTHの分泌は視床下部の副腎皮質刺激ホルモン放出ホルモン（corticotropin-releasing hormone：CRH）によって調節されている（図11）．

グルココルチコイドには，**コルチゾール**（ヒドロコルチゾン），コルチコステロン，コルチゾンなどの種類があり，コルチゾールが最も強い作用を示す．各種代謝に対する作用としては，肝臓での**糖新生の促進**，筋肉など末梢組織でのグルコース取り込み抑制による血糖値の上昇とタンパク質分解促進作用，脂肪組織における脂肪分解促進と血中遊離脂肪酸の増加などがある（表3）．また抗炎症作用や免疫抑制作用も示す．グルココルチコイドはフィードバック機構により，下垂体からのACTH分泌を抑制する作用がある．また概日リズムがあり，分泌は夜間に低く，早朝に最大となる．

主なミネラルコルチコイドは**アルドステロン**である．アルドステロンはアンジオテンシンⅡによりその合成と分泌が調節されていると同時に，レニン-アンジオテンシン系を介してアンジオテンシンⅡの産生をフィードバック機構により調節している．腎臓の遠位尿細管に作用し，ナトリウムイオン（Na^+）の再吸収とカリウムイオン（K^+）の排出促進作用を示し，Na^+とともに水の再吸収を促進することから循環血液量増加による**血圧上昇**を引き起こす（図11）．

G. 副腎髄質ホルモンによる生体調節

副腎髄質は交感神経が内分泌腺に分化したもので，交感神経節の節後ニューロンと類似している．この副腎髄質のクロム親和性細胞から，**アドレナリン**と**ノルアドレナリン**が分泌されるが，その約80％はアドレナリンである．アドレナリンやノルアドレナリンは**カテコールアミン**と呼ばれ，チロシンから生合成されるアミノ酸誘導体ホルモンである．副腎髄質は交感神経の

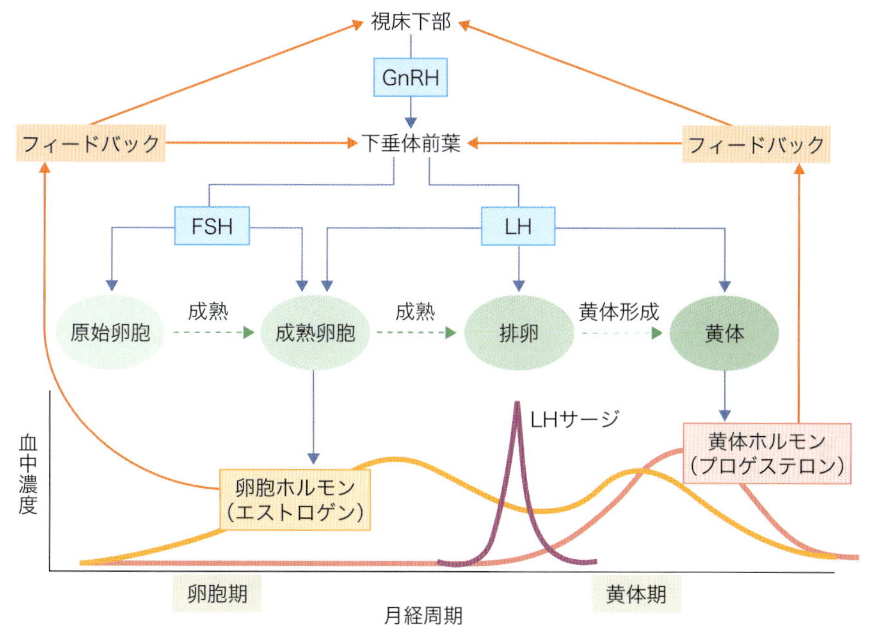

図12　女性ホルモンの分泌調節
FSH：卵胞刺激ホルモン，GnRH：性腺刺激ホルモン放出ホルモン，LH：黄体形成ホルモン

支配を受けており，運動や精神的な緊張で興奮したときや，寒冷や血圧低下，血糖値の低下などのストレスを受けたときに副腎髄質ホルモンが分泌される．また，グルココルチコイドの作用によっても副腎髄質でノルアドレナリン合成が促進される．これら副腎髄質ホルモンは，アドレナリン作動性の α 受容体や β 受容体をもつ種々の組織で生理応答を示す．アドレナリンは β 受容体への作用が強く，心収縮力と心拍数の増加による**心機能亢進作用**，肝臓での糖新生促進とグリコーゲン分解作用による**血糖上昇作用**，脂肪組織における**脂肪分解作用**を示す（表3）．ノルアドレナリンは α 受容体に強く作用し，血管を収縮し**血圧を上昇させる**．生体の緊急時やストレスを受けたときに大量に分泌され，生体機能を維持するために重要な役割を果たしている．

H. 性ホルモンによる生体調節

性ホルモンはコレステロールから合成されるステロイドホルモンである．

女性ホルモンには主に**成熟卵胞**から分泌される**卵胞ホルモン**（エストロゲン）と，排卵後の卵胞が変化した**黄体**から分泌される**黄体ホルモン**（プロゲステロン）の2種類がある．これら女性ホルモンの分泌は性周期に伴う卵胞刺激ホルモン（follicle stimulating hormone：FSH）や黄体形成ホルモン（luteinizing hormone：LH）の分泌と卵巣機能の周期的変化のうえに成り立っている．分泌された卵胞ホルモンや黄体ホルモンは，FSHや性腺刺激ホルモン放出ホルモン（gonadotropin releasing hormone：GnRH）の分泌を負のフィードバック機構あるいは一部正のフィードバック機構により調節している（図12）．

卵胞ホルモンは成熟卵胞，黄体および妊娠6週以降の胎盤からも分泌され，エストラジオールが最も活性が高い．排卵前にも分泌のピークをもち，これによりLHの一過性の分泌を促し（LHサージ）排卵を誘発する．生理作用として，女性生殖器の発育・二次性徴促進作用，排卵の誘発，性周期前半における子宮内膜の増殖と肥厚作用がある．また**骨吸収を抑制する**ことから，閉経によりエストロゲンの分泌が消退すると骨粗鬆症が起こりやすくなる．黄体ホルモンには**プロゲステロン**があり，性周期後半に卵巣の黄体および妊娠6週以降の胎盤からも分泌される．LHの分泌を抑制することによる排卵の抑制と，子宮筋のオキシトシンに対する感受性を低下させることによって子宮の収縮を抑制し，妊娠を維持する作用をもつ．

男性ホルモン（アンドロゲン）は精巣にて分泌され，そのほとんどが**テストステロン**である．精巣の間質細胞にLHが作用することにより，テストステロンの合成および分泌が促進される．生理作用としては，男性生殖器の発育促進と二次性徴促進作用，タンパク質同化作用がある．

I. 脂質代謝の調節

過剰に摂取した糖質は，トリアシルグリセロールに変換され脂肪組織へと蓄積されるが，この機構を抑制する生体の調節機構は存在しない．したがって，摂取した過剰のエネルギー源は，脂肪組織に限りなく蓄積され肥満を生じる．体型は食事によるエネルギー摂取と，運動によるエネルギー消費とのバランスによって調節されている．この調節に重要な役割を果たすのが，**レプチン**と呼ばれるホルモン様タンパク質である．レプチンは脂肪組織で合成された後，脂肪細胞のトリアシルグリセロールの貯蔵量に応じて血中へ分泌され，摂食中枢に作用して**食欲を抑制**する．したがって，レプチンの分泌能が低下すると過食になりやすいと考えられる．また，脂肪細胞からは**アディポネクチン**というホルモン様物質も分泌される．アディポネクチンの血中濃度が内臓脂肪量の増加とともに低下することから，アディポネクチンの分泌低下とメタボリックシンドロームとの関連性が指摘されている．

J. 松果体ホルモンによる催眠作用

松果体は中脳の上の第三脳質にある豆粒大の小さな器官でメラトニンを分泌する．**メラトニン**はトリプトファンからセロトニンを経て生合成され，催眠作用や体温低下作用をもつ．体内時計の支配を受け，日中は低く夜間に著しく分泌が亢進する概日リズムを示す．

K. オータコイドによる生体調節

オータコイドとは組織の働きを調節するホルモン様生理活性物質で，血液中で分解されるため産生部位からきわめて近い範囲に限定的に作用するものである．

エイコサノイド（イコサノイドともいう）は，主として炭素数20の脂肪酸で二重結合を4個もつ**アラキドン酸**と，二重結合を5個もつエイコサペンタエン酸から生成される脂質由来の生理活性物質で，代表的なものとして**プロスタグランジン**（PG），トロンボキサン（TX），ロイコトリエン（LT）があり，炎症促進，発痛と発熱，分娩誘発，血液凝固の誘発と溶解などに深くかかわっている（図13）（第3章，p45／第10章，p131参照）．アスピリンやインドメタシンなどの非ステロイド性抗炎症薬の多くは，アラキドン酸からPGやTXを生合成する際の主要な酵素であるシクロオキシゲナーゼを阻害することによって消炎作用を示す．

アミノ酸由来の生理活性物質として，**セロトニン**やヒスタミンがある．セロトニンは腸粘膜のクロム親和性細胞でトリプトファンから生合成されるほか，血小板や脳の中枢神経系にも存在する．セロトニン受容体を介して作用し，平滑筋収縮作用（血管，腸管，気管支，子宮平滑筋），止血作用ならびに中枢神経系における神経伝達物質として作用している．

ヒスタミンはヒスチジンの脱炭酸により生成し，炎症，アレルギー，胃酸分泌，神経伝達などさまざまな応答を媒介する．肥満細胞や白血球（好塩基球）に貯蔵され，分泌されるとヒスタミン受容体を介して作用し，組織では血管透過性亢進や気管支平滑筋の収縮が

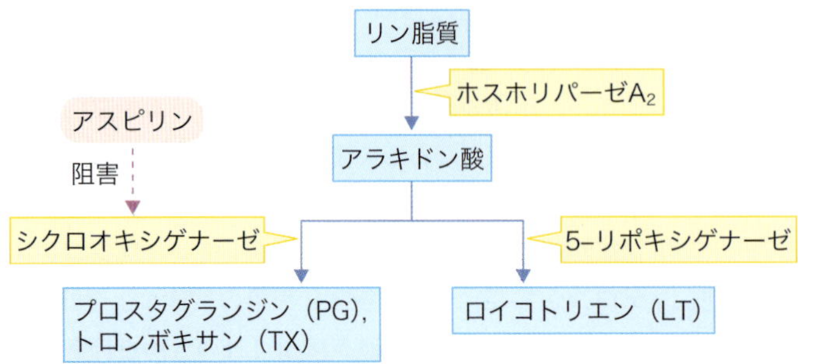

エイコサノイド	主な生理作用
PGE_2	子宮筋収縮
PGI_2	血小板凝集抑制
TXA_2	血小板凝集促進
LTC_4	気道収縮
LTD_4	アナフィラキシーショック

図13 エイコサノイドの生成と生理作用

起こり，アナフィラキシーショック，気管支喘息，アレルギー性鼻炎，蕁麻疹（じんましん）などのアレルギー症状を引き起こす．

アンジオテンシンは，生体内における血圧と電解質の重要な調節系であるレニン–アンジオテンシン–アルドステロン系で働く重要な生理活性ペプチドである（図11）．アンジオテンシンにはⅠ，Ⅱ，Ⅲと3つのサブクラスがあり，アンジオテンシンⅡが最も活性が高い．腎臓の糸球体に流れ込む動脈の壁に，傍糸球装置と呼ばれる血圧を感知するセンサーがあり，血圧の低下によりレニンが分泌される．レニンは加水分解酵素で，アンジオテンシンの前駆体であるアンジオテンシノーゲンに作用し，活性の低いアンジオテンシンⅠを生成させる．次いで血管内皮細胞膜にあるアンジオテンシン変換酵素（angiotensin converting enzyme：ACE）が作用し，アンジオテンシンⅠから生理活性作用の強いアンジオテンシンⅡが生成する．アンジオテンシンⅡは非常に強い昇圧作用をもち，また副腎皮質球状層に作用してアルドステロンの合成・分泌を促進する．アルドステロンは塩類の体内貯留作用により循環血流量を増加させ，アンジオテンシンⅡによる昇圧作用を持続させる．アンジオテンシンⅢはアンジオテンシンⅡにアミノペプチダーゼが作用することにより生じ，アンジオテンシンⅡの約半分の昇圧活性をもつ．

ブラジキニンは血漿中に含まれるキニノーゲンにカリクレインが作用することにより生成される生理活性ペプチドで，血管拡張作用により血圧を低下させるほか，発痛作用や炎症作用をもつ．

一酸化窒素（NO）は大気汚染物質として知られている窒素酸化物（NO_X）を構成する分子であるが，生体内の組織で合成，分泌される重要な生理活性物質である．NOはアルギニンから一酸化窒素合成酵素（nitric oxide synthase：NOS）の作用により生成される．NOは細胞膜受容体を介さずに情報を伝達し，標的細胞において直接グアニル酸シクラーゼを活性化することによりサイクリックGMP（guanosine 3′,5′-cyclic monophosphate：cGMP）の濃度を上昇させ，その作用により細胞内から細胞外へカルシウムイオンを流失させて活性を示す．血管拡張ならびに血管平滑筋の弛緩による血圧低下作用，動脈硬化の防止，がん細胞の破壊，気管支平滑筋の弛緩，陰茎勃起作用など多彩な生理作用をもつ．

L. サイトカインによる生体調節

サイトカインとは，感染や炎症，免疫反応時にリンパ球やマクロファージなどをはじめ，生体の種々の細胞から一過性で産生される低分子量のタンパク質である．きわめて微量で高い生理活性を示し，ごく限られた範囲だけで作用を示す．それぞれに特異的な受容体があり，受容体に結合した後，細胞内情報伝達を介して，免疫系の調節，炎症反応の惹起，細胞の増殖や分化といった生理応答を示す．その作用の特性から，インターロイキン，増殖因子，インターフェロン，ケモカインなどに分類される．

インターロイキン（interleukin：IL）とは白血球間の情報伝達を担う因子という意味で，おもに単球やマクロファージ，リンパ球などが産生するサイトカインである（第17章，p233参照）．現在IL-1からIL-34まで同定されており，炎症反応やT細胞やB細胞の増殖や分化などの作用を示す．**増殖因子**とは，細胞増殖や分化の促進作用をもつサイトカインである．例えば，エリスロポエチン（erythropoietin：EPO）は赤血球の産生に必須の増殖因子であり，赤芽球系前駆細胞に作用しその分化，増殖を亢進させる作用がある．**インターフェロン**は抗ウイルス活性を示す分子量約2万のタンパク質で，α，β，γの3種類に大別される．ウイルス性肝炎であるC型肝炎の治療薬として使われ，また免疫系に対しても種々の作用を示す．**ケモカイン**とは，感染や炎症の部位に白血球を呼び寄せる因子（走化因子）として同定された分子量約1万のヘパリン結合性分泌タンパク質である．炎症部位で産生され，好中球や単球を呼び寄せる走化活性をもつ．

臨床栄養への入門

糖尿病とインスリン療法

血液中のグルコース濃度（血糖値）は，70～100 mg/dLとほぼ一定に保たれている．この調節は，インスリンやグルカゴンといった血糖調節ホルモンにより行われているが，血糖値が慢性的に高くなりすぎてしまうと糖尿病になる．糖尿病の原因は，血糖値を下げる唯一のホルモンであるインスリンの作用不足や分泌量の減少，あるいはその両方が同時に起こってしまうためと考えられている．糖尿病には1型と2型がある．1型糖尿病は膵臓のランゲルハンス島β細胞が破壊され，体内のインスリン絶対量が不足することにより発症する．子どものうちから発症することも多く，早期からインスリンを注射により補うインスリン療法が必要となる．2型糖尿病は，インスリンの分泌量が少なくなって起こるものと，肝臓や筋肉などの細胞がインスリン作用をあまり感じなくなる（インスリン感受性低下）ために，グルコースを細胞内へうまく取り入れることができなくなって起こるものがある．こちらは食事や運動などの生活習慣が関係している場合が多く，わが国の糖尿病の90％以上がこのタイプに該当する．

2型糖尿病の治療には，膵臓を刺激してインスリンを分泌させるスルホニルウレア（SU）系薬剤をまず使用し，その効果の減弱が認められた場合にインスリン療法を開始することが多い．また最近では，疲れ切った膵臓を休ませることを目的として，早期にインスリン療法を開始する場合もある．インスリンは確実に血糖値を下げるので治療効果は非常に高いといえるが，現在のところ注射しか投与方法がなく，しかも毎日投与しなければならない．このとき注射は痛いと考えがちだが，インスリン注入器の注射針は直径約0.23～0.25 mmとかなり細く，痛みもチクッとする程度である．その形状も注射器というよりはペン型に近い注入器なので，詳しく知らない人が見た場合にはインスリン注入器と気づかないような外観となっていることが特徴である．

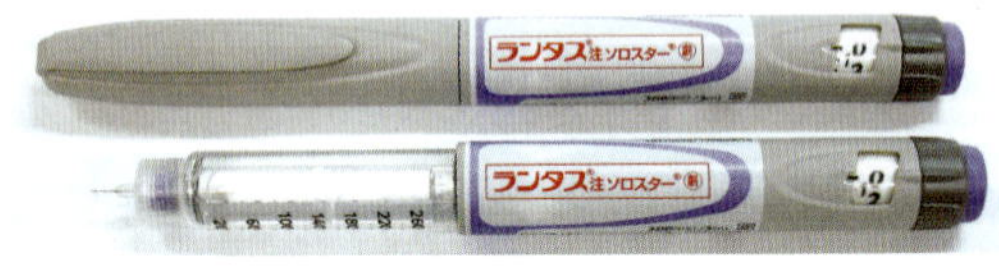

Column

アドレナリンとエピネフリン

アドレナリン（adrenalin）は，1900年に高峰譲吉（たかみねじょうきち）と助手の上中啓三（うえなかけいぞう）がウシの副腎から世界ではじめて結晶化に成功したホルモンである．ところがアメリカの研究者が，高峰らの研究はわれわれの研究の盗作であるという論文を発表したため，アメリカではこの研究者が命名したエピネフリン（epinephrine）が一般名として採用されてしまった．ヨーロッパでは高峰らのプライオリティを認めて，アドレナリンを一般名としている．

後にアメリカの研究者らの主張は間違いであるということが証明されたが，アメリカでは現在もエピネフリンを一般名として採用している．日本もアメリカにならい，エピネフリンを一般名として長年採用してきた．

しかし近年，日本の先人の功績を認めようという気運が高まり，2006年から一般名がエピネフリンからアドレナリンに改訂された．100年の時を経て日本でも高峰らの功績がようやく認められた．

第16章 チェック問題

問 題

□ □ **Q1** 神経系情報伝達の特徴は何か．

□ □ **Q2** 内分泌系情報伝達の特徴は何か．

□ □ **Q3** セカンドメッセンジャーにはどのような物質があるか．

□ □ **Q4** 血糖値を調節するホルモンにはどのようなものがあるか．

□ □ **Q5** 血中カルシウム濃度を調節するホルモンにはどのようなものがあるか．

解答＆解説

A1 ニューロンの神経線維上を伝わる情報の伝導は，活動電位により電気的に行われるが，シナプス間隙の情報の伝達は神経伝達物質により行われる．

A2 ホルモンは刺激により内分泌腺から産生，放出され，血液を介して標的細胞の受容体に結合することにより情報を伝達する．

A3 セカンドメッセンジャーは細胞膜受容体にて受容した情報を細胞内に伝達する作用をもつ物質である．アデニル酸シクラーゼにより産生するcAMPや，ホスホリパーゼCの作用によって産生するIP_3とDG，グアニル酸シクラーゼにより産生するcGMP，他にCa^{2+}などがある．

A4 血糖値は主としてインスリンとグルカゴンにより調節される．インスリンは血糖値を低下させ，グルカゴンには血糖値上昇作用がある．アドレナリンやコルチゾールも血糖値上昇作用をもつ．

A5 血中カルシウム濃度は約10 mg/dLに一定に保たれている．副甲状腺ホルモンと活性型ビタミンDには血中カルシウム上昇作用があり，カルシトニンは低下作用をもつ．

本書関連ノート「第16章　個体の調節機構とホメオスタシス」でさらに力試しをしてみましょう!

第17章 生体防御機構

Point

1. 病原微生物による感染，流行病から免れることが，免疫の働きであることを理解する
2. 古い組織やがん細胞を壊して，体を正常に保つのも免疫の働きであることを理解する
3. アレルギー発症や自己免疫疾患など望ましくない免疫の働きもあることを理解する
4. ①免疫機構とその特徴，②アレルギー，③自己免疫疾患と免疫不全，について理解する

概略図 免疫系ネットワーク—T・B細胞，マクロファージの協同作用

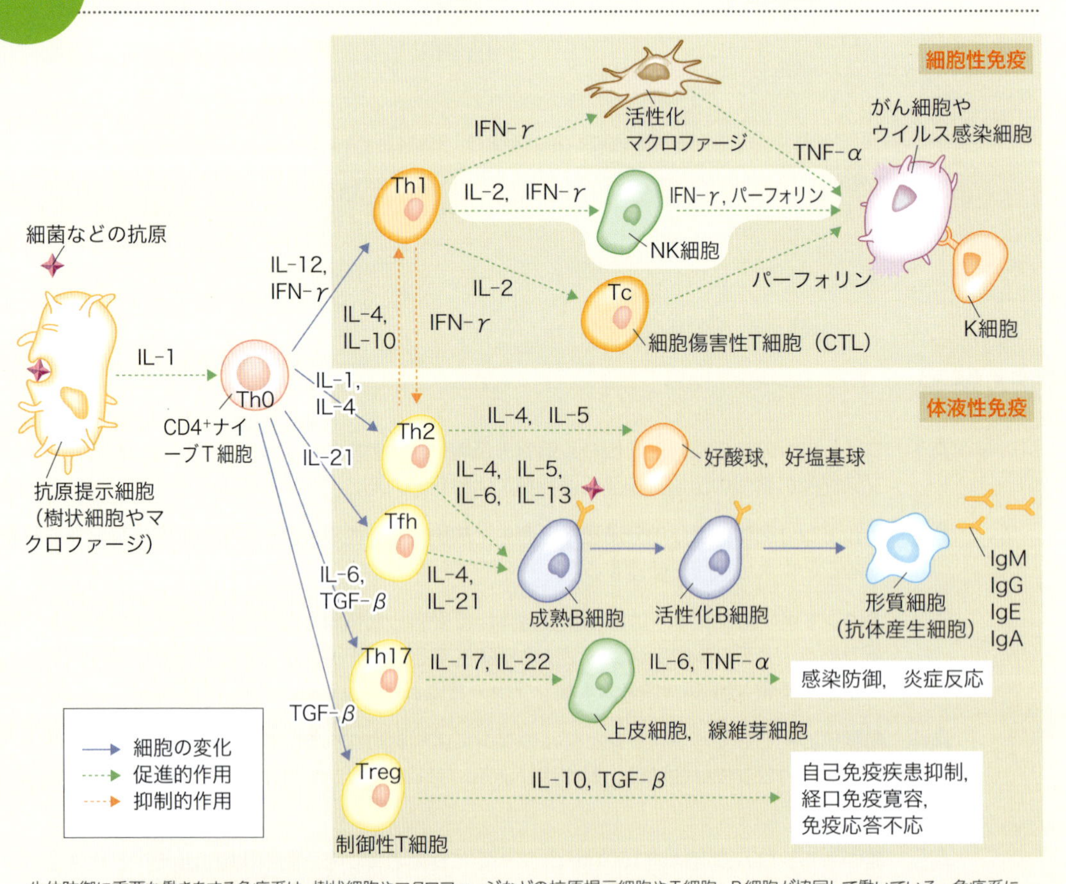

生体防御に重要な働きをする免疫系は，樹状細胞やマクロファージなどの抗原提示細胞やT細胞，B細胞が協同して働いている．免疫系には，B細胞から分化した形質細胞によってつくられる“抗体”が主役となる“体液性免疫”と，細胞傷害性T細胞（CTL）などが主役となる“細胞性免疫”がある．活性化ヘルパーT細胞などから放出されるサイトカイン〔インターロイキン（IL）やインターフェロン（IFN-γ）など〕によって免疫系ネットワークが形成されている．B細胞への作用は，濾胞ヘルパーT細胞（Tfh）が担っているとも考えられている．制御性T細胞（Treg）は，免疫反応の抑制的制御を担う．Th17細胞は，IL-17を生産して細菌感染防御や関節炎などの自己免疫性疾患にかかわっている．NK細胞は，自然免疫を担うものの1つである．

1 免疫機構とその特徴

A. 生体防御機構における免疫系の特徴

侵入してくる細菌・ウイルスや体内に生じたがん細胞に対して，われわれはそれらをいち早くみつけ，排除することで自分の体を護っている．このような病原体などの不都合なものを排除する働きが**免疫**（immunity）であり，そのしくみを**免疫系**（**免疫システム**）という．血液を介して全身を巡る**抗体**や**リンパ球**，それに**骨髄**（bone marrow），**胸腺**（thymus），**脾臓**，**リンパ節**などの器官が，免疫系にかかわる．免疫では，病原体やがん細胞など自己の体にとっての異物，すなわち非自己（not self）の成分を，**抗原**（antigen：Ag）と呼ぶ．

古くから，ペストなどの流行病から回復したヒトは，再びその病気にはならないという**“二度なし”**現象が知られていた．回復したヒトの体内には，抗原としてのペスト菌（*Yersinia pestis*）に特異的な免疫が獲得され，それが**免疫記憶**[※1]となって，その後再びペストの流行病が発生してもそのヒトはペストには罹らない．弱毒あるいは不活化して感染力をなくしたワクチンによる**予防接種**は，人為的な免疫獲得といえる．例えば，風疹ウイルス弱毒ワクチンによる予防接種は，風疹ウイルス抗原に対する免疫を獲得するためのものである．このような，1つひとつの抗原に厳格に対応する**抗原特異性**は，免疫記憶とともに，免疫の大きな特徴である．それぞれの予防接種があるのも，抗原特異的に働く免疫の一例である．抗原特異的な免疫を**適応免疫**（獲得免疫）という．免疫記憶のしくみについてはまだ十分明らかにされていないが，生物学的には適応免疫の発達の結果達成された大きな成果といえる．

免疫には，この抗原特異的な適応免疫の他に，非特異的防御機構としての**自然免疫**がある（表1）．自然免疫は，微生物感染の初期に起きる生体防御として，また適応免疫への橋渡しとして重要である。マクロファージや好中球、樹状細胞の細胞膜表面およびエンドソーム内には、**病原体関連分子パターン**（pathogen-associated molecular patterns：PAMPs）を認識するToll様受容体（Toll-like receptor：TLR）[※2]などがある．細菌・ウイルスなど病原体の刺激によって細胞内シグナルが順次核内に伝達され，自然免疫の作用に必要な炎症性サイトカインなどがつくられる．自然免疫でくい止められない病原体に対して，樹状細胞は刺激後活性化し，抗原提示細胞として膜表面に表出したクラスⅠおよびクラスⅡ MHC分子とともに副刺激分子（補助的刺激分子）のCD80 /CD86（B7-1/B7-2）を介してT細胞を活性化する．それにより抗原特異的な適応免疫が起きる．一方，自己の成分や食物など危害性の小さいものに対しては，樹状細胞は副刺激分子の発現のない定常状態を保ち，T細胞を活性化しないでアナジー（anergy：不応答，免疫寛容）状態を誘導する．この状態の自然免疫では免疫記憶も成立しない．

表1　免疫とそれを担うもの

自然免疫―非特異的防御機構
● 物理・化学的機序：皮膚（弱酸性の表層，角質層），強酸性（pH 1～2）の胃液，尿排泄 ● 生物学的機序：涙・唾液・母乳中リゾチーム（細菌細胞壁分解酵素）やデフェンシン（抗菌ペプチド），ラクトフェリン（細菌細胞抑制作用），血清中補体（細菌溶解性物質），好中球・マクロファージ（捕食作用），ナチュラルキラー（NK）細胞
適応免疫（獲得免疫）―特異的防御機構
● 一次リンパ器官：骨髄，胸腺 ● 二次リンパ器官：脾臓，リンパ節，消化管・気道粘膜リンパ組織など ● リンパ球，マクロファージ，樹状細胞，抗体

※1　抗原刺激を受けた動物では，再度同じ抗原が侵入した際に，初回の免疫（一次免疫応答）より速く，かつ強い免疫（二次免疫応答）が引き起こされ，長く持続する．抗原の初回刺激を受けた免疫細胞であるT，B細胞の一部が，記憶細胞として残るためである．

※2　**TLR**：Toll タンパク質はもともとショウジョウバエの発生に関与する膜タンパク質として同定され，真菌感染の防御あるいは病原微生物を認識する分子として多くの生物で維持されていることがわかってきた．ヒトにおけるToll タンパク質相同はTLRと呼ばれ，哺乳類では10種類ほどが知られている．樹状細胞やマクロファージ，リンパ球に発現している．

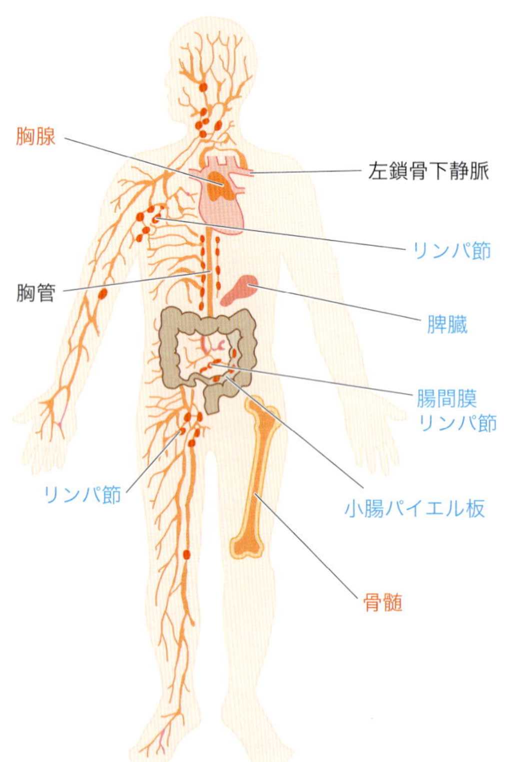

図1　一次リンパ器官と二次リンパ器官
脾臓，リンパ節は，それぞれ血中や組織に侵入した抗原に応答する．一次リンパ器官（赤字）と二次リンパ器官（青字）は，血管とリンパ管の脈管系で連絡している．各組織に分布するリンパ管はリンパ節を介して胸管へと集まり，左鎖骨下静脈で血液循環に合流する

B. 免疫とその器官

免疫を担う器官には，①抗原の有無にかかわらず，未熟な幹細胞をリンパ球・マクロファージなどの免疫細胞に分化・成熟させる**一次リンパ器官**（**中枢リンパ組織**），②成熟したリンパ球やマクロファージが抗原と出合い，抗原特異的な適応免疫を起こす**二次リンパ器官**（**末梢リンパ組織**）がある．一次リンパ器官には**骨髄**と**胸腺**，また二次リンパ器官には脾臓や全身に分布するリンパ節がある（表1，図1）．

赤血球や血小板，白血球（好中球や好酸球，好塩基球，単球/マクロファージ，樹状細胞，リンパ球）は，骨髄の**多能性造血幹細胞**に由来する．赤血球や血小板，リンパ球を除く白血球は，**骨髄系幹細胞**から生じる．リンパ球は，**リンパ系幹細胞**から生じる．リンパ球のうち**骨髄**で分化・成熟するものを，骨髄由来の細胞－**B細胞**（**Bリンパ球**）と呼ぶ．一部のリンパ系幹細胞は未熟のまま骨髄を出て，前駆T細胞として**胸腺**に入る．そこで分化・成熟して**T細胞**（**Tリンパ球**）となる．T細胞は，胸腺由来の細胞といえる．**NK**（**ナチュラルキラー**）**細胞**は，第3のリンパ系細胞ではあるが，リンパ球と異なり，大型で細胞質に顆粒をもち，抗原による刺激なしにがん細胞やウイルス感染細胞を傷害する．

骨髄あるいは胸腺で成熟したB細胞やT細胞は，まだ抗原と出合っておらず，**ナイーブリンパ球**（naive lymphocyte）と呼ばれる，小型で不活性な細胞である．このT・B細胞は，単球/マクロファージとともに二次リンパ器官に移行して，侵入してくる抗原を待ち受ける．ナイーブT・B細胞は二次リンパ器官で抗原と出合い，実効細胞（**エフェクター細胞**），すなわち，それぞれ免疫応答を補助・誘導する司令塔としての**ヘルパーT細胞**と，抗体をつくるB細胞（**形質細胞**）となる．

C. B細胞とT細胞

光学顕微鏡下では，B細胞（Bリンパ球）とT細胞（Tリンパ球）の形態学的な区別はつかない．細胞膜表面にある物質によって，それぞれが特徴づけられる．

骨髄では，**B細胞**の分化・成熟が進み，それぞれ異なった**B細胞抗原レセプター**（**BCR**）を細胞膜表面にもつ多種類のB細胞クローン[※3]がつくられる（図2）．これらが，異なる抗原ごとに対応する．BCRは，**免疫グロブリンIgMサブユニット**[※4]タンパク質からできている．

胸腺では，**T細胞**の分化・成熟が進み，それぞれ異なった**T細胞抗原レセプター**（**TCR**）を細胞膜表面にもつ多種類のT細胞クローンがつくられる．これらが異なる抗原ごとに対応する．TCRは，2本のポリペプチド鎖（α鎖とβ鎖，あるいはγ鎖とδ鎖）でできている．胸腺で成熟したT細胞のほとんどは$\alpha\beta$型TCRをもつ．T細胞の成熟過程では，**「正の選択」**と**「負の選択」**が起こる．前者では，自己の細胞同士が連絡できるTCRをもつT細胞クローンが生き残る．後者

※3　**クローン**：単一細胞に由来する同じ細胞の集団．同一細胞集団．
※4　**サブユニット**：生体高分子を成り立たせる基本単位（第4章，p48参照）．IgM抗体分子は，5つのIgMサブユニット（基本単位）からなる五量体である（表2参照）．

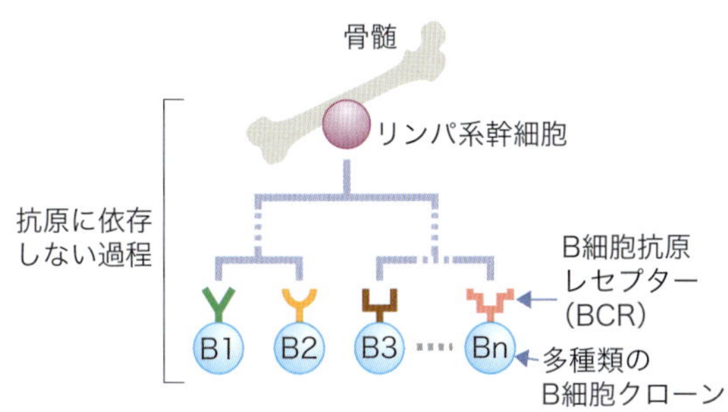

図2　骨髄におけるB細胞の分化・成熟

の「**負の選択**」では，**自己抗原**（自己の体を構成する成分や細胞，組織）と反応しないTCRをもつT細胞クローンが生き残る．自己抗原と反応するTCRをもつT細胞は，この過程でアポトーシス（プログラムされた細胞死）により死滅する．これを，**自己反応性クローン消失**という．この結果，病原体やがん細胞，アレルゲン（allergen）などの非自己抗原（異物）に応答するT細胞だけが生き延びる．前駆T細胞のほとんどは死滅し，わずか1％が成熟T細胞として胸腺から出て行く．自己反応性クローン消失の過程が不十分の場合，自分の体に応答するT細胞が残り，**自己免疫疾患**の要因の1つとなる．T細胞膜表面には，同時に**CD3**※5が発現する．胸腺では，さらに細胞膜表面抗原である**CD4**あるいは**CD8**を発現する過程が同時に進行する．その結果，TCRとCD3，それにCD4あるいはCD8を膜表面にもつ$CD4^+$T細胞（$CD4^+CD3^+TCR$ T細胞，通常**CD4SP細胞**と表記する）と$CD8^+$T細胞（**CD8SP細胞**）の2種類のサブセット（亜群）ができる．$CD4^+$T細胞と$CD8^+$T細胞は，胸腺から二次リンパ器官に送られ，そこで抗原に出合うと，それぞれ**ヘルパーT細胞**，**キラーT細胞**というエフェクター細胞として働く．

D. 体液性免疫と細胞性免疫

病原体はさまざまな経路で体内に侵入し，感染症を引き起こす．**抗原**としての病原体は，最終的には二次リンパ器官（末梢リンパ組織）で**マクロファージ**や樹状細胞，B細胞※6などの抗原提示細胞に捕捉・分解され，さらに**T細胞**（ナイーブT細胞：Th0）へ提示される．その際できた抗原断片は，抗原提示細胞膜表面にある**クラスⅡMHC分子**※7とともに，それと結合するTCRをもつ$CD4^+$ナイーブT細胞（Th0）に提示され，抗原特異的な適応免疫がはじまる（概略図）．マクロファージはまた，インターロイキン1（IL-1）を放出して，$CD4^+$ナイーブT細胞を，エフェクター細胞としてのヘルパーT細胞（Th）へ活性化する．ヘルパーT細胞は，産生する**サイトカイン**※8の違いにより主に3つのサブセット**Th1**，**Th2**，**Th17**細胞に分けられる．その他$CD4^+CD25^+$T細胞として，免疫反応の抑制的制御を担う制御性T細胞（Treg）がある．

一方，血液やリンパ液循環を介して二次リンパ器官に到達した抗原は，それと結合するBCRをもつB細胞クローンを活性化させる．ヘルパーT細胞（**Th2**）は**IL-4**，**IL-5**，**IL-6**，**IL-13**などを産生して，B細胞をさらに形質細胞へ分化・増殖させ，**抗体**（antibody：Ab）の産生を助ける．特にIL-4は，B細胞を活性化させてクラススイッチ※9を誘導する．またIL-5はB細胞を抗体産生細胞へ分化させる．近年B細胞への作用は**濾胞（ろほう）ヘルパーT細胞**（**Tfh**）が担っていると考えられている．また**Tfh**は，**Th1**や**Th2**，**Th17**細胞が胚中心に移るときの分化形態ともされている．風疹ウイルス罹患あるいは弱毒ワクチン予防接種を例に，抗原特異的抗体がつくられる過程を図3に示した．

抗体は，血漿や細胞外液に存在する病原体に対して働く．抗体を介する免疫を**体液性免疫**という（概略図）．すべてのウイルスや，らい菌・結核菌など一部の

※5　**CD**：T細胞やB細胞など免疫細胞膜表面にはきわめて多様のタンパク質や糖タンパク質が存在することが知られている．これらはCD（cluster of differentiation）抗原と呼ばれ，細胞の種類や働きを区別する目印，あるいは細胞の分化段階を特徴づける目印として臨床的にも広く利用されている．約160種がある．CD3はすべてのT細胞に発現している．CD4はヘルパーT細胞，CD8はキラーT細胞に発現している．

※6　B細胞は，その表面にあるB細胞抗原レセプター（BCR）に抗原を結合させてそれを細胞内に取り込むことができる．さらに細胞内ではそれを分解してクラスⅡMHC分子に乗せて発現するので，マクロファージや樹状細胞と同様，抗原提示細胞として働く．

※7　**MHC分子**：MHC遺伝子群（主要組織適合抗原遺伝子複合体）に基づいてつくられる細胞表面抗原分子．一個体内で赤血球を除くすべての細胞表面には，クラスⅠMHC分子あるいはクラスⅡMHC分子が発現している．一個体内での細胞は同じMHC分子をもっているが，別の個体では異なるタイプのMHC分子をもっている．

※8　**サイトカイン**：免疫担当細胞や，線維芽細胞などからつくられる液性因子．T・B細胞を分化，増殖させ，免疫を成立させる．

※9　**クラススイッチ**：B細胞が異なるクラスの抗体分子つくるようになること．活性化されたB細胞上のCD40分子を介して濾胞ヘルパーT細胞Tfhからのシグナルとサイトカイン刺激を受けることで起こる．サイトカインの種類により，どのクラスへスイッチするかが決まる．IFN-γ，TGF-β，IL-4は，それぞれIgMからIgG，IgA，IgEへの誘導に関与する．

第17章 生体防御機構

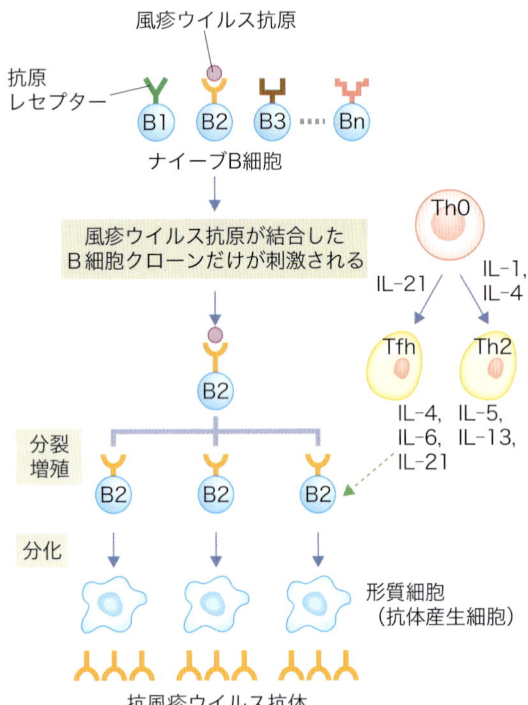

図3 風疹ウイルス抗原特異的抗体の産生
刺激されたB細胞がもつ抗原レセプター（ここでは風疹ウイルスと結合する特異性をもつIgMサブユニット）に相当する抗体分子，すなわち風疹ウイルスと結合する抗体（抗風疹ウイルス抗体）がつくられる

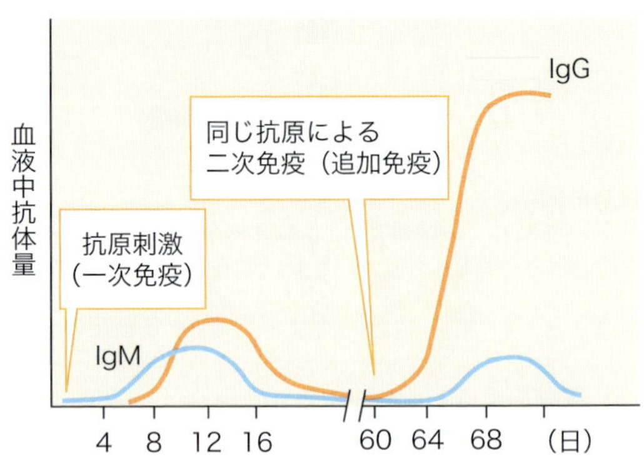

図4 一次および二次免疫応答における抗体産生

細菌は，細胞内に寄生する．これらの排除には，T細胞を主役とするもう1つの適応免疫である**細胞性免疫**が対応する．ここでは，ヘルパーT細胞（**Th1**）が産生する**IL-2**やインターフェロンγ（**IFN-γ**）が，細胞傷害性T細胞（キラーT細胞ともいう）を活性化して，ウイルス感染細胞やがん細胞などを殺す．**Th17**細胞はIL-17を産生し，細菌感染防御に働く．

E. 抗体の構造と働き

病原体などの抗原刺激の結果現れる**抗体**の多くは，血清中のガンマ（gamma）グロブリン分画にみられる．すなわち，抗体は**免疫グロブリン**（immunoglobulin：**Ig**）タンパク質である．抗原刺激後4，5日目から，まず**IgMクラス**抗体がつくられ，やや遅れてB細胞にクラススイッチが起きて**IgGクラス**抗体が出現し，2〜3週後に最高値となる（**一次免疫応答**）．抗原刺激を受けたB細胞とT細胞の一部は免疫記憶細胞となって，2度目の免疫に備える．一次免疫と同じ抗原を再投与（**追加免疫**）すると，一次免疫より早く，かつ強い応答を示す．これを**二次免疫応答**という．**IgG**抗体が高い抗体量のまま長期間持続する（図4）．抗原との親和力も非常に高い．IgM抗体は産生されても一次免疫応答での場合とほぼ同程度である．通常，血中の特異抗体は一定期間を過ぎると減少するが，消失はしない．

IgG抗体としての免疫グロブリンタンパク質は，分子量約50,000〜65,000（440個のアミノ酸）の**H鎖**（heavy chain）と分子量約25,000（220個のアミノ酸）の**L鎖**（light chain）の各2本がそれぞれ**ジスルフィド**（-S-S-）**結合**した構造をしている（図5）．抗体は，基本的に抗原レセプター（IgM免疫グロブリンサブユニット）に類似した化学構造をもっている．抗体分子の**N末端**側には**可変領域**（**V領域**，variable region：V_H，V_L）と呼ばれる部位がある．この部位は**抗原結合部**で，種々の抗原に対応するためアミノ酸配列は個々の抗体分子間で大きく異なっている．それ以外の部位は**定常領域**（**C領域**，constant region：C_{H1}，C_{H2}，C_{H3}，C_L）となり，個々の抗体分子を通じてほぼ一定の構造をしている．ただし，H鎖C領域にはμ鎖，γ鎖，α鎖，ε鎖，δ鎖と呼ばれる5種類の構造の違いがあり，どの種類のH鎖をもつかによって，免疫グロブリン（Ig）はそれぞれ**IgM**，**IgG**，**IgA**，**IgE**，**IgD**の5つのクラスに大別され，生物学的特徴も異なってくる（表2）．抗体分子をパパイン消化すると，V領域を含むH鎖とL鎖の　　で囲まれた**Fab**（fragment antigen-binding）2分子と，それ以外のC末端側の　　**Fc**（fragment crystallizable）に分かれる

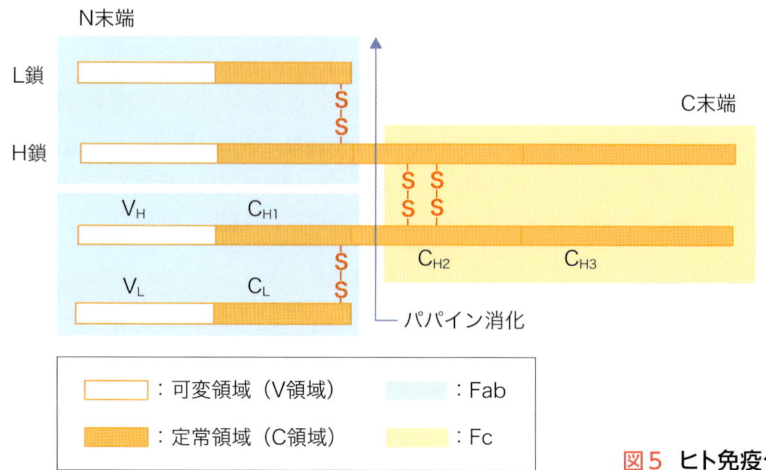

図5 ヒト免疫グロブリンG（IgG）の構造

表2 免疫グロブリンの種類と性質・機能

クラス	分子量	血清中濃度	性質 機能
IgM	950,000	50～200 mg/100mL 10％	免疫初期に産生，五量体，リウマチ因子，補体結合性 凝集反応，沈降反応，オプソニン作用
IgG	150,000	800～1,600 mg/100mL 70～80％	胎盤通過性，補体結合性 凝集反応，中和反応，オプソニン作用
分泌型 IgA	400,000	～10 mg/100mL（唾液） ～450 mg/100mL（初乳）	二量体，分泌型，鼻・気道・小腸などの粘膜や乳腺・唾液腺などの外分泌腺に存在 局所免疫
血清型 IgA	170,000	150～400 mg/100mL 15～20％	単量体，血液中に存在 作用不明
IgE	200,000	0.01～0.1 mg/100mL ＜1％	肥満細胞に結合 アレルギー発症，寄生虫感染防御
IgD	180,000	0.3～40 mg/100mL ＜1％	B細胞表面に結合 作用不明

（図5）．Fc部には**食細胞・肥満細胞結合部**や**補体結合部**がある．

抗体の働きには，生体内に侵入した細菌や異種赤血球などの抗原と結合する**凝集反応**，細菌・細胞との結合物が**補体**※10を活性化して溶菌・溶解させる**溶解反応**，毒素やウイルスに結合して毒力を弱める毒素・ウイルス**中和反応**，細菌の表面に結合して食細胞の捕食作用を助ける**オプソニン作用**などがある．また，IgE抗体による**アレルギー反応**（Ⅰ型アレルギー，後述）や，自己抗体による関節リウマチ（RA）などの**自己免疫疾患**（Ⅱ型，Ⅲ型アレルギー）など，望ましくない免疫反応もある．

F. 粘膜局所免疫

腸管や**鼻腔**，**気道**などの**粘膜**組織は，400 m^2を超える広さであり，成人皮膚表面積のおよそ200倍になる．これらの粘膜組織は薄い上皮細胞で外界に接しており，細菌・ウイルスの侵入を受けやすい部位となる．ここには，生体防御のしくみとして**粘膜免疫系**（mucosal immune system）が備わっている．脾臓やリンパ節に

※10 **補体**：complement．C1，C2，C3など11の成分と2つの制御因子からなる血清タンパク質で，抗体の働きを補うことからその名がある．活性のない前駆体として存在する．IgGあるいはIgM抗体に補体結合性がある．抗原抗体結合物の抗体Fc部に補体成分C1が結合することで，他の補体成分が活性化され，最終的に細菌や異種赤血球などの細胞膜に孔をあけて破壊（溶菌，溶血）する．自己抗体が結合した細胞・組織については傷害作用を起こす．補体成分の大部分は肝臓の実質細胞でつくられる．

よる**全身免疫**と区別して，**粘膜局所免疫**と呼ぶ．

特に腸管では，回腸下部に多く存在している**パイエル板**（Peyer' s patch）が免疫誘導組織として働く．ここでは，腸管腔側の濾胞関連上皮層（follicle-associated epithelium）のM細胞（microfold cell）などから抗原を取込み，B細胞の活性化など抗原特異的IgA抗体産生を方向づける．免疫誘導組織パイエル板で活性化され，IgA抗体産生に方向づけされたB細胞（IgA$^+$B細胞）は，輸出リンパ管，腸間膜リンパ節，胸管・血液循環を経て，他の粘膜免疫実効組織の粘膜固有層（lamina propria）に帰巣（ホーミング，homing）する．一部は腸管の粘膜固有層に帰巣して，ここでIgA型形質細胞となって二量体IgA（dIgA）がつくられる．さらに上皮細胞上の分泌成分（SC）に捕捉されて粘膜表層へ**分泌型IgA**（S-IgA）として分泌される（図6）．1日でつくられるIgA抗体量は40 mg/kgとされ，IgG抗体30 mg/kgよりも多い．

粘膜免疫系の主力はS-IgA抗体応答で，腸管，鼻腔，気道粘膜相互に関連して働くため共通粘膜免疫システム（common mucosal immune system：CMIS）ともいわれる．外分泌腺分泌液としての唾液，母乳，涙液もS-IgAを多く含む．また，胆汁にも含まれることが知られている．S-IgA抗体は，腸管などの粘膜で外来抗原の侵入を阻止して，感染防御あるいはアレルギー発症抑制に働くと考えられている．

粘膜免疫系は，分泌型IgA抗体を介して病原体やアレルゲンに対する防御機構として働いている一方，食物のように異物ではあるが危害性の小さいタンパク質抗原に対しては，抑制的応答が誘導される．腸管の粘膜免疫系を介して誘導される抗原特異的免疫応答の抑制状態を，**経口免疫寛容**（経口トレランス）という．食物アレルギーを起こさないあるいは自己の成分に反応しないようにするためのしくみの1つといえる．大量のタンパク質抗原の経口投与によって抗原特異的T細胞の不応答（アナジー）とクローン除去が引き起こされる．また少量の抗原を頻回投与することによって

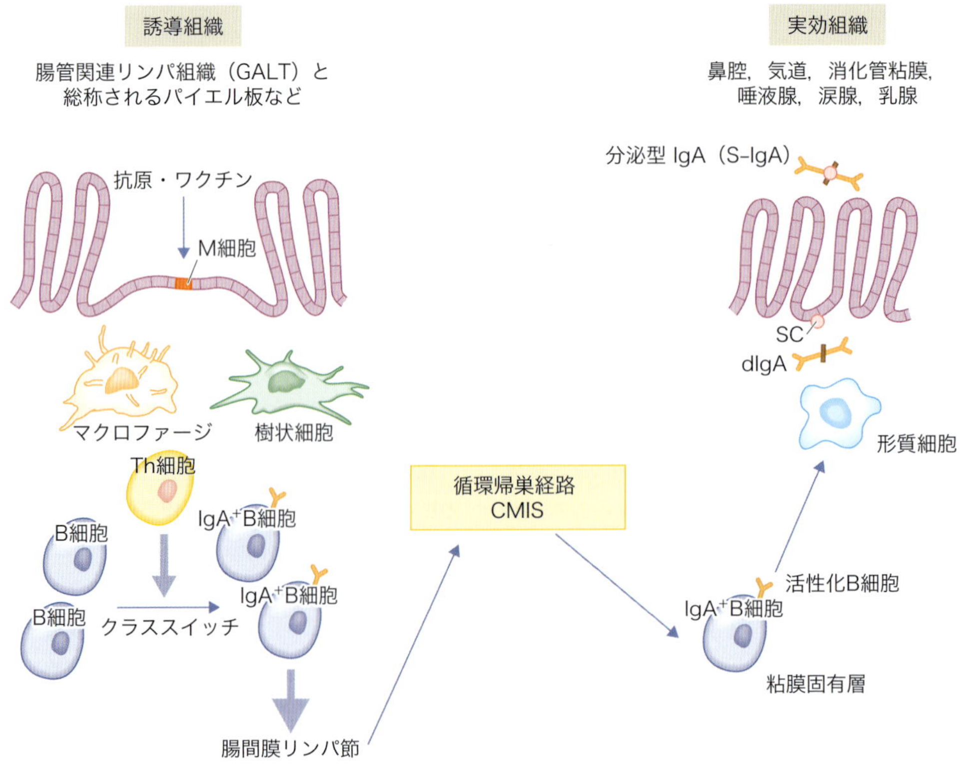

図6 腸管粘膜局所免疫
CMIS：common mucosal immune system

表3　ワクチンの種類

ワクチン	特徴	代表的ワクチン
弱毒ワクチン	病原性のある菌体あるいはウイルスを弱毒化したもの．生ワクチン．不活化ワクチンより免疫効果が高い	BCG，ポリオ，麻疹，風疹，おたふくかぜ，水痘ワクチン
不活化ワクチン	抗原性は保っているが，ホルマリンや紫外線などの処理で感染増殖性をなくしたもの	日本脳炎，インフルエンザ，コレラ，A型肝炎，B型肝炎ワクチン
トキソイド	菌体外毒素をホルマリン処理したもの．毒性はないが抗原性はある．類毒素	破傷風，ジフテリア

制御性T細胞(Treg)が誘導され，それがつくるTGF-βやIL-10などの免疫抑制性サイトカインが免疫抑制状態を引き起こすことがマウスで知られている．

G. 感染と能動免疫，受動免疫

CD4⁺ナイーブT細胞（Th0）は，末梢リンパ組織において抗原と相互作用しながら，初期につくられるサイトカインの働きによって主に3つのCD4エフェクターT細胞サブセット（亜群）**Th1**，**Th2**，**Th17**へ分化する（概略図）．ウイルスやある種の細胞内寄生細菌，例えばリステリア菌感染では，樹状細胞やマクロファージにより産生されるIL-12やNK細胞・CD8⁺T細胞により産生されるIFN-γによって，Th0はTh1に分化が進み**細胞性免疫**が優勢となる．Th1は，IFN-γを産生してTh2の活性化を抑制する．Th1は，またマクロファージの活性化に必須の存在である．**NK細胞**は，マクロファージから産生されるIL-12で活性化するとIFN-γを産生し，感染細胞を殺す．一方，CD4⁺ナイーブT細胞（Th0）は，IL-4により刺激されてTh2へと分化が進む．Th2が産生するIL-10は，IL-4とともにTh1を抑制する．その結果，**体液性免疫**が優勢となる．また，TGF-βはTh1，Th2細胞の分化を抑制することが知られている．生体内では，Th1とTh2の両者の反応が混在して起こり，それにTh17細胞を加えて互いにバランスを取りながら生体防御に中心的役割を演じている．

予防接種は，病原体由来の抗原をワクチンとして投与し，抗原特異的免疫記憶を獲得させて感染症を阻止するものである．このように，抗原刺激により免疫応答を引き起こし，免疫状態にすることを**能動免疫**という．現在用いられているワクチンには，弱毒ワクチン（生ワクチン）と，不活化ワクチン，トキソイドがある（表3）．

B型肝炎ウイルス抗原（HBs）に特異的に結合する**抗HBs抗体**を含むヒト血清から分離した**免疫グロブリン**（抗HBsヒト免疫グロブリン）は，医療事故で起こりうるHBウイルス肝炎発症の予防やHBウイルス保菌者の母親から出生した新生児への感染予防に用いられる．このように，特異抗体（**ヒト免疫グロブリン**）を直接移入して感染を予防する方法を**受動免疫**という．A型肝炎に対する正常ヒトγ-グロブリン，ボツリヌス中毒に対するボツリヌス抗毒素などがある．

2　アレルギー

A. アレルギー疾患の成因と分類

免疫系が，過剰に反応して生体に傷害を引き起こすことがある．これを**アレルギー**（allergy）と呼ぶ．アレルギーを引き起こす要因と機序によって，Ⅰ～Ⅳ型に分類されるが，さらに反応の時間的速さから，Ⅰ～Ⅲ型は即時型，Ⅳ型は遅延型に分けられる（表4）．**アトピー**は体質・遺伝的傾向の強いアレルギー疾患とされる．ⅡおよびⅢ型に関連する自己免疫疾患は，近年アレルギーとは呼ばなくなった．

IgE抗体が関与する**Ⅰ型アレルギー**には，ダニ・ペットの毛・ハウスダストによる**気管支喘息**，食物アレルゲンによる**食物アレルギー**，蕁麻疹，**花粉症**（アレルギー性鼻炎）などがある．アレルギー症状が激しく出るものを**アナフィラキシー**という．**肥満細胞**（マスト細胞）の膜表面の**高親和性IgE受容体**（**FcεRI**）を介して結合したIgE抗体に，抗原（**アレルゲン**）が結合すると，肥満細胞から**ヒスタミン**や**ロイコトリエン**などの**化学伝達物質**が遊離する．その結果，数分以内で症状が現れる．このため，**即時型過敏症**ともいわれる．

表4　アレルギー疾患の成因と分類

型	名称	起因抗体細胞	反応機序	症状・疾患	検査法
即時型	Ⅰ型アレルギー（即時型，アナフィラキシー型）	IgE	肥満細胞[*1]や好塩基球表面に結合したIgE抗体に抗原が反応し，これらの細胞から化学伝達物質が遊離されて起こる．十数分で起こる	食物アレルギー，蕁麻疹，鼻炎，花粉アレルギー，気管支喘息，アナフィラキシー	RAST，MAST，CAP，RIST，HRTなど[*2]
	Ⅱ型アレルギー（抗体依存型細胞傷害）	IgG，IgM	対応した自己抗体が細胞に結合して，補体が活性化され，細胞を破壊する．K細胞やマクロファージによる破壊もある	血液型不適合輸血，自己免疫性溶血性貧血，血小板減少性紫斑病，白血球減少症	自己抗体の検出など
	Ⅲ型アレルギー（免疫複合体型）	IgG，IgM	免疫複合体が組織に沈着することで補体が活性化されたり，好中球からの酵素によって，組織が傷害される	糸球体腎炎，全身性エリテマトーデス（SLE），関節リウマチ（RA），薬物アレルギー	沈降反応など
遅延型	Ⅳ型アレルギー（遅延型過敏症）	感作T細胞	抗原と感作リンパ球との反応によって，リンパ球からサイトカインが放出され，組織が傷害される．細胞性免疫による	接触皮膚炎，ツベルクリン反応，結核，移植拒絶反応	リンパ球刺激試験，皮内反応

＊1　肥満細胞：血液中では好塩基球と呼ぶ．好塩基球が，皮膚や腸管，気管などの組織に定着したものを肥満細胞あるいはマスト細胞と呼ぶ
＊2　RAST：radioallergosorbent test，MAST：multiple antigen simultaneous test，CAP：a capsulated hydrophilic carrier polymer（ImmunoCAP®），RIST：radioimmunosorbent test，HRT：histamine release test（ヒスタミン遊離試験）
本書では，抗原との反応後，症状出現までに"日"の単位を要するものを遅延型，"時間"の単位を要するものを即時型と分類しているが，Ⅱ型・Ⅲ型アレルギーにおいては即時型に分類されない場合もある．

この他，自己の細胞・組織に向けられた**自己抗体**あるいは外因性抗原に対する特異抗体が傷害を起こす**Ⅱ型アレルギー**，**免疫複合体**としての抗原抗体結合物が組織に沈着し，抗体Fc部を介して好中球が反応して傷害を起こす**Ⅲ型アレルギー**がある．**Ⅳ型アレルギー**では，**抗原特異的T細胞**が放出する種々の**サイトカイン**によって血管透過性が促され，リンパ球や顆粒球，マクロファージの集積が起きる．それらがIL-1やTNFなどのサイトカインを放出して炎症を起こす．抗体は関与しない．抗原との反応の後1～2日で炎症反応が最大となることから**遅延型過敏症**とも呼ばれる．ツベルクリン反応，うるしや金属などの**接触皮膚炎**，**臓器移植拒絶反応**がある．実際の病態では，1つの型が単独で発現するというより複数の型が同時に発現している場合が多い．

B. 食物アレルギー

ある特定の食物を食べたときに免疫系が過剰に働き，症状が出るものを食物アレルギーという．**乳**，**卵**，**小麦**による症例が比較的多い．その他，**そば**，魚介類，果物，食肉など多くの食品が食物アレルギーの原因となることもある．食物アレルギー症状の出現部位は皮膚が最も多く，次いで呼吸器や眼・鼻が多い．消化器系の症状はむしろ少ない．重篤なアナフィラキシー症状に進むことも1割程度存在する．新しいタイプの食物アレルギーとして，果物（キウイフルーツ，メロン，もも，パイナップル，りんごなど）・野菜による**口腔アレルギー症候群**[※11]（oral allergy syndrome：OAS）や，小麦，えび，かになどによる**食事性運動誘発アナフィラキシーショック**（全身性低血圧ショック）がある．後者は，死に至ることもある．

アレルギー体質の人にとって，自分が食べるものの中にアレルギー物質が含まれるかどうかを判断し選別するために情報提供の有無は重要である．2002年4月以降，アレルギー物質を含む原材料を使用している食品で，特に重篤度が高いか症例数の多い7品目〔**えび，かに**（この2品目は2008年に追加），**小麦**，**そば**，**卵**，**乳**，**落花生**〕については，その**特定原材料名**の表示が義務づけられた．症例数が少ないか，あるいは多くても重篤な例が少ない20品目（あわび，いか，いくら，オレンジ，カシューナッツ，キウイフルーツ，牛肉，くるみ，ごま，さけ，さば，大豆，鶏肉，バナナ，豚肉，まつたけ，もも，やまいも，りんご，ゼラチン）については，表示が推奨されることとなった．食品アレルゲンは，一般にタンパク質成分であることが多いが，タンパク質に限定されるわけではない．食品の加熱処理はアレルゲン活性を低減する．

※11　**口腔アレルギー症候群**：口腔粘膜における接触性蕁麻疹．食物摂取後15分以内に口腔・口唇・咽頭部にかゆみやヒリヒリ感，のどの閉塞感が現れ，その後15分程度で消滅．口腔内の症状だけの場合が多い．幼児，学童，成人，特に成人女性に多い．欧米では，以前からシラカンバ花粉との交叉反応が指摘されていた．わが国でも花粉症との関連性が考えられている．

C. アレルギーの診断と治療，対処

食物アレルギーの診断は専門医でも難しく，自己診断は避けるべきである．一般に，問診から食物アレルギーが疑われる場合，必要に応じて**一般検査**として血液検査や生化学検査が実施される．原因食物の推定には食物日誌も活用される．多くの場合，一般検査と同時に**RAST**（radioallergosorbent test）によるアレルゲン特異的IgE抗体値検査，ヒスタミン遊離試験（histamine releasing test：HRT），好塩基球活性化試験（basophil activation test: BAT），皮膚テストを行う．特異的IgE抗体が検出されても食物アレルギーと診断されないこともある．**RIST**（radioimmunosorbent test）による総IgE抗体値と血液好酸球数は，アトピー素因やアレルギー炎症の指標となる．1歳を過ぎてアレルギー症状が寛解（アウトグロー）※12すると，IgE値が必ずしも症状と一致せず，補助的診断としての意味の方が大きくなる．最終的には，病歴や検査を参考に食物除去試験・食物負荷試験で確認することが必要である．

1) **RIST**：総IgE抗体の定量．アトピーなどの強弱判定に用いられる．
2) **RAST**：アレルゲン特異的IgE抗体の定量．以前は放射性同位元素を用いて測定されたが，現在はより簡便な化学発光酵素免疫測定法が用いられる．RISTと同様，慣習的にRASTと総称している．
3) **CAP RAST**：IgE抗体結合量が多い担体のCAP（capsulated hydrophilic carrier polymer）を用いたRAST法．多数のアレルゲンを同時に測定するMAST（multiple antigen simultaneous test）法とともに高感度測定法である．
4) **ヒスタミン遊離試験（HRT）**：患者末梢血から白血球層を分離し，アレルゲンにて刺激し，遊離ヒスタミン量をHPLC（high performance liquid chromatography）にて測定する．
5) **好塩基球活性化試験（BAT）**：全血にアレルゲンを添加して好塩基球を *in vitro* で活性化し，好塩基球の活性化マーカーであるCD203c抗原の発現量の変化をフローサイトメトリー法にて測定する．高感度測定法である．
6) **皮膚テスト**：アレルゲンを真皮内に到達させる**スクラッチテスト**（ひっかき）や**プリックテスト**（ちくりと刺す），**皮内テスト**（少量のアレルゲンを皮内注射して，15〜20分後に発赤・膨疹をみる）がある．
7) **食物負荷試験**：卵・牛乳・小麦・大豆などの凍結乾燥粉末を，微量負荷から15分間隔で増量しながら1時間で投与し，皮膚症状・呼吸・粘膜・消化器症状を注意して観察する．負荷試験は，診断を確定するために重要である．医師による管理のもと入院して行う．

食物アレルギーへの対処として実施される**食物除去**の程度は，患者ごとに異なる．正しい診断に基づき，必要最小限とする．長期にわたり厳重に制限する必要はない．定期的に検査して，アレルゲンに対する耐性が獲得され症状が安定したら中止する．酵素処理によりアレルゲンタンパク質を分解，低減化した**低アレルゲン食品**，原材料としてアレルゲン食物を使用しない**アレルゲン除去食品**を用いることもある．またアレルゲンを少量ずつ投与してアレルギー反応を軽減・消失させる**減感作療法**や二義的ではあるが，アレルゲンの完全除去が困難な場合，補助療法としての抗ヒスタミン薬や抗アレルギー薬などによる**薬物療法**も試みられる．

3 自己免疫疾患と免疫不全

A. 自己免疫疾患

自己の体を構成する成分や細胞，組織などの**自己抗原**に対する抗体を，**自己抗体**という．**自己免疫疾患**は，自己抗体あるいは免疫細胞と自己抗原との反応による機能障害をいう．自己抗原に対する免疫応答は，通常強く現れないが，さまざまな原因で制御のしくみが破綻して発症する．自己抗体は，免疫系の制御や老化細

※12　アトピー素因のある人に，アレルギー性疾患が次から次へと発症してくる様子をアレルギーマーチという．典型的には，乳児期に牛乳，卵などの摂取により皮膚症状（湿疹やアトピー性皮膚炎）や消化器症状（下痢，腹痛，便秘など）が起こり，生後6カ月頃になると喘鳴，1〜2歳になると呼吸困難も加わって気管支喘息発作を起こすようになる．大部分は学齢期まで持ち越し，約70％が14〜15歳までに治る（寛解する）．一部が成人型気管支喘息に移行する．

表5　主な自己免疫疾患－発症機序

疾患の名称	標的となる細胞，組織	起因自己抗体	傷害のアレルギー型
自己免疫性溶血性貧血	赤血球	抗自己赤血球抗体	Ⅱ
血小板減少性紫斑病	血小板	抗血小板抗体	Ⅱ
橋本病[*1]	甲状腺	抗サイログロブリン抗体	Ⅲ，Ⅳ
1型糖尿病（IDDM）	膵臓ランゲルハンス島	抗 β 細胞抗体	Ⅲ，Ⅳ
重症筋無力症	神経・筋接合部	抗アセチルコリン受容体抗体	Ⅱ（刺激型）
甲状腺機能亢進症（バセドウ病）	甲状腺機能亢進	抗TSH受容体抗体	Ⅴ（刺激型）
全身性エリテマトーデス（SLE）	結合組織（全身性）	抗核抗体（抗DNA抗体）	Ⅲ
シェーグレン症候群[*2]	唾液腺・涙腺，全身	抗核抗体，抗細胞質抗体	Ⅲ，Ⅳ？
関節リウマチ（RA）	多発関節炎，全身	抗自己IgG抗体（RF）[*3]	Ⅲ，Ⅳ

＊1　橋本病：慢性の甲状腺炎．びまん性のリンパ球浸潤がみられる．40～60歳女性に多い
＊2　シェーグレン症候群：乾燥性結膜炎，慢性唾液腺炎を主徴とする慢性炎症性疾患
＊3　RF：リウマチ因子．IgGに対するIgM型の自己抗体．関節リウマチで高率に認められる
IDDM：insulin-dependent diabetes mellitus（インスリン依存性糖尿病，若年性糖尿病）
TSH：thyroid stimulating hormone（甲状腺刺激ホルモン）
SLE：systemic lupus erythematosus（全身性エリテマトーデス：頬部紅斑，関節炎，腎障害など多臓器の慢性炎症性疾患）

胞の排除など，生理的な働きに必要ではあるが，自己抗体量が多くなり，前述した**Ⅱ型**あるいは**Ⅲ型アレルギー**による傷害を起こすときに発症する（表5）．細胞・組織・臓器特異的な傷害と，細胞の核や細胞質内物質に対する自己抗体による全身性の傷害がある．

自己免疫疾患の治療法の1つとして，発症の原因となるTh1細胞の働きを阻止する試みがある．抗原非特異的にリンパ球の活性化を抑える**副腎皮質ホルモン**（ステロイド剤），あるいはアザチオプリン，シクロスポリンなどの**免疫抑制剤**が用いられる．他に，対症療法として非ステロイド系抗炎症薬が用いられる．

B. 免疫不全症

免疫を担う因子のいずれかが欠損すると免疫不全症となる．その結果，病原体などに対する免疫が正常に働かずに感染しやすくなり，また感染の程度が悪化する．多くの**免疫不全症**は**遺伝性**であるが，後天的な感染，薬物治療，加齢などによる免疫不全もある．重い感染症をくり返すことが多い．

1）先天的な遺伝欠損による免疫不全

B細胞の成熟異常による**無 γ -グロブリン血症**，**胸腺形成欠損**によりT細胞ができず，細胞性免疫が低下する**ディジョージ（DiGeorge）症候群**，先天的アデノシンデアミナーゼ（ADA）欠損により代謝物が蓄積してT・B両細胞傷害が起こる**ADA欠損症**がある．

2）感染による免疫不全

後天性免疫不全症候群（AIDS）：ヒト免疫不全ウイルス（HIV）は，**CD4$^+$T細胞**に選択的に感染し，それを破壊してAIDS（エイズ）を発症する．AIDSでは，ニューモシスチス・カリニ（原虫に分類されていたが，現在は**真菌**に分類）による日和見（ひよりみ）感染症（**ニューモシスチス肺炎**）や，**カポジ肉腫**[※13]，悪性リンパ腫などを合併することが多い．

3）薬物療法，疾患に伴う免疫不全

メトトレキサート，6-メルカプトプリン（6-MP）（関節リウマチ治療薬，抗がん薬）や5-フルオロウラシル（5-FU：代謝拮抗性抗がん薬），マイトマイシンCやアクチノマイシンD（抗がん薬），その他副腎皮質ステロイド（抗炎症薬），アザチオプリンやシクロスポリンA（臓器移植免疫抑制剤）などの投与期間中は感染が起きやすくなる．

慢性リンパ性白血病や**悪性リンパ腫**[※14]（ホジキン病）では，細胞性免疫不全の傾向がみられる．

多発性骨髄腫では，異常な免疫グロブリンが出現し，

※13　**カポジ肉腫**：ヘルペスウイルスの一種によって引き起こされる肉腫．

※14　**悪性リンパ腫**：リンパ系組織に由来し全身に発生する悪性腫瘍．ウイルス説・カビ説・遺伝説がある．

体液性免疫機能低下に伴う細菌感染が起こりやすい．麻疹（はしかとも呼ぶ）ウイルス感染の経過中，白血球数の減少に伴う肺炎の合併症が知られている．

4）加齢に伴う免疫不全，栄養障害に伴う免疫低下

加齢とともに胸腺が退縮し，特に高齢では$CD8^+$キラーT細胞数の減少，抗原との結合力の減弱した抗体や自己抗体の増加に伴い，感染しやすくなり**自己免疫疾患**の出現率も高くなる傾向がある．体液性免疫より細胞性免疫の低下の傾向が強い．

タンパク質・エネルギー欠乏症（protein-energy malnutrition：PEM）には，エネルギー摂取量に不足はない低タンパク質栄養失調症〔**クワシオルコル**（kwashiorkor)〕とタンパク質とエネルギーの摂取量がともに不足した消耗症〔**マラスムス**（marasmus)〕がある．免疫機能障害は多様であるが，主に細胞性免疫障害として現れる．特にマラスムスでは，胸腺の萎縮に基づくT細胞の減少が著しい．

第17章 生体防御機構

Column

アトピー性皮膚炎の新薬

アトピー性皮膚炎のかゆみを抑える新しい治療薬が日本の製薬会社と大学との共同研究で開発され，日米欧国際研究グループによる臨床試験の結果が米医学誌The New England Journal of Medicine　2017年3月号に発表された．この新薬は，かゆみ誘発性サイトカインであるインターロイキン31（IL-31）の受容体に対するヒト化モノクローナル抗体「ネモリズマブ（nemolizumab）」である．日米欧5カ国7医療機関で，中程度から重度のアトピー皮膚炎患者約140人に月1回注射し，3カ月後にかゆみや皮膚の状態を調べたところ，患者の6割でかゆみが半減し，薬を使わない患者と比べ安眠時間が40～50分延長した．重い副作用はみられなかったという．2～3年後の実用化をめざしている．アトピー性皮膚炎の治療法も変わりつつある．これまでは湿疹が治ると抗炎症薬やステロイド剤を塗るのを止め再発したときに再び使うのが一般的だったが，近年では湿疹がアクティブになる前に予防的に塗る「プロアクティブ療法」が長期的には使用量も減り安全面からも好ましいとされている．

アトピー性皮膚炎の新たな予防法

アトピー性皮膚炎における卵アレルギー予防には乳児期から少しずつ卵を摂取することが推奨されるとの提言が，2017年6月日本小児アレルギー学会から発表された．

アトピー性皮膚炎の子どもは皮膚の働きが弱く，食品の成分が取り込まれやすくなっている．そのためまず湿疹を改善したうえで生後6カ月ころから微量の鶏卵摂取をはじめることが重要とするものである．その背景に，国立成育医療研究センターからの研究報告がある（Lancet, 2016年12月号）．生後4～5カ月の時点でアトピー性皮膚炎と診断された赤ちゃん121人を2つのグループに分け，1つのグループには卵を含まないカボチャ粉末だけの試料を，もう一方はゆで卵を加えたカボチャ粉末試料を，それぞれ5カ月間摂取してもらう．その後1歳の時点で，ゆで卵半分量に相当する粉末を食して卵アレルギー発症率を調べた結果，カボチャ粉末だけの場合の発症率は38％だったのに対して，ゆで卵を加えたカボチャ粉末を摂取した場合は8％であった．発症が8割ほど減少したことになる．

子どもの食物アレルギーを防ぐには，これまで乳児期の早い時点から卵やピーナッツなど原因となる食品の摂取は避けるべきとされてきたが，早期から少量ずつ摂取させることが発症防止につながるとの研究成果が近年国内外で発表されていることの背景もある．一方では，すでに卵アレルギーが疑われる乳児の卵の摂取はきわめて危険なため，自己判断でなく，卵を与える際には必ず医師の指導のもとで行うことが必要である．

チェック問題

問 題

□ □ **Q1** T細胞とB細胞の違いは何か．

□ □ **Q2** 免疫グロブリンとは何か．

□ □ **Q3** リンパ管にはリンパ球が流れている．その動きの特徴を説明せよ．

□ □ **Q4** 抗体はどうやって抗原を排除するか．

□ □ **Q5** 肥満細胞とマスト細胞は同じものか．好塩基球との関連を述べよ．

解答&解説

A1 T細胞：胸腺由来の細胞．TCRを表面にもつ．$CD4^+$ヘルパーT細胞，$CD8^+$キラーT細胞，$CD4^+CD25^+$制御性T細胞（Treg）がある．B細胞：骨髄由来の細胞．抗原レセプター（免疫グロブリンIgMサブユニット）を表面にもつ．ヘルパーT細胞の働きで形質細胞（抗体産生細胞）に変化する．

A2 抗体と免疫グロブリンは同義語．抗体の種類（クラス）には，IgGの他，IgM，IgA，IgD，IgEがある．これらは，それぞれ免疫グロブリンG，免疫グロブリンMなどとも呼ばれる．抗原によって刺激されたB細胞は，ヘルパーT細胞の働きかけにより形質細胞となり，抗原特異的な抗体をつくる．

A3 リンパ球は，抗原と出合うまで，血中とリンパ組織との間を循環している．リンパ球は，リンパ管と血管の両方へ移行する（赤血球はリンパ管へ移行しない）．リンパ球は，リンパ節からの輸出リンパ管を経て胸管へ集まり，左鎖骨下静脈で再び血液と合流する．

A4 抗体（免疫グロブリン）は，基本的に抗原レセプター（IgM免疫グロブリンサブユニット）に類似した化学構造をもっている．したがって，抗体にも抗原結合部位があり，そこに細菌などの抗原を結合させてその働きを消失させる．

A5 同じものである．肥満細胞は，血液中では好塩基球と呼ぶ．顆粒球の1種（顆粒球には，他に好中球，好酸球がある）．好塩基球が，皮膚や腸管，気管などの組織に定着したものを肥満細胞あるいはマスト細胞と呼ぶ．“マスト細胞”は，“Mast cell”の日本語訳．

本書関連ノート「第17章　生体防御機構」でさらに力試しをしてみましょう！

索 引

数 字

欧 文

A, B

C, D

E～H

和 文

あ

け

こ

さ

し

す

せ

そ

た

ち〜つ

て

と

ま〜も

や〜よ

ら〜ろ

わ

B5判

栄養科学イラストレイテッド シリーズ

- 国家試験ガイドラインに準拠した，基礎からよくわかるオールカラーのテキスト
- 章の冒頭にポイントと概略図を明示．最初に内容の概要が理解できる！
- 章末コラムでは，学んだ内容が実践でどう活きてくるのかイメージできる！

詳細はHPをご参照ください ⇒ https://www.yodosha.co.jp/textbook/

生化学
第3版

薗田　勝／編

定価3,080円（本体2,800円＋税10％）
256頁　ISBN978-4-7581-1354-0

生化学実験

鈴木敏和，杉浦千佳子，
高野　栞／著

定価2,970円（本体2,700円＋税10％）
192頁　ISBN978-4-7581-1368-7

基礎化学

土居純子／著

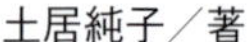

定価2,640円（本体 2,400円＋税10％）
176頁　ISBN978-4-7581-1353-3

有機化学

山田恭正／編

定価3,080円（本体2,800円＋税10％）
240頁　ISBN978-4-7581-1357-1

分子栄養学
改訂第2版

加藤久典，藤原葉子／編

定価3,520円（本体3,200円＋税10％）
232頁　ISBN978-4-7581-1375-5

運動生理学
改訂第2版

麻見直美，川中健太郎／編

定価3,300円（本体3,000円＋税10％）
232頁　ISBN978-4-7581-1376-2

食品学Ⅰ 改訂第2版
食べ物と健康
食品の成分と機能を学ぶ

水品善之，菊﨑泰枝，
小西洋太郎／編

定価2,860円（本体2,600円＋税10％）
216頁　ISBN978-4-7581-1365-6

食品学Ⅱ 改訂第2版
食べ物と健康
食品の分類と特性、加工を学ぶ

栢野新市，水品善之，
小西洋太郎／編

定価2,970円（本体2,700円＋税10％）
232頁　ISBN978-4-7581-1366-3

栄養科学イラストレイテッド［演習版］

生化学ノート
第3版

定価2,860円（本体2,600円+税10％）
232頁　2色刷り
ISBN978-4-7581-1355-7

解剖生理学
人体の構造と機能
第３版

志村二三夫，岡　純，山田和彦／編

定価3,190円（本体2,900円＋税10％）
256頁　ISBN978-4-7581-1362-5

臨床医学
疾病の成り立ち
第３版

田中　明，藤岡由夫／編

定価3,190円（本体2,900円＋税10％）
320頁　ISBN978-4-7581-1367-0

臨床栄養学
基礎編
第３版

本田佳子，曽根博仁／編

定価2,970円（本体2,700円＋税10％）
192頁　ISBN978-4-7581-1369-4

臨床栄養学
疾患別編
第３版

本田佳子，曽根博仁／編

定価3,080円（本体2,800円＋税10％）
328頁　ISBN978-4-7581-1370-0

臨床栄養学実習
実践に役立つ技術と工夫

中村丁次／監，
栢下　淳，栢下淳子，北岡陸男／編

定価3,190円（本体2,900円＋税10％）
231頁　ISBN978-4-7581-1371-7

応用栄養学
第３版

栢下　淳，上西一弘／編

定価3,300円（本体3,000円＋税10％）
280頁　ISBN978-4-7581-1379-3

微生物学
改訂第２版

大橋典男／編

定価3,190円（本体2,900円＋税10％）
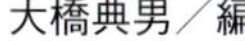
256頁　ISBN978-4-7581-1373-1

基礎栄養学
第５版

田地陽一／編

定価3,190円（本体2,900円＋税10％）
224頁　ISBN978-4-7581-1377-9

食品衛生学
第３版

田﨑達明／編

定価3,190円（本体2,900円＋税10％）
288頁　ISBN978-4-7581-1372-4

食品機能学

深津（佐々木）佳世子／編

定価3,300円（本体3,000円＋税10％）
200頁　ISBN978-4-7581-1374-8

解剖生理学ノート
人体の構造と機能　第3版

定価2,860円（本体2,600円＋税10％）
231頁　2色刷り
ISBN978-4-7581-1363-2

基礎栄養学ノート
第5版

定価2,970円（本体2,700円＋税10％）
200頁　2色刷り
ISBN978-4-7581-1378-6

■ 編者プロフィール

薗田　勝（そのだ　まさる）共立女子大学家政学部食物栄養学科 名誉教授

1948年，伊勢市（旧 宇治山田市）で生を受ける．東京薬科大学薬学部，同修士課程修了後，東洋醸造研究所を経て'77年より埼玉医科大学生化学教室助手．この間，微生物由来酵素の探索，半合成ペニシリンの開発，活性酸素と生体ラジカルなどを学ぶ．'85年から米国NIHで光増感反応の基礎を叩き込まれ，埼玉医科大学復職後に助教授を経て，'98年から共立女子大学家政学部食物栄養学科に在籍．2018年3月，共立女子大学を定年退職．栄養学・生化学分野を主とし，学部と大学院の教育・研究に従事．また，文京学院大学，明海大学，明和学園短期大学，共立女子短期大学，博慈会高等看護学院などで栄養学・生化学のほか微生物学・薬理学関連の授業に参画．2018年より，おもてなし専門学校で留学生達と食品衛生学を勉強中．2020年現在，東松山市在住の71歳．

これまでにかかわった書籍には，「生体内一酸化窒素（NO）実験プロトコール」（共立出版：共著），「基礎栄養学」（建帛社：共著），「食品機能学」（建帛社：共著），「管理栄養士国家試験問題と解答」（第一出版：共著），「人体の構造と機能および疾病の成り立ちＩ」（第一出版：共著），「マンガでわかる栄養学」（オーム社：単著），「基礎栄養学」（ユーキャン：単著），「栄養学がわかる」（技術評論社：単著）などがある．しかし，これらはすべて，終始薫陶くださった坂岸良克先生，菊池吾郎先生，Peter Riesz先生ならびに入野勤先生をはじめとする諸先輩や研究・教育仲間諸兄，出版社の方々，そして多くの読者の皆様のお蔭であることを付記する．

栄養科学イラストレイテッド

生化学　第3版

2007年11月15日 第1版 第1刷発行
2011年 9月20日 第1版 第6刷発行
2012年 9月 1日 第2版 第1刷発行
2016年 6月20日 第2版 第6刷発行
2018年 1月 1日 第3版 第1刷発行
2025年 2月 1日 第3版 第8刷発行

編　集　薗田　勝
発行人　一戸裕子
発行所　株式会社　羊　土　社
〒101-0052
東京都千代田区神田小川町 2-5-1
TEL　03（5282）1211
FAX　03（5282）1212
E-mail　eigyo@yodosha.co.jp
URL　www.yodosha.co.jp/
装　幀　堀　直子（ホリディ デザイン事務所）
印刷所　株式会社 加藤文明社

© YODOSHA CO., LTD. 2018
Printed in Japan

ISBN978-4-7581-1354-0

本書に掲載する著作物の複製権，上映権，譲渡権，公衆送信権（送信可能化権を含む）は（株）羊土社が保有します．
本書を無断で複製する行為（コピー，スキャン，デジタルデータ化など）は，著作権法上での限られた例外（「私的使用のための複製」など）を除き禁じられています．研究活動，診療を含み業務上使用する目的で上記の行為を行うことは大学，病院，企業などにおける内部的な利用であっても，私的使用には該当せず，違法です．また私的使用のためであっても，代行業者等の第三者に依頼して上記の行為を行うことは違法となります．

JCOPY <（社）出版者著作権管理機構 委託出版物>
本書の無断複写は著作権法上での例外を除き禁じられています．複写される場合は，そのつど事前に，（社）出版者著作権管理機構（TEL 03-5244-5088，FAX 03-5244-5089，e-mail：info@jcopy.or.jp）の許諾を得てください．

乱丁，落丁，印刷の不具合はお取り替えいたします．小社までご連絡ください．